本书的出版得到了北京理工大学“985工程”国际交流与合作专项资金的资助和国家外国专家局“外国文教专家项目”的大力支持，在此表示衷心的感谢。

北京理工大学“985 工程”国际交流与合作专项资金资助图书

Aircraft Control Allocation

飞机控制分配

[美]韦恩 · 达拉谟(Wayne Durham)
[美]肯尼思 · 博尔迪尼恩（Kenneth A. Bordignon） 著
[美]罗杰 · 贝克（Roger Beck）

张卫忠（Weizhong Zhang） 译

WILEY

北京理工大学出版社
BEIJING INSTITUTE OF TECHNOLOGY PRESS

图书在版编目（CIP）数据

飞机控制分配/（美）韦恩·达拉谟（Wayne Durham），（美）肯尼思·博尔迪尼恩（Kenneth A. Bordignon），（美）罗杰·贝克（Roger Beck）著；张卫忠译.—北京：北京理工大学出版社，2018.8

书名原文：Aircraft Control Allocation

ISBN 978-7-5682-6000-8

Ⅰ.①飞…　Ⅱ.①韦…　②肯…　③罗…　④张…　Ⅲ.①飞行控制　Ⅳ.①V249.1

中国版本图书馆 CIP 数据核字（2018）第 172951 号

北京市版权局著作权合同登记号　图字：01-2017-5090 号

出版发行 / 北京理工大学出版社有限责任公司
社　　址 / 北京市海淀区中关村南大街 5 号
邮　　编 / 100081
电　　话 / （010）68914775（总编室）
（010）82562903（教材售后服务热线）
（010）68948351（其他图书服务热线）
网　　址 / http：//www.bitpress.com.cn
经　　销 / 全国各地新华书店
印　　刷 / 三河市华骏印务包装有限公司
开　　本 / 710 毫米×1000 毫米　1/16
印　　张 / 19.75　　责任编辑 / 李玉昌
字　　数 / 338 千字　　文案编辑 / 李玉昌
版　　次 / 2018 年 8 月第 1 版　2018 年 8 月第 1 次印刷　　责任校对 / 周瑞红
定　　价 / 98.00 元　　责任印制 / 王美丽

题　　献

献给克雷格·斯泰德尔、鲍勃·汉利和约翰·福斯特。谢谢各位。

For Craig Steidle, Bob Hanley, and John Foster. Thanks guys.

译者序

首先感谢北京理工大学国际教育交流与合作教材专著建设计划的支持，使得本人有幸为韦恩·达拉谟等学者于2017年出版的《飞机控制分配》进行翻译工作。翻译过程得到了北京理工大学宇航学院飞行器控制系徐军老师的专业指点以及北京理工大学出版社学术出版中心张海丽编辑和国珊编辑的帮助与支持，在此一并表示感谢。

本书主要反映了原著者针对飞机控制分配问题的最新理论和工程实践经验的总结，特别是原著者利用几何关系进行飞机控制分配问题的分析和求解，显示了解决问题的新思路和新方法，对于国内从事飞机设计、飞机动力学控制相关方向的工程师和研究者具有借鉴意义。

译者在翻译过程中，对于专业词汇的把握和翻译，主要参考词典为商务印书馆2014年出版的由梁炳文主编的《英汉航空航天工程词典》，同时借鉴了《网易有道词典》《21世纪大英汉词典》等词典。翻译指导原则力求“信、达、雅”，既保持原英文的行文逻辑，同时必要时以汉语习惯的表达形式进行呈现。

最后，感谢北京理工大学出版社的编辑与审读，在审读意见下，本书的行文式样进行了仔细核对和修改，主要改变为在尽量保证原著意义的前提条件下，对词句的组织编排根据中文逻辑和习惯进行了合理修改，在直译和意译之间进行了适当的妥协，使得行文流畅，更符合中文习惯。

由于译者才疏学浅，错误纰漏之处，请读者不吝指正。

作　者

2018年

术　语

$\dot{()}$　点在数值上：括号中内容是关于时间的导数。

$(\widehat{\ })$　“帽子”在数值上：括号中内容是近似的。

α　迎角：投影到飞机对称面的相对风速和合适定义的机体固定 x 轴之间的气动角。

β　侧滑角：速度向量和飞机对称面之间的气动夹角。

ℓ_1，ℓ_2，ℓ_∞　向量范数：ℓ_2是向量元素平方和的平方根。它出现在每一个地方。ℓ_1是这些元素绝对值的和并且ℓ_∞是最大绝对值。ℓ_1和ℓ_∞经常出现在线性规划问题中。

Ω　以下两者之一：

(1) 每一种控制执行机构允许偏转的组合；换句话说，在移动或者偏转限值内的组合。

(2) 用来在动态逆控制律中指定动力学的通常对角矩阵。

Φ　常常指控制执行机构偏转在 Ω 中的每一种组合的机体轴力矩、力矩系数或者角加速度等效果。有时称为 AMS，表示可达力矩集或者子集。

ϕ　滚转角：定义从惯性系到机体参考系的 3-2-1（z—y—x）旋转三个角度之一。

Π　以下两者之一：

(1)（主要）包含特定控制分配方法生成的所有力矩的可达力矩子集。

(2) 用于三力矩问题的 Banks 分配方法中出现的平面。

ψ　航向角：定义从惯性系到机体参考系的 3-2-1（z—y—x）旋转的三个角度之一。

Θ　Ω 的子集：来自特定控制分配方法的作为控制分配问题解的所有允许控制。

$\boldsymbol{\theta}$　俯仰姿态：定义从惯性系到机体系的 3-2-1（z—y—x）旋转的三个角度之一。

$\boldsymbol{B}$　线性化运动学方程矩阵之一：$\boldsymbol{A}$ 是系统矩阵，$\boldsymbol{B}$ 是控制有效性矩阵，$\boldsymbol{C}$ 是输出矩阵。

C_{x_y}：无量纲稳定性或者 x 相对于 y 的操纵导数：它是 X_y 的无量纲形式。

Comp：Complementary：表示补充的，某些动力学响应的上标。

Cont：Controllable：表示可控的，某些动力学响应的上标。

d，des：Desired：表示期望的，某些动力学响应或者其他量的上标。

F_B 机体坐标系。原点在飞机的质心。轴 x_B 和 z_B 在飞机的对称平面内，y_B 按照右手法则确定。一旦定义，机体固定参考系统相对机体的方向不变化。两种经常使用的机体固定坐标系是主轴和稳定轴系统。

F_H：本地水平参考系。x_H、y_H 和 z_H 分别指向北、东和下。假设地球是平的。

F_W：风轴系统。x_W 轴在飞行方向，与相对风方向相反。z_W 在对称面内，指向下。

g 以下两者之一：

(1) 重力加速度。

(2) 载荷因子 *n* 的无量纲单位参照。

I 有下标；惯性力矩。

Kine Kinematic：运动学的，某些动力学响应的上标。

L，*C*，*D* 升力、侧力和阻力：分别在 x_W，y_W 和 z_W 方向上的风轴力。

L，*M*，*N* 分别关于 x_B 轴（滚转）、y_B 轴（俯仰）和 z_B 轴（偏航）的机体轴力矩。

L 以下两者之一：

(1) 升力。

(2) 滚转力矩，根据上下文确定。

LD 横侧向，表示不是纵向的所有运动，加速度、力等。有时表示为 lat-dir。

Long 表示在飞机的对称面内发生的所有纵向运动、加速度和力等。俯仰力矩、速度和加速度是关于飞机的 y_B 轴，但运动是在 x_B-z_B 平面内的。

m 飞机质量。

n 载荷因子，升力对重力的比例，$n=L/W$。以 *gs* 测量。

p，*q*，*r* 分别指机体轴滚转速度、俯仰速度和偏航速度。

$\boldsymbol{P}$ 矩阵 $\boldsymbol{B}$ 的一般逆：$\boldsymbol{BPB}=\boldsymbol{B}$ 和 $\boldsymbol{PBP}=\boldsymbol{P}$，有适当维度。

Ref 下标，“在参考条件下估计”。

$\boldsymbol{u}$ 控制执行机构变量向量。

$\boldsymbol{u}_{\min}$，$\boldsymbol{u}_{\max}$ 执行机构限值向量，最小或最大。

$\boldsymbol{u}_{l}$，$\boldsymbol{u}_{u}$ 控制执行机构限值向量，下界或上界。在线性规划中比 $\boldsymbol{u}_{\min}$，$\boldsymbol{u}_{\max}$ 更常用。

x_B，y_B，z_B 机体轴名。

$\boldsymbol{W}$　加权矩阵，一般是三角的和正的。

x_W，y_W，z_W　风轴名。

X_y　这里 X 是力或者力矩而 y 是状态或者控制，假如是 C_{x_y} 维度形式，表示一个维度导数，$\partial X/\partial y$。这个定义没有包括被质量或者惯性力矩所除。假如 y 是一个控制执行机构，这个结果被称为操纵导数，否则它被称为稳定性导数。

X，Y，Z　机体轴力分别在 x，y 和 z 方向。

x，y，z　轴名。没有下标时通常表示机体轴。

ACTIVE　Advanced Control Technology for Integrated Vehicles. 用于一体化飞机的先进控制技术。F-15 研究使用差分鸭翼，轴对称推力矢量，以及其他创新性特征。

ADMIRE　Aero-Data Model In a Research Environment. 在研究环境下的气动数据模型，仿真代码。见附录 B。

Admissible　在一个控制执行机构或者一组控制执行机构中，那些在使用时处于物理限值内的偏转。

AMS　Attainable moment subset or set，可达力矩子集或者集，Φ。

Angular accelerations　角加速度，见 Objectives。

ARI　Aileron-rudder interconnect. 副翼—方向舵互联。通常用作减小由于副翼偏转导致的不利偏航。

Attainable　与力矩或者加速度有关；由那些能被控制执行机构的一些允许组合生成。这个词意味着对于特定控制分配方法有一些理论组合，能在全局或者本地被使用，意味着这种方法能生成控制执行机构的那些组合。

Basic feasible solution　基本可行解，满足线性规划等式约束的基础解，同时也满足了不等式约束。

Basic solution　基本解，满足“标准形式”线性规划问题的 l 个线性等式约束，有 $k-l$ 个确定变量在它们的界上。

CAS Control augmentation system　控制增强系统。

Control effectiveness　使用控制执行机构，或者是力矩，力矩系数或者角加速度效果的测度。

Control authority　任意组合下所有控制执行机构有效性的集合。

Control power　单位控制偏转的角加速度。

CHR　Cooper-Harper rating；Cooper-Harper 评定；有时表示为 HQR。

Constraint　控制执行机构的限制位置，通常受制于硬件。它也可能表示移动速度限制。在线性规划中，约束可能表示位置限制，或表示必须满足的等式。因此，$\boldsymbol{u}\leqslant\boldsymbol{u}_{\max}$ 是一个不等式约束，但是 $\boldsymbol{Bu}=\boldsymbol{m}_{\mathrm{des}}$ 是一个等式约束。

Control effector　通过改变力或者力矩直接影响控制的装置，如副翼或者方向舵。当我们说“这些控制”没有特指，通常表示控制执行机构。对于通常的拍动控制执行机构，符号的约定依据右手法则，大拇指沿着执行机构生成力矩的轴，弯曲的手指表示机翼后缘的正偏转。

Control inceptor　驾驶舱内装置，通过直接连接或通过飞行控制系统或计算机连接，控制执行机构。正的控制接收器偏转对应于连接它们的执行机构的正偏转，除了如副翼—方向舵连接（见 ARI）。

Cycling　线性规划的条件，此时解法器访问序列顶点时目标函数没有减小，最终回到循环中的起点。循环表示收敛失败并且必须考虑通过选择一种交换规则来防止它。

Degenerate basic solution　退化基础解，线性规划的一个基础解，在非基础变量之外，在基础中 l 个决定变量之一是在它的界上。

Decision variables　决定变量，线性规划中正被优化的未知参数集。

FBW　Fly by wire. 飞行员通过计算机控制飞机。

FQ　Flying qualities 飞行品质。

Ganged　机械装置连接在一起，所以它们以固定关系移动，如副翼。

HARV　High angle-of-attack research vehicle. 大迎角研究飞机。

HQ　Handling qualities. 处理质量。

HQR　Handling qualities rating. 处理质量评价。

Interior point method　在可行集内部移动来寻找线性规划最优解的一种数值方法。

Intersection　与两个对象有关（参照），此对象全部包含于两个中的每一个。

Lat-Dir　Lateral-directional 横侧向的。

LEU，LED　Leading-edge up，down. 前缘向上，向下。词语用来描述前缘控制面的偏转。

Linear programming　受限于线性和非线性约束的目标函数优化的一个问题，或者求解这个问题的方法。在此书中，指受到位置约束条件时分配控制的一种方法。

Moments　见 Objectives。

Moment coefficient　见 Objectives。

Object　描述允许控制和可达力矩集的几种多面体中的任一种一般形式。

Objectives　控制执行机构倾向于引起的结果。初始时控制分配寻找生成期望力矩或者力矩系数的控制执行机构。接下来研究人员优先使用角加速度作为目标。我们一般称这些目标为力矩。

Object notation　标记对象（参照）的一种方法，在它下限值控制时使用0，上限值时用1，2用于任何中间。

OBM　On-board model. 存储在飞机飞行控制计算机内的飞机气动数据。

Over-actuated control system　见 Redundant controls。

Phase one/two program　线性规划解法器阶段一中求解修改后的问题找一个初始可行解，用于在阶段二中优化求解这个初始问题。

PIO　Pilot-induced oscillation. 飞行员引起的振动，有一个道义上更正确的词，移除飞行员责任。

PR　Pilot rating 飞行员评估；有时参见 HQR。

Preferred　关于控制分配问题的解，控制执行机构配置尽可能接近优先解。最小范数解经常被用作优先解。

Pseudo control　控制执行机构的一些组合倾向产生某些效果，例如激发飞机的特定动态响应。

Redundant controls　从设计者没有考虑用它们的角度看，控制执行机构很少有冗余。在更高速度飞行时冗余的控制执行机构在低速时可能是关键的。这个词仅表示有比目标更多的控制执行机构。在本书中使用时，意味着有多于三个控制执行机构来生成三个力矩或者角加速度。

SAS　Stability augmentation system. 增稳系统。

Simplex　扩展三角形（二维），或者四面体（三维）到任意维度。一个 n 维单纯形被 $n+1$ 个顶点的凸包所定义。

Simplex method　以下两者之一：

（1）（Dantzig）基于1947年 Dantzig 原创用于求解线性规划的数值算法。单纯形方法在可行集的相邻顶点，基础解之间移动，减小代价直到最优解被找到。

（2）（Nelder Mead）也被认为是向下单纯形。数值求解迭代一个 n 维单纯形来最小化 n 维非线性无约束优化问题。启发型法则在每一步规定如何修改这个单纯形。

Slack variable　线性规划中增加的变量，以便不等式约束能被转换为等式约束。

TEU，TED，TEL，TER　Trailing-edge up，down，left，right. 机翼后缘向上、向下、向左、向右。用来描述拍动控制面的偏转。

Union　最小的对象在其中两个给定的对象都是其成员。

Warm start　通过给定类似问题预先存在的最优解初始化线性规划解法器的启发型方法。

目　录

CONTENTS

第1章
引　言

本书是作者在飞机控制分配领域开创性工作中取得的科研成果与深刻认识的总结和概括。在此控制分配领域，还有很多研究工作需要进一步开展，通过了解其他研究人员前期成果丰硕的研究方向，能开辟新的研究探索领域。

作者认为他们的几何方法把求解问题过程可视化，只要解是存在的或者能被考虑存在的，这种机制就提供了更深刻的认识，特别是当辨识某个故障后考虑重新进行控制分配的时候更是如此。

强调一下，作者的主要兴趣和本书的关注点是飞机。因此，我们对于控制分配问题坚持只考虑相对来说比较少的目标，主要就是飞机的三个旋转自由度，其次是线性自由度。我们意识到在很多其他学科领域存在类似的问题，也相信我们的研究成果经过修改能为其他研究人员针对他们特定的问题提供良好的借鉴。

本书没有提供严密的数学证明。本书作者都不是数学家，这一点很容易被读这本书的真正数学家所证实。确切地说，我们在开展这项研究工作之前从没想过“零空间”和“飞机”能有机会在同一句中出现。我们通常一开始是在黑板上勾画出一个二维图，该图形对我们“直观而明显”，然后考虑这个图形是否可以推广到更高维。

最重要的结果已经在其他资料中得到证明：例如有许多技术报告，硕士论文和我们研究中撰写的博士论文，教材（特别是有关线性代数的教材）。附录C提供了其中一些发表的文献资料摘要。这里只是声明我们很相信这些的正确性。例如，本书没有证明凸性在我们描述的映射下保持不变，只是断言如此，而也许应该给出关于这个定理令人信服的证据。

1.1　冗余控制执行机构

我们对于飞机控制分配的研究来源于对模型跟踪和动态逆控制算法的早期研究。模型跟踪和动态逆算法的本质是希望找到描述控制执行机构偏转向量以生成期望的力矩、力和加速度。此线性问题有三个力矩和三个控制力，其解决方案通过简单的矩阵逆就可获得。由于解决方案具有唯一性，因此控制执行机构的物理局限不会对其产生影响。也就是说，对于具有一组副翼、一个方向舵、一个升降舵的飞机来说，生成特定力矩向量的执行机构组具有唯一性；假如一个或多个执行机构饱和，那么通常问题不在算法而在硬件上出现。

早期问题出现是因为飞机的水平尾翼组合不仅生成俯仰力矩，而且不同配置也可以生成滚转力矩，还有不期望的偏航力矩。通过考虑左右水平尾翼的独立性，现在我们有四个控制执行机构可生成力矩向量的三个分量。线性化控制有效性矩阵（将在方程（2.20）中定义）不再是方阵，而有三行和四列。

图 1.1 中的对象有许多控制执行机构。这架飞机是 USAF S/N 71-0290，F-15 ACTIVE（一体化飞机先进控制技术）。前翼和水平尾翼是全动控制面。两个垂直尾翼在其后缘小翼有联动舵。机翼有后缘副翼和襟翼。两个引擎都有轴对称的推力矢量能力。这些多样的控制执行机构每一种都能独立作用。

图 1.1　F-15 ACTIVE（一体化飞机先进控制技术）

冗余控制执行机构通常用来拓展飞机在低速范围内的性能包线。推力矢量生成的力矩常用在常规襟翼控制面在低动压下丧失有效性的时候。推力矢量加强了 F-22“猛禽”战机在空战时的性能，也使得如“普加乔夫眼镜蛇”这样的动作能够在其他型号飞机上执行。

智能控制分配在高速飞行时是不需要的，因为那时足够的力和力矩能够通过很少的执行机构偏转获得。在低速飞行状态时空气动力执行机构丧失有效性，从而必须与其他执行机构（空气动力或者推力）一起使用。然而，当控制执行机构比需要生成的力和力矩多时，需要分配这些控制的方法。

现在我们面对一个“宽”的控制有效性矩阵：列比行多。正如我们将要看到的，有一种简单数学方法来“逆变换”这样的矩阵。当考虑控制执行机构的物理局限时，真正的问题来了。换句话说，控制执行机构有不可逾越的硬约束。当使用该问题的简单数学解时，可能会导致一个或多个执行机构不必要地超过其饱和极限。当一个控制执行机构饱和时，飞行控制系统设计所基于的那些假设条件不再有效。

1.2　概述

本书由讨论飞机飞行动力学与控制开始。这将包括一段非常简短的飞行动力学及其专业术语的概述，从而为读者提供下面要用的专有名词解释。

接下来要花一些时间来描述一下动态逆控制。这种控制方案自然涉及我们提出的控制分配问题。我们将简要讨论一下“常规”控制，并且更进一步简单地提一下模型跟踪控制。这三种控制算法的确定都需要某种控制分配。

在问题定义之后，我们考虑控制分配的几何结构。首先考虑二力矩问题。二力矩问题在飞机控制上有应用，因为通常横侧向问题（滚转和偏航）被从轴向问题（俯仰）中分开而做单独处理。而且，在二维对象上画图要比在三维对象上画图容易得多。

三力矩问题的几何是二力矩问题几何的自然拓展，对此我们进行了细节上的讨论。对于二力矩和三力矩问题，我们提出一个指标来比较不同控制分配方法在解决问题上的有效性。这就得到了在不同控制分配方案下力矩“最大集合”这一概念，进而对其重要性进行了讨论。

接下来是关于求解方法的一大章节。我们研究了所有的分配方法，对于这些，作者有第一手资料，并且大部分方法都有说明。简要讨论其中一种控制分配方法——线性规划。为了顾及当前在线性规划领域中研究者的兴趣，本书单独开辟了一个章节（附录A），进一步在细节上讨论了线性规划。

所有前面所言都基于一个全局问题：全体控制偏转导致了整体的力矩向量。现在我们把注意力转移到一个局部问题。数字飞行控制计算机一秒钟求解分配问题几十次乃至成百上千次。我们考察计算机指令的单次操作并且不太关注控制执行机构如何动作，而是多快动作。这让我们可以把速度限制考虑在问题中。这样的结构分配导致了一个严重缺陷，有时候称为“绕紧转弯”。针对绕紧转弯的补救方案不困难并且带来了一些有利的作用。

接下来简单考察控制分配和飞行控制系统设计。本书给出了滚转角速度控制指令、俯仰角速度控制指令和侧滑控制器设计实例。最后，我们对非最优控制分配方法的结果进行了画图说明。

在本书的结尾，有一章是对前面提到研究结果的现实应用，对 X-35 控制系统设计经验也进行了介绍。

全书通篇会不定时引用仿真代码。MATLAB® /Simulink® 代码在本书的同步站点可以下载，并且在附录 B 中进行了详细说明。这些仿真代码提供了不同的模块来实现本书讲到的各种控制分配方法。读者可以自由修改应用这些代码来进一步探究控制分配的概念。

我们认为通用仿真平台对得到可重复的结果是必要的。许多技术论文给出的仿真结果没有充分信息，以致读者和评审者无法复现结果。某个研究者的仿真代码中有许多无法通过一篇简单的论文进行表达的隐含假设，但这些假设可能对获得的结果影响很大。我们这里提供的仿真代码要感谢瑞典国防研究部门的许可。仿真所基于的 MATLAB® /Simulink® 有学生和学术版，应该可以很容易获得。

在最后标注的参考文献中，我们整理并列出了关于控制分配和动态逆的论文，同时给出了摘要和其他说明性材料。从这个附录中，读者可以很好地了解谁的研究兴趣与你的相关。但由于我们的疏忽或者是搜索引擎的错误以及其他原因，有些材料被我们忽略是无法避免的。我们不严格执行的参考文献收录标准是：这个文献被用到了。会议论文一般而言没有包含在内，除非资料是唯一且相关的。

最后，我们希望强调这本书的内容仅反映作者个人熟悉的议题。这不是关于控制分配的文献调研。除了在标注的参考文献（附录 C）指出的资料外，还有许多很好很成熟的控制分配的相关研究在本书中没有涉及，读者可以参考与作者有过良好学术交流的 Marc Bodson，Jim Buffington，Dave Doman，Dale Enns，Tony Page 等的著作。

特别值得一提的是，我们要感谢，为大家熟知的“Bull studs”小组：John Bolling，Josh Durham，Michelle Glaze，Bob Grogan，Matt Hederstrom，Jeff Leedy，Bruce Munro，Mark Nelson，Tony Page，Kevin Scalera，以及其他一起在“Sim Lab”（仿真实验室）挥洒汗水的朋友，是大家共同的努力成就了这本书。最后要感谢 Fred Lutze，在各个阶段为我们出谋划策，偶尔说“你可以这么做，但这将是不对的。”

参考文献

Aerodata Model in Research Environment (ADMIRE), Ver. 3. 4h, Swedish Defence Research Agency (FOI), Stockholm, Sweden, 2003.

Bodson, M and Pohlchuck, E 1998 'Command Limiting in Reconfigurable Flight Control' *AIAA J. Guidance, Control, and Dynamics*, **21**(4), 639 - 646.

第2章

飞 机 控 制

本章给出了关于飞行动力学与控制这一领域的简要概述。对这一领域熟悉的读者也许只要明白他们的专业符号和书中使用的符号之间的差别就能理解（大多数见专业术语列表）。我们的习惯用法很大程度上根据的是 Etkin (1972) 以及 Etkin 和 Reid（1995）。特别是我们和其他许多作者在稳定轴（机体固定）、稳定性和操纵导数（没有惯性质量和惯性力矩）方面定义不同。

2.1 飞行动力学

飞机运动学方程的一般推导通常假设其是一个刚体，并且认为地球固定参考系是惯性的（平面地球假设）。平面地球假设在现在的处理中是恰当的，因为我们将考虑的所有飞机运动限制在低速和短时间内。在此情况下，由于地球自转引起向心力、科里奥利力和切向加速度是可以忽略的。

2.1.1 运动方程

2.1.1.1 运动学方程

运动学方程把飞机机体坐标轴的角加速度和本地水平参考坐标系下方向变化速度联系起来。这里的表述可以用欧拉角、欧拉参数、方向余弦或任何一个合适的特征。这里用欧拉角。推导是简单易懂的，结果列在方程（2.1）中。

$$\begin{Bmatrix}\phi\\ \theta\\ \psi\end{Bmatrix}=\begin{bmatrix}1 & \sin\phi\tan\theta & \cos\phi\tan\theta\\ 0 & \cos\phi & -\sin\phi\\ 0 & \sin\phi\sec\theta & \cos\phi\sec\theta\end{bmatrix}\begin{Bmatrix}p\\ q\\ r\end{Bmatrix} \tag{2.1}$$

角度 ψ、θ 和 ϕ 是欧拉角的名称，它们以一个 3－2－1 的旋转次序定义，表示从地球固定参考坐标系到机体固定参考坐标系的转换。它们分别被称为方位角 ψ、俯仰角 θ 和滚转角 ϕ。注意在平面地球假设下，这些角度和从本地水平转换过来是一致的。也注意到假如 $\theta=\pm\pi/2$（直指往上或者往下），方程（2.1）是无效的。

角速度 p、q、r 是在机体坐标系下机体轴惯性旋转速度的分量。它们被称为滚转速度 p、俯仰速度 q、偏航速度 r。惯性旋转速度向量可表示为 $\boldsymbol{\omega}_{\mathrm{B}}$，这个向量在机体坐标系下有分量 p、q 和 r。

从飞行动力学的角度看，方程（2.1）需要用于跟踪相对于飞机的重力向量指向。

2.1.1.2 机体轴力方程

机体轴上的力方程是速度惯性分量的变化率，如在机体轴上表示为

$$\{\dot{\boldsymbol{v}}_{\mathrm{B}}\}_{\mathrm{B}}=\frac{1}{m}\{\boldsymbol{F}\}_{\mathrm{B}}-\{\boldsymbol{\Omega}_{\mathrm{B}}\}_{\mathrm{B}}\{\boldsymbol{v}\}_{\mathrm{B}} \tag{2.2}$$

在此表示方式下，$\boldsymbol{v}$ 是飞机质心的惯性速度。$\{\dot{\boldsymbol{v}}_{\mathrm{B}}\}$ 的下标 B 意味着 $\boldsymbol{v}$ 关于时间的导数是在机体坐标系下获得的。所有在圆括号中的内容定义了一个向量，并且在括号外的另一个下标 B 意味着这个向量是在，或有分量在机体轴系中。

$$\{\boldsymbol{v}\}_{\mathrm{B}}=\begin{Bmatrix}u\\v\\w\end{Bmatrix},\ \{\dot{\boldsymbol{v}}_{\mathrm{B}}\}=\begin{Bmatrix}\dot{u}\\\dot{v}\\\dot{w}\end{Bmatrix} \tag{2.3}$$

参数 m 是飞机的质量。向量 $\{\boldsymbol{F}\}_{\mathrm{B}}$ 包含作用在机身上的力 $\{\boldsymbol{F}_{\mathrm{A}}\}$（气动力），$\{\boldsymbol{T}\}$（推力），$\{\boldsymbol{W}\}$（飞机的重力）。

$$\{\boldsymbol{F}\}_{\mathrm{B}}=\{\boldsymbol{F}_{\mathrm{A}}\}_{\mathrm{B}}+\{\boldsymbol{W}\}_{\mathrm{B}}+\{\boldsymbol{T}\}_{\mathrm{B}}=\begin{Bmatrix}X\\Y\\Z\end{Bmatrix}+\begin{Bmatrix}-mg\sin\theta\\mg\sin\phi\cos\theta\\mg\cos\phi\cos\theta\end{Bmatrix}+\begin{Bmatrix}T_x\\T_y\\T_z\end{Bmatrix} \tag{2.4}$$

$\{\boldsymbol{F}_{\mathrm{A}}\}_{\mathrm{B}}$ 的分量简单命名为 X、Y 和 Z。推力矢量 $\{\boldsymbol{T}\}_{\mathrm{B}}$ 已经被假设为有分量 T_x、T_y 和 T_z，来表示受控的推力方向。$\{\boldsymbol{W}\}_{\mathrm{B}}$ 的分量来源于本地水平 z 轴到机体坐标的简单变换。

这些机体轴力通过下式的变换与升力 (L)、阻力 (D) 和侧力 (C) 联系起来。

$$\begin{Bmatrix}X\\Y\\Z\end{Bmatrix}=\begin{bmatrix}\cos\alpha\cos\beta & -\cos\alpha\sin\beta & -\sin\alpha\\\sin\beta & \cos\beta & 0\\\sin\alpha\cos\beta & -\sin\alpha\sin\beta & \cos\alpha\end{bmatrix}\begin{Bmatrix}-D\\-C\\-L\end{Bmatrix} \tag{2.5}$$

矩阵 $\{\boldsymbol{\Omega}_{\mathrm{B}}\}_{\mathrm{B}}$ 代替了叉乘操作 $\{\boldsymbol{\omega}_{\mathrm{B}}\}_{\mathrm{B}}\times$，则

$$\{\boldsymbol{\Omega}_{\mathrm{B}}\}_{\mathrm{B}}=\begin{bmatrix}0 & -r & q\\r & 0 & -p\\-q & p & 0\end{bmatrix} \tag{2.6}$$

作为结果，我们可以写出机体轴力方程：

$$\dot{u}=\frac{1}{m}(X+T_x)-g\sin\theta+rv-qw \tag{2.7a}$$

$$\dot{v}=\frac{1}{m}(Y+T_y)+g\sin\phi\cos\theta+pw-ru \tag{2.7b}$$

$$\dot{w}=\frac{1}{m}(Z+T_z)+g\cos\phi\cos\theta+qu-pv \tag{2.7c}$$

2.1.1.3　机体轴力矩方程

机体轴力矩方程是在控制分配中主要关注的方程。以角旋转惯性分量的变化率表示，在机体轴上看，这些是

$$\{\dot{\boldsymbol{\omega}}_{\mathrm{B}}\}_{\mathrm{B}}=\boldsymbol{I}_{\mathrm{B}}^{-1}[\{\boldsymbol{m}\}_{\mathrm{B}}-\{\boldsymbol{\Omega}_{\mathrm{B}}\}_{\mathrm{B}}\boldsymbol{I}_{\mathrm{B}}\{\boldsymbol{\omega}_{\mathrm{B}}\}_{\mathrm{B}}] \tag{2.8}$$

$\{\dot{\boldsymbol{\omega}}_{\mathrm{B}}\}_{\mathrm{B}}$ 的含义和上面 $\{\dot{\boldsymbol{v}}_{\mathrm{B}}\}_{\mathrm{B}}$ 的含义类似。导数是在机体固定参考坐标系下的，得到的向量分量是表示在机体坐标系下的，$\boldsymbol{I}_{\mathrm{B}}$是飞机的惯性矩阵。

外界力矩是由气动力和推力生成的（重力通过重心起作用，即我们坐标系的原点，所以重力不生成力矩）。在有受控推力矢量的飞机上，三个轴上的力矩都可以生成。作为结果，这些力矩是

$$\{\boldsymbol{m}\}_{\mathrm{B}}=\begin{Bmatrix}L+L_T\\M+M_T\\N+N_T\end{Bmatrix} \tag{2.9}$$

我们假设一个对称面，所以在惯性矩阵中，涉及 y 的叉乘变为 0，即

$$\boldsymbol{I}_{\mathrm{B}}=\begin{bmatrix}I_{xx} & 0 & -I_{xz}\\0 & I_{yy} & 0\\-I_{xz} & 0 & I_{zz}\end{bmatrix} \tag{2.10}$$

其逆可以被表示为

$$\boldsymbol{I}_{\mathrm{B}}^{-1}=\frac{1}{I_D}\begin{bmatrix}I_{zz} & 0 & I_{xz}\\0 & I_D/I_{yy} & 0\\I_{xz} & 0 & I_{xx}\end{bmatrix} \tag{2.11}$$

这里，$I_D=I_{xx}I_{zz}-I_{xz}^2$。得到的力矩方程表示为

$$\dot{p}=\frac{I_{zz}}{I_D}[L+L_T+I_{xz}pq-(I_{zz}-I_{yy})qr]+\frac{I_{xz}}{I_D}[N+N_T-I_{xz}qr-(I_{yy}-I_{xx})pq] \tag{2.12a}$$

$$\dot{q}=\frac{1}{I_{yy}}[M+M_T-(I_{xx}-I_{zz})pr-I_{xz}(p^2-r^2)] \tag{2.12b}$$

$$\dot{r}=\frac{I_{xz}}{I_D}[L+L_T+I_{xz}pq-(I_{zz}-I_{yy})qr]+$$
$$\frac{I_{xx}}{I_D}[N+N_T-I_{xz}qr-(I_{yy}-I_{xx})pq] \tag{2.12c}$$

假如问题在主要轴上提出，那么方程（2.12）可以被大大简化：

$$\dot{p}=[L+L_T-(I_{zp}-I_{yp})qr]/I_{xp} \tag{2.13a}$$
$$\dot{q}=[M+M_T-(I_{xp}-I_{zp})pr]/I_{yp} \tag{2.13b}$$
$$\dot{r}=[N+N_T-(I_{yp}-I_{xp})pq]/I_{zp} \tag{2.13c}$$

2.1.1.4 机体轴导航方程

飞机相对于地球的位置可以通过把速度表示在地球固定坐标系下并且对每一个分量进行积分来确定。

$$\begin{Bmatrix}\dot{x}_{\mathrm{E}}\\ \dot{y}_{\mathrm{E}}\\ \dot{z}_{\mathrm{E}}\end{Bmatrix}=\boldsymbol{T}_{\mathrm{H,B}}\begin{Bmatrix}u\\ v\\ w\end{Bmatrix} \tag{2.14}$$

通常我们知道从本地水平系到机体系的变换矩阵 $\boldsymbol{T}_{\mathrm{B,H}}$，它依据的是滚转角 ϕ、俯仰角 θ 和偏航角 ψ。

$$\boldsymbol{T}_{\mathrm{B,H}}=\begin{bmatrix}\cos\theta\cos\psi & \cos\theta\sin\psi & -\sin\theta\\ \begin{pmatrix}\sin\phi\sin\theta\cos\psi\\ -\cos\phi\sin\psi\end{pmatrix} & \begin{pmatrix}\sin\phi\sin\theta\sin\psi\\ +\cos\phi\cos\psi\end{pmatrix} & \sin\phi\cos\theta\\ \begin{pmatrix}\cos\phi\sin\theta\cos\psi\\ +\sin\phi\sin\psi\end{pmatrix} & \begin{pmatrix}\cos\phi\sin\theta\sin\psi\\ -\sin\phi\cos\psi\end{pmatrix} & \cos\phi\cos\theta\end{bmatrix} \tag{2.15}$$

根据方向余弦矩阵的特点，我们有 $\boldsymbol{T}_{\mathrm{B,H}}^{\mathrm{T}}=\boldsymbol{T}_{\mathrm{B,H}}^{-1}=\boldsymbol{T}_{\mathrm{H,B}}$。换句话说，$\boldsymbol{T}_{\mathrm{B,H}}$的转置是从机体到本地水平坐标系的变换。扩展下面的方程：

$$\dot{x}_{\mathrm{E}}=u(\cos\theta\cos\psi)+v(\sin\phi\sin\theta\cos\psi-\cos\phi\sin\psi)$$
$$+w(\cos\phi\sin\theta\cos\psi+\sin\phi\sin\psi) \tag{2.16a}$$
$$\dot{y}_{\mathrm{E}}=u(\cos\theta\sin\psi)+v(\sin\phi\sin\theta\sin\psi+\cos\phi\cos\psi)$$
$$+w(\cos\phi\sin\theta\sin\psi-\sin\phi\cos\psi) \tag{2.16b}$$
$$\dot{h}=-\dot{z}_{\mathrm{E}}=u\sin\theta-v\sin\phi\cos\theta-w\cos\phi\cos\theta \tag{2.16c}$$

2.1.1.5 风轴关系

全套微分方程可以在风轴系（速度坐标系）推导，但是结果比从机体坐标系上推导获得的要复杂。然而，假设力和力矩在功能上不依赖于$\dot{\alpha}$或者$\dot{\beta}$（最多一个数学设计），那么一定程度上有可能有一种更简单的方法。基于风轴系下 V、α 和β 的定义，可以把$\dot{V}$、$\dot{\alpha}$ 和$\dot{\beta}$直接与机体坐标轴系上的力方程联系起来。

$$\alpha \equiv \arctan\left(\frac{w}{u}\right) \Rightarrow \dot{\alpha} = \frac{u\dot{w} - w\dot{u}}{u^2 + w^2} \tag{2.17a}$$

$$V \equiv \sqrt{u^2 + v^2 + w^2} \Rightarrow \dot{V} = \frac{u\dot{u} + v\dot{v} + w\dot{w}}{\sqrt{u^2 + v^2 + w^2}} = \frac{u\dot{u} + v\dot{v} + w\dot{w}}{V} \tag{2.17b}$$

$\dot{\beta}$表达式最好使用V和$\dot{V}$。

$$\beta \equiv \arcsin\left(\frac{v}{V}\right) \Rightarrow \dot{\beta} = \frac{V\dot{v} - v\dot{V}}{V\sqrt{u^2 + w^2}} \tag{2.17c}$$

2.1.1.6　飞机的状态

在运动方程中表现为时间微分的每一项是飞机的一个状态。因此有十二个状态：三个位置（x_E，y_E和z_E），三个角度（ϕ、θ和ψ），三个速度（u、v和ω），三个角速度（p、q和r）。风轴变量V、α和β可以用来代替机体轴速度u、v和ω。

在运动方程中，每一个状态，用它们自己的关于力和力矩状态变量以及与控制偏转无关的许多其他变量表述，对应有一个非线性常微分方程。

2.1.2　线性化的运动方程

在2.1.1节中的非线性运动方程一般没有解析解。在给定的形式下它们可以利用数值积分进行飞行仿真。

正常情况下，在飞行动力学课程中，正是在这里把非线性方程线性化，然后可以得到解析解的形式。本书不关注这种解，但是需要得到控制执行机构线性化后的效果，所以我们将简单描述一下线性化的过程。

通常有一个参考飞行条件与线性化过程相关，在正常情况下是一个稳定条件。线性化实现是只保留泰勒展开式（或者是有合适定义的麦克劳林形式）的一阶项。这个过程可能有点复杂，因为其中涉及明确的或者假设的依赖关系；也就是，力和力矩对于状态和控制的依赖关系。

本书将不需要完全线性化运动方程，但是将大量使用与三个力矩相关的控制有效性，或者与这三个力矩相关的量。主要感兴趣的量是在运动学方程中的力矩、力矩系数或者角加速度。除非具体讨论这些数值中的某一个，我们将用一个通用的符号m附带一个下标来表示轴。同样，在一般讨论中，我们将简单指定这些效果为力矩。

力矩系数是通过力矩的无量纲化获得的。这个过程包括除以动压、翼展面积和特征长度。翼展面积表示为S，动压$\bar{q}$是空气密度ρ和空速V的函数：

$$\bar{q}=\frac{1}{2}\rho V^2 \tag{2.18}$$

特征长度是合理定义的用于俯仰力矩的弦长 $\bar{c}$，以及用于滚转和偏航力矩的翼展 b。这些非量纲系数可以表示为

$$\begin{cases} C_\ell=\dfrac{L}{\bar{q}Sb} \\ C_m=\dfrac{M}{\bar{q}S\bar{c}} \\ C_n=\dfrac{N}{\bar{q}Sb} \end{cases} \tag{2.19}$$

方程（2.12）和方程（2.13）清楚表示角加速度和力矩之间的一对一关系。力矩和相关效应概括在表 2.1 中。

表 2.1 控制偏转力矩和相关效应

轴	力矩	力矩系数	角加速度	通称
x_B	L	C_ℓ	$\dot{p}$	m_1
y_B	M	C_m	$\dot{q}$	m_2
z_B	N	C_n	$\dot{r}$	m_3

控制执行机构通常表示为 u_i，$i=1，2，\cdots，m$ 并且假设 $m>3$（或者对于二力矩问题 $m>2$）。作为一个向量，它们是 $\boldsymbol{u}$。在实际应用中，这些执行机构也许有特定的名字，如左侧水平尾翼或者右侧副翼。在这种情况，它们将被表示为带有一个合适下标的 δ，例如 δ_a 用于副翼。然后在方程（2.20）中的项将有更熟悉形式的 $L_{\delta_{LHT}}$（量纲化操纵导数）或者 $C_{L_{\delta_{LHT}}}$（无量纲操纵导数）。

控制有效性矩阵，用通用的力矩和控制，用雅可比矩阵给出：

$$\boldsymbol{B}=\begin{bmatrix} \dfrac{\partial m_1}{\partial u_1} & \dfrac{\partial m_1}{\partial u_2} & \cdots & \dfrac{\partial m_1}{\partial u_m} \\ \dfrac{\partial m_2}{\partial u_1} & \dfrac{\partial m_2}{\partial u_2} & \cdots & \dfrac{\partial m_2}{\partial u_m} \\ \dfrac{\partial m_3}{\partial u_1} & \dfrac{\partial m_3}{\partial u_2} & \cdots & \dfrac{\partial m_3}{\partial u_m} \end{bmatrix} \tag{2.20}$$

我们将不时考虑只涉及滚转和偏航的一些小问题。在那种情况下所有前面的讨论将只考虑方程（2.20）的第一和第三行。

一般而言，任何一对控制执行机构之间，特别是分列左右的，没有内置的机械连接。每对水平尾翼和副翼将包含两个控制执行机构，其中每一个控制执行机构都能够独立动作。

2.2 控制

2.2.1 概述

飞机机动主要是通过角加速度和力矩控制。也就是说，除了用推力和少量特殊情况（如直接升力控制）通常没有力的直接控制。角加速度用来调整飞机相对于气流的方向和相对于外界物体的方向，如其他飞机或者跑道。例如，我们不能施加水平控制力来使飞机转弯，而是通过滚转控制来获得滚转角，它生成升力向量的一个水平分量，而俯仰控制被用来重新调整飞机的方向至更大迎角，以使得其中的垂直分量来平衡飞机的重力。

本节的论述是简要的；要获得对于飞行控制系统的全面了解，可以参考如 Pratt（2000）。

2.2.1.1 纵向控制

基于给定的一套机体坐标轴，纵向俯仰运动是关于 y 轴的。俯仰角速度表示为 q。俯仰角加速度 $\dot{q}$ 由俯仰力矩 M 生成。俯仰力矩产生于气动力，主要包含那些阻止机翼旋转运动的力（俯仰速度阻尼，与 C_{m_q} 有关），和克服这些阻力的飞行控制执行机构产生的力。任何一个对于俯仰力矩有不可忽略影响的控制执行机构可能对于总体俯仰力矩有作用。它们主要包括部件如水平尾翼、鸭翼和机动襟翼。

最大力度俯仰机动相对来说是很少的。也就是，人们很少能发现纵向操纵杆与制动相违背。纵向控制主要用来产生特定迎角以调节转弯速度。然而，当在负载因子上有限制时，在高速时必须注意这一点以避免结构损坏；并且在低速时，飞行在大迎角时由于诱导阻力会很快损耗能量。目前为止由于俯冲纵向控制，除飞行表演外，操纵杆完全向前唯一经常发生的情况是在飞机改出螺旋时。

2.2.1.2 横侧向控制

横侧向运动是一种围绕 x 轴的滚转运动。滚转速度用 p 表示。滚转加速度 $\dot{p}$ 由滚转力矩 L 生成。滚转力矩来自于气动力，主要包含那些阻止机翼旋转运动的力（滚转速度阻尼，C_{ℓ_p}）和克服这些阻力的飞行控制执行机构产生的力。任何一个能生成滚转力矩控制执行机构就可以被使用，如独立于右侧的左侧水平尾翼。

在快速大机动时，最大的横侧向控制作用经常被用于飞机的非常广泛空速区间，最大作用力的应用很少付出代价。这一点不像只在地球上运动的汽车，例如，在汽车高速运动中操纵盘完全偏转就会导致大问题。

2.2.1.3 航向控制

航向运动是一种围绕 z 轴的偏航运动。偏航速度表示为 r。偏航加速度 $\dot{r}$ 由偏航力矩 N 生成。偏航力矩来自气动力，大部分包含那些来源于侧滑 C_{n_β} 的力，以及克服这些气动力的飞行控制执行机构产生的力。任何一个能生成偏航力矩的控制执行机构可以被用来进行航向控制（如方向舵），几乎每一个滚转控制执行机构也可以。

在一些拥有高扭矩发动机的飞机上，或者当扭矩来自推力器导致的机身空气流动，特别是在起飞的时候，偏航力矩也许需要用来进行航向控制。

在多引擎飞机中，非对称推力是可以获得的（特别是，当引擎故障时），应用方向舵脚蹬生成的气动偏航力矩被用来平衡非对称推力生成的偏航力矩。

侧滑在穿风降落中偶尔被使用，或者作为降落时生成更大阻力的一种方法。

在飞行表演时，飞行员也许故意应用大力矩来执行一些动作，如直升失速翻转或者震撼的 Lomcevak（Lomcovak）动作。

经验丰富飞行员驾驶高性能战术飞机，可以利用大偏航力矩实现防御性机动以便摧毁跟踪的敌机。查看 Shaw（1985）例子和说明。

除了这些特定应用之外，偏航力矩通常还用来和滚转力矩一起调节侧滑。慢速飞行的轻型飞机和所有在大迎角下运行的飞机，一般来说需要滚转和偏航力矩协同来保持小侧滑。许多飞机都装备了副翼—方向舵联动系统（ARI）或者滚转面—方向舵联动系统（RSRI）来实现这个目的。

2.2.1.4 多轴控制

一般而言，飞机的每个动作包括了所有三个轴的控制。正如上面所示，为了简单地让飞机转弯，横侧向控制用来倾斜升力向量，纵向控制用来提高升力，而航向控制用来消除由滚转生成的任何侧滑。仅仅纯粹纵向机动，例如一个闭环是单轴的，然而假如考虑引擎力矩作用，它们甚至也许需要横侧向和航向控制。

一个可能挑战飞行控制系统的动作是速度滚转向量（Durham 等，1994）。在大迎角时，围绕 x_B 轴的滚转角将导致大的侧滑（简单而言，在滚转 90°后所有的 α 变为 β）。为了避免这种情况，充分仔细协调的航向控制是必需的。期望的结果是保持速度向量方向在整个滚转，或者常迎角和零侧滑角情况下相对于飞机是固定的，所以飞机围绕速度向量滚转。

2.2.2 飞机控制执行机构

2.2.2.1 概述

从目的角度看，控制执行机构是任何可以用来改变力量的外在装置，主要的目的是改变作用在飞机上的力矩。控制执行机构偏转通常用带具体机构下标的希腊字母 δ 表示。因此常见如 δ_e 表示升降舵偏转，δ_r 表示方向舵偏转。有时需要进一步在下标上进行细节表示。假如左右副翼不是联动的（通常情况是这样）而是独立自由运动的，然后 δ_a 作为联动系统在左和右将被 δ_{aL} 和 δ_{aR} 代替。

用数学方法处理一组控制执行机构，表示为 u_i，$i=1, 2, \cdots, m$，其中 m 是执行机构的数目。它们将组成一个列向量 $\boldsymbol{u}$。

$$\boldsymbol{u}=\begin{Bmatrix} u_1 \\ u_2 \\ \vdots \\ u_m \end{Bmatrix} \tag{2.21}$$

2.2.2.2 空气动力

空气动力飞行控制一般是指装置能改变更大空气动力面的弯度，或者改变空气动力面的迎角。空气动力变化的目的是生成一些表面力的变化（通过当时位置的升力）。在这里这个力本身不是我们所主要关心的，但是这个力处在和飞机重心有一段距离的位置，因此生成了围绕重心的力矩。

空气动力表面的弯度可以被大面上的前置或后置边缘上小一些的襟翼表面改变。在机翼后缘有经典的水平尾翼升降舵、垂直尾翼上的方向舵和在机翼上的副翼。前缘和后缘襟翼通常情况不认为是主要的飞行控制机构，但是它们可能有用，特别是当进行差分操作时，但是也可能作为俯仰控制进行对称操作时有用。

控制执行机构，包括全动的水平尾翼、鸭翼和垂直，是通过改变整个表面的迎角进行作用。全动水平尾翼和鸭翼可以在俯仰控制时进行对称操作，也可以在滚转和偏航控制时进行差动。

通常不能明确归于此类别的装置是扰流片：该装置能够从翼表面突起干扰升力而产生力的改变。扰流片的使用在早期超声速飞机是重要的，因为当机翼上有激波生成时传统的副翼会丧失有效性。

活动表面执行机构的符号约定在不同的文献中是不一样的，特别需要注意理解在特定的应用中使用什么。本书中，符号约定服从右手定则，其中大拇指沿着 3 个机体坐标轴中的一个。因此，大拇指在正的 x 轴方向，襟翼在飞机右侧（如副翼）是正后缘往下（TED），而在左边则相反。当大拇指在正 y 轴方向，襟翼在飞机的后部（如升降舵）是正后缘向下（TED），而在前部则相反（如鸭翼）。当大拇指在正的 z 轴方向，扑动表面（襟翼）在飞机的后部（如方向舵）是正后缘向左（TEL）。

主要和次要飞行控制之间有区别。主要飞行控制用来操纵飞机的机动，而次要飞行控制用来改变气动特性。后者的例子是用速度制动器来增加阻力和用襟翼来降低下降速度。前置和后缘襟翼用来操纵飞行，并且扰流片可以用来增加阻力，所以区别不是绝对的。

2.2.2.3 推进

飞行控制推力一般是由引擎推力矢量生成，并且它们在正常情况下受到喷管几何尺寸的影响。也许也可以找到推力矢量的一些应用，如垂直或者短距起飞和降落。但是我们的关注点在于应用向量来生成机动飞行所需要的力矩。这样，推力变化来改变作用在飞机上力矩的任何应用，包括反作用引擎，是包含在里面的。

推力矢量可以被设计为在二维面内进行控制，正常情况下的俯仰，并且常常伴随着利用在引擎排气中的叶片偏离开轴向而实现。三维系统能够以任何角度偏转推力矢量，生成俯仰和偏航。对于双引擎飞机，单独引擎的向量控制也许可以差动来生成滚转力矩。

有许多研究飞机的实例采用了推力矢量，如 McDonnell Douglas F-15 ACTIVE（图 2.1）、General Dynamics F-16 VISTA、Rockwell-MBB X-31（图 2.2）和 McDonnell Douglas F-18 HARV①。Lockheed Martin F-22“猛禽”和几种 Sukhoi 飞机是运行中的采用推力矢量的飞机例子。

2.2.2.4 零偏转

控制执行机构的零偏转位置完全是人为设定的。飞机不关心你定义什么是零。在有全动水平尾翼的飞机机身上的一面经常喷涂，相对应于水平翼前缘，一个基准表示“0”。围绕这个基准有一条弧线是其他相对于这条弧线偏转的角度。这个零偏转是确定于设计阶段，并且被用作装备控制系统时，非常类似于在引擎飞轮上的时间标记。对于此零基准线，除了水平尾翼驱动系统的机械部分与其有关外，没有什么特殊的。

---

① ACTIVE：用于一体化飞机的先进控制技术；VISTA：可变稳定性飞行过程仿真测试飞机；HARV：大迎角研究飞机。

图 2. 1　F-15 ACTIVE 上的可变喷管推力矢量
（来源：美国国家航空航天局）

图 2. 2　X-31 上的桨推力矢量（来源：美国国家航空航天局）

其他控制执行机构也许有一些“自然”零偏转。机翼后缘拍动装置也许有零定义位置，其仍然保持附加于上的表面自然弯度。扰流片有一个直观的自然零偏转，此时它和机翼表面贴合在一起。

另外，零偏转也许有一个更重要的定义。例如在一个配平状态，或者在最小控制诱导阻力情况，或者当前位置是在计算机控制系统一系列计算开始的时候。

零偏转的概念在本书中所隐含的是某个参考飞行条件的偏转，经常是一个配平状态。我们将有条件来通过应用泰勒展开式的一阶项来线性化控制有效性矩阵。在序列中隐含的是一个参考状态，来应用于该序列中偏导数的估计。

2.2.3 飞机控制信号发生器

2.2.3.1 传统中心操纵杆

传统控制系统信号发生器包括方向舵脚蹬和中心操纵杆。中心操纵杆前后运动用于纵向控制；横侧向控制实现是通过操纵杆的横侧向运动，或者通过一个轮状操纵杆。在最简单的情况下，这些控制信号发生器的运动直接与外部的控制面连接起来，经常通过线缆、皮带轮、曲柄。

再次说一下最简单情况，通常有一个外部控制面，或者连接成组的控制面用作一个控制面，与控制信号发生器的每一种运动联系起来。控制面上气动负载通过机械连接传递到被称为可逆控制系统中的控制信号发生器。操纵杆的长度提供了来克服控制面上气动负载的机械优势。一些可逆控制系统也许可以增加几乎总是液压的助推，来缓解一些传递到控制信号发生器的气动力。(早期 A-4“天鹰”飞机有一个操纵杆能被扩展用于助推器故障情况。)

要求生成给定飞机响应的控制信号发生器力和位移之间关系，对于确定飞行员是否能够容易执行飞行任务（飞机飞行品质）是很有重要意义的。例如，要求生成给定负载因子（杆力每 g）的纵向控制信号发生器的力已经成为大量关于飞机纵向飞行品质研究中的焦点。这种特殊性能的控制能够通过修正纵向杆的传动达成，或者在一些情况通过附加在杆上的平衡重量修正力。

更复杂的飞机有全助力操纵面，称为**不可逆操纵系统**。在一个基础不可逆操纵系统中信号发生器运动和相对应的控制面有一对一联系。控制面上的气动负载没有被传递给控制信号发生器，仅给有作动器（常规是液压活塞）安装的结构。在这种情况下模拟感觉必须提供给控制信号发生器。简单如弹簧或者阻尼，或者更复杂的用主动模块（如变力矩电机）能给控制信号发生器以期望的动态响应。

不可逆飞行控制系统也许有一个控制或者稳定增强系统。在 Sevens 和

Lewis（2015）和很多其他优秀的书籍中有关于稳定和控制增强系统的全面阐述。驾驶未增强控制系统的飞行员控制力和力矩以生成加速度来实现飞机的响应。增强系统在飞行员输入上进行作用，改变控制面的偏转来修正那些响应从而提高飞机的飞行品质。这种增强系统需要一些参数，例如俯仰速度或者迎角，从而通过改变合适控制表面偏转来获得期望的性能。

控制信号发生器与控制面关系发展的下一阶段是电传动。这些控制信号发生器没有直接在物理上连接控制面，但是这些信号发生器的力和位移作为输入被提供给飞行控制计算机。计算机把这些输入转换为期望响应，并且驱动控制面按照设计的模式来获得这个响应。这个响应通常被调整用来满足飞行目标。

2.2.3.2　侧杆

随着电传系统的发展，飞机控制不需要大中心操纵杆。杆仅连接一台计算机，这样可以使用像在电子游戏中的更小更轻的控制器。由于许多不可逆的系统有失败模式，当错误发生时需要中心操纵杆，因此放弃中心操纵杆需要对飞行控制计算机和控制面驱动系统有极大的信心。

侧杆控制器正越来越常见。它们在现代战术飞机如 F-35 中出现，甚至在商用载客飞机（如空客）中也有。有趣的是，侧杆控制器的不同实现在其机械和模拟感觉上有很多不一样的地方。F-16 飞行控制系统主要是由侧杆力来控制的。出乎意料的是，飞行员看起来几乎没有困难来适应用左手侧杆来操作飞行。

2.2.3.3　方向舵脚蹬

操纵方向舵脚蹬，向前踩左脚蹬（右脚蹬向后运动）使得方向舵向左偏转，通常生成机头往左偏航力矩，而对于右脚蹬情况则相反。方向舵应用也产生滚转力矩。在缺少复杂飞行控制系统的战术型飞机中，方向舵在大迎角情况下主要使用滚转控制，此时副翼和扰流片作用能使得飞机偏离被控飞行状态。

除了控制向上离开的飞行，方向舵脚蹬还有其他应用。在地面处理中方向舵脚蹬也许可以连接可操纵的机头轮盘（或者至少一例尾翼轮盘）使得具备滑行转弯能力。在悬停飞行中，以 X-35 为例，当有中挡踏板在当前方位停止偏航运动时，方向舵脚蹬可以用来控制地球固定垂直坐标轴系下偏航速度。

2.3　后记

本章内容经过了很大压缩，通常这些内容需要在大学里经过至少一学期的系统讲授。去任何工程学校的图书馆看看就知道，有很多教科书涵盖本章全部内容。每个人都有自己的喜好，有些书仅因为多年不断使用就让人偏爱。用于飞行动力学的参考书是 Etkin（1972）、Etkin 和 Reid（1995），当然还有 Durham（2013）。

Stevens 和 Lewis（2015）更多讲解了自动飞行控制而不是飞行动力学，但是对这两个方向都讲解得很好。Stevens 和 Lewis 也提供了仿真程序（用 Fortran），我们发现这个程序能用来仿真测试控制分配代码等。他们的仿真程序也被应用在我们的有人飞行模拟器上（Scalera 和 Durham，1998），并可以看出其相当真实。他们的单纯优化代码应用到了我们的控制分配程序中，这将在 6.6 节中讲到。

在许多书中，特别是针对初学飞行员的通用航空知识的书中，都有关于飞行控制的讨论，更明确地说是关于控制执行机构的讨论。Pratt（2000）及合作者不仅对于驱动系统本身而且对于飞行动力学、飞行品质和实现问题有深入的探讨。

本章主要讲述的内容是关于 2.1.1 节的运动学方程，以及 2.1.1.3 节中的机体轴力矩方程。接下来的 3.2 节讨论动态逆控制律时这些将格外凸显，控制律的输出作为控制分配问题的输入：期望的机体轴力矩。

接下来还有重要的一点是控制有效性矩阵，称为 $\boldsymbol{B}$。这个矩阵定义在方程（2.20）中，把力矩和控制执行机构本身联系了起来。飞机可能需要多控制执行机构来生成三个力矩这个事实——也就是 $\boldsymbol{B}$ 矩阵宽度大于高度，导致控制分配问题不是小问题。

本章中的其余内容给出控制分配问题（我们将在第 4 章中讨论）提出的背景和来龙去脉。然而在讲解控制分配问题之前，我们将讨论作为作者学习控制分配主要动机的控制律。

参考文献

Durham，*W* 2013 *Aircraft Flight Dynamics and Control* 1st edn. John Wiley & Sons.

Durham，WC，Lutze，FH，and Mason，W 1994 'Kinematics and aerod-ynamics of the velocity-vector roll，' *AIAA J. Guidance*，*Control*，*and Dynamics*，**17**(6)，1228 - 1233.

Etkin，B 1972 *Dynamics of Atmospheric Flight*，1st edn. John Wiley & Sons；Republished 2005 by Dover Publications.

Etkin，B and Reid，LD 1995 *Dynamics of Flight*：*Stability and Control*，3rd edn. John Wiley & Sons.

Pratt，RW (ed.) 2000 *Flight Control Systems*：*Practical Issues in Design and Implementation* Institution of Engineering and Technology Control Engineering Series 57.

Scalera, KR and Durham, W 1998 'Modification of a Surplus Navy 2F122A A-6E OFT for Flight Dynamics Research and Instruction,' AIAA-98-4180 in *AIAA Modeling and Simulation Technologies Conference and Exhibit*.

Shaw, RL 1985 *Fighter Combat: Tactics and Maneuvering*. Naval Institute Press.

Stevens, BL and Lewis, FL 2015 *Aircraft Control and Simulation*, 3rd edn. Wiley-Blackwell.

第3章

控　制　律

在讨论控制分配时把控制分配和控制律分开是合适的。控制律的意思是把飞行员的控制信号发生器输入转变成飞机的期望力矩或者加速度。

在一种极端情况下，控制“律”可能是琐碎的：简单的线缆和滑轮一端连接着操纵杆和方向舵脚蹬，另一端连接着控制面。此时并没有明确的加速度命令，但是飞行员希望通过控制作用后得到加速度（在横侧向控制中，可论证速度来自于加速度）。假如控制执行机构多于驾驶舱输入端口，那么一定程度上需要应用机械上互联执行机构（联动）的更复杂系统。

在许多情况下，能应用一定形式的自动飞行控制。包括使用改变飞机动态响应的系统（稳定增强），或者使用能把飞行员输入转换到特定响应的控制增强系统，例如使给定的轴向杆输入控制一个独立于飞机状态的固定俯仰速度。在另一种极端情况下人们可使用全权限电传飞行操纵系统，在此系统中飞行员的输入直接进入计算机，由计算机来转换这些输入并驱动控制执行机构，从而形成飞机响应。

在每种飞行控制形式中，存在一个状态，此时期望的控制执行机构力或者力矩存在或者能被推算。正是在这种状态下，控制分配开始。一些控制律设计方案把这样的期望效果作为它们的直接输出，并且与控制分配函数清晰区别开来。其他控制律是围绕控制有效性设计的，使得控制律和控制分配之间的区别不那么明显。

3.1　飞行品质

飞机飞行控制系统的设计从本质上来说并不多么关注稳定性，但是要保证飞行员以最小校正执行飞机的任务。任务中飞行员操纵修正量是飞机**飞行品质**的一个定量指标。这个定量指标或者也可称为**操纵品质**，虽然在这两个名词之间有一些区别。

3.1.1 必要条件

飞行品质规范（国防部，1990）是通过评估许多不同响应特性的飞机及可变特性仿真器而确定的。大多数（假如不是全部）用于这些评估的变稳定性飞机被大幅度修改来允许线和角加速度解耦控制。修改这些飞机操纵特性的控制律改变了特征值和在响应状态（特征向量）之间的动态关系。

基于大量不同任务试验，很多飞行员根据他们操作任务的容易度来评估不同响应，飞行品质指导文件和具体说明得到确定。军用飞行品质要求是相当广泛的，例如，关于飞机短期俯仰响应的飞行品质指导文件有 100 页之多（国防部，1990）。

3.1.2 满足飞行品质要求的控制律设计

在过去，飞机设计者通常基于飞行品质要求选择有期望自然响应特性的飞机设计。这种设计通常需要和其他要求如飞机性能进行妥协。例如，设计者能通过后置重心提高飞机油耗经济性，但是这样之后纵向静稳定性降低以至于飞机机身骨架难以控制。

在飞机飞行内在品质需要提高的情况下，飞行控制系统可以包含稳定和控制增强系统。

随着全权限电传飞行操纵系统的发展，飞机自然响应特性变得不那么重要。当有飞行控制计算机持续补偿减少的稳定性时，可以通过放宽纵向静稳定性以提高特定性能。

3.2 动态逆控制律

3.2.1 基础

当前许多飞机使用一种非常不一样称为动态逆的飞行自动控制方法，这种方法在 F-15 ACTIVE 项目中得到了展示并且是 X-35（Walker 和 Allen，2002）飞行控制系统设计的基础，此项目开始于“联合攻击机”项目，后来演变成 F-35 战斗机项目。动态逆与飞行控制研究很好结合起来，因为这使得控制执行机构分配成为一个从确定飞机动态响应中分开的单独问题。

动态逆的基本想法相当简单。考虑一个可以用标量方程表示的物理现象：

$$\dot{x}=f(x(t))+bu(t) \tag{3.1}$$

方程（3.1）中一个需要注意的重点是函数 $f(x(t))$ 可能是非线性的，

但是控制有效性 $bu(t)$ 是线性的。方程（3.1）的形式和 2.1.2 节中建议的是类似的。这些飞机运动方程状态保留于它们的非线性形式中，但是控制有效性被假设为线性关系。

现在假设，我们想找到一个控制律来计算控制输入以生成一些希望的（下标 des）动态响应$\dot{x}_{\text{des}}(t)$。经过对于现象物理特性的研究，我们找到近似值$\hat{f}(\cdot)\approx f(\cdot)$、$\hat{b}\approx b$ 和我们的测量值$\hat{x}(t)\approx x(t)$。考虑以下的控制律：

$$u^*(t)=\frac{1}{\hat{b}}(\dot{x}_{\text{des}}-\hat{f}(\hat{x}(t))) \tag{3.2}$$

把方程（3.2）中 $u^*(t)$ 代入到方程（3.1）中，可以得到

$$\dot{x}=f(x(t))+bu^*(t)=f(x(t))+\frac{1}{\hat{b}}(\dot{x}_{\text{des}}-\hat{f}(\hat{x}(t))) \tag{3.3}$$

在接下来的处理中，我们将丢弃这个（ $\hat{}$ ）符号并假设我们的近似和测量是完美的。我们的主要目的是设置控制分配问题，我们把传感器和参数识别误差的问题放在后面讨论。那么，有$\hat{x}(t)\equiv x(t)$，$\hat{f}(\hat{x}(t))\equiv f(x(t))$，$\hat{b}\equiv b$，则

$$u^*(t)=\frac{1}{b}(\dot{x}_{\text{des}}-f(x(t))) \tag{3.4}$$

得到

$$\dot{x}=\dot{x}_{\text{des}} \tag{3.5}$$

换句话说，假如我们能合理描述过程的动力学，并且精确地测量状态，那么我们可以求得控制量，然后减去自然动力学和加入我们希望的动力学（$\dot{x}_{\text{des}}$）。

对于新接触动态逆的读者可能觉得他是一个骗局游戏的受害者。然而，这个概念是有用的（实际上是指按照正确的模型和隐含状态测量值计算），并且已经在实际飞行的飞机中实现了。

信号$\dot{x}_{\text{des}}$能够通过多种途径确定。通过假设存在完美的逆，我们能应用传统反馈控制设计方法。这个过程的更多细节在 8.1 节讲述。

也有另外一种方法，飞行员输入指令到计算机中，计算机把这些输入到有期望响应特性的飞机数学模型，这样计算得到$\dot{x}_{\text{des}}$时间曲线。这和变稳定飞机的控制系统类似，用来给飞行员提供动态范围以评估其对于飞行品质形成的意见。

在两个中的任一个，计算机把$\dot{x}_{\text{des}}$输入给真实飞机（如在方程（3.4）中）的逆动态模型来计算控制执行机构偏转使得飞机以期望模式响应（如在方程（3.5）中）。

3.2.2 方程类型

一开始，考虑到飞机运动方程有两种不同类型：用来描述飞机位置和方向的运动学方程，以及力和力矩方程。运动学方程，除了导航方程之外，描述了角度和速度之间的关系，且没有力和力矩存在。我们将使用在 2.1 节中给出的$\dot{\phi}$、$\dot{\theta}$和$\dot{\psi}$的关系。

力和力矩方程是描述加速度$\dot{u}$、$\dot{v}$、$\dot{w}$、$\dot{p}$、$\dot{q}$和$\dot{r}$的，如方程（2.7）和方程（2.12）所示。从我们关于控制执行机构的讨论中，可以看出它们是主要的力矩产生来源，并且它们是用于$\dot{p}$、$\dot{q}$和$\dot{r}$力矩方程的主要输入。我们称这些方程为被控方程。

因为力矩来源于一定距离上的力并且单一执行机构不能生成一个纯力偶，这些控制执行机构对于力方程$\dot{u}$、$\dot{v}$和$\dot{w}$有影响，但不是以一个有意的方式。任何控制面偏转将改变飞机的整体阻力并且至少影响$\dot{u}$，但是速度是不受控制执行机构偏转控制的。方向舵主要是用于改变偏航力矩的，但是当它确实生成一个侧力时它不是有意用来控制$\dot{v}$。这些力方程称为补充方程。

我们还没有把引擎推力作为控制执行机构，虽然它的用途确实看起来使得$\dot{u}$成为一个被控方程。和生成力矩的控制执行机构相比，推力作用在一个完全不同的时间尺度内，并且飞行控制系统设计常常考虑空速控制是一个分开的外环。在空战中，杆和方向舵事实上非常繁忙，但是推力经常被用作三种设置之一：全面加力燃烧、全面非加力燃烧和空载功耗。我们把推力放在讨论中的唯一情况是在作为主要力矩生成装置的推力矢量起作用的时候。

哪些方程应该被当作被控的取决于问题。人们甚至可以形成两类问题：一类涉及力矩方程和另一类涉及力方程，并且分别求解它们。在这本书中我们将主要关注三个力矩，或者其被控方程。

3.2.3 被控方程

3.2.3.1 逆函数

动态逆依赖于以一定方式逆变换被控方程并且有效“求解”控制向量 $\boldsymbol{u}$。我们把这种逆变换表示为特定函数 $\boldsymbol{g}$。也就是，给定被控运动方程

$$\dot{\boldsymbol{x}}^{\mathrm{Cont}}=\boldsymbol{f}(\boldsymbol{x},\ \boldsymbol{u}) \tag{3.6}$$

我们要求控制向量的表达式，得到

$$\boldsymbol{u}^{*}=\boldsymbol{g}(\dot{\boldsymbol{x}}_{\mathrm{des}}^{\mathrm{Cont}},\ \boldsymbol{x}) \tag{3.7}$$

方程（3.7）中 $\boldsymbol{g}$ 表示逆函数，它表示了控制执行机构与飞机动力学或控制有效性之间的联系。然而一般来说，我们对于控制有效性的理解仅体现在

飞机状态和控制偏转函数力和力矩表中的关系。这些表来源于理论近似、风洞测试和飞行实验。一个表不是一个函数，并且除非极其简单，否则不能被逆变换。

我们因此转向线性化，正如前面所描述的，以此生成控制有效性矩阵 $\boldsymbol{B}$。逆函数 $\boldsymbol{g}$ 是 $\boldsymbol{B}$ 矩阵逆的一种。假如 $\boldsymbol{B}$ 是方阵并且非奇异，$\boldsymbol{g}=\boldsymbol{B}^{-1}$。

$$\boldsymbol{u}^{*}=\boldsymbol{B}^{-1}(\dot{\boldsymbol{x}}_{\mathrm{des}}^{\mathrm{Cont}},\ \boldsymbol{x}) \tag{3.8}$$

假如 $\boldsymbol{B}$ 不是方阵且不可逆，那么我们寻找某种函数或者方法来实现这种逆变换。当我们说起方法，意思是一种过程 $\boldsymbol{g}$，基于线性 $\boldsymbol{B}$ 矩阵实现逆映射。这就是控制分配，实现这种逆变换的函数和方法是第 6 章的内容。

$$\boldsymbol{u}^{*}=\boldsymbol{g}(\boldsymbol{B})(\dot{\boldsymbol{x}}_{\mathrm{des}}^{\mathrm{Cont}},\ \boldsymbol{x}) \tag{3.9}$$

例如，在主要轴上，假设没有推力影响的滚转力矩方程是

$$\dot{p}=\frac{1}{I_{xp}}[L-(I_{zp}-I_{yp})qr] \tag{3.10}$$

假设一架传统飞机有副翼 δ_{a} 作为单一的滚转力矩来源，那么仅仅通过那个力矩 L，控制才显现出来。没有用于 $L(\delta_{\mathrm{a}})$ 的解析函数，所以我们线性化此函数。

$$L(\delta_{\mathrm{a}})=L(\delta_{\mathrm{a}}=0)+\frac{\partial L}{\partial \delta_{\mathrm{a}}}\Delta\delta_{\mathrm{a}} \tag{3.11}$$

隐含在方程（3.11）中的是，导数是当参考条件 $\delta_{\mathrm{a}}=0$ 时被估值的，并且这个参考条件包括这个滚转力矩的所有其他依赖变量（β、p、r 等）。基于通常的假设条件，得到 $L(\delta_{\mathrm{a}})=L_{\delta_{\mathrm{a}}}\delta_{\mathrm{a}}$。然后，方程（3.7）变成

$$\delta_{\mathrm{a}}^{*}=\frac{1}{L_{\delta_{\mathrm{a}}}}\{I_{xp}\dot{p}_{\mathrm{des}}-[L'-(I_{zp}-I_{yp})qr]\} \tag{3.12}$$

在方程（3.12）中 L' 是在除了 δ_{a} 所有依赖量上的滚转力矩估值。注意到我们没有必要线性化整个方程，只是把控制分离开就够了。假如飞行控制计算机、传感器和机上气动模型能够估计方程（3.12）的右侧部分，那么非线性形式是个更好的选择。

假如我们已经考虑过滚转和偏航（在主要轴上，仍然忽略推力），能够得到

$$\begin{Bmatrix}\delta_{\mathrm{a}}^{*}\\ \delta_{\mathrm{r}}^{*}\end{Bmatrix}=\begin{bmatrix}L_{\delta_{\mathrm{a}}} & 0\\ 0 & N_{\delta_{\mathrm{r}}}\end{bmatrix}^{-1}\begin{bmatrix}I_{xp}\dot{p}_{\mathrm{des}}-[L'-(I_{zp}-I_{yp})qr]\\ I_{zp}\dot{r}_{\mathrm{des}}-[N'-(I_{yp}-I_{xp}pq)]\end{bmatrix}\Bigg| \tag{3.13}$$

在方程（3.13）中

$$\boldsymbol{g}(\boldsymbol{B})=\begin{bmatrix}L_{\delta_{\mathrm{a}}} & 0\\ 0 & N_{\delta_{\mathrm{r}}}\end{bmatrix}^{-1} \tag{3.14}$$

$$\dot{\boldsymbol{x}}_{\text{des}}^{\text{Cont}}=\begin{Bmatrix}\dot{p}_{\text{des}}\\ \dot{r}_{\text{des}}\end{Bmatrix} \tag{3.15}$$

项$\dot{\boldsymbol{x}}_{\text{des}}^{\text{Cont}}$表示了期望动力学。正如我们的数值实例，容易得到控制律为

$$\dot{\boldsymbol{x}}^{\text{Cont}}=\dot{\boldsymbol{x}}_{\text{des}}^{\text{Cont}} \tag{3.16}$$

从方程（3.7）中，控制律可以通过用期望动力学$\dot{\boldsymbol{x}}_{\text{des}}^{\text{Cont}}$代替$\dot{\boldsymbol{x}}^{\text{Cont}}$获得。

3.2.3.2　期望动力学，$\dot{\boldsymbol{x}}_{\text{des}}^{\text{Cont}}$

在动态逆的最简单形式中，被控状态是给定期望动力学$\dot{\boldsymbol{x}}_{\text{des}}^{\text{Cont}}$，它响应于状态$\boldsymbol{x}_{\text{c}}^{\text{Cont}}$的指令值，根据控制律

$$\dot{\boldsymbol{x}}_{\text{des}}^{\text{Cont}}=\boldsymbol{\Omega}(\boldsymbol{x}_{\text{cmd}}^{\text{Cont}}-\boldsymbol{x}^{\text{Cont}}) \tag{3.17}$$

方程（3.17）中矩阵$\boldsymbol{\Omega}$是通常对角阵，其对角元素确定了控制指令下的被控状态动力学。作为标量方程，有

$$\begin{cases}\dot{p}_{\text{des}}=\omega_p(p_{\text{cmd}}-p)\\ \dot{q}_{\text{des}}=\omega_q(q_{\text{cmd}}-q)\\ \dot{r}_{\text{des}}=\omega_r(r_{\text{cmd}}-r)\end{cases} \tag{3.18}$$

δ_{a}^{*} 的表达式在方程（3.12）中变为

$$\delta_{\text{a}}^{*}=\frac{1}{L_{\delta_{\text{a}}}}\{I_{xp}\omega_p(p_{\text{cmd}}-p)-[L'-(I_{zp}-I_{yp})qr]\} \tag{3.19}$$

飞行员操纵杆偏转表示为 p_{cmd}，飞机传感器测量角速度 p、q 和 r 以及滚转力矩依赖量，通过机载气动模型可计算滚转力矩，同时副翼以一定量偏转。

这里被控方程的逆足以为此书剩余内容奠定基础。我们已经明确，三力矩方程的控制是动态逆的主要目标，并且逆函数的确定（控制分配问题）对于给定飞机的动态响应是必需的。因此，我们明确面对的直接问题是确定产生这三力矩方程中 $\boldsymbol{g}(\boldsymbol{B})$ 的函数、方法或者过程。

3.2.4　运动学及其补充方程

由于确定三个力矩方程中的 $\boldsymbol{g}(\boldsymbol{B})$ 是本书的主要关注点，描述在什么与这三个力矩及其相关速度 p、q 和 r 一起发生在飞机的整体控制中是有意义的。因此我们继续看看具体描述三力矩方程动力学的能力如何实现飞机的控制。

当飞行员控制飞机时，被控方程的逆至少是够的。横侧向杆被诠释为受控滚转速度，纵向杆被诠释为受控俯仰速度，并且踏板应用被诠释为受控偏航速度，所有都有特定的动力学。动态逆的一个好处是这三个响应是解耦的。特别是，滚转实施没有引起偏航，反过来也是。

我们需要考虑运动学关系，同时也要考虑力或者补充方程。运动学方程

是最容易处理的，而处理补充方程则难一些。

3.2.4.1 欧拉角的控制

在动态逆中，运动学方程的控制是通过把可控状态当作控制量实现的。关于运动学方程，我们可以容易求解方程（2.1）得到 p、q 和 r。那么，有了对 p、q 和 r 全面控制，我们可以像上面那样继续推进。也就是，我们用期望的 $\dot{\phi}$，$\dot{\theta}$ 和 $\dot{\psi}$ 来生成 p_c，q_c 和 r_c，应用于被控方程来确定控制执行机构偏转。

举个例子，考虑滚转角 ϕ。从方程（3.18）中，我们可以选择 p_{cmd}，然后根据通过 ω_p 确定的一阶动力学，飞机将达到那个滚转速度。

$$\dot{p}_{des}=\omega_p(p_{cmd}-p) \tag{3.20}$$

滚转角方程是

$$\phi=p+(q\sin\phi+r\cos\phi)\tan\theta \tag{3.21}$$

把 p 看做一个控制量，并且把它看作 p_{cmd}，用于方程（3.20），我们容易逆变换这个动力学关系，即

$$p_{cmd}=\dot{\phi}_{des}-(q\sin\phi+r\cos\phi)\tan\theta \tag{3.22}$$

ϕ 的期望动力学可设定为

$$\dot{\phi}_{des}=\omega_\phi(\phi_{cmd}-\phi) \tag{3.23}$$

现在回头处理方程（3.20）：

$$\begin{aligned}\dot{p}_{des}&=\omega_p(p_{cmd}-p)\\&=\omega_p[\dot{\phi}_{des}-(q\sin\phi+r\cos\phi)\tan\theta-p]\\&=\omega_p[\omega_\phi(\phi_{cmd}-\phi)-(q\sin\phi+r\cos\phi)\tan\theta-p]\end{aligned} \tag{3.24}$$

结果得到的滚转角指令系统是

$$\begin{aligned}\delta_a^*=&\frac{1}{L_{\delta_a}}\{I_{xp}\omega_p[\omega_\phi(\phi_{cmd}-\phi)-(q\sin\phi+r\cos\phi)\tan\theta-p]\\&-[L'-(I_{zp}-I_{yp})qr]\}\end{aligned} \tag{3.25}$$

对欧拉角的控制确实是可能的，在自动驾驶仪设计中也是有用的，但是它在有人驾驶飞行中用处不大。横侧向杆偏转被用来控制滚转速度 p，而不是滚转角 ϕ。飞行员将发现在系统中用横侧向杆偏转控制滚转角是不正常的。对于俯仰控制有类似结论，附带条件是飞行员经常希望他的控制输入来控制一个负载因子，或者 g-力。关于 ψ 控制，航向角在飞行中是变化的，这种变化不是通过方向舵脚蹬的直接应用，而是通过倾斜和转弯飞机使之达到期望航向角。

前面的讨论至少在可能遇到的某些特定例子中是不真实的：如垂直起飞和降落。在那些飞行阶段中，要求的滚转角和俯仰角是小的并且必须以一定精度获得。偏航角指令发生装置一般不会指令航向角，而宁可指令偏航速度，

这种情况可以由飞行员控制形成闭环使其在期望的航向角时停止。

3.2.4.2 补充方程

通过逆来控制补充方程是可能，但是在实际中不多见。被控方程经常被逆变换，而补充方程则更多用在控制状态作为输入的常规控制系统设计中。

至少在理论层面，补充方程可运用某种技术进行逆变换。补充变量的控制量可以在逆过程中混合，允许指令变量的多种组合表示。利用三力矩方程（并且假设速度独立控制），Azam 和 Singh（1994）开发了用于 ϕ、α 和 β 的控制器以及另一个用于 p、α 和 β 的控制器。Snell 等（1992）开发了一个用于 α、β 和 ϕ_{ω} 的控制器。在 Snell 等的文献中，风轴滚转角的期望动力学特性设定没有完全依从上面的过程，因为它采用滤波来减少对于飞行员输入的敏感度。

3.3 模型跟踪控制律

我们简单提一下模型跟踪控制，因为它和动态逆相似。事实上，在它的一些形式中，动态逆是模型跟踪控制的一个特例。目前对于我们来说，它们相通之处是都需要一个表达式或者算法来“求解”控制量。

模型跟踪和动态逆控制的主要区别列举如下。前者是用来跟踪轨迹（涉及所有状态，这些状态由特定动力学的模型所确定），当误差发生时修正回到这个轨迹。与此同时，后者是用来给出飞机特定响应特性。模型跟踪控制是在列中的“蓝天使”（一种严格认证）——它必须匹配领导者的精确轨迹。动态逆控制是单独“蓝天使”的一种——它只是希望看起来好。

更多的关于动态逆和模型跟踪控制关系的内容可以查看 Durham（1996）和 Kocurek 与 Durham（1997）。

3.4 “传统”控制律

从历史角度看，飞行控制系统设计已经是基于反馈控制，通常运用控制执行机构到系统输出的传递函数来找到获得期望响应的反馈增益。也就是，给定一个输出 $y_i(t)$ 和输入 $u_j(t)$，传递函数 $g_{i_j}(s)$ 就被确定。

$$g_{i_j}(s)=\frac{y_i(s)}{u_j(s)} \tag{3.26}$$

然后这个传递函数可用任何一个可用方法（如根轨迹法），来确定反馈增益 k，由 $u_j=ky_i$ 给出期望响应。

假如 u_j 和另一个执行机构如 u_k 一起作用，并且这两个执行机构相互以一定关系运动，那么 u_j 偏转 a 可通过 u_k 偏转 b 实现。

$$g_{i_{jk}}(s)=a\frac{y_i(s)}{u_j(s)}+b\frac{y_i(s)}{u_k(s)} \tag{3.27}$$

因此左右副翼可用相同或相反的一定量来约束（如传统副翼是这样的），以致 $a=1$ 和 $b=-1$。当两个执行机构如此连接在一起，它们可以被当作一个单一控制执行机构。

假如这些执行机构是自由独立运动，不考虑任何其他执行机构的指令，那么 a 和 b 是未知的，或者至少先验未知。因此不存在单个传递函数，所以 $g_{i_{jk}}$ 将是未知且可能时变。假如这些控制执行机构独立于彼此自由运动，设计者不能用根轨迹方法来确定其反馈增益。

一个简单例子将足以阐明这一点。考虑一架飞机尾部安装有水平翼和前置鸭翼。假如只有水平尾翼生成俯仰力矩，那么飞机对于向上仰飞行命令的初始反应将在尾部生成更少的升力来提高俯仰力矩。因此在俯仰速度提高攻角之前，飞机总升力将有初始损失和有短暂加速向下趋势。在仅有一个鸭翼的情况下，则是相反的：在升力上有初始的增加。在这两种极端情况之间，水平尾翼和鸭翼的组合会生成一个关于重心的俯仰纯力偶，没有传输零点。

飞机可能有多于三个的控制执行机构，从经验上来说，它们被连接在一起，所以有效性上是三个。左右副翼通过线缆和滑轮连接，并且左右水平尾翼安装在同一个刚性轴上，所以每一对成为单个控制执行机构。假如通过释放左右对让其自由移动，那么传统反馈控制设计就会有问题。

当控制执行机构到系统输出的传递函数没有用时，指令角速度的传递函数此时有用并且经常被用。动态逆将生成滚转速度、俯仰速度和偏航速度（p、q 和 r）的非耦合控制。然后这些可以被用作控制（p_{cmd}，q_{cmd}，r_{cmd}）来形成用于传统分析的传递函数。Durham（2013）演示了侧滑控制（一个补充方程）。首先在通过方向舵脚蹬控制偏航角速度时使用了动态逆。然后受控制偏航速度被用来形成传递函数 $\beta(s)/r_{\text{cmd}}(s)$，一条根轨迹被用来选择反馈增益。

3.5 后记

本章介绍了要求设计者“求解”控制向量的控制律，这对于动态逆和模型跟踪控制都是需要的。当考虑“传统”控制系统时，我们提出把角速度之一作为问题的控制输入，这些角速度指令由动态逆和模型跟踪控制律所生成。

在附录 B 中 ADMIRE 飞行仿真代码可以从本书的同步站点上下载，它是动态逆控制律的一种实现。所有的模块都清晰给出了，感兴趣的读者可以通过代码学习更多关于动态逆的内容。

参考文献

Azam，M and Singh，SN 1994 'Invertibility and trajectory control for nonlinear maneuvers of aircraft,' *J. Guidance，Control，and Dynamics*，**17**（1），192－200.

Department of Defense 1990 MIL-STD-1797A 'Flying Qualities of Piloted Aircraft'.

Durham，W 1996 'Dynamic inversion and model-following control' AIAA 96-3690 in *AIAA，Guidance，Navigation and Control Conference*.

Durham，W 2013 *Aircraft Flight Dynamics and Control*，1st edn. John Wiley & Sons，pp. 221－224.

Kocurek，N and Durham，W 1997 'Dynamic inversion and model-following flight control：A comparison of performance robustness,' in *22nd AIAA Atmospheric Flight Mechanics Conference*.

Snell，SA，Enns，DF，and Garrard，WL Jr. 1992 'Nonlinear inversion flight control for a supermaneuverable aircraft,' *J. Guidance，Control，and Dynamics*，**15**(4)，976－984.

Walker，GP and Allen，DA 2002 'X-35B STOVL flight control law design and flying qualities,' in *AIAA Biennial International Powered Lift Conference*.

第 4 章
问　　题

4.1　控制有效性

我们考虑的纯气动控制执行机构改变了飞机气流因而改变了本地位置的气动力，并且通过位于离质心一定位置的地方，改变了那个点的气动力矩。我们认为它们的主要目的是生成气动力矩。这个结论的意义在于宣布那三个力矩方程是 3.2.2 节意义上的被控方程。

这些气动控制执行机构总体上是拍动类型，意味着翼面围绕铰合线偏转。它们可能放置于前缘（如前缘襟翼）或者经常在大一些翼面的后端（如在水平尾翼后缘上的升降舵，或者在机翼后缘的副翼），或者它们是主要翼面（如鸭翼或者单元水平尾翼）。

前缘和后缘气动控制执行机构一般通过改变它们所在翼面的弯度来起作用，以此增加或者减小本地升力。全动气动控制面通过改变它们相对于气流的迎角起作用，以此增加或者减小本地升力。

其他唯一常用的控制执行机构是推力矢量。一些推力矢量系统是一维的，通常只生成俯仰力矩。两个一维推力矢量喷管可以差分作动来生成滚转力矩。其他系统是轴对称的，能生成俯仰和偏航力矩。双引擎轴对称推力矢量也能生成滚转力矩。

通过分析和实验，可以确定这些执行机构的力和力矩在期望飞行条件范围内的特性。这些信息通常以表格形式提供，作为一些独立变量函数，它们充分描述了飞行状况。所有这些数据都存储在机载模型（OBM）中。

因此，在飞行的任何时刻，飞行控制计算机可以查询机载模型来估计特定控制执行机构偏转后生成的力和力矩。这个信息包含了控制有效性关系图，从中可以提取由 $\boldsymbol{B}$ 矩阵（方程（2.20））中元素定义的斜率。

4.2 约束

所有控制执行机构都有一定的位置限制，通常是设定零偏转位置开始的一定正负偏转。零点位置严格意义上是一种约定。零点位置不一定保证控制生成零力矩。方程 $\boldsymbol{m}=\boldsymbol{B}\boldsymbol{u}$ 的使用看起来意味着相反，但是回顾线性化过程，控制有效性矩阵的偏微分是在一个参考条件下估计的。这个参考条件包括该条件下控制执行机构位置，因此有效定义了零偏转。

控制执行机构对于它们能够运动的速度也有限制。事实上，液压驱动飞行控制执行机构包括至少二阶动力系统（Pratt，2000）。正常情况作动器动力学与飞机的响应相比是非常快的，假如对它们进行建模，通常模型为有相对小时间常数的一阶系统；例如在 Stevnes 和 Lewis（2015）的模型中有0.05 s这样一个数量级。

作动器动力学相对于飞机的响应可能是快速的，但是它们在飞行控制计算机的计算帧尺度范围内也许不快。假如作动器响应速度相比于计算机速度成为一个问题，那么作动器动力学应该包括在控制律设计的状态形式中。

在开始讨论中，我们将假设对于控制执行机构仅有位置限制。每个问题讨论将被设定为静态的，只是确定控制执行机构将到达给定$\boldsymbol{m}_{\mathrm{des}}$时的位置，而不管它们是如何到达那些位置的。后面我们将在假设固定位置和速度限制的情况下探讨控制分配。

4.3 控制分配

控制分配问题的主要关注点易表述为：为了 $\boldsymbol{u}$ 求解 $\boldsymbol{B}\boldsymbol{u}=\boldsymbol{m}_{\mathrm{des}}$。

$\boldsymbol{m}_{\mathrm{des}}$是某个控制律输出的期望力矩向量。这个向量不总是定义为实际力矩，参见表 2.1。除非处理一个特定的问题，默认谈及这个向量是作为力矩。这样不会影响问题的几何关系或者求解方法。

$\boldsymbol{m}_{\mathrm{des}}$的维度正常是 3，但是不时我们将讨论二维力矩，因为单独涉及滚转或偏航力矩的问题是相关问题，特别是因为这些图更容易绘制。有时我们考虑第四维，例如当考虑控制执行机构的阻力时。

我们将 $\boldsymbol{m}_{\mathrm{des}}$的维度表示为 n，

$$\boldsymbol{m}_{\mathrm{des}} \in \Re^{n} \tag{4.1}$$

$\boldsymbol{u}$ 是一个 m 维控制执行机构向量，这里 $m>n$。

$$\boldsymbol{u} \in \Re^{m} \tag{4.2}$$

$\boldsymbol{B}$ 是控制有效性矩阵，

$$\boldsymbol{B} \in \Re^{n \times m} \tag{4.3}$$

控制执行机构的运动限值通过两个向量表示，即 $\boldsymbol{u}_{\text{Min}}$ 和 $\boldsymbol{u}_{\text{Max}}$，它们包括了每一个执行机构运动的下限值和上限值。当我们说控制向量 $\boldsymbol{u}$ 比这些限值中的一个大或者小时，是指一个个元素比较。

$$\boldsymbol{u}_{\text{Min}} \leqslant \boldsymbol{u} \leqslant \boldsymbol{u}_{\text{Max}} \Rightarrow \boldsymbol{u}_{i_{\text{Min}}} \leqslant u_i \leqslant u_{i_{\text{Max}}}, \ i=1, \cdots, m \tag{4.4}$$

控制执行机构在它们限值内的运动被称为允许的。假如一组控制执行机构中的任何一个是不允许的，那么整个控制向量就是不允许的。所有允许的控制偏转集合用一个记号 Ω 表示。

4.3.1 控制分配问题

控制分配问题定义如下。给定 $\boldsymbol{B}$、$\boldsymbol{m}_{\text{des}}$、$\boldsymbol{u}_{\text{Min}}$ 和 $\boldsymbol{u}_{\text{Max}}$，找到 $\boldsymbol{u}$ 使得

$$\boldsymbol{B}\boldsymbol{u} = \boldsymbol{m}_{\text{des}} \tag{4.5}$$

并且

$$\boldsymbol{u}_{\text{Min}} \leqslant \boldsymbol{u} \leqslant \boldsymbol{u}_{\text{Max}} \tag{4.6}$$

方程组 $\boldsymbol{B}\boldsymbol{u} = \boldsymbol{m}_{\text{des}}$ 是欠定的（方程数少于未知数）并且数学上有无穷多个解。当引入控制限值时，这些方程可能没有解。这一点很容易证实，例如以最大努力从机翼水平姿态急剧上仰的情况下每一个生成机头上仰俯仰力矩的控制执行机构完全在其极限是困难的。假如 $\boldsymbol{m}_{\text{des}}$ 要求更大的俯仰力矩，那么无解。

假如对于一个特定力矩，存在一个可允许控制向量，那么那个力矩被称为可达的。所有可达力矩的集合用记号 Φ 来表示。它也称为 AMS，代表 attainable moment subset“可达力矩子集”：所有力矩的一个子集，不是可达力矩的子集。

4.4 后记

控制分配问题（Durham，1993）初始形式比上面的问题表述要狭义。那里我们想要允许控制在期望力矩方向生成最大可达力矩向量。

原因是假如期望力矩小于最大值，那么最大值的允许控制能通过调整大小以生成期望力矩，这个问题就解决了。假如期望力矩等于最大值，正如我们在第 5 章探讨问题几何特性时将看到，那么那个解就是唯一的。假如期望力矩比最大值大，我们认为，控制律是不存在的，但是在任何情况，把最大值看作解至少能保证解在期望力矩方向。

在可达力矩子集 Φ 内部有无穷多个解；毕竟我们有一个欠定的系统方程。当设计者接近 Φ 的边界，这个无限量变得“更小”直到在边界上解是唯一的。

但当存在无穷个解时，很容易想到，那些解中的一些要比另一些好，特别是比我们从最大值调整过来的解好。因此表述可以放宽为找到任何允许解 $\boldsymbol{u}$，包括那些被称为优先解的解。我们将贯穿全书讨论优先解，例如在 6.2.3 节和附录 A 中。

参考文献

Durham，*W* 1993 ‘*Constrained control allocation*’ *AIAA J. Guidance*，*Control*，*and Dynamics*，**16**(4)，717 - 725.

Pratt，RW（ed）2000 *Flight Control Systems*：*Practical Issues in Design and Implementation*. Institution of Engineering and Technology，Control Engineering Series 57，Chapter 3.

Stevens，BL and Lewis，FL 2015 *Aircraft Control and Simulation*，3rd edn. Wiley-Blackwell.

第 5 章

控制分配几何结构

本章将介绍适量新符号，而新符号常常较难理解。例如，所有飞行工程师很快能懂得希腊字母 α 和 β 代表什么，而对于读一段使用古斯拉夫字母的文字将比较困难。因此熟悉新符号的含义将花费一些时间。考虑到这一点，本章将不断重复使用这些符号，同时解释这些符号的含义。

5.1 允许控制

5.1.1 概述

考虑到每个控制执行机构都独立于所有其他控制执行机构。因此在行程图中它们是彼此正交的。在其行程范围内从头移动到尾控制执行机构 u_1 可以独立于 u_2 的位置，并且反之亦然。然后我们可以画一个图表示每个控制执行机构相对于其他执行机构的范围，如在图 5.1 中，这是执行机构 u_1 和 u_2 的二维图。

在图 5.1 的内部和边界上存在着 u_1 和 u_2 每一个允许组合，因此这个图是

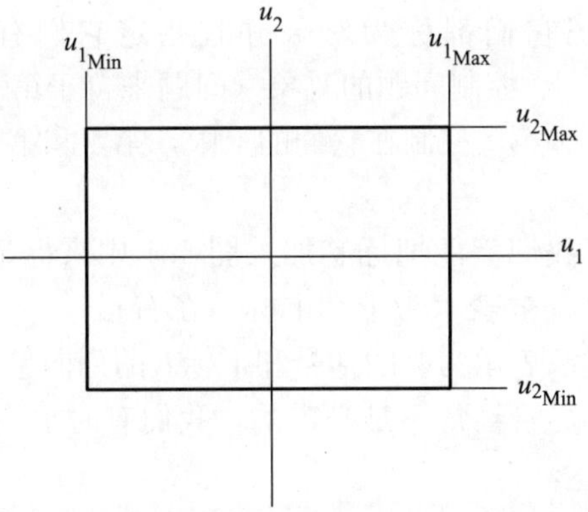

图 5.1 二维允许控制集，Ω_2

允许控制集，或者称之为 Ω。我们会不时涉及 m（控制数目）维的控制空间。图 5.1 表示有一个二维 Ω 的二维控制空间。

随着更多控制被加入这问题，图 5.1 推广到更高维数。对于 m 个控制，这个允许控制集是一个 m 维棱正交多胞形，也被称作超矩形或者矩形多面体，它是平面矩形在更高维下的推广。

5.1.2 对象

这里引入一个符号来描述允许控制图中各种不同特征之间的关系。它是一个有一定规则的三元体系，规则包括后面将定义的交集和并集。简单地讲，假如一个特定的控制执行机构在其最小偏转位置，它被赋值 0；假如在最大偏转位置，它就赋值为 1；另外，假如它在一个任意值或者在最小和最大偏转间自由变化，它就赋值为 2。这些数字没有量值，它们只是代号①。编号方式总结在表 5.1 中。

表 5.1 对象符号

偏转	值
最小	0
最大	1
之间	2

我们将在向量 $\boldsymbol{u}$ 和 $\boldsymbol{m}$ 的下标中也用这种对象符号。当应用于向量 $\boldsymbol{u}$ 时，它将描述向量中控制执行机构的状态。因此，$\boldsymbol{u}_{012}$ 代表一个控制向量，其中 u_1 在其下限（0），u_2 在其上限（1），u_3 在任意但是允许的位置（2）。

当用作 $\boldsymbol{m}$ 向量的一个下标，这意味着力矩来自 $\boldsymbol{B}$ 乘以具有同样下标的控制向量。因此 $\boldsymbol{m}_{012}=\boldsymbol{B}\boldsymbol{u}_{012}$。这将在后面进一步讨论。

我们将不时地需要利用对象符号来指定高维结构。这里不为这些超矩形编造名字，我们将把它们都称为对象并且指定它们有一个下标 o，例如 $o_{0012201}$。$o_{0012201}$ 是一个七-控制问题的对象（问题来自于第 1、第 2 和第 6 控制在它们的下限，第 3 和第 7 控制在它们的上限，第 4 和第 5 控制在任意但是允许的位置）。

有了对象符号，我们就能把标签加入图 5.1 中来标记各种几何对象，结果如图 5.2 所示。对象被表示为带有下标 o 在右括号 {} 中的向量。对于内嵌的方程，我们将对象表示为有圆括号和下标 o 的列向量。

为了清晰起见，尽管经常不是必需的，我们有时也用下标 m 来标注力矩

① 对于等式比较两个整数比比较两个浮点数更可靠；也就是说，0 或 1 对比用于 u_{Min} 和 u_{Max} 的值。

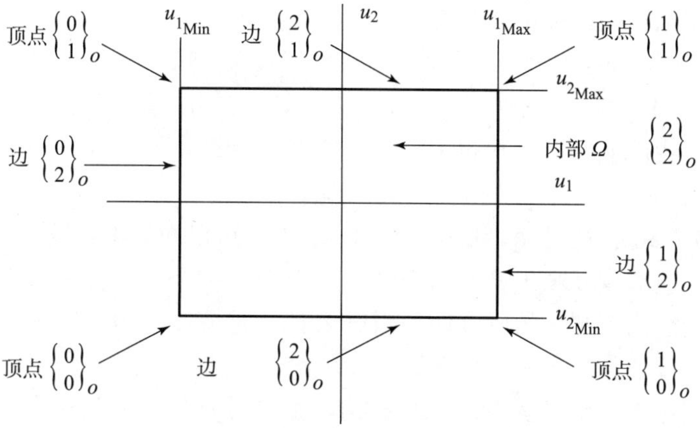

图 5.2　带有对象符号的 $\boldsymbol{\Omega_2}$

向量波形括号，用 u 来标注一个控制向量的波形括号。

有了 0－1－2 对象符号，一个对象的维度等于其中数字 2 的次数，例如，顶点没有 2，那么维度为 0，边有一个 2，那么维度为 1。2 的次数对于任何维度都是真的，所以 $o_{0012201}$ 是在七维对象中的二维对象。$o_{2222221}$ 是七维对象的六维对象中并且实际上是它的边界多面体之一，维度为 $m-1$。

对象可与实际控制偏转容易联系起来，例如

$$\begin{Bmatrix}1\\0\end{Bmatrix}_o \Leftrightarrow \begin{Bmatrix}u_{1_{Max}}\\u_{2_{Min}}\end{Bmatrix}_u,\quad \begin{Bmatrix}2\\1\end{Bmatrix}_o \Leftrightarrow \begin{Bmatrix}u_1\\u_{2_{Max}}\end{Bmatrix}_u \tag{5.1}$$

在第二个表达式中，u_1 用来表示 u_1 的任意允许值。

随着我们考虑更多控制执行机构，控制空间和允许控制集的维度增加了。图 5.3 代表了三个控制执行机构带有零维顶点，一维边缘，并且现在是二维面。

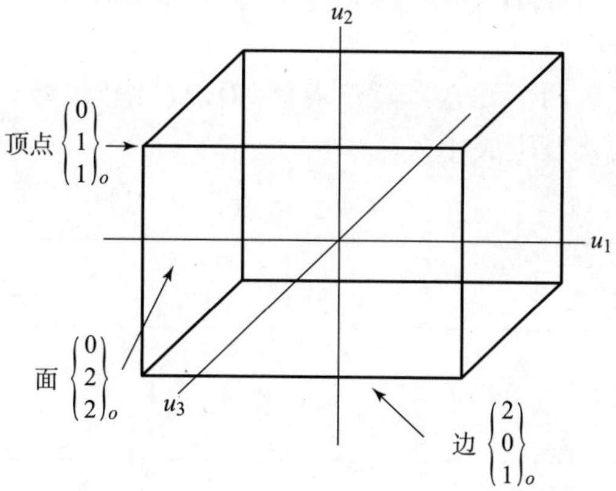

图 5.3　三维允许控制集，$\boldsymbol{\Omega_3}$。正偏转是：$\boldsymbol{u_1}$ 向右，$\boldsymbol{u_2}$ 向上。$\boldsymbol{u_3}$ 根据右手定则是正的。三个对象被标记

关于图 5.3 中被标记的对象：

顶点 $\{0\ 1\ 1\}_o$：这里 $u_1 = u_{1_{Min}}$，$u_2 = u_{2_{Max}}$，$u_3 = u_{3_{Max}}$。

边 $\{2\ 0\ 1\}_o$：这里 $u_2 = u_{2_{Min}}$，$u_3 = u_{3_{Max}}$，并且 u_1 可以在 $u_{1_{Min}}$ 和 $u_{1_{Max}}$ 之间自由变化。我们能够通过 0 和 1 来替换这条边对象符号中的 2 来标记它两端的两个顶点。

面 $\{0\ 2\ 2\}_o$：这里 $u_1 = u_{1_{Min}}$，并且 u_2 和 u_3 可以在最小和最大值之间自由变化。我们能够用 0 和 1 替换两个 2 的一个和另一个来标记围绕这个面的四条边。我们能用 0 和 1 的所有四种组合来替换对象符号中的两个 2 来标记这四个顶点，或者像上面一样处理每条边。

当我们考虑甚至更多控制执行机构，主要需要我们围绕这个几何结构进行思考。四个控制执行机构导致了四维允许控制集合；四维矩形多面体受限于每一个点在图 Ω_4 的边界上的三维矩形多面体。因为实际上我们在绘制一个更高维图像的投影到二维面上，这些图变得越来越难以绘制。

然而，每一次我们做的关于二维和三维控制空间的总结概括，是可以自然拓展到更高维控制空间的。换句话说，只要我们相信，数学原理会处理这一切。

5.1.3 交叉和合并

对于两个对象，我们能够执行两种简单的操作，称为交叉和合并。

5.1.3.1 交叉

两个对象的交集是完全包含在两个对象之中每一个的对象。因此，图 5.1 中上边和右边相交于一个一维顶点。上边和下边没有交集。

为了确定两个对象的交集，它们以一个个元素为基础进行比较。表 5.2 基于通过顶部的 *obj*－1 和在左列的 *obj*－2（对象 1 和 2）的元素，给出了它们交集的对应元素。两个元素×意味着假如任何比较失败，那里两个对象没有交集，不管其他比较生成什么。

表 5.2 交叉

obj－1→ ↓ *obj*－2	0	1	2
0	0	×	0
1	×	1	1
2	0	1	2

有了在图 5.3 标记的对象，边 $\{2\ 0\ 1\}_o$ 和面 $\{0\ 2\ 2\}_o$ 的交集是一个顶点 $\{0\ 0\ 1\}_o$。边 $\{2\ 0\ 1\}_o$ 和顶点 $\{0\ 1\ 1\}_o$ 在比较 u_2 中不成功，一个是 0 而另一

个是 1。

如在图 5.2 中顶点的例子所示，交集在确定对象的顺序时是有用的。

5.1.3.2　合并

并集是两个给定对象都是其成员的最小对象。在图 5.1 中左上和右上顶点的并集是上边；右上顶点和右边的并集是右边；左上和右下的顶点并集是全图；并且任何两个不同边的并集也是全图。

并集是很容易被确定的。再一次，两个对象被一个一个元素比较。假如两个对应的元素是不同的，在它们并集中那个元素是 2。否则就是两个对象共享的数。这被概括在表 5.3 中。

表 5.3　并集

obj－1→ ↓ *obj*－2	0	1	2
0	0	2	2
1	2	1	2
2	2	2	2

有了在图 5.3 中标记的对象，边 $\{2\ 0\ 1\}_o$ 和面 $\{0\ 2\ 2\}_o$ 的并集是全图 $\{2\ 2\ 2\}_o$。边 $\{2\ 0\ 1\}_o$ 和顶点 $\{0\ 1\ 1\}_o$ 的并集是图的一个面 $\{2\ 2\ 1\}_o$。

将在 6.10 节中用到并集。

5.1.4　凸包

考虑在 m 维空间中的任意一个点集，完全包围所有这些点的最小凸图称为它的**凸包**，表示为 $\partial(\cdot)$。有算法可以用来确定凸包，如在 MATLAB® 中的命令 convhull。

由于允许控制不仅仅是一个任意的点集，它的边界是已知的：这是维度为 $m-1$ 的对象全体。因此一维 Ω 的包由两个零维的顶点组成，两维 Ω 的包有四个一维边，三维 Ω 的包由六个两维面组成，诸如此类。

允许控制凸包的重要性在于包上的那些点代表了集合控制执行机构在任意组合情况下的最大偏转量，也就是说，在控制空间中的方向。

5.2　可达力矩

对于一个给定的控制有效性矩阵 $\boldsymbol{B}$，所有可达力矩的集（Φ）是 $\boldsymbol{B}$ 乘以允许控制。然而，不是 Ω 边界的每个控制向量都将获得 Φ 边界上的力矩。我们能容易用三控制和二力矩的例子证明这一点。

对于我们的三个控制，如图 5.3 所示，让每个控制执行机构控制限值在 ±0.5：

$$-0.5 \leqslant u_i \leqslant 0.5,\ i=1,\ 2,\ 3 \tag{5.2}$$

现在考虑一个特别选择的控制有效性矩阵：

$$\boldsymbol{B}=\begin{bmatrix}1 & 0 & -0.5\\ 0 & 1 & -0.5\end{bmatrix} \tag{5.3}$$

这些来源于控制执行机构组及其有效性的可达力矩可能没有按照比例表示但性质上是对的，如图 5.4 所示。

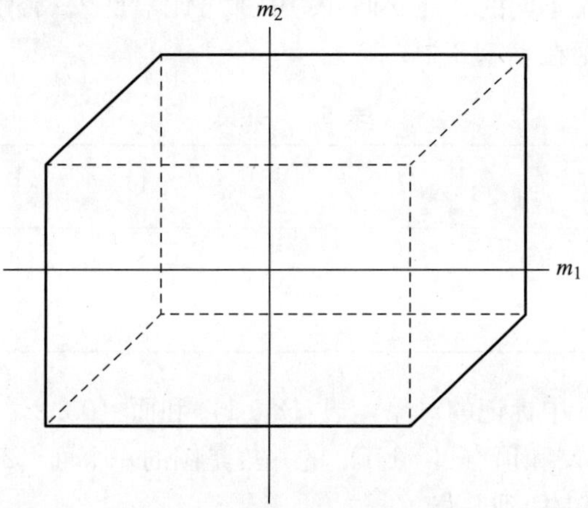

图 5.4　二维可达力矩集，$\boldsymbol{\Phi}$

图 5.4 对于图 5.3 的关系是明显的，并且我们已经故意留下了 Ω 的三个边和两个顶点（映射到 ϕ 内）来突出这种关系。

回到关于 $\partial(\Omega)$ 上控制的点，注意到

$$\boldsymbol{B}\begin{Bmatrix}0.5\\0.5\\0.5\end{Bmatrix}_u=\begin{Bmatrix}0.25\\0.25\end{Bmatrix}_m \tag{5.4}$$

但是也注意到

$$\boldsymbol{B}\begin{Bmatrix}0.5\\0.5\\-0.5\end{Bmatrix}_u=\begin{Bmatrix}0.75\\0.75\end{Bmatrix}_m \tag{5.5}$$

两个控制向量明显都在允许控制边界上，并且它们都映射到力矩空间中的相同方向，但是前者的映射仅是后者映射幅值的 1/3。因此虽然前者清楚地在 Ω 边界上，但它映射到在 ϕ 内的一个点。

在这里我们能观察一下 $\boldsymbol{B}$ 矩阵和映射 B：$\Omega \to \Phi$。将继续分析我们的二力

矩和三控制简单例子。

$\boldsymbol{B}$ 的秩：$\boldsymbol{B}$ 有维度 $n\times m$，其中 $n<m$。从 $\boldsymbol{B}$ 的列向量中形成的 $n\times n$ 矩阵的数目是 m 列中一次抽取 n 列的组合数。$\boldsymbol{B}$ 矩阵的秩是这些 $n\times n$ 矩阵的最大秩。基于我们的目的，假设每一个形成的 $n\times n$ 矩阵的秩为 n。由于一般取 $n=3$，我们假设每一个形成的 3×3 矩阵的秩为 3。当取 $n=2$，假设每一个这样形成的 2×2 矩阵的秩为 2。把这种情况称为 $\boldsymbol{B}$ 矩阵是鲁棒满秩的。

实际上来说，这是一个合理假设。正如我们将看到的，$\boldsymbol{B}$ 的列对应于力矩空间中的方向，这个力矩空间来源于单个控制执行机构的动作。三列线性独立意味着一个给定控制执行机构的动作可以被一或者两个其他执行机构的动作所重复。由于我们正处理气动现象，这看起来不可能。

考虑单个控制执行机构，比如右水平尾翼。它的动作将在所有三个轴上生成力矩，主要是俯仰，但是也有滚转和偏航。这三个力矩的特定组合由对应于其有效性的 $\boldsymbol{B}$ 的列给出。对于 $\boldsymbol{B}$ 的三列，其中之一对应于右水平尾翼，三列线性独立意味着必须有一个或者两个其他执行机构恰好能重复生成滚转、俯仰和偏航力矩组合。

更进一步，$\boldsymbol{B}$ 矩阵中的数表示有限精度的气动数据。它们是基于风洞试验或者对飞行测试结果参数辨识得到的。因此，假如在 $\boldsymbol{B}$ 的子矩阵之一中被找到某个奇异值，人们可以正当引入小的、气动上不重要的附数来修正这个情况。这不是说这些子矩阵的一些可能不会变为病态的和它们的行列式变得很小。作者已经编制少量计算机代码来检查这类情况和处理这种问题。

从 $\Omega\to\Phi$ 凸性被保持：对于给定控制执行机构运动范围的凸集和线性变换，这个表述几乎是公理。证明可以在参考文献 Bodignon（1996）中找到。

$\boldsymbol{B}$ 的列对应于 Φ 中的边：Ω 中的边映射到 $\boldsymbol{B}$ 矩阵对应列方向上 Φ 中的边。由于人们认为边是在有界表面上，称 Φ 中的这些线段为“边”是误导的。我们没有名称可以用于映射到 Φ 内部的像边一样的特征（在图 5.4 中细的点线）。

这意味着与动作 u_i 相关的边被映射到与 $\boldsymbol{B}$ 的第 i 列相关的方向。例如，考察相对应于 u_2 的一条边：

$$\begin{Bmatrix}0\\2\\1\end{Bmatrix}_o \tag{5.6}$$

为了生成这条边，u_1 被保持在 $u_{1_{\mathrm{Min}}}$，u_3 被保持在 $u_{3_{\mathrm{Max}}}$，u_2 被从 $u_{2_{\mathrm{Min}}}$ 变化到 $u_{2_{\mathrm{Max}}}$。从第一个顶点（在 $u_{2_{\mathrm{Min}}}$）到第二个顶点（在 $u_{2_{\mathrm{Max}}}$）的一个向量，一般称为 $\boldsymbol{v}$，是

$$v=\begin{Bmatrix} u_{1_{\rm Min}} \\ u_{2_{\rm Max}} \\ u_{3_{\rm Max}} \end{Bmatrix}_u-\begin{Bmatrix} u_{1_{\rm Min}} \\ u_{2_{\rm Min}} \\ u_{3_{\rm Max}} \end{Bmatrix}_u=\begin{Bmatrix} 0 \\ u_{2_{\rm Max}}-u_{2_{\rm Min}} \\ 0 \end{Bmatrix}_u \tag{5.7}$$

在映射 $\boldsymbol{m}=\boldsymbol{Bu}$ 中，$\boldsymbol{B}$ 的第一和第三列乘以零，而第二列乘以表示 u_2 动作的一个向量。

从图 5.3 到图 5.4，u_1 生成的边成为 $\boldsymbol{B}$ 第一列方向上的边，在这个例子中所有边与 m_1 平行。与 u_2 同样的边在 m_2 的方向上。u_3 的那些边映射到向下和向左 45°方向。

$\partial(\Phi)$ 上的点：我们确认不是所有 $\partial(\Phi)$ 上的点映射到 $\partial(\Phi)$ 上，但是所有 $\partial(\Phi)$ 上的点是 $\partial(\Phi)$ 上点的映射。第一部分已经被证明，并且第二部分是凸性在映射中被保持的结果。

换句话，说 Φ 凸包上的每一个力矩（可达力矩）是 Ω 凸包上的控制集（允许控制）的映射图像是对的——而反过来说就不对。更进一步，在我们鲁棒秩假设下，这些力矩是唯一控制集的映射图像。

$\boldsymbol{B}$ 的零空间和 $\boldsymbol{\Phi}$ 的边界：一些可达力矩由无穷多个允许控制生成。我们可以通过重新考虑用附加一些额外细节的图 5.4（见图 5.5）来可视化 2×3 问题的零空间。

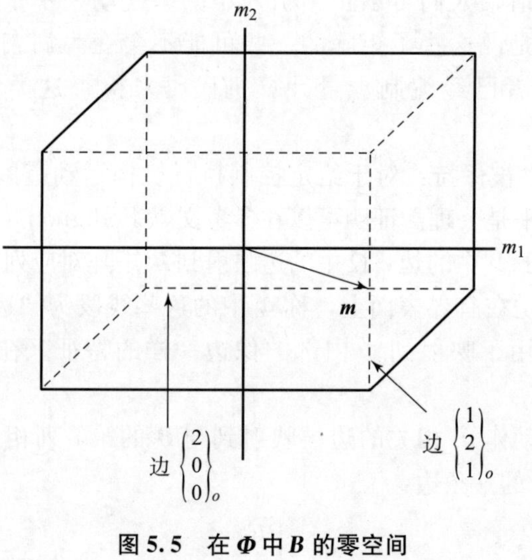

图 5.5　在 $\boldsymbol{\Phi}$ 中 $\boldsymbol{B}$ 的零空间

我们已经标记出一个力矩 $\boldsymbol{m}$，加上从 Ω 来的两条边，$\{2\ 0\ 0\}_o$ 和 $\{1\ 2\ 1\}_o$。很清楚，u_1 的一些值，与 $u_{2_{\rm Min}}$ 和 $u_{3_{\rm Min}}$ 一起，生成 $\boldsymbol{m}$。u_2 的一些值，与 $u_{1_{\rm Max}}$ 和 $u_{3_{\rm Max}}$ 一起，生成 $\boldsymbol{m}$。此外，沿着 Ω 中这两点连线的每一种允许控制组合也生成 $\boldsymbol{m}$。

在零空间中的飞行演示如图 5.6 所示。所有三架飞机在稳定编队飞行中；换句话说，没有一架在转弯且没有一架生成一个净力矩。两架僚机正使用副翼、方向舵和侧滑（在这里侧滑被看作一种控制）来平衡力矩。这三个控制的不同组合生成同样的净力矩。[①] 这两架僚机正在进行稳定航向侧滑机动。图 5.6 也提出了在飞行控制中使用 ***B*** 零空间的一个问题。一般来说，难点在于我们仅考虑了形成飞行分配控制问题时控制执行机构生成的力矩。控制作用不仅生成飞机受到的力矩，例如，它们也使得阻力增加。在图 5.6 中因为不必要的气动控制使用，两架僚机毫无疑问比领队飞机 F2F 配置在一个更高的发动机工作状态。

图 5.6　零空间飞行。VF-2 Grumman F2F-1s 正在 San Diego 区域表演 Flying Chiefs 的著名“炫目”部分编队飞行。由美国“列克星敦”号航空母舰（CV-2）1937—1938 执行。来源于：USN，Bill Swisher 收藏品

除增加阻力外，控制执行机构的不必要偏转也对控制系统的供能机制提出了更高要求：图 5.6 中的飞行员体力，现代应用中的液压泵。

关于图 5.6 的最后观察：有结构问题。副翼和方向舵以相反目的应用在飞机的机翼、尾翼和机身上，因此形成了内部力矩。稳定航向侧滑在正常飞行中不是不正常的——它们经常被用来在高而且快时飞行降落中消耗能量，但是在日常使用时不希望控制执行机构无目的使飞机机身变形。

① 滚转角也正被用作一种控制，但是仅通过使用重力的一部分来平衡侧滑引起的侧向力。

5.3 二力矩问题

求解二力矩问题的方法通过实例进行演示。

例 5.1 确定 $\boldsymbol{\Phi}_2$ 再一次查看图 5.4。我们能清楚看到 Φ 的六条边，但是现在想要确定定义那六条边的顶点坐标。例如，显然是从 u_2 动作映射过来的左右垂边，因为 $\boldsymbol{B}$ 的第二列在力矩空间指向垂直方向。基于类似原因，上下水平边是从 u_1 动作映射过来。

事实上，我们可以概括为 $\boldsymbol{B}$ 的一行中的一个零意味着有一条边正交于有这个零的轴（$\boldsymbol{B}$ 的行），并且那条边生成于对应于那列的控制动作。不能有多于一个零，否则我们关于鲁棒全秩的假设将被不成立。

再次见图 5.4，我们看到对于左右边的两个位置有四个可选项。在对象符号中它们是

$$\begin{Bmatrix}0\\2\\0\end{Bmatrix}_o \quad \begin{Bmatrix}1\\2\\0\end{Bmatrix}_o \quad \begin{Bmatrix}0\\2\\1\end{Bmatrix}_o \quad \begin{Bmatrix}1\\2\\1\end{Bmatrix}_o \tag{5.8}$$

在 Ω 中这些边的其中两个映射到 Φ 的边界，而另外两个变为在内部的细虚线。确定哪个去了哪里是优化中的一个小问题。右边最大化 m_1 的值，左边最小化它。考察假设用于这个例子的 $\boldsymbol{B}$ 矩阵为

$$\boldsymbol{B}=\begin{bmatrix}1 & 0 & -0.5\\0 & 1 & -0.5\end{bmatrix} \tag{5.9}$$

假如我们希望最大化 m_1 的值（离右边最远的边上），对应于 $\boldsymbol{B}$ 的第一行，那么 $\boldsymbol{B}(1,1)$（一个正数）应该乘以 u_1 的最大值（它是 $u_{1_{\mathrm{Max}}}$）；并且 $\boldsymbol{B}(1,3)$（一个负数）应该乘以 u_3 的最小值（这是 $u_{3_{\mathrm{Min}}}$）。

换句话说，通过观察 $\boldsymbol{B}$ 的行中元素的符号，在第 i 列有一个零，我们可以确定与 u_i 相关的哪条边沿着那一行轴的方向（在力矩空间中）是极值。那就是，随着 $\boldsymbol{B}(1,2)$ 中有一个零，$\boldsymbol{B}(1,1)$ 中有一个正元素和 $\boldsymbol{B}(1,3)$ 有一个负元素，我们可以很快下结论说 Φ 的最右垂边是

$$\boldsymbol{u}_{120}=\begin{Bmatrix}1\\2\\0\end{Bmatrix}_o \tag{5.10}$$

这个对应于物理向量

$$\boldsymbol{u}_{120}=\begin{Bmatrix}u_{1_{\mathrm{Max}}}\\u_2\\u_{3_{\mathrm{Min}}}\end{Bmatrix}_u \tag{5.11}$$

由于对称，Φ 的左垂边是

$$\boldsymbol{u}_{021}=\begin{Bmatrix}0\\2\\1\end{Bmatrix}_o \tag{5.12}$$

这个对应于物理向量

$$\boldsymbol{u}_{021}=\begin{Bmatrix}u_{1_{\text{Min}}}\\u_2\\u_{3_{\text{Max}}}\end{Bmatrix}_u \tag{5.13}$$

假如计算 $\partial(\Phi)$ 顶点坐标，我们现在有其中的四个：

$$\boldsymbol{B}\begin{Bmatrix}u_{1_{\text{Max}}}\\u_{2_{\text{Min}}}\\u_{3_{\text{Min}}}\end{Bmatrix}_u \quad \boldsymbol{B}\begin{Bmatrix}u_{1_{\text{Max}}}\\u_{2_{\text{Max}}}\\u_{3_{\text{Min}}}\end{Bmatrix}_u \quad \boldsymbol{B}\begin{Bmatrix}u_{1_{\text{Min}}}\\u_{2_{\text{Min}}}\\u_{3_{\text{Max}}}\end{Bmatrix}_u \quad \boldsymbol{B}\begin{Bmatrix}u_{1_{\text{Min}}}\\u_{2_{\text{Max}}}\\u_{3_{\text{Min}}}\end{Bmatrix}_u \tag{5.14}$$

用我们假设的 $\boldsymbol{B}$ 矩阵和控制限值，这四个顶点在力矩空间的坐标分别是

$$\begin{Bmatrix}0.75\\-0.25\end{Bmatrix}_m \quad \begin{Bmatrix}0.75\\0.75\end{Bmatrix}_m \quad \begin{Bmatrix}-0.75\\-0.75\end{Bmatrix}_m \quad \begin{Bmatrix}-0.75\\0.25\end{Bmatrix}_m \tag{5.15}$$

问题自然产生，假如在特定的列中没有零是什么情况？答案是，我们旋转在力矩空间的轴来在那里放一个。通过把两个中任一行的方向调整为垂直于感兴趣的边即能实现；实际上，第二行已经有一个对应于 u_2 的零。为了一定程度上概括这个算法，我们将选择第一行并坚持如此。因此为了把 m_1 轴的方向变成与 u_2 相关的边一样，我们需要把轴逆时针旋转 90°。然而，我们一般将不知道需要旋转的角度，所以从另一个方向来考虑这个问题。

开始，考虑到我们不需要一个纯粹旋转矩阵。事实上，我们甚至不关心对于第二行发生了什么，因为在那里没有什么有用信息。我们只需要此转换矩阵的第一行，应用到 $\boldsymbol{B}$ 中感兴趣的列，使那里的第一个元素等于零。

指定转换矩阵的第一行为 $\boldsymbol{t}$，$\boldsymbol{B}$ 的第 i 列为 $\boldsymbol{b}_i$，即

$$\boldsymbol{t}\equiv[t_{11}\quad t_{12}],\quad \boldsymbol{b}_i\equiv\begin{bmatrix}b_{1i}\\b_{2i}\end{bmatrix} \tag{5.16}$$

假如 $b_{1i}=0$，那么这个操作是不必要的。否则，我们想要 $\boldsymbol{t}$ 使得

$$t_{11}b_{1i}+t_{12}b_{2i}=0 \tag{5.17}$$

可以任意选择一个非零值用于 t_{11} 或者 t_{12} 的其中之一，然后求解另一个。选择 $t_{12}=1$ 并且求解 t_{11}：

$$t_{11}=-\frac{b_{2i}}{b_{1i}} \tag{5.18}$$

因此，

$$t=\begin{bmatrix}-\dfrac{b_{2i}}{b_{1i}} & 1\end{bmatrix} \tag{5.19}$$

现在，乘以 $\boldsymbol{tB}$ 将在 $\boldsymbol{B}(1,\ i)$ 中得到一个零，$\boldsymbol{B}$ 中第一行中其他元素的符号告诉我们其他控制的哪些应该被设定为它们的最小值，哪些应该在它们的最大值，从而来定义这两条边。

应用这种方法到我们假设的 $\boldsymbol{B}$ 矩阵：

$$\boldsymbol{B}=\begin{bmatrix}1 & 0 & -0.5\\0 & 1 & -0.5\end{bmatrix} \tag{5.20}$$

对于 u_1，$\boldsymbol{t}=[0\ 1]$ 并且 $\boldsymbol{tB}=[0\ 1\ -1]$。因此上部水平边是

$$\boldsymbol{u}_{210}=\begin{Bmatrix}2\\1\\0\end{Bmatrix}_o \tag{5.21}$$

底部水平边是

$$\boldsymbol{u}_{201}=\begin{Bmatrix}2\\0\\1\end{Bmatrix}_o \tag{5.22}$$

对于 u_2 的边前面已经确定了，对于 u_3，$\boldsymbol{t}=[-1\ 1]$ 并且 $\boldsymbol{tB}=[-1\ 1\ 0]$。两个对角边是

$$\boldsymbol{u}_{012}=\begin{Bmatrix}0\\1\\2\end{Bmatrix}_o \tag{5.23}$$

和

$$\boldsymbol{u}_{102}=\begin{Bmatrix}1\\0\\2\end{Bmatrix}_o \tag{5.24}$$

这样就完成了可达力矩几何关系的确定。生成这些顶点的控制顺序，从右上开始然后沿顺时针方向前进，即

$$\begin{Bmatrix}1\\1\\0\end{Bmatrix}_o\quad\begin{Bmatrix}1\\0\\0\end{Bmatrix}_o\quad\begin{Bmatrix}1\\0\\1\end{Bmatrix}_o\quad\begin{Bmatrix}0\\0\\1\end{Bmatrix}_o\quad\begin{Bmatrix}0\\1\\1\end{Bmatrix}_o\quad\begin{Bmatrix}0\\1\\0\end{Bmatrix}_o \tag{5.25}$$

以同样的顺序，与那些顶点相关的实际力矩是

$$\begin{Bmatrix}0.75\\0.75\end{Bmatrix}_m\quad\begin{Bmatrix}0.75\\-0.25\end{Bmatrix}_m\quad\begin{Bmatrix}0.25\\-0.75\end{Bmatrix}_m\quad\begin{Bmatrix}-0.75\\-0.75\end{Bmatrix}_m\quad\begin{Bmatrix}-0.75\\0.25\end{Bmatrix}_m\quad\begin{Bmatrix}-0.25\\0.75\end{Bmatrix}_m \tag{5.26}$$

基于我们的鲁棒秩假设，Φ 的每一个顶点与 Ω 中唯一控制向量一一对应是清楚的。如果我们不关心力矩空间中顶点的数值，将给它们一个标记符号以反映生成那个顶点的控制。因此，标记 $\boldsymbol{m}_{110}$ 表示如下控制向量生成的力矩，这个控制向量的对象符号是

$$\begin{Bmatrix}1\\1\\0\end{Bmatrix}_o \tag{5.27}$$

换句话说，

$$\boldsymbol{m}_{110}=\begin{Bmatrix}0.75\\0.75\end{Bmatrix}_m \tag{5.28}$$

我们有时也将根据定义其的顶点来表示力矩空间中的向量，所以 $\boldsymbol{m}_{102}$ 是一个从 $\boldsymbol{m}_{100}$ 到 $\boldsymbol{m}_{101}$ 的向量，控制执行机构经常从最小值变化到最大值。

$$\boldsymbol{m}_{102}=\boldsymbol{m}_{101}-\boldsymbol{m}_{100}=\begin{Bmatrix}0.25\\-0.75\end{Bmatrix}_m-\begin{Bmatrix}0.75\\-0.25\end{Bmatrix}_m=\begin{Bmatrix}-0.50\\-0.50\end{Bmatrix}_m \tag{5.29}$$

现在这个例子也许看起来无足轻重，但是当更多的控制被加入时，Ω 边的数目确实很快就增加。观察图 5.7，它表示了四个控制执行机构和两个力矩。那个相对看起来复杂的图的边界计算起来仅比上面使用的多一步。

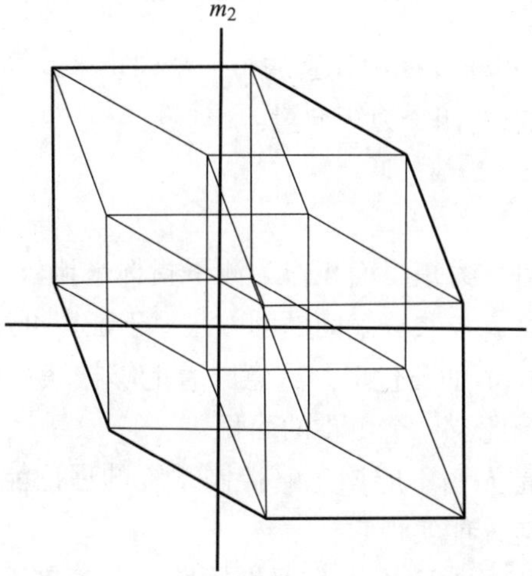

图 5.7　一个四维 $\boldsymbol{\Omega}$ 映射到一个二维 $\boldsymbol{\Phi}$

5.3.0.1　确定 Φ_2 的总结

给定一个 $2\times m$ 控制有效性矩阵 $\boldsymbol{B}$ 和控制执行机构限值 $u_{\text{Min}}\leqslant u\leqslant u_{\text{Max}}$：

(1) 对于 $i=1, \cdots, m$ 重复以下步骤。

（2）获得 $\boldsymbol{B}$ 的第 i 列，$\boldsymbol{b}_i$。

（3）假如 $\boldsymbol{b}_i$ 第一元素是零，跳到步骤 6。

（4）计算 $\boldsymbol{t}$：

$$\boldsymbol{t}=\left[-\frac{b_{2i}}{b_{1i}}\ 1\right] \tag{5.30}$$

（5）计算 $\boldsymbol{tB}$。

（6）根据 $\boldsymbol{tB}$ 第一行（假如步骤 4 和 5 被略过，或者是 $\boldsymbol{B}$ 的第一行）元素的符号估计对象符号中最大边。假如一个元素是正的，分配数字 1；假如是负的，分配数字 0；假如是零，分配数字 2。假如在 $\boldsymbol{tB}$ 的第一行有多于一个零，这个问题是退化的。

（7）根据 $\boldsymbol{tB}$ 第一行元素的符号估计对象符号中最小边。假如一个元素是正的，分配数字 0；假如是负的，分配数字 1；假如是零，分配数字 2。

（8）估计在对象符号中与步骤 6 和 7 找到的两条边的每一条相关的两个顶点。每一条边的一个顶点通过用 0 代替单独数字 2 而被找到，另一个被找到是用 1 代替，对于每一条最大和最小边重复这些步骤。

（9）把步骤 8 中找到的四个顶点转换为控制符号。对于每一个是 0 的元素，分配对应控制执行机构的下限值。对于每一个是 1 的元素，分配对应控制执行机构的上限值。

（10）通过把 $\boldsymbol{B}$ 乘以步骤 9 中找到的每一个向量来计算包含了可达力矩集凸包 $\partial(\Phi_2)$ 的四个顶点的四个力矩向量。

5.3.1 面积计算

我们提出用二维可达力矩集面积作为测量指标来比较不同控制分配方案。正如将看到的，一些求解控制分配问题的方法对于证实可达的期望力矩 $\boldsymbol{m}_{\text{des}}$ 将无效；换句话说，那在 Φ 的凸包里。这意味着能够被获得的所有在 Φ 内的点集严格在 $\partial(\Phi)$ 内，因此有一个更小的面积。

比较基础的争论是人们不应该忽略控制系统的理论能力。假如力矩是可达的，飞行控制系统应该能实现它。

有许多论据反对用最大面积作为评价标准，大多数考虑的是获得它的代价。我们将在后面更深入地讨论这个问题。

有人会提出理智的飞行员不会进入 Φ 中有的区域。大多数这些区域与机头向下俯仰力矩有关，由于当负 g 力量存在时，大多数战术飞机缺乏限制系统，并且飞行员不喜欢把他们的头压在座舱罩上。然而，人们仅需找到要求所有可达的机头向下俯仰力矩来反对这个论点的一个动作，这个动作是改出螺旋。在许多飞机的改出螺旋过程中，操作杆全部向前同时全左或者全右。

假如 Φ 中有的区域很少被进入，那些稀少的情况可能是控制执行机构所有能力需要用于生存目的的时候。

Φ 的面积计算是相当简单的：假如一个三角形被从一个点出发的两个向量 $\boldsymbol{v}_1$ 和 $\boldsymbol{v}_2$ 所定义，那么其面积为对应平行四边形面积的一半。

$$A_{\Delta}=\frac{1}{2}|\boldsymbol{v}_1\times\boldsymbol{v}_2| \tag{5.31}$$

给定一列 $\partial(\Phi)$（作为力矩）顶点，我们能把每条边看作一个以力矩空间原点为顶点的三角形的基础，并且加和得到 Φ 的全部面积。

我们在继续讨论的方程（5.26）例子中有一个排列好的 $\partial(\Phi)$ 顶点序列。因此，这个特殊 Φ 的面积 $\boldsymbol{A}_{\Phi}$ 是

$$\begin{aligned}\boldsymbol{A}_{\Phi}=&\frac{1}{2}|\boldsymbol{m}_{110}\times\boldsymbol{m}_{100}|+\frac{1}{2}|\boldsymbol{m}_{100}\times\boldsymbol{m}_{101}|+\frac{1}{2}|\boldsymbol{m}_{101}\times\boldsymbol{m}_{001}|\\&+\frac{1}{2}|\boldsymbol{m}_{001}\times\boldsymbol{m}_{011}|+\frac{1}{2}|\boldsymbol{m}_{011}\times\boldsymbol{m}_{010}|+\frac{1}{2}|\boldsymbol{m}_{010}\times\boldsymbol{m}_{110}|\end{aligned} \tag{5.32}$$

为了用 MATLAB® 得到正确的叉乘积，向量需要是三维的，所以用一个坐标为零的第三维扩展了向量空间的二维：

$$\boldsymbol{A}_{\Phi}=\frac{1}{2}\left|\begin{Bmatrix}0.75\\0.75\\0\end{Bmatrix}_m\times\begin{Bmatrix}0.75\\-0.25\\0\end{Bmatrix}_m\right|+\frac{1}{2}\left|\begin{Bmatrix}0.75\\-0.25\\0\end{Bmatrix}_m\times\begin{Bmatrix}0.75\\-0.75\\0\end{Bmatrix}_m\right|+\cdots \tag{5.33}$$

对于我们的例子，结果是

$$A_{\Phi}=1.625 \tag{5.34}$$

A_{Φ} 的单位是所应用力矩单位的平方。

5.4　三力矩问题

三力矩问题是二力矩问题的自然拓展。最大的问题将在于很难把一个 n 维的超矩形到三维空间的映射图画出来，然后画在一个二维的表面（书上的一页）。

5.4.1　确定 $\boldsymbol{\Phi}_3$

相对于前面二力矩问题的讨论，这里主要的区别是允许控制集（Ω）现在被映射到一个三维力矩空间。可达力矩（Φ）的三维集受限于二维面。那里力矩空间的边通过变化一个单一控制执行机构来定义，当其他都在限值的一端或另一端时，面通过变化两个控制执行机构来定义。

寻找 Φ 的凸包时，我们必须调整好控制有效性矩阵 $\boldsymbol{B}$ 的一个轴（从这以

后假设为第一行，L、C_ℓ或者$\dot{p}$）使得它与一个面垂直。也就是，我们寻找一个变换矩阵 $\boldsymbol{T}$，其可导致在 $\boldsymbol{TB}$ 的第一行不是一个零而是两个零。比如我们想得到对应于动作 u_i 和 u_j 的面。我们指定变换矩阵的第一行为 $\boldsymbol{t}$，和 $\boldsymbol{B}$ 的第 i 和第 j 列为 $\boldsymbol{b}_i$ 和 $\boldsymbol{b}_j$。对于这个三力矩问题，$\boldsymbol{t}$、$\boldsymbol{b}_i$ 和 $\boldsymbol{b}_j$ 每一个有三个分量。

$$\boldsymbol{t}=[t_{11}\ t_{12}\ t_{13}],\quad \boldsymbol{b}_i\equiv\begin{bmatrix}b_{1i}\\b_{2i}\\b_{3i}\end{bmatrix},\quad \boldsymbol{b}_j\equiv\begin{bmatrix}b_{1j}\\b_{2j}\\b_{3j}\end{bmatrix} \tag{5.35}$$

假如 $b_{1i}=0$ 和 $b_{1j}=0$，那么这个操作是不必要的。否则，我们想要 $\boldsymbol{t}$ 使得

$$\boldsymbol{t}[\boldsymbol{b}_i\quad \boldsymbol{b}_j]=[0\quad 0] \tag{5.36}$$

$$\begin{cases}t_{11}b_{1i}+t_{12}b_{2i}+t_{13}b_{3i}=0\\ t_{11}b_{1j}+t_{12}b_{2j}+t_{13}b_{3j}=0\end{cases} \tag{5.37}$$

我们为 t_{13} 任意选择一个非零值并且求解 $\boldsymbol{t}$ 的另外两个元素。选择$t_{13}=1$ 得到

$$\begin{cases}t_{11}b_{1i}+t_{12}b_{2i}=-b_{3i}\\ t_{11}b_{1j}+t_{12}b_{2i}=-b_{3j}\end{cases} \tag{5.38}$$

作为一个矩阵方程，

$$\begin{bmatrix}b_{1i}\ b_{2i}\\b_{1j}\ b_{2j}\end{bmatrix}\begin{Bmatrix}t_{11}\\t_{12}\end{Bmatrix}=-\begin{Bmatrix}b_{3i}\\b_{3j}\end{Bmatrix} \tag{5.39}$$

假如

$$\det\begin{Bmatrix}b_{1i}\ b_{2i}\\b_{1j}\ b_{2j}\end{Bmatrix}\neq 0 \tag{5.40}$$

那么

$$\begin{Bmatrix}t_{11}\\t_{12}\end{Bmatrix}=-\begin{bmatrix}b_{1i}\ b_{2i}\\b_{1j}\ b_{2j}\end{bmatrix}^{-1}\begin{Bmatrix}b_{3i}\\b_{3j}\end{Bmatrix} \tag{5.41}$$

假如这个行列式是零，这意味着 $t_{13}=0$。在那种情况下，我们应用 t_{11} 和 t_{12} 到 $\boldsymbol{b}_i$ 和 $\boldsymbol{b}_j$ 前两个元素，和在二力矩问题中所做的类似。在任何情况下，我们的鲁棒秩要求确保我们有一个解。

现在，乘以 $\boldsymbol{tB}$ 将导致在 $\boldsymbol{B}(1,\ i)$ 和 $\boldsymbol{B}(1,\ j)$ 中有一个零，并且 $\boldsymbol{B}$ 中第一行中其他元素的符号告诉我们其他控制的哪些应该设置在它们的最小值和哪些在它们的最大值来定义这两个 u_i-u_j 面。也就是，设置所有在 $\boldsymbol{B}$ 第一行有正元素的控制到它们的最大极限值，并且所有那些有负元素的到它们的最小极限值，将生成一个限制 Φ 的面。然后通过应用这个相反的规则，正元素为最小限制值和负元素设置为最大值将生成另一个结果。

为了确定定义 $\partial(\Phi)$ 面的全集，要求上面描述的计算对于两个控制执行机构的每一种组合都进行。给定 m 个控制执行机构和三个力矩，要求计算的

次数是

$$n_{\mathrm{Calcs}}=\frac{m!}{2!(m-2)!}=\frac{1}{2}m(m-1) \tag{5.42}$$

如前，m 是控制执行机构的数目。数字 2 出现在计算中是因为我们在考虑一个三力矩问题，并且这个可达力矩集是受限于两维面的三维多面体（不是矩形）。每个这样的面是生成于被设定在它们的上限或者下限的控制执行机构的 $m-2$ 个动作，并且两个控制执行机构正被允许变动。

由于每次计算生成两个面，有 $m(m-1)$ 个面在 $\partial(\Phi)$ 上。

例 5.2　确定 $\boldsymbol{\Phi}_3$ 用于 ADMIRE 仿真　附录 B 将详述用于本书大部分例子的此飞行仿真。用代表性的低、慢数据，控制有效性矩阵（用角加速 $\dot{p}$、$\dot{q}$ 和 $\dot{r}$ 表示的方程（2.20））和控制限值被确定。这些被显示在方程（5.43）和方程（5.44）中。这里控制执行机构（表 5.4）的单位是弧度，$\boldsymbol{B}$ 矩阵元素单位是（rad/s^2）/rad。

$$\boldsymbol{B}=\begin{bmatrix} 0.7073 & -0.7073 & -3.4956 & -3.0013 & 3.0013 & 3.4956 & 2.1103 \\ 1.1204 & 1.1204 & -0.7919 & -1.2614 & -1.2614 & -0.7919 & 0.0035 \\ -0.3309 & 0.3309 & -0.1507 & -0.3088 & 0.3088 & 0.1507 & -1.2680 \end{bmatrix} \tag{5.43}$$

$$\boldsymbol{u}_{\mathrm{Min}}=\begin{Bmatrix} -0.9599 \\ -0.9599 \\ -0.5236 \\ -0.5236 \\ -0.5236 \\ -0.5236 \\ -0.5236 \end{Bmatrix}_u \quad \boldsymbol{u}_{\mathrm{Max}}=\begin{Bmatrix} 0.4363 \\ 0.4363 \\ 0.5236 \\ 0.5236 \\ 0.5236 \\ 0.5236 \\ 0.5236 \end{Bmatrix}_u \tag{5.44}$$

表 5.4　控制执行机构名字

u_i	名　称
u_1	右侧前置安定面（右侧鸭翼）
u_2	左侧前置安定面（左侧鸭翼）
u_3	右外侧升降副翼
u_4	右内侧升降副翼
u_5	左内侧升降副翼
u_6	左外侧升降副翼
u_7	方向舵

运用这节描述的方法，可达力矩的边界表面被确定。我们说明运用 u_1 和 u_3 的过程。

从 $\boldsymbol{B}$ 的第一（u_1）和第三（u_3）列得到

$$\begin{bmatrix} b_{11} & b_{21} \\ b_{13} & b_{23} \end{bmatrix}=\begin{bmatrix} 0.7073 & 1.1204 \\ -3.4956 & -0.7919 \end{bmatrix} \tag{5.45}$$

$$\begin{Bmatrix} b_{31} \\ b_{33} \end{Bmatrix}=\begin{Bmatrix} -0.3309 \\ -0.1507 \end{Bmatrix} \tag{5.46}$$

执行指示操作生成

$$\boldsymbol{t}=[-0.1284 \quad 0.3764 \quad 1] \tag{5.47}$$

$$\boldsymbol{tB}=[0 \quad 0.8434 \quad 0 \quad -0.3983 \quad -0.5513 \quad -0.5961 \quad -1.5376] \tag{5.48}$$

在 $m_1(\dot{p})$ 轴已经被旋转至垂直于 u_1 和 u_3 形成的面后，$\boldsymbol{tB}$ 是 $\boldsymbol{B}$ 的第一行。这些非零元素的表示告诉我们那个方向上的最大面在对象符号中为 $o_{2120000}$，并且实际向量被找到是通过设置

$$u_2=u_{2_{\text{Max}}}$$
$$u_4=u_{4_{\text{Min}}}$$
$$u_5=u_{5_{\text{Min}}}$$
$$u_6=u_{6_{\text{Min}}}$$
$$u_7=u_{7_{\text{Min}}}$$

这个面的四个顶点通过设置 u_1 和 u_3 为的 $u_{1_{\text{Min}}}$，$u_{1_{\text{Max}}}$，$u_{3_{\text{Min}}}$ 和 $u_{3_{\text{Max}}}$ 的四种组合被找到。

最小面的设立是通过对调前面讨论的下标 Min 和 Max。

确定最大面顶点的控制偏转因此是

$$\boldsymbol{u}_{0100000}=\begin{Bmatrix} -0.9599 \\ 0.4363 \\ -0.5236 \\ -0.5236 \\ -0.5236 \\ -0.5236 \\ -0.5236 \end{Bmatrix}_u \quad \boldsymbol{u}_{0110000}=\begin{Bmatrix} -0.9599 \\ 0.4363 \\ 0.5236 \\ -0.5236 \\ -0.5236 \\ -0.5236 \\ -0.5236 \end{Bmatrix}_u$$

$$\boldsymbol{u}_{1100000}=\begin{Bmatrix} 0.4363 \\ 0.4363 \\ -0.5236 \\ -0.5236 \\ -0.5236 \\ -0.5236 \\ -0.5236 \end{Bmatrix}_u \quad \boldsymbol{u}_{1110000}=\begin{Bmatrix} 0.4363 \\ 0.4363 \\ 0.5236 \\ -0.5236 \\ -0.5236 \\ -0.5236 \\ -0.5236 \end{Bmatrix}_u \tag{5.49}$$

力矩空间中这些顶点的坐标是通过把 $\boldsymbol{B}$ 乘以这四个向量的每一个得到的。

$$\boldsymbol{m}_{0100000}=\begin{Bmatrix}-2.0925\\1.5617\\1.1259\end{Bmatrix}_m \quad \boldsymbol{m}_{0110000}=\begin{Bmatrix}-5.7531\\0.7325\\0.9681\end{Bmatrix}_m$$

$$\boldsymbol{m}_{1100000}=\begin{Bmatrix}-1.1050\\3.1260\\0.6639\end{Bmatrix}_m \quad \boldsymbol{m}_{1110000}=\begin{Bmatrix}-4.7655\\2.2968\\0.5061\end{Bmatrix}_m \tag{5.50}$$

对于最小面的相应结果是

$$\boldsymbol{u}_{0001111}=\begin{Bmatrix}-0.9599\\-0.9599\\-0.5236\\0.5236\\0.5236\\0.5236\\0.5236\end{Bmatrix}_u \quad \boldsymbol{u}_{0011111}=\begin{Bmatrix}-0.9599\\-0.9599\\0.5236\\0.5236\\0.5236\\0.5236\\0.5236\end{Bmatrix}_u$$

$$\boldsymbol{u}_{1001111}=\begin{Bmatrix}0.4363\\-0.9599\\-0.5236\\0.5236\\0.5236\\0.5236\\0.5236\end{Bmatrix}_u \quad \boldsymbol{u}_{1011111}=\begin{Bmatrix}0.4363\\-0.9599\\0.5236\\0.5236\\0.5236\\0.5236\\0.5236\end{Bmatrix}_u \tag{5.51}$$

$$\boldsymbol{m}_{0001111}=\begin{Bmatrix}4.7655\\-3.4700\\-0.5061\end{Bmatrix}_m \quad \boldsymbol{m}_{0011111}=\begin{Bmatrix}1.1050\\-4.2993\\-0.6639\end{Bmatrix}_m$$

$$\boldsymbol{m}_{1001111}=\begin{Bmatrix}6.1234\\-1.3191\\-1.1414\end{Bmatrix}_m \quad \boldsymbol{m}_{1011111}=\begin{Bmatrix}2.4628\\-2.1484\\-1.2992\end{Bmatrix}_m \tag{5.52}$$

继续对于其他控制对，我们找到了所有 $m(m-1)=42$ 面。在图 5.8 中它们被画出来，用阴影来表示前面。

关于给出的这个算法的效率，注意到映射到 Φ 内部的 Ω 的许多其他面。在当前例子中，五个控制的每一个 u_2，u_4-u_7，可以被设置在一个上限或下限值来定义 Ω 中的两个 u_1-u_3 面。这样导致了 2^5 种可能组合。一般的公式是 2^{m-2}。

如图 5.8 这样的图对于可视化一组控制执行机构的最大能力是有用的。

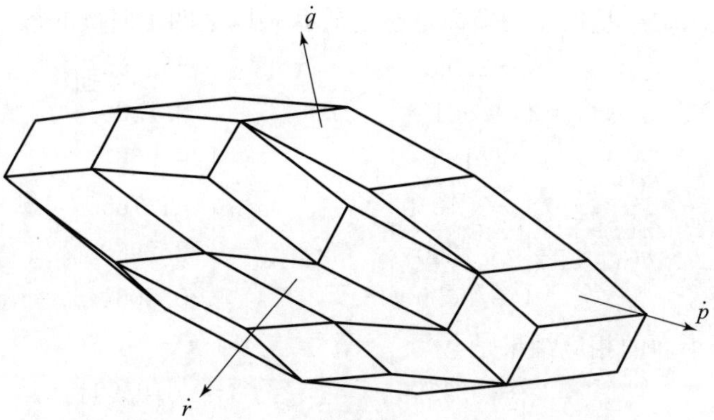

图 5.8　用于 ADMIRE 仿真的可达力矩。配平在马赫数 0.22，高度 20 m。观察是从（$\dot{p}\,\dot{q}\,\dot{r}$）=(1 1 1)

在后面我们将看到如何把三维 Π（将在 5.5.1 节和 6.10 节定义）和图结合起来，并且进一步可视化人们通过使用不同控制分配方案在能力方面付出了什么。

我们也可沿着三个轴的每一个方向上的视角来观察 Φ，允许我们来了解在 $\dot{p}-\dot{q}$，$\dot{q}-\dot{r}$，$\dot{p}-\dot{r}$ 平面上控制执行机构的能力，分别如图 5.9～图 5.11 所示。为了帮助给出图片尺寸的概念，最大能力在表 5.5 给出。注意显示的最大值是关于原点获得的那些；也就是，同时其他两个加速度为零。

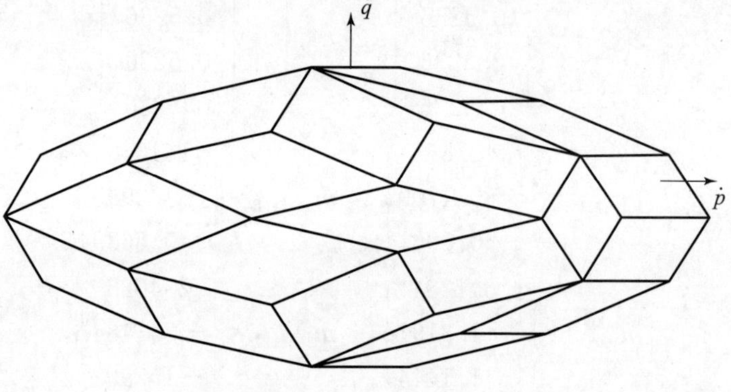

图 5.9　$\dot{p}-\dot{q}$ 平面

表 5.5　关于原点的最小和最大加速度（rad/s²）

系数	最小值	最大值	正的
$\dot{p}$	−7.74	7.74	右翼向下
$\dot{q}$	−4.30	3.13	机头向上
$\dot{r}$	−1.40	1.40	机头向右

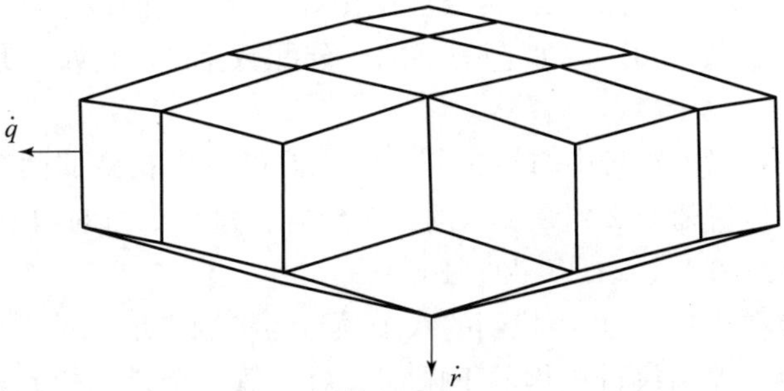

图 5.10　$\dot{q}-\dot{r}$ 平面

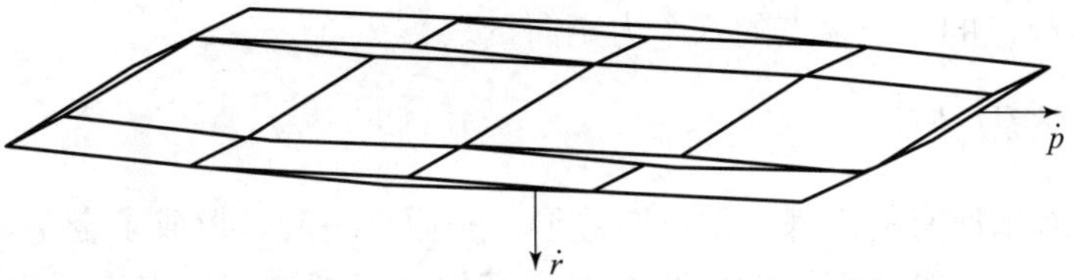

图 5.11　$\dot{p}-\dot{r}$ 平面

5.4.1.1　确定 Φ_3 的总结

给定一个 $3\times m$ 控制有效性矩阵 $\boldsymbol{B}$ 和控制执行机构限值 $u_{\mathrm{Min}}\leqslant u\leqslant u_{\mathrm{Max}}$：

(1) 对于 $i=1$，…，$m-1$ 和 $j=i+1$，…，m 重复以下操作。这一步获得 m 个控制中一次取两个的每一种组合。

(2) 用 $\boldsymbol{B}$ 的第 i 和 j 列 $\boldsymbol{b}_i$ 和 $\boldsymbol{b}_j$ 来生成 3×2 矩阵 $\boldsymbol{B}_{ij}$。

$$\boldsymbol{B}_{ij}\equiv[\boldsymbol{b}_i \quad \boldsymbol{b}_j] \tag{5.53}$$

(3) 假如 $\boldsymbol{B}_{ij}$ 的第一行是零，往前跳转到步骤 (6)。

(4) 计算 $\boldsymbol{t}=[t_{11} \quad t_{12} \quad t_{13}]$，由

$$\boldsymbol{t}\boldsymbol{B}_{ij}=[0 \quad 0] \tag{5.54}$$

有一些不同可能的情况出现在求解方程 (5.54) 的过程中。在最普通情况下，这个方程可以通过设定 $t_{13}=1$ 求解，重新安排这些项，并且求解剩下的 $\boldsymbol{t}$。在任何情况下，假如我们加在控制有效性矩阵 $\boldsymbol{B}$ 的鲁棒秩条件得到很好满足，这个问题是保证有一个解的。

(5) 计算 $\boldsymbol{tB}$。

(6) 根据 $\boldsymbol{tB}$ 第一行（或者 $\boldsymbol{B}$ 的第一行假如步骤 (4) 和 (5) 被忽略）元素符号估计对象符号中的最大面。假如一个元素是正的，分配数字 1。假如它是负的，分配数字 0；假如它是零，分配数字 2；假如在 $\boldsymbol{tB}$ 的第一行中有多于两个零，这个问题是退化的。

(7) 根据 $\boldsymbol{tB}$ 第一行的元素符号估计在对象符号中的最小面。假如一个元素是正的，分配数字 0；假如它是负的，分配数字 1；假如它是零，分配数字 2。

(8) 估计在对象符号中与在步骤 (6) 和 (7) 中找到的两个面相关的八个顶点。通过设置两个 2 到 0 和 1 的四个组合，每一个面的四个顶点被找到，也就是 (0 0)、(0 1)、(1 1) 和 (1 0)。

(9) 转换在步骤 (8) 中找到的八个顶点为控制表示。对于每一个是 0 的元素，分配对应控制执行机构的下限值。对于每一个是 1 的元素，分配对应控制执行机构的上限值。

(10) 通过把 $\boldsymbol{B}$ 乘以在第 (9) 步找到的每一个向量，计算包括可达力矩集 $\partial(\Phi_3)$ 凸包的八个顶点的八个力矩向量。

5.4.2 体积计算

容易看出所有的面都是平行四边形，和原点一起，形成了金字塔的基础。有多种方法来计算金字塔的体积，但是我们已经把这些顶点表示为从原点出发的向量，因此将用向量三重积。后面通过其他方法寻求可达力矩体积时我们将概述这个方法。

考察图 5.12。它展示了一个从原点出发的向量 $\boldsymbol{v}_1$ 以及两条边 $\boldsymbol{e}_{12}$ 和 $\boldsymbol{e}_{14}$，从那个向量的顶端发出的向量。三个向量定义了一个四面体，由三条虚线封闭。

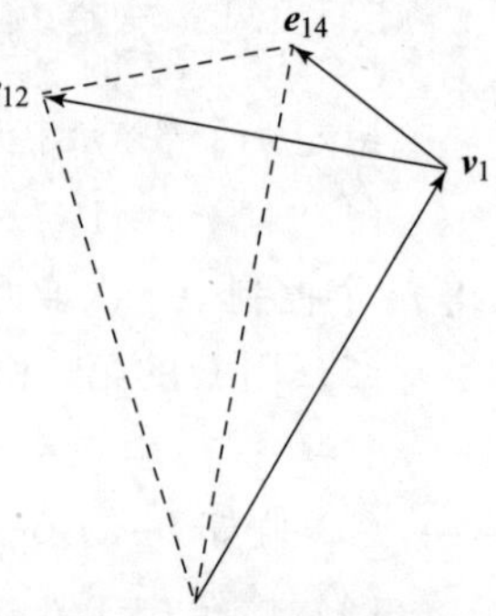

图 5.12 由三个向量定义的四面体

四面体的体积由几何学家 (Hausner，1965) 给定为向量 $\boldsymbol{v}_1$、$\boldsymbol{e}_{12}$ 和 $\boldsymbol{e}_{14}$ 三重积 (任何顺序) 幅值的六分之一。我们选择的顺序为

$$V=\frac{1}{6}\left|\boldsymbol{v}_1\cdot(\boldsymbol{e}_{12}\times\boldsymbol{e}_{14})\right| \tag{5.55}$$

几何学家告诉我们这个三重积可以估值为一个列为 $\boldsymbol{v}_1$、$\boldsymbol{e}_{12}$ 和 $\boldsymbol{e}_{14}$ 的 3×3 矩阵的行列式：

$$V=\frac{1}{6}\left|\begin{bmatrix}\boldsymbol{v}_1 & \boldsymbol{e}_{12} & \boldsymbol{e}_{14}\end{bmatrix}\right| \tag{5.56}$$

符号 $|\cdot|$ 在这里有两层意思。它们可以用来表示一个矩阵的行列式，或者封闭量的绝对值。在方程 (5.56) 中我们都表示了：估计这个行列式，并且求得它的绝对值。

我们的金字塔每一个都包括两个共享原点和两条边的四面体。因为面的对称性，这两个四面体的体积将是相同的，所以我们仅加倍四面体一个或者另一个的体积。

例 5.3　Φ_3 体积用于 ADMIRE 仿真　为了把这些体积计算与上面 5.4.1 节中定义的面联系起来，我们定义一个面四个顶点的坐标。这些顶点定义这四条边。我们需要这些边的一个排序表，因此我们能把它们中两个和一个特定的顶点联系起来，从而估计这个三重积。为了得到这个序列，可以用对象符号：从任何一个顶点开始，有这个共同顶点的面的两条边通过改变它的定义控制之一为 2 被找到。

5.4.1 节中操作的结果是信息，这些信息是关于哪些控制应该被限制在它们的最小值（对象符号 0），或者它们的最大值（对象符号 1），或者让在面内自由变化（对象符号 2）。因此在图 5.8 中，我们考虑两个控制 u_1 和 u_2 定义的面，确定为 $o_{2200110}$。这样得到了图 5.13。

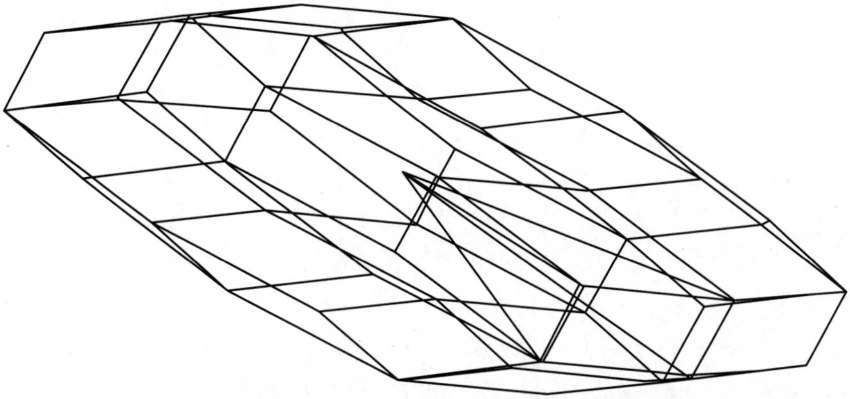

图 5.13　面 $o_{2200110}$（从 u_1-u_2）和它的顶点在原来位置

在图 5.13 中 AMS 显示在线框中，并且与 u_1、u_2 相关的两个面之一和它的四个顶点被重点显示。为了清晰起见，同样的一面被去掉，如图 5.14 所示。

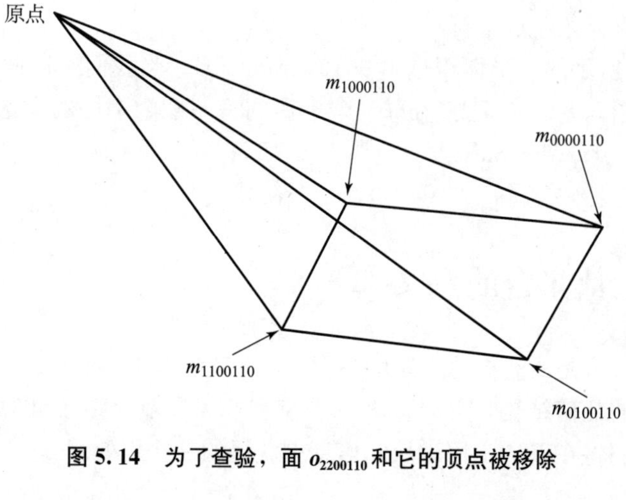

图 5.14　为了查验，面 $o_{2200110}$ 和它的顶点被移除

在图 5.14 中这些边可以如上面描述的那样定义。把 $\boldsymbol{m}_{0000110}$ 作为起始顶点。共享这个顶点的两条边是 $\boldsymbol{m}_{0200110}$ 和 $\boldsymbol{m}_{2000110}$。在力矩空间中的一个向量沿着这些的第一个给定为 $\boldsymbol{m}_{0000110}-\boldsymbol{m}_{0100110}$，沿着第二个是 $\boldsymbol{m}_{0000110}-\boldsymbol{m}_{1000110}$。图 5.14 是简单的向量加。

把 $\boldsymbol{m}_{0000110}$ 看作 $\boldsymbol{v}_1$ 并且两条边看作 $\boldsymbol{e}_{12}$ 和 $\boldsymbol{e}_{13}$，方程（5.56）成为

$$V_{1/2}=\frac{1}{6}\left|\left[\boldsymbol{m}_{0000110}\quad(\boldsymbol{m}_{0000110}-\boldsymbol{m}_{0100110})\quad(\boldsymbol{m}_{0000110}-\boldsymbol{m}_{1000110})\right]\right| \tag{5.57}$$

注意到这仅是图 5.14（$V_{1/2}$）中金字塔体积的一半，因为我们的金字塔由两个四面体组成。

计算与定义的控制相对应的力矩，生成

$$\boldsymbol{m}_{0000110}=\begin{Bmatrix}5.6986\\-2.1528\\1.1451\end{Bmatrix}_m \tag{5.58}$$

$$\boldsymbol{m}_{0000110}-\boldsymbol{m}_{0100110}=\begin{Bmatrix}5.6986\\-2.1528\\1.1451\end{Bmatrix}_m-\begin{Bmatrix}4.7111\\-0.5885\\1.6071\end{Bmatrix}_m=\begin{Bmatrix}0.9875\\-1.5638\\-0.4620\end{Bmatrix}_m \tag{5.59}$$

$$\boldsymbol{m}_{0000110}-\boldsymbol{m}_{1000110}=\begin{Bmatrix}5.6986\\-2.1528\\1.1451\end{Bmatrix}_m-\begin{Bmatrix}6.6861\\-0.5885\\0.6831\end{Bmatrix}_m=\begin{Bmatrix}-0.9875\\-1.5638\\0.4620\end{Bmatrix}_m \tag{5.60}$$

$$V_{1/2}=\frac{1}{6}\det\begin{bmatrix}5.6986 & 0.9875 & -0.9875\\-2.1528 & -1.5638 & -1.5638\\1.1451 & -0.4620 & 0.4620\end{bmatrix}=-1.9619 \tag{5.61}$$

这个行列式的值事实上是负的，这是我们放置这两条边顺序的结果。我们或者能颠倒这些边的顺序（交换这个矩阵的第二和第三列），然后得到一个正的结果，或者仅仅忽略这个符号。

图 5.14 所示的一半体积是 1.9616 $(\text{rad/s}^2)^3$。当我们应用此过程到 Φ 的每一个面（图 5.8），并且加倍每一个来得到每一个金字塔的全部体积，得到了 Φ 的体积，177.1 $(\text{rad/s}^2)^3$。

$$V_\Phi=177.1\ (\text{rad/s}^2)^3 \tag{5.62}$$

5.5 最大值集合的意义

最大值集合是所有可达力矩的集合。5.1 节和 5.4.1 节显示了如何来确定最大值集合的几何结构，并且 5.3.0.1 节和 5.4.2 节介绍了计算其尺寸度量的方法。我们将在下一步探讨从此信息中获得的一些用处。

5.5.1　作为不同方法比较的一个标准

第 6 章将探讨控制分配的多种方法，即对于给定 $\boldsymbol{B}$ 和 $\boldsymbol{m}_{\mathrm{des}}$ 找到向量 $\boldsymbol{u}$ 满足 $\boldsymbol{Bu}=\boldsymbol{m}_{\mathrm{des}}$。我们将看见当给定清楚可达的一些 $\boldsymbol{m}_{\mathrm{des}}$ 时，这些方法中的许多将返回一个不允许解 $\boldsymbol{u}$。换句话说，这个特定算法返回允许控制的力矩将是 Φ 的一个真子集。

我们命名这个子集为 Π，并且通过图 5.15 的多边形在这个二维实例中对它进行了说明。

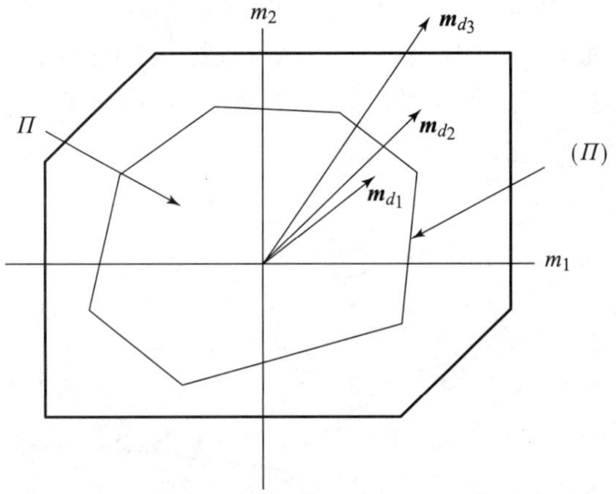

图 5.15　$\boldsymbol{\Pi}$ 在 $\boldsymbol{\Phi}$ 中

图 5.15 表示了三个期望的力矩。假如控制分配算法被给定 $\boldsymbol{m}_{d_1}$，那么它返回的解 $\boldsymbol{u}$ 将是允许的。然而，假如给定 $\boldsymbol{m}_{d_2}$，在计算向量 $\boldsymbol{u}$ 中的一个或多个控制执行机构将被指令到一个不被允许的位置。假如任何一个控制分配方案是必须生成 $\boldsymbol{m}_{d_3}$，那么将找不到允许控制执行机构向量 $\boldsymbol{u}$。

对于一些控制分配方法，我们也许能够在子集 Π 中解析确定所有力矩，并且可计算它们占据的力矩空间的面积或体积。在图 5.15 中容易可视化被多边形 $\partial(\Pi)$ 的边形成的三角形并且容易预先计算这些三角形的面积，来和二维力矩 V_{Φ} 进行比较。

然而在其他情况下，解析解将是不存在的。在那些情况下，对于给定的控制有效性矩阵 $\boldsymbol{B}$ 和控制执行机构限值，我们将把力矩空间的很多方向的 $\boldsymbol{m}_{\mathrm{des}}$ 输入算法，然后对于每一个，将通过关于可达性的连续小量变化向量长度，使得解中一个或者多个控制执行机构刚好饱和。也就是，对于一些控制分配解、方法或者算法，我们将从方法上在力矩空间生成大量的方向。

对于每一个方向，我们从那个方向的一个标称 $\boldsymbol{m}_{\mathrm{des}}$ 开始征求这个解的方法或者算法。假如那个解是允许的，我们将通过某个步骤提高 $\boldsymbol{m}_{\mathrm{des}}$ 幅值，重复这个步骤直到至少一个控制执行机构并指令到超越其限值的位置：最小或者最大。依据为这个方法或者算法确定 Π 过程中的期望精度，然后我们也许后退更小的一步，直到这个解再次允许，进而通过一个甚至更小步骤的提高，直到某些标准得到满足。增加或者减小步长的有用方法是二分法和黄金法则。

一旦确定，那些点至少大约在 $\partial(\Pi)$ 上。有了足够的点，我们也许可以利用任何合适的算法确定它的凸包，例如前面提到的 MATLAB® 中的命令 convhull。convhull 的输出是足够近似 Π 的面积（大约的，因为不是总能确保正被分析的方法生成凸集）。

图 5.16 重复了图 5.8，但是只有 $\partial(\Phi)$ 线框被显示。在里面的线框包含了通过伪逆解 Π 利用允许控制获得的力矩。通过这个控制分配方法获得的力矩也许可以解析地确定，所以不必用凸包算法来计算它的 Π。

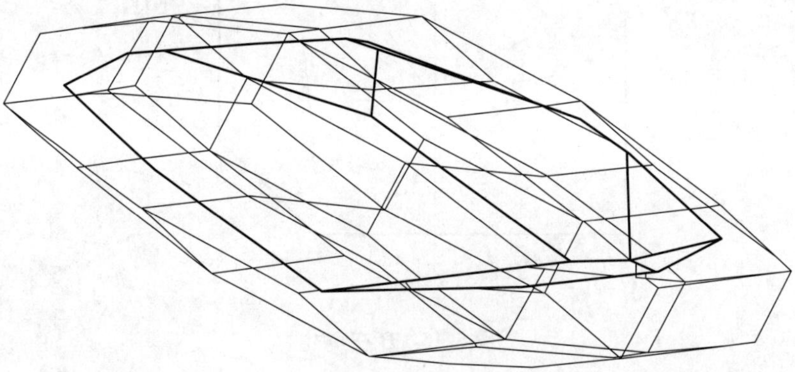

图 5.16　伪逆 Π 在 $\partial(\Phi)$ 三维线框中。这里视角和图 5.8 中的完全一致

图 5.16 清楚地说明了不同方法分配控制执行机构用体积作为相对性能指标的重要性。用来生成这个图的数据源自一架真实战术作战飞机。许多年来，伪逆及其相关方法是分配冗余控制执行机构的默认方法。但是如图 5.16 所示，直接解的应用牺牲了控制执行机构很多潜在的力矩生成能力。

支持图 5.15 的数据是被虚构，而图 5.16 的基础确实是真实的。

5.5.2　机动要求

5.5.2.1　特定的机动

在动态逆和模型跟踪控制概念的一些扩展中需要确定生成一个特定机动时控制执行机构需要如何进行运动。机动形式可能来源于任务需求，例如在空战机动（Shaw，1985）中实现的许多机动（Wilson 等，1993）。

例如，速度向量滚转经常用于战术飞机高迎角飞行状态下（Durham 等，

1994）机动。在高迎角下，围绕主要 x-机体轴的滚转一般将在滚转过程中生成大的侧滑。一般而言不希望出现大的侧滑角。因此飞行控制计算机希望飞机围绕速度向量执行滚转，这意味着当调节侧滑为零时保持迎角为常值，或者一定程度上接近零。这样就要求所有三个轴上力矩和加速度有很好的协同控制。

把一条期望轨迹转换为控制执行机构要求的过程通常开始于这个机动过程中的飞机状态时间关系曲线图。这些时间关系曲线图可以被解析确定，或者来源于记录实际飞行过程或者仿真器的数据。

这些轨迹作为状态的时间关系曲线图（Munro，1992）被转换为动态逆或者模型跟踪控制律的合适输入，这个过程经常涉及数值差分。控制律的输出和平常一样是控制分配器的输入。

m_1、m_2 和 m_3 时间关系曲线可能被叠加在最大集上，并且表示为 $\boldsymbol{m}_{\text{des}}$。从这里可以一眼就看出我们的控制执行机构组是否有能力来实现这个机动，假如有，有什么样的能力限度。这一点通过期望力矩① $\boldsymbol{m}_{\text{des}}$ 的时间关系曲线图（在这种情况，角加速度 $\dot{p}$，$\dot{q}$，$\dot{r}$）和从图 5.8 的 AMS 表示出来，在图 5.17 中（仅线框）和图 5.18 中（填好的）。

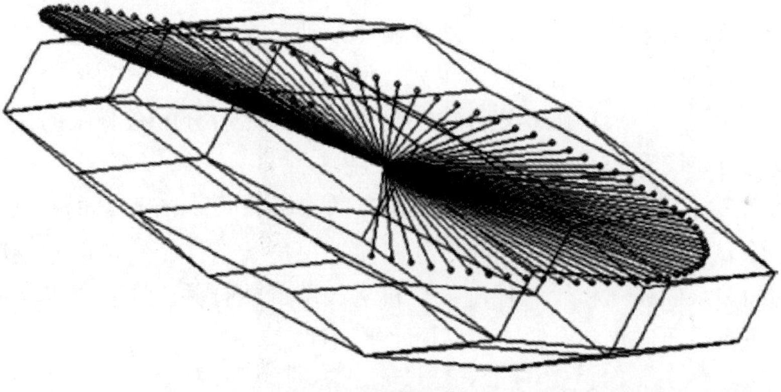

图 5.17　在 ∂(Φ) 三维线框里期望力矩的时间关系曲线图。视角和轴如图 5.8 一样

从图 5.17 特别是图 5.18 中，明显可以看出研究中的飞机将不能实现可导致图中力矩时间曲线关系图的机动。这对于任何一种控制分配方法都成立，因为这种要求已经超越了执行机构组的最大能力。假如这个机动对于飞机任务性能是至关重要的，那么控制执行机构必须在物理上重新改造：对于这个

① 生成图中时间关系曲线的机动一般被称为一个 octafloogaron。这种机动的描述前经常带短语 eye-watering，并且它经常是非故意被执行。假如你不是故意去做 lomcovak，那么它是一个 octafloogaron。

问题没有软件解决方案。

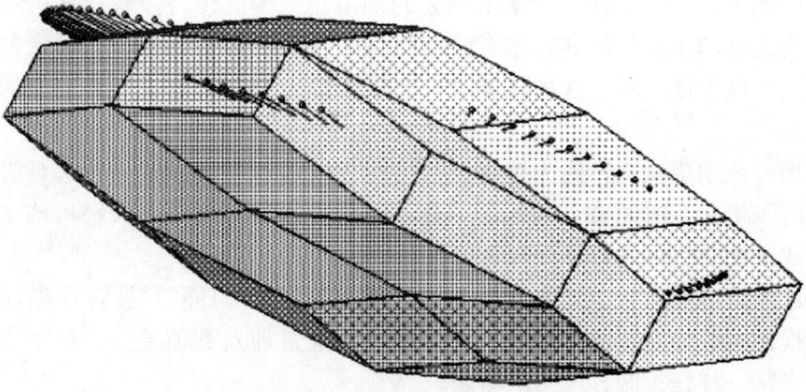

图 5.18　在 ∂(**Φ**) 三维填充图内的期望力矩时间关系曲线图。
视角和轴如图 5.8

基于最大集的设计考虑的相关内容在第 8 章中讨论。

5.5.3　控制故障重新配置

更让人感兴趣的特征之一，把控制律如动态逆从控制分配函数本身中分离，可以容纳控制执行机构故障模式。例如，假如一个特定的控制执行机构变得完全无用，那么它在 **B** 矩阵中的列被移除，然后分配在剩余的执行机构中继续进行。图 5.19 证实了丧失 u_3 的效果。

图 5.19 的上部是用于 ADMIRE 仿真的原始 AMS。在底部的是从问题中完全移除 u_3 后的 AMS，以相同尺度和同一视角绘制。显然可以把绘制机动力矩时间关系曲线图和代表控制执行机构故障的图合并。这将有助于确定此故障下飞行品质退化和合适飞行品质水平的评定。

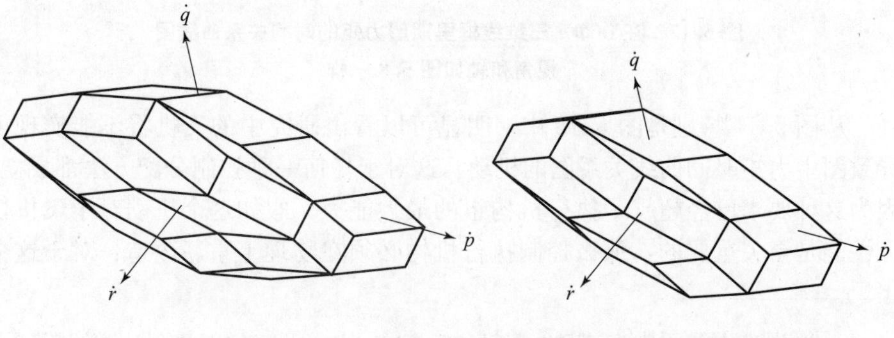

图 5.19　正常 AMS（上部）和失效的控制执行机构（底部），以相同尺度和从同样视角。仿真中的控制 u_3 是在右翼上的外侧升降副翼

5.6　后记

在介绍控制分配几何方法给读者过程中，我们的经验是把 m 维超矩形映射到 n 维空间来形成多边形，人们有能力来理清思路。我们已经尽可能清晰地从三个控制和二个力矩推演到更通常的例子。一些前面的图片也许看起来都太明显，但是它们很快变得复杂。

我们已经发现对象符号在利用几何特性的算法中是非常有用的。它没有用在实时应用中，但主要用在比较不同分配方法的设计阶段。对象符号提供一种非常简单的方法来写出代码以便检查对象间的关系，如顶点的顺序。

最后我们考虑最大值集（AMS，或者 Φ）。Φ 也许可用来确定它是否包含了实现一种特定机动（如改出螺旋）的所有力矩或者加速度要求。同时，来源于控制故障的不同 Φ 可以用来确定飞行包线应该怎样被限制。最后，我们将在 6.10 节中介绍，不同的分配方法也许不能对于所有可达力矩返回允许解。可以确定返回允许解的力矩集合并且和 Φ 比较来看付出什么代价。

参 考 文 献

Bordignon，KA 1996 *Constrained Control Allocation for Systems with Redundant Control Effectors*，PhD Thesis，Virginia Polytechnic Institute & State University，Appendix A.

Durham，WC，Lutze，FH，and Mason，W 1993 'Kinematics and aerod-ynamics of the velocity-vector roll，' *AIAA J. Guidance*，*Control*，*and Dynamics*，**17**(6)，1228－1233.

Hausner，M 1965 *A Vector Space Approach to Geometry*. Prentice-Hall Inc.

Munro，BC 1992 *Airplane Trajectory Expansion for Dynamic Inversion*，MS Thesis，Virginia Polytechnic Institute & State University.

Shaw，RL 1985 *Fighter Combat*：*Tactics and Maneuvering*. Naval Institute Press.

Wilson，DJ，Riley，DR，and Citurs，KD 1993 'Aircraft Maneuvers for the Evaluation of Flying Qualities and Agility，Vol. 2：Maneuver Descriptions And Selection Guide，' Wright Laboratory Technical Report WL-TR-93-3082.

第 6 章
解

6.1　在线解对比离线解

6.1.1　在线解

在线解是可以实时计算出来的解。也就是说，控制有效性矩阵 $\boldsymbol{B}$，控制执行机构限值 $\boldsymbol{u}_{\mathrm{Min}}$ 和 $\boldsymbol{u}_{\mathrm{Max}}$，以及期望力矩 $\boldsymbol{m}_{\mathrm{des}}$ 是从飞行控制计算机获得的，然后计算出解。

在线解有许多优点。首要的是，通常飞机在飞行过程中会经历很多飞行状态。结果导致控制有效性矩阵 $\boldsymbol{B}$ 可能会在一个大范围数值内不断变化。想把所有可能的 $\boldsymbol{B}$ 矩阵都存储下来是不现实的，实际可行的是通过实时查询一个在线模型来建造一个当前的 $\boldsymbol{B}$ 矩阵。

在线生成解对于处理控制故障和重新配置是理想的。假设我们能够确认某控制故障的本质（如失效的或者卡住的控制执行机构），那么此故障控制执行机构就能够从控制有效性矩阵中被移除，或者能够以一定合适的方法修正对应的 $\boldsymbol{B}$ 矩阵来体现这个故障。

6.1.2　离线解

离线解是完全或者部分提前计算的解，但是在两者中任一种情况，需要预先知道一些信息，至少需要知道控制有效性矩阵 $\boldsymbol{B}$。离线解通常具有简单闭合形式，常见的是一个矩阵或者多个矩阵乘以一个新 $\boldsymbol{m}_{\mathrm{des}}$ 来生成 $\boldsymbol{u}$。

离线解在执行上总是比在线解要快。正如我们将看到的，大多数实时求解需要运行相当复杂的算法，而离线解可以先把计算复杂的部分提前计算好。随着飞行控制计算机不断增加运算速度，执行速度也许不是一个需要考虑的大问题。

基于简单已知矩阵乘法的控制分配在稳定裕度确定时是期望的。应用于稳定分析的经典增益和相位裕度方法容易在回路中进行单一矩阵乘法。这些分析方法不太容易应用到在线求解中。

6.2 最优和非最优解

在控制分配中使用的“最优”这个词包含多层意思。为了明确起见，这里针对的是第 4 章给出的线性欠定问题。我们假设给定的控制有效性矩阵为 $\boldsymbol{B}$，控制执行机构下限值和上限值分别为 $\boldsymbol{u}_{\mathrm{Min}}$ 和 $\boldsymbol{u}_{\mathrm{Max}}$，以及期望力矩 $\boldsymbol{m}_{\mathrm{des}}$ 满足 $\boldsymbol{m}_{\mathrm{des}}=\boldsymbol{B}\boldsymbol{u}$。

6.2.1 最大能力

解是指针对理论可达力矩下得到的允许控制。这里的可达力矩集合 Φ，可能是二维（5.1 节）或者是三维（5.4.1 节）。

在此意义上的最优控制分配指的是一种方法或者算法，因为正如我们将介绍的，它不是一种闭合形式解（关于 $\boldsymbol{m}_{\mathrm{des}}$ 的单个矩阵相乘），能对于 Φ 内所有力矩生成允许解。

对于实现最大能力的控制分配算法，可能有许多反对意见，大部分关注点在于其可预测性，特别是考虑控制回路的相位和增益稳定裕度时，最大能力控制分配算法可能带来不稳定因素。然而，有一些飞行区域，不需要过多关注这一点，因为大部分发生在飞行包线的角落里。因此除了那些要采用极端方法以便达成特定任务（当生存成为问题的时候）外，人们可以设计几乎在任何情况都表现很好的飞行控制系统。极端情况，比如从一个水平螺旋改出时，飞行员不需要考虑满足任何增益和相位裕度。还有种情况，如为了避免由于速度限制导致的飞行员诱发振荡，飞机需要具备一定能力（Acosta 等，2015）。另外，击落一个面空导弹不需要保证稳定裕度。这种情况类似于“战时紧急马力”的提供，在那时需要引擎发挥最大能量，尽管这个引擎在战斗后可能永远不能再用。

6.2.2 最大体积

最优标准出现在获得控制分配问题闭合形式解的方法中，称为广义逆，其自身的可达力矩（必须小于全局可达体积）体积是所有广义逆中最大的。

也可能对于其他方法或者算法（不是广义逆）应用这个最大体积标准，但是作者不知是否已经有研究人员做了这样的工作。

6.2.3 离优先最近

只要计算得到的控制分配问题解不唯一，总是可以用最优标准进行区分。

在可达力矩集合内部解不是唯一的，在那里有无穷多个控制向量适合作为解（通过 $\boldsymbol{B}$ 的零空间）。

在此情况下，控制分配过程分为两步。首先，找到针对此问题的任何一个允许解。其次，通过 $\boldsymbol{B}$ 的零空间运动执行机构到某种意义下比所有其他更优先的配置。

6.2.4 不可达力矩

假如出现一种特殊情况，即期望力矩 $\boldsymbol{m}_{\mathrm{des}}$ 不可达。“最优”条件描述了力矩需求超出可达范围时的处理策略。作者认为严肃的控制律不应该要求这样的力矩，但是这种情况可能出现，特别是当出现硬件和软件故障时，或者在飞行包线的角落里。

有几种策略来处理不可达力矩；在图 6.1 中显示了两种常用的方法。

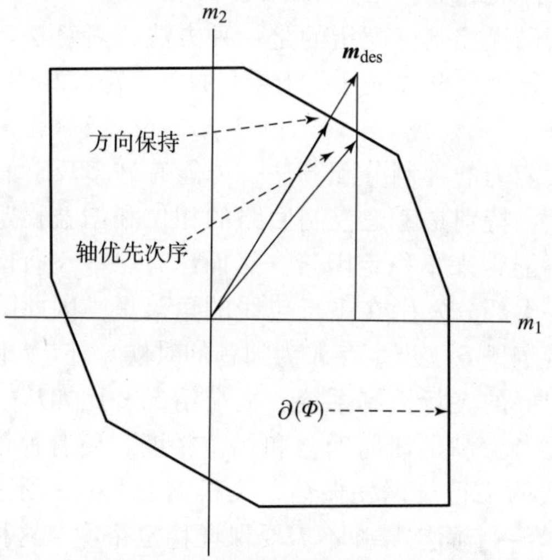

图 6.1 在二维力矩空间中的不可达力矩。两个可能选项如图所示：方向保持和轴优先次序

6.2.4.1 方向保持

方向保持的解在一个点上，在这个点上，$\boldsymbol{m}_{\mathrm{des}}$ 相交于可达力矩凸包 $\partial(\Phi)$（或者对最大体积意义上非最优的分配方法是 $\partial(\Pi)$）。正如我们将看到的，一些控制分配方法首先只考虑在 $\boldsymbol{m}_{\mathrm{des}}$ 力矩空间的方向，然后定位在那个方向上半条线和凸包 $\partial(\Phi)$ 的交点。也就是，他们在那个方向找到最大可达力矩。然后假如 $\boldsymbol{m}_{\mathrm{des}}$ 是可达的，调整边界上的解以获得解；假如 $\boldsymbol{m}_{\mathrm{des}}$ 是不可达的，就采用边界上的解，也即方向被保持。

6.2.4.2 轴优先次序

轴优先次序寻找最大可能限度满足$\boldsymbol{m}_{\mathrm{des}}$的一个分量。在图 6.1 中轴优先解已经完全满足$\boldsymbol{m}_{\mathrm{des}}$的 m_1 分量并且选择了此情况下 m_2 最大值。

不考虑特定应用，本书选择方向保持先于轴优先次序。

6.3 优先解

优先解的概念第一次出现在一些控制分配算法中（特别是帧相关，或者离散时间分配，这些内容在第 7 章介绍），表现了一种称为“缠绕”的现象。注意到在一段时间（仿真）机动和返回稳定水平飞行后，当生成期望力矩时，控制执行机构处于各种不对称位置：这个解在 $\boldsymbol{B}$ 零空间的一个特殊位置。这个条件很像在图 5.6 中飞机的情况，除了它是完全无意的。

正如在飞行控制计算机中的计算是离散的，我们讨论的算法是控制分配问题在离散时间的那些算法。结果是许多离散解是路径相关的：在任何一个特定时刻的全部控制分配取决于在当前时刻前的历史分配数据。

一个明显的解是在这个分配算法中加入额外一步驱动执行机构通过 $\boldsymbol{B}$ 的零空间以最小化控制向量 2 范数。实际上，这设定了零偏转为一个优先解。由于控制执行机构正被还原为一个优先解时状态，这个过程称为还原。或者，这些执行机构能被驱动到它们的平衡位置，实际上是在偏移原点下的零偏转。

尽管还原有历史上的起因，当力矩是可达的，有无穷多个解还是相当不错的，因为在无穷解中的一些解可能有期望的特征。除了零偏转外，在这些解中存在有最小化执行机构引起阻力的控制配置。同样地，假如存在足够的数据，人们可以最小化雷达截面积。

对于优先解我们将在第 7 章和附录 A 进行更详细的讨论。

6.4 联动

在 8.5 节中我们将看到一个控制联动的例子。单独控制执行机构互联在一起，使得一个机构运动依赖于另一个机构的运动。这是传统飞机配置的方式：左右副翼在机械上互联以致它们在相反方向运动。左右升降舵（或者水平尾翼）被约束作为单个单元运动。

例 6.1　用于 ADMIRE 仿真的联动控制　在 ADMIRE 仿真中（附录 B 和 8.5 节）控制执行机构可以这种形式连接。

- 滚转执行机构：外侧升降副翼仅接受非对称指令

- 俯仰执行机构：前翼仅接受对称指令
- 偏航执行机构：方向舵
- 内侧升级舵补助翼：不用于生成力矩

这样安排有时称为伪控制。针对使用相同名字的冗余控制执行机构，有好几种其他方法（表 6.1）。通常，这些方法彼此无关。实例可见 Lallman（1985）。

控制有效性矩阵 $\boldsymbol{B}$、控制执行机构与表 5.4 中的 $\boldsymbol{u}$ 的元素有关。因此，为了考虑正接收非对称指令的外侧升降副翼，第六列被从第三列中减去，并且用这个结果取代第二列，采用 u_3 的作为符号。同样，为了考虑前翼，$\boldsymbol{B}$ 的第一和第二列相加，结果取代第二个，并且使用两者中任一种的符号约定。第四和第五列（内侧升降副翼）被简单去除。得到的 $\boldsymbol{B}$ 矩阵和控制执行机构是

$$\boldsymbol{B}_{\text{Ganged}}=\begin{bmatrix}0 & -6.9912 & 2.1103\\ 2.2408 & 0 & 0.0035\\ 0 & -0.3014 & -1.2680\end{bmatrix} \tag{6.1}$$

$$\boldsymbol{u}_{\text{Min}_{\text{Ganged}}}=\begin{Bmatrix}-0.9599\\ -0.5236\\ -0.5236\end{Bmatrix}_u \quad \boldsymbol{u}_{\text{Max}_{\text{Ganged}}}=\begin{Bmatrix}0.4363\\ 0.5236\\ 0.5236\end{Bmatrix}_u \tag{6.2}$$

表 6.1　以名称表示的联动控制执行机构

u_i	名　称
u_1	联动的鸭翼
u_2	联动的外侧升降副翼
u_3	方向舵

方程（6.2）与这些极限值有关，这些升降副翼没有对称的正负极限值（±0.5236 rad），那么必须考虑如何确定定义联动升降副翼的零位置和上下界值。

这里提及联动，仅是因为这是控制分配中有用的方法，尽管这不是本书重点考虑的内容。可以看出 $\boldsymbol{B}_{\text{Ganged}}$ 是一个可逆方阵，并且 $\boldsymbol{m}=\boldsymbol{B}_{\text{Ganged}}\boldsymbol{u}$ 有一个唯一解。$\boldsymbol{u}$ 将可能是允许的或者不是，这与数学无关。把一些控制执行机构连接起来是可能的，以使得被连接的加上其他一些仍然会导致系统欠定，这种情况导致的问题对于当前的处理具有意义。

就力矩生成能力而言，连接控制的结果在 8.2.3 节中描述，如例 8.5。

6.5　广义逆

6.5.1　一般情况和 P_2 的意义

广义逆在不考虑控制执行机构的限值时是矩阵 $\boldsymbol{P}$（特定的例子有不同的

下标)，有

$$\boldsymbol{u}_P=\boldsymbol{P}\boldsymbol{m}_{\mathrm{des}} \tag{6.3}$$

可以得到

$$\boldsymbol{B}\boldsymbol{u}_P=\boldsymbol{m}_{\mathrm{des}} \tag{6.4}$$

为了这个成立，明显的要求就是

$$\boldsymbol{B}\boldsymbol{P}=\boldsymbol{I}_n \tag{6.5}$$

关于维度，我们已经假设 $\boldsymbol{B}$ 是 $n\times m$，这里 $n=2$ 或者 $n=3$ 是力矩（或者力矩系数，角加速度）数目，m 是控制执行机构数目，$m>n$。为了一致性，$\boldsymbol{P}$ 是 $m\times n$，并且在方程（6.5）中的单位矩阵是 $n\times n$。

所有这些广义逆可表示为

$$\boldsymbol{P}=\boldsymbol{N}[\boldsymbol{B}\boldsymbol{N}]^{-1} \tag{6.6}$$

矩阵 $\boldsymbol{N}$ 是 $m\times n$，只要 $\boldsymbol{B}\boldsymbol{N}$ 的积不是奇异的，可以是任意矩阵。当 $\boldsymbol{N}$ 有 $m\cdot n$ 个任意元素时，$\boldsymbol{P}$ 没有；它必须满足方程（6.6），所以在元素之间有依赖关系。为了了解这种关系，考虑如下。

首先，分解控制有效性矩阵 $\boldsymbol{B}$ 为 $\boldsymbol{B}_1$ 和 $\boldsymbol{B}_2$，其中 $\boldsymbol{B}_1$ 是一个用前 n 列的 $n\times n$（$n=2$ 或者 3）矩阵，$\boldsymbol{B}_2$ 包含剩下的列。

$$\boldsymbol{B}=[\boldsymbol{B}_1\quad\boldsymbol{B}_2] \tag{6.7}$$

相应地分解 $\boldsymbol{P}$。

$$\boldsymbol{P}=\begin{bmatrix}\boldsymbol{P}_1\\ \boldsymbol{P}_2\end{bmatrix} \tag{6.8}$$

从方程（6.5）中

$$\boldsymbol{B}\boldsymbol{P}=\boldsymbol{B}_1\boldsymbol{P}_1+\boldsymbol{B}_2\boldsymbol{P}_2=\boldsymbol{I}_n \tag{6.9}$$

根据我们的鲁棒秩要求，$\boldsymbol{B}$ 的任何 n 列是线性独立的，所以我们可以解方程（6.9）获得 $\boldsymbol{P}_1$，即

$$\boldsymbol{P}_1=\boldsymbol{B}_1^{-1}[\boldsymbol{I}_n-\boldsymbol{B}_2\boldsymbol{P}_2] \tag{6.10}$$

在方程（6.10）中，所有 $\boldsymbol{P}_2$ 的元素都是任意的。我们将很快证实，可以选择 $\boldsymbol{P}_2$ 的元素来生成具有特殊性能的广义逆 $\boldsymbol{P}$。

方程（6.7）和方程（6.8）可以用来证明为什么我们确信没有闭合形式解（即没有 $\boldsymbol{P}$ 矩阵）能为 Φ 中所有力矩生成允许解。我们把 $\boldsymbol{P}$ 确实获得的解表示为 $\boldsymbol{u}_P$。这些解是 $\boldsymbol{u}_P=\boldsymbol{P}\boldsymbol{m}$。但是对于任何一个 $\boldsymbol{u}$ 有 $\boldsymbol{m}=\boldsymbol{B}\boldsymbol{u}$，包含 $\boldsymbol{u}_P$，所以

$$\boldsymbol{u}_P=\boldsymbol{P}\boldsymbol{m}\Rightarrow\boldsymbol{u}_P=\boldsymbol{P}\boldsymbol{B}\boldsymbol{u}_P \tag{6.11}$$

$\boldsymbol{P}$ 仅有 n 列，所以 $\boldsymbol{P}\boldsymbol{B}$ 的秩能不超过 n，并且由于我们对于 $\boldsymbol{B}$ 的鲁棒秩的要求，事实上是 n。因此包含在 $\boldsymbol{u}_P=\boldsymbol{P}\boldsymbol{m}_{\mathrm{des}}$ 中解的所有向量 $\boldsymbol{u}_P$ 满足方程（6.12）：

$$[\boldsymbol{PB}-\boldsymbol{I}_m]\boldsymbol{u}_P=\boldsymbol{0} \tag{6.12}$$

那是，所有 $\boldsymbol{P}$ 将返回的解 $\boldsymbol{u}_P$ 都在矩阵［$\boldsymbol{PB}-\boldsymbol{I}_m$］的零空间中

$$\boldsymbol{u}_P\in\mathcal{N}[\boldsymbol{PB}-\boldsymbol{I}_m] \tag{6.13}$$

我们利用方程（6.7）和方程（6.8）中的分解，能知道$[\boldsymbol{PB}-\boldsymbol{I}_m]$的秩：

$$\begin{aligned}
[\boldsymbol{PB}-\boldsymbol{I}_m]&=\begin{bmatrix}\boldsymbol{P}_1\boldsymbol{B}_1-\boldsymbol{I}_n & \boldsymbol{P}_1\boldsymbol{B}_2\\ \boldsymbol{P}_2\boldsymbol{B}_1 & \boldsymbol{P}_2\boldsymbol{B}_2-\boldsymbol{I}_{m-n}\end{bmatrix}\\
&=\begin{bmatrix}\boldsymbol{B}_1^{-1}[\boldsymbol{I}_n-\boldsymbol{B}_2\boldsymbol{P}_2]\boldsymbol{B}_1-\boldsymbol{I}_n & \boldsymbol{B}_1^{-1}[\boldsymbol{I}_n-\boldsymbol{B}_2\boldsymbol{P}_2]\boldsymbol{B}_2\\ \boldsymbol{P}_2\boldsymbol{B}_1 & \boldsymbol{P}_2\boldsymbol{B}_2-\boldsymbol{I}_{m-n}\end{bmatrix}\\
&=\begin{bmatrix}\boldsymbol{B}_1^{-1}\boldsymbol{I}_n\boldsymbol{B}_1-\boldsymbol{B}_1^{-1}\boldsymbol{B}_2\boldsymbol{P}_2\boldsymbol{B}_1-\boldsymbol{I}_n & \boldsymbol{B}_1^{-1}\boldsymbol{I}_n\boldsymbol{B}_2-\boldsymbol{B}_1^{-1}\boldsymbol{B}_2\boldsymbol{P}_2\boldsymbol{B}_2\\ \boldsymbol{P}_2\boldsymbol{B}_1 & \boldsymbol{P}_2\boldsymbol{B}_2-\boldsymbol{I}_{m-n}\end{bmatrix}\\
&=\begin{bmatrix}-\boldsymbol{B}_1^{-1}\boldsymbol{B}_2[\boldsymbol{P}_2\boldsymbol{B}_1] & -\boldsymbol{B}_1^{-1}\boldsymbol{B}_2[\boldsymbol{P}_2\boldsymbol{B}_2-\boldsymbol{I}_{m-n}]\\ [\boldsymbol{P}_2\boldsymbol{B}_1] & [\boldsymbol{P}_2\boldsymbol{B}_2-\boldsymbol{I}_{m-n}]\end{bmatrix}
\end{aligned} \tag{6.14}$$

因此前面的 n 行是最后 $m-n$ 行的矩阵乘积。也即，最后 $m-n$ 行是

$$[[\boldsymbol{P}_2\boldsymbol{B}_1]\quad[\boldsymbol{P}_2\boldsymbol{B}_2-\boldsymbol{I}_{m-n}]] \tag{6.15}$$

前 n 行是

$$-\boldsymbol{B}_1^{-1}\boldsymbol{B}_2[[\boldsymbol{P}_2\boldsymbol{B}_1]\quad[\boldsymbol{P}_2\boldsymbol{B}_2-\boldsymbol{I}_{m-n}]] \tag{6.16}$$

因此，为了使 $\boldsymbol{u}_P$ 在 $\boldsymbol{PB}-\boldsymbol{I}_m$ 零空间中，如下等式是充分的：

$$[[\boldsymbol{P}_2\boldsymbol{B}_1]\quad[\boldsymbol{P}_2\boldsymbol{B}_2-\boldsymbol{I}_{m-n}]]\boldsymbol{u}_P=\boldsymbol{0} \tag{6.17}$$

结论是，$\boldsymbol{PB}-\boldsymbol{I}_m$ 的秩是 $m-n$，所以它的零空间是 n 维的。然而，定义凸包 $\partial(\Phi)$ 的向量是在 Ω 控制空间中，其有维度 m。换句话说，解 $\boldsymbol{u}_P$ 不组成 m-空间的一个基。

例 6.2　广义逆解的维度　用方程（5.3）中的简单例子我们能更容易看出这到底是怎么回事：

$$\boldsymbol{B}=\begin{bmatrix}1 & 0 & -0.5\\ 0 & 1 & -0.5\end{bmatrix} \tag{6.18}$$

我们构造一个广义逆，通过使用方程（6.6）和

$$\boldsymbol{N}=\begin{bmatrix}1 & 0\\ 0 & 1\\ 1 & 2\end{bmatrix} \tag{6.19}$$

$$\boldsymbol{P}=\boldsymbol{N}[\boldsymbol{BN}]^{-1}=\begin{bmatrix}0 & -2\\ -1 & -1\\ -2 & -4\end{bmatrix} \tag{6.20}$$

$$[\boldsymbol{PB}-\boldsymbol{I}_3]=\begin{bmatrix}-1 & -2 & 1\\ -1 & -2 & 1\\ -2 & -4 & 2\end{bmatrix} \tag{6.21}$$

容易看出 $[\boldsymbol{PB}-\boldsymbol{I}_3]$ 秩为 1，所以它的零空间是二维的，即这个广义逆返回的所有控制向量都在三维控制空间的一个二维平面内。这个平面和 Ω 中允许控制的交集显示在图 6.2 中。

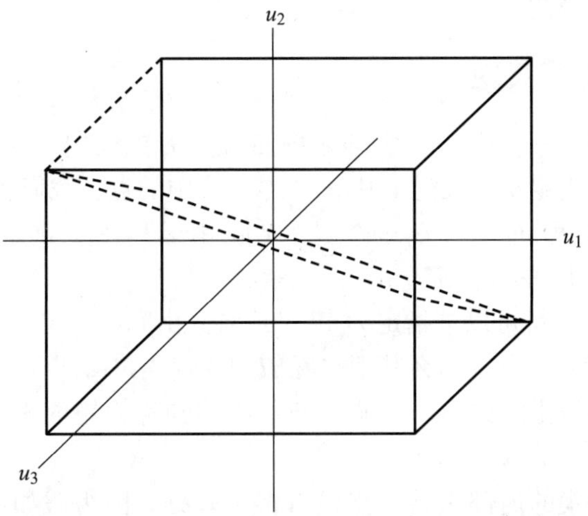

图 6.2　三维允许控制集，由图 5.3 得到。二维平面 $\mathcal{N}[\boldsymbol{PB}-\boldsymbol{I}_3]$ 沿着虚线与 $\partial(\boldsymbol{\Phi})$ 相交；这个平面几乎平行于轴 $\boldsymbol{u}_3$

当零空间和允许控制的交集通过 $\boldsymbol{B}$ 被映射到力矩空间时，可得图 6.3。这个特定的广义逆将仅在所有可达力矩的一个非常小区域内生成允许解。

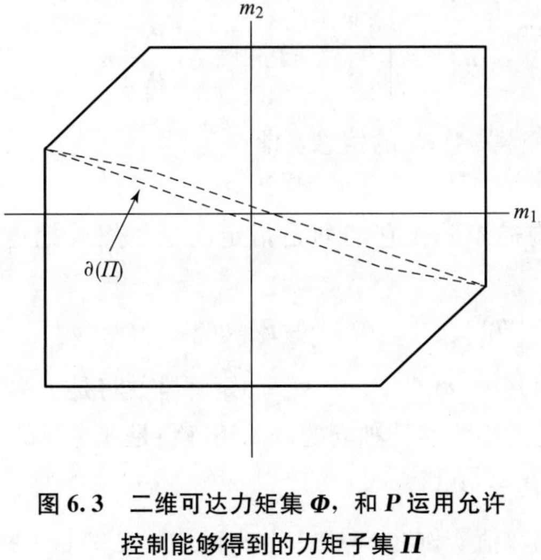

图 6.3　二维可达力矩集 $\boldsymbol{\Phi}$，和 $\boldsymbol{P}$ 运用允许控制能够得到的力矩子集 $\boldsymbol{\Pi}$

图 5.16 显示了一个广义逆返回三力矩问题允许解的力矩。

上面的关于不可达力矩（6.2.4 节）的讨论涉及完整可达力矩集。应用广义逆来求解控制分配问题，存在一个问题。当使用广义逆时，通常没有关于 Π 的明确信息，Π 中力矩通过应用允许控制可实现。常常在控制执行机构饱和时，希望最好能去做的事情是均匀调整解以保证没有执行机构是饱和的，这样保持了解的方向。

6.5.2 定制的广义逆

可以“定制”一个广义逆使得它将在可达力矩集中许多点上有允许解。也就是，在可以指定从广义逆 $\boldsymbol{P}$ 中得到的 Π 集中的点。我们将用方程（6.7）、方程（6.8）和方程（6.10）来证实这一点。由于 $\boldsymbol{P}_2$ 完全确定了 $\boldsymbol{P}$，针对此任务，我们可以用 $\boldsymbol{P}_2$ 的 $n\cdot(m-n)$ 个元素。

在 Π 中点的数目可以被指定为 n，2 或者 3 由问题确定。假如这个在 Π 中指定的点也在 $\partial(\Phi)$ 中，那么其他也在 Π 和 $\partial(\Phi)$ 中的点可能来自对称性或者线性。对于将被指定的每一个点，我们必须知道力矩的坐标和生成它的控制向量。

在可达力矩集的内部来指定点没有多少好处，因为假如某人在内部点同一方向上指定凸包上的一个力矩，那么此内部点也可通过这个广义逆获得。我们因此假设这些指定的力矩在 $\partial(\Phi)$ 上，并且生成那些点的独特控制向量是已知的。

表示这些指定力矩 $\boldsymbol{m}_i^{\text{Spec}}$ 和它们的相关控制 $\boldsymbol{u}_i^{\text{Spec}}$ 如下，其中 $i=1,\cdots,n$。进一步，如 $\boldsymbol{P}$ 一样分解 $\boldsymbol{u}_i^{\text{Spec}}$ 为 $\boldsymbol{u}_{i_1}^{\text{Spec}}$ 和 $\boldsymbol{u}_{i_2}^{\text{Spec}}$，所以

$$\boldsymbol{u}_i^{\text{Spec}}=\begin{bmatrix}\boldsymbol{u}_{i_1}^{\text{Spec}}\\ \boldsymbol{u}_{i_2}^{\text{Spec}}\end{bmatrix}=\boldsymbol{P}\boldsymbol{m}_i^{\text{Spec}}=\begin{bmatrix}\boldsymbol{P}_1\\ \boldsymbol{P}_2\end{bmatrix}\boldsymbol{m}_i^{\text{Spec}} \tag{6.22}$$

从这，我们获得关于 $\boldsymbol{P}_2$ 的信息，即

$$\boldsymbol{u}_{i_2}^{\text{Spec}}=\boldsymbol{P}_2\boldsymbol{m}_i^{\text{Spec}} \tag{6.23}$$

接下来我们构造矩阵，它的列是指定向量，然后把这 n 种关系进行组合为

$$\begin{bmatrix}\boldsymbol{u}_{1_2}^{\text{Spec}} & \cdots & \boldsymbol{u}_{n_2}^{\text{Spec}}\end{bmatrix}=\boldsymbol{P}_2\begin{bmatrix}\boldsymbol{m}_1^{\text{Spec}} & \cdots & \boldsymbol{m}_n^{\text{Spec}}\end{bmatrix} \tag{6.24}$$

在方程（6.24）中 $\begin{bmatrix}\boldsymbol{m}_1^{\text{Spec}} & \cdots & \boldsymbol{m}_n^{\text{Spec}}\end{bmatrix}$ 矩阵维数将是 2×2 或者 3×3，假如这些被选中的指定力矩为线性独立的，此矩阵将是非奇异的。因此

$$\boldsymbol{P}_2=\begin{bmatrix}\boldsymbol{u}_{1_2}^{\text{Spec}} & \cdots & u_{n_2}^{\text{Spec}}\end{bmatrix}\begin{bmatrix}\boldsymbol{m}_1^{\text{Spec}} & \cdots & \boldsymbol{m}_n^{\text{Spec}}\end{bmatrix}^{-1} \tag{6.25}$$

定制广义逆的数值实例在 6.11.1 节中讲述，见例 6.4 和例 6.5。

假如控制有效性矩阵和控制限值是预先知道的，那么定制广义逆可以用来计算合适 AMS 的每一个面。然后这些解将被存储起来。接着，利用一个相对简单的切换程序，这个正确的定制逆能被调用来生成如直接分配一样的解。

6.5.3 “最好”广义逆

“最好”在这里表示最大体积，如6.2.2节所述。这个方法是直接的：我们系统的变换 $\boldsymbol{P}_2$ 的 $n\cdot(m-n)$ 元素，计算 $\boldsymbol{P}_1$，组合 $\boldsymbol{P}$，计算它的 Π 体积，并且重复直到最大化这个体积。

使用这种方法需要预先明确知道控制有效性矩阵和控制限值，因为求解计算量比我们已经介绍的其他方法要大得多。

这种优化问题的特点没有认真被研究过，除了注意到使用的算法（Stevens 和 Lewis 提出的单纯形算法，2003）通常是收敛的，它对于 $\boldsymbol{P}_2$ 任何初始值常收敛于同样的广义逆。返回解没有针对为什么这个解比任何其他广义逆在力矩空间生成更多体积这个问题提供明显的解释。

用于 ADMIRE 仿真数据的“最好”广义逆是在6.11.1节中计算的，如例6.6。

6.5.4 伪逆

6.5.4.1 Moore-Penrose 伪逆

一个特殊广义逆是 $\boldsymbol{P}_{|2|}$，当求解控制分配问题时它将最小化控制向量 $\boldsymbol{u}$ 的2范数。一个向量的2范数正是它的长度，这些单独控制平方和的正平方根。我们称这个广义逆为**最小范数伪-逆**，有时没有连字号，并且经常称为 Moore-Penrose 伪逆。当谈到此伪逆通常就是指这个。有许多其他向量范数能被使用，所以对于“最小范数”这个名称可能有一些争议。

最小化 $\boldsymbol{u}^{\mathrm{T}}\boldsymbol{u}$（控制的平方和），其中受到的约束为任意 $\boldsymbol{m}$ 下满足 $\boldsymbol{B}\boldsymbol{u}=\boldsymbol{m}$。我们不要求用 $\boldsymbol{u}^{\mathrm{T}}\boldsymbol{u}$ 的平方根，因为假如 $\boldsymbol{u}^{\mathrm{T}}\boldsymbol{u}$ 是最小值，那么它的正平方根也是。

利用拉格朗日乘子定义以下标量函数：

$$\mathcal{H}(\boldsymbol{u},\boldsymbol{\lambda})=\frac{1}{2}\boldsymbol{u}^{\mathrm{T}}\boldsymbol{u}+\boldsymbol{\lambda}^{\mathrm{T}}(\boldsymbol{m}-\boldsymbol{B}\boldsymbol{u}) \tag{6.26}$$

式中：$\boldsymbol{\lambda}$ 是一个拉格朗日乘子的 n 维向量。这里1/2因子预期将有一个2来对消。$\mathcal{H}$ 将是一个最小值（或者最大值）当

$$\frac{\partial\mathcal{H}}{\partial\boldsymbol{u}}=0,\ \frac{\partial\mathcal{H}}{\partial\boldsymbol{\lambda}}=0 \tag{6.27}$$

然后得到

$$\frac{\partial\mathcal{H}}{\partial\boldsymbol{u}}=\boldsymbol{u}^{\mathrm{T}}-\boldsymbol{\lambda}^{\mathrm{T}}\boldsymbol{B}=0 \tag{6.28}$$

因此我们要求 $\boldsymbol{u}^{\mathrm{T}}=\boldsymbol{\lambda}^{\mathrm{T}}\boldsymbol{B}$，或者 $\boldsymbol{u}=\boldsymbol{B}^{\mathrm{T}}\boldsymbol{\lambda}$。

$$\frac{\partial \mathcal{H}}{\partial \boldsymbol{\lambda}}=\boldsymbol{m}-\boldsymbol{B u}=0 \tag{6.29}$$

所以 $\boldsymbol{m}=\boldsymbol{Bu}$。现在合并这两个结果：

$$\boldsymbol{m}=\boldsymbol{Bu}=\boldsymbol{BB}^{\mathrm{T}}\boldsymbol{\lambda} \tag{6.30}$$

由于 $\boldsymbol{B}$ 是满秩，$\boldsymbol{BB}^{\mathrm{T}}$ 也是，并且由于 $\boldsymbol{BB}^{\mathrm{T}}$ 是正方可逆的，因此

$$\boldsymbol{\lambda}=[\boldsymbol{BB}^{\mathrm{T}}]^{-1}\boldsymbol{m} \tag{6.31}$$

由于 $\boldsymbol{u}=\boldsymbol{B}^{\mathrm{T}}\boldsymbol{\lambda}$，我们有 $\boldsymbol{u}=\boldsymbol{B}^{\mathrm{T}}[\boldsymbol{BB}^{\mathrm{T}}]^{-1}$ 和

$$\boldsymbol{P}=\boldsymbol{B}^{\mathrm{T}}[\boldsymbol{BB}^{\mathrm{T}}]^{-1} \tag{6.32}$$

关于方程（6.6），$\boldsymbol{N}=\boldsymbol{B}^{\mathrm{T}}$。

关于最小范数伪逆的主要断言是，因为它最小化了控制执行机构位移平方和，因此它最小化了能量的一些度量。问一问为什么这是个好东西是有意义的。任何控制执行机构零位置（这个问题形式寻找的东西）是约定的，有时涉及物理学，但是经常仅是在执行机构设计过程中建立基准的反映。

对于控制执行机构如扰流片，零点有物理意义：当扰流片位于零偏转，它是绝不可能被藏起来的。当有摇摆运动控制面在更大翼面（如装配在垂直和水平平衡器上的方向舵和升降舵）的后缘，零位置使得包含执行机构的更大翼面的部分成为翼面剩余部分的一个自然拓展；换句话说，没有控制执行机构的部分。

但是一些控制执行机构没有“自然”零位置。大多数现在战术飞机在水平尾翼上没有升降舵，但是单表面可能在迎角上变化。前翼是相似的。对于这些面定义为零位移的位置纯粹是一个约定。单位水平尾翼或者前翼的配平位置一般来说不是零。

那么接下来，一个解驱动如前翼这样的控制面到期望的任意定义位置不一定是有益的。

6.5.4.2 加权的伪逆

Moore-Penrose 仅是最小化向量范数的无穷多个闭合形式逆的一种。所有这些解能够从最小化 $\boldsymbol{u}$ 的其他范数的优化问题中获得。我们经常会遇到加权 2 范数，这个问题是最小化 $\boldsymbol{u}^{\mathrm{T}}\boldsymbol{W}^{\mathrm{T}}\boldsymbol{W}\boldsymbol{u}$，此时 $\boldsymbol{W}$ 是一个正的对角矩阵。

$\boldsymbol{W}$ 对角项选择的目的是通过在一些控制上节约而在另一些上增加。或者，$\boldsymbol{W}$ 有时是为了在解中引入控制执行机构偏转限值。典型来说，对角项有这样的形式

$$\boldsymbol{W}_{ii}=\frac{1}{|u_{i_{\mathrm{Max}}}-u_{i_{\mathrm{Min}}}|} \tag{6.33}$$

或者

$$W_{ii}=\frac{1}{(u_{i_{\mathrm{Max}}}-u_{i_{\mathrm{Min}}})^2} \tag{6.34}$$

在两种任一的情况，如前面一样进行优化，结果为

$$\boldsymbol{P}_W=\boldsymbol{W}^{-1}\boldsymbol{B}^{\mathrm{T}}[\boldsymbol{B}\boldsymbol{W}^{-1}\boldsymbol{B}^{\mathrm{T}}]^{-1} \tag{6.35}$$

在方程（6.35）中我们已经假设 $\boldsymbol{W}$ 是一个对角矩阵。假如它不是，那么 $\boldsymbol{W}$ 应该被 $\boldsymbol{W}^{\mathrm{T}}$ 替换。

但是注意，方程（6.35）对于只要［$\boldsymbol{B}\boldsymbol{W}^{-1}\boldsymbol{B}^{\mathrm{T}}$］非奇异情况下 $\boldsymbol{W}$ 的任何选择都是有效的。虽然有无穷多种方法来选择 $\boldsymbol{W}$，对于非对角项或者有负项的对角矩阵看起来没有多大物理意义。

6.5.5 包含广义逆的方法

6.5.5.1 菊花式链接

菊花式链接于 1992 年 4 月在美国航空航天局 Dryden 飞行研究中心召开的大迎角项目和技术会议上被提出。主要想法是使用传统控制直到一个或多个被要求超过其限值，然后在解中引入其他控制。在应用中，非传统控制执行机构在排出气流中使用叶片来使推力成为矢量，并且希望相对于传统控制减少它们的使用，以降低热应力。

这种方法通过把控制分为两组或者更多而起作用。这里将仅描述两组的方法，因为其他分组是这种分组的拓展。第一组称为 $\boldsymbol{u}_1$，包含始终使用的控制执行机构。典型的是更常规的控制执行机构，如副翼和方向舵。第二组称为 $\boldsymbol{u}_2$，仅在第一组不能满足力矩需求时才被使用。

$$\boldsymbol{u}=\begin{Bmatrix}\boldsymbol{u}_1\\ \boldsymbol{u}_2\end{Bmatrix} \tag{6.36}$$

控制有效性矩阵 $\boldsymbol{B}$，被分解为 $\boldsymbol{B}_1$ 和 $\boldsymbol{B}_2$，对应于两个控制组。

$$\boldsymbol{B}=[\boldsymbol{B}_1\quad \boldsymbol{B}_2] \tag{6.37}$$

包含相关控制的每一部分组成了其本身的控制分配问题：

$$\begin{aligned}\boldsymbol{m}_1&=\boldsymbol{B}_1\boldsymbol{u}_1\\ \boldsymbol{m}_2&=\boldsymbol{B}_2\boldsymbol{u}_2\end{aligned} \tag{6.38}$$

当原始系统是欠定的（$\boldsymbol{B}$ 是宽的），这两个新系统不是必然欠定的。因此 $\boldsymbol{B}_1$ 或者 $\boldsymbol{B}_2$ 可能是正方形的或者甚至超定的（方程数比未知数多）。假如一个系统是欠定的，我们将运用它的伪逆或者加权伪逆来求解。假如它是正方形的，我们将对其进行简单逆变换。超定系统有最小化解中误差的某种解。推导过程进展和求解伪逆（6.5.4 节）的过程差不多，结果是

$$\boldsymbol{P}_R=[\boldsymbol{B}_{\mathrm{over}}^{\mathrm{T}}\boldsymbol{B}_{\mathrm{over}}]^{-1}\boldsymbol{B}_{\mathrm{over}}^{\mathrm{T}} \tag{6.39}$$

所以

$$P_R B_{\text{over}} = I \tag{6.40}$$

现在将表示这些情况中任何一种逆矩阵为 P_1 和 P_2，所以

$$\begin{cases} u_1 = P_1 m_1 \\ u_1 = P_1 m_1 \end{cases} \tag{6.41}$$

现在，假如仅使用 $u_1 = P_1 m_{\text{des}}$，m_{des} 是可达的，那么这个解就被使用并且 $u_2 = 0$。然而，假如用于 u_1 的解是不允许的，那么可以用以下两种方法的一种继续：

(1) 均匀调整 u_1 直到它是允许的。

(2) 设置 u_1 中的不被允许控制到最近限值，剩下的执行机构控制不变。

选项 1 保持了方向而选项 2 没有。使用选项 2 有一些有趣的结果，将在 6.10 节中提到。在两者任一的情况 $m_1 = B_1 u_1 \neq m_{\text{des}}$ 将是真的。力矩中的差额是 $m_{\text{des}} - m_1$，并且第二组控制被用来试图弥补这个不足。

$$u_2 = P_2 (m_{\text{des}} - m_1) \tag{6.42}$$

然后我们能重新组成解向量。

$$u = \begin{Bmatrix} u_1 \\ u_2 \end{Bmatrix} \tag{6.43}$$

6.5.5.2 串联广义逆

一种基于广义逆的控制分配方法相比于其他方法始终表现不错，并且其是相对快速而且容易应用。这种方法称为串联广义逆（CGI），正是这种方法被用在 X-35 控制律的设计中（Bordignon 和 Bessolo，2002）。

在其最简单的形式，串联广义逆方法专门用了一个单一广义逆（我们将假设为非加权 Moore-Penrose 伪逆），直到一个或多个控制执行机构被指令超过饱和位置。那么：

(1) 饱和控制被留在饱和时任意限值并且从问题中去除。也就是说，假如其被指定到一个超越上限的位置，它就保持在上限值，反过来对于下限值也是。这一步用在物理控制执行机构和数学计算中。

(2) B 矩阵中涉及饱和控制执行机构的列被从 B 矩阵中去除。

(3) 关于饱和控制执行机构的元素被从 u，u_{Min}，u_{Max} 中去除。

(4) 饱和控制生成的力矩被从期望力矩 m_{des} 中减去。表示饱和控制的数目为 n_{Sat}，饱和控制执行机构的向量为 u_{Sat}，（初始）控制有效性矩阵的列为 b_i。在 u_{Sat} 中的控制如上描述或者在它们的下限或者在上限。那么由于这些饱和控制而生成的力矩，m_{Sat} 是

$$m_{\text{Sat}} = \sum_{i=1}^{n_{\text{Sat}}} b_i u_{\text{Sat}_i} \tag{6.44}$$

以一个稍微不同的形式，

$$\boldsymbol{m}_{\mathrm{Sat}}=\left[\boldsymbol{b}_1 \quad \cdots \quad \boldsymbol{b}_{n_{\mathrm{Sat}}}\right]\boldsymbol{u}_{\mathrm{Sat}} \tag{6.45}$$

（5）饱和力矩（$\boldsymbol{m}_{\mathrm{Sat}}$）被从初始期望力矩中去掉，来生成一个新的仍然满足要求的期望力矩（$\boldsymbol{m}'_{\mathrm{des}}$）。

$$\boldsymbol{m}'_{\mathrm{des}}=\boldsymbol{m}_{\mathrm{des}}-\boldsymbol{m}_{\mathrm{Sat}} \tag{6.46}$$

（6）针对这个被简化的问题，重复控制分配过程。问题被如何处理取决于剩余控制执行机构达到了三种情况的哪一种：

①剩余系统是欠定的。这是我们已经全面讨论的情况：控制比力矩多。假如是这种情况，那么我们计算系统的伪逆并且应用到期望力矩的剩余部分，同时考虑饱和控制生成的力矩。

②剩余系统是方形的，对于三个力矩有三个控制。这里计算矩阵逆并应用于剩余力矩。

③剩余系统是超定的，控制比力矩少。选择的解决方法是另一种伪逆，最小化在期望和得到之间误差的平方。这个解和用于超定情况下的伪逆相似，称这个超定 $\boldsymbol{B}$ 矩阵为 $\boldsymbol{B}_{\mathrm{over}}$，称伪逆为 $\boldsymbol{P}_R$：

$$\boldsymbol{P}_R=\left[\boldsymbol{B}_{\mathrm{over}}^{\mathrm{T}}\boldsymbol{B}_{\mathrm{over}}\right]^{-1}\boldsymbol{B}_{\mathrm{over}}^{\mathrm{T}} \tag{6.47}$$

所以

$$\boldsymbol{P}_R\boldsymbol{B}_{\mathrm{over}}=\boldsymbol{I} \tag{6.48}$$

假如这个过程已经达到欠定阶段，解不是精确的且一个误差已经被引入，这一点应该是清楚的。

（7）重复全过程，直到或者 $\boldsymbol{m}_{\mathrm{des}}$ 被满足或者没有剩余控制执行机构需要被分配。

没有缩放

每一个不饱和控制设置在指定的偏转，而饱和控制被简单的截断。例如，假如解是

$$\boldsymbol{u}=\begin{Bmatrix} u_1 \\ \vdots \\ u_i \\ \vdots \\ u_m \end{Bmatrix} \tag{6.49}$$

其中：仅一个控制 u_i 被指令超过其最大限值，如 $u_i=au_{i_{\mathrm{Max}}}$，$a>1$，那么在这一步之后指令的位置是

$$\boldsymbol{u}=\begin{Bmatrix} u_1 \\ \vdots \\ u_{i_{\text{Max}}} \\ \vdots \\ u_m \end{Bmatrix} \tag{6.50}$$

缩放

在解中的所有控制都被均匀缩放了以致没有执行机构被指令超过饱和。例如，假如计算出的解是

$$\boldsymbol{u}=\begin{Bmatrix} u_1 \\ \vdots \\ u_i \\ \vdots \\ u_m \end{Bmatrix} \tag{6.51}$$

其中：最严重饱和控制 u_i 被指令超过其最大限值，例如 $u_i = au_{i_{\text{Max}}}$，$a>1$，那么第一步后被命令的位置是 $\boldsymbol{u}/a$：

$$\boldsymbol{u}/a=\begin{Bmatrix} u_1/a \\ \vdots \\ au_{i_{\text{Max}}}/a \\ \vdots \\ u_m/a \end{Bmatrix}=\begin{Bmatrix} u_1/a \\ \vdots \\ u_{i_{\text{Max}}} \\ \vdots \\ u_m/a \end{Bmatrix} \tag{6.52}$$

在没有缩放的情况下，假如这个算法没有满足 $\boldsymbol{m}_{\text{des}}$ 就终止，那么一般而言正如在 6.2.4 节中所描述的，方向将不被保持或者轴不会优先。缩放主要的优点是它将在每一步保持方向。

6.6 直接分配

文献中直接分配无非是确定 AMS 或者 Φ 的方法的一种简单扩展。对于在 5.1 节描述的二力矩问题和 5.4.1 节描述的三力矩问题，这些步骤在它们对应章节的末尾都有总结。在两种情况下分配过程都是相似的：

（1）给定 $\boldsymbol{m}_{\text{des}}$，考虑从原点出发在 $\boldsymbol{m}_{\text{des}}$ 方向上的一条半线。

（2）构造 AMS，测试每一条边或者面，从而确定从步骤 1 得到的半线是否与它相交。

（3）当找到正确的边或者面，几何计算在相交点生成力矩的控制向量。

（4）在交点的力矩将和 $\boldsymbol{m}_{\text{des}}$ 在同一方向。

(a) 假如 $\boldsymbol{m}_{\mathrm{des}}$ 在长度上大于在相交点的力矩，$\boldsymbol{m}_{\mathrm{des}}$ 是不可达的，并且 6.2.4 节的讨论有用。假如希望方向保持，那么可以使用交点处的力矩。轴优先次序将要求其他动作。

(b) 假如 $\boldsymbol{m}_{\mathrm{des}}$ 在长度上小于或者等于相交点的力矩，$\boldsymbol{m}_{\mathrm{des}}$ 是可达的。假如它在长度上是相等的，那么在步骤 3 中计算的控制向量是唯一的。假如它是比步骤 3 更小的解，可以被调整以生成一个解，或者可采用其他涉及 $\boldsymbol{B}$ 零空间的方法。

在找到一个解后，这个步骤能够被终止，由于仅有一个相交点。唯一继续的原因是在实时应用时，由于计时目的假设最坏情况，那时可能因为直到找遍可达力矩集的所有边或者面，也找不到正确的边或者面。

在上面步骤 2 中建议的每一条边或者面的测试是简单向量代数。由边或者面的任何顶点的向量开始，并且定义与这个顶点共用的相关边，假定与这个边或者面有可能相交并进行测试。

6.6.1 二力矩问题的直接方法

在确定可达力矩集 Φ_2 的过程中，最后一步是计算力矩，这个力矩定义了被确定边的两个顶点。称两个中任一个顶点为 $\boldsymbol{m}_1$，那么另一个就是 $\boldsymbol{m}_2$。从 $\boldsymbol{m}_1$ 到 $\boldsymbol{m}_2$ 的边是 $\boldsymbol{m}_2-\boldsymbol{m}_1$，那么这半条直线在期望力矩 $\boldsymbol{m}_{\mathrm{des}}$ 方向与这条边的交点可以表达为以下向量和：

$$a\boldsymbol{m}_{\mathrm{des}}=\boldsymbol{m}_1+b(\boldsymbol{m}_2-\boldsymbol{m}_1) \tag{6.53}$$

在左边，$a\boldsymbol{m}_{\mathrm{des}}$ 对于 $a>0$ 是半线。在右边的是第一个顶点和沿着边 $\boldsymbol{m}_2-\boldsymbol{m}_1$ 一定距离 b 的向量和。清楚的是，b 必须在 0 和 1 之间，否则向量和不生成这条边上的一个点，为了可达的 $\boldsymbol{m}_{\mathrm{des}}$，$a\geqslant 1$。重新安排：

$$\begin{bmatrix}\boldsymbol{m}_{\mathrm{des}} & -(\boldsymbol{m}_2-\boldsymbol{m}_1)\end{bmatrix}\begin{Bmatrix}a\\ b\end{Bmatrix}=\boldsymbol{m}_1 \tag{6.54}$$

因此

$$\begin{Bmatrix}a\\ b\end{Bmatrix}=\begin{bmatrix}\boldsymbol{m}_{\mathrm{des}} & -(\boldsymbol{m}_2-\boldsymbol{m}_1)\end{bmatrix}^{-1}\boldsymbol{m}_1 \tag{6.55}$$

图 6.4 说明了方程（6.53）隐含的关系。

由于在凸包上生成解的控制是独特的，生成 $a\boldsymbol{m}_{\mathrm{des}}$ 的控制向量是独特的；表示为 $\boldsymbol{u}^*$，$a\boldsymbol{m}_{\mathrm{des}}=\boldsymbol{B}\boldsymbol{u}^*$。表示生成 $\boldsymbol{m}_1$ 的控制向量为 $\boldsymbol{u}_1$（$\boldsymbol{m}_1=\boldsymbol{B}\boldsymbol{u}_1$）和生成 $\boldsymbol{m}_2$ 的为 $\boldsymbol{u}_2$（$\boldsymbol{m}_2=\boldsymbol{B}\boldsymbol{u}_2$），那么

$$\boldsymbol{B}\boldsymbol{u}^*=\boldsymbol{B}\boldsymbol{u}_1+b(\boldsymbol{B}\boldsymbol{u}_2-\boldsymbol{B}\boldsymbol{u}_1) \tag{6.56}$$

这是真的，仅当

$$\boldsymbol{u}^*=\boldsymbol{u}_1+b(\boldsymbol{u}_2-\boldsymbol{u}_1) \tag{6.57}$$

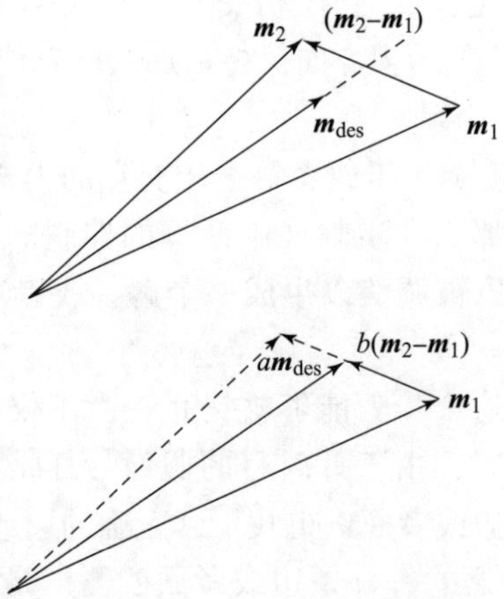

图 6.4　一条边，$(\boldsymbol{m}_2-\boldsymbol{m}_1)$，包括了沿着 $\boldsymbol{m}_{des}$ 的一条半直线的交点。$a\boldsymbol{m}_{des}=\boldsymbol{m}_1+b(\boldsymbol{m}_2-\boldsymbol{m}_1)$。如图所示，$a>1$ 和 $0<b<1$，所以这个交点在边本身上，并且 $\boldsymbol{m}_{des}$ 是可达的

控制向量 $\boldsymbol{u}^*$ 是在 AMS 凸包 Φ_2 上生成 $a\boldsymbol{m}_{des}$ 的向量。因此，生成 Φ_2 的边，并且随着找到每条边，我们对方程（6.55）进行评估。然后进行以下测试：

（1）假如 $0\leqslant b\leqslant 1$，那么我们已经找到了正确的边。否则，继续寻找。

（2）计算 $\boldsymbol{u}^*=\boldsymbol{u}_1+b(\boldsymbol{u}_2-\boldsymbol{u}_1)$，这个控制向量满足 $a\boldsymbol{m}_{des}=\boldsymbol{B}\boldsymbol{u}^*$。

（a）假如 $a=1$，那么期望力矩 $\boldsymbol{m}_{des}$ 是在 AMS 的凸包上，并且这个问题唯一解是 $\boldsymbol{u}^*$。

（b）假如 $a<1$，那么期望力矩 $\boldsymbol{m}_{des}$ 运用允许控制是不可达的。我们可以使用 $\boldsymbol{u}^*$ 作为保持方向的解，或者应用其他方法来寻找一个可接受的解。

（c）假如 $a>1$，那么期望力矩 $\boldsymbol{m}_{des}$ 是通过无穷多个解可达的。其中之一是从 $a\boldsymbol{m}_{des}=\boldsymbol{B}\boldsymbol{u}^*$，$\boldsymbol{m}_{des}=\boldsymbol{B}\boldsymbol{u}^*/a$。所有其他解将有以下形式：

$$\boldsymbol{u}=\frac{\boldsymbol{u}^*}{a}+\boldsymbol{u}^{\perp} \tag{6.58}$$

此时 $\boldsymbol{u}^{\perp}$ 是在 $\boldsymbol{B}$ 零空间的任意向量：

$$\boldsymbol{B}\boldsymbol{u}^{\perp}=\boldsymbol{0} \tag{6.59}$$

因此 $\boldsymbol{u}^{\perp}$ 是来满足在控制执行机构分配中任何方式的第二目标。

6.6.2　针对三力矩问题的直接方法

除了现在我们寻找在 $\boldsymbol{m}_{des}$ 方向上从原点出发的半线和面的交点，对于三力矩问题的直接方法和对二力矩问题的方法完全类似。图 6.5 显示了基本几何

结构。

随着我们找到每一面（5.4.1节），在力矩空间的一个顶点被选作 $\boldsymbol{m}_1$。在其他三个顶点中，和 $\boldsymbol{m}_1$ 共享一条边的两个是那些对象符号中正好在一个位置上区别于 $\boldsymbol{m}_1$ 的；也就是，它们和 $\boldsymbol{m}_1$ 的并集是一条边。这两点被表示为 $\boldsymbol{m}_2$ 和 $\boldsymbol{m}_3$。

在5.4.1节中我们找到用来说明的面是 $o_{2120000}$。这四个顶点是

（1）$\boldsymbol{m}_{0100000}$

（2）$\boldsymbol{m}_{1100000}$

（3）$\boldsymbol{m}_{1110000}$

（4）$\boldsymbol{m}_{0110000}$

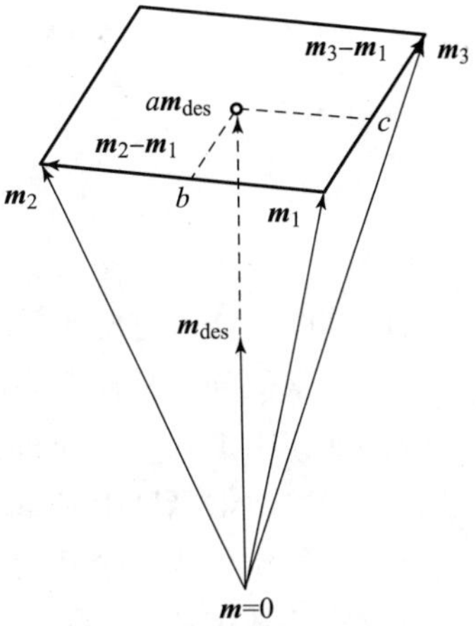

图6.5 Φ_3 的一个面

在列举的顺序中，这四个顶点的每一个和列中的相邻顶点循环共享一条边，由于每对的并集是一条边。因此我们能选择

$$\boldsymbol{m}_1=\boldsymbol{m}_{0100000}\quad \boldsymbol{m}_2=\boldsymbol{m}_{1100000}\quad \boldsymbol{m}_3=\boldsymbol{m}_{0110000} \tag{6.60}$$

一旦确认这三个顶点，如下计算 a，b，c：

$$a\boldsymbol{m}_{\text{des}}=\boldsymbol{m}_1+b(\boldsymbol{m}_2-\boldsymbol{m}_1)+c(\boldsymbol{m}_3-\boldsymbol{m}_1) \tag{6.61}$$

$$\begin{Bmatrix}a\\b\\c\end{Bmatrix}=[\boldsymbol{m}_{\text{des}}\quad -(\boldsymbol{m}_2-\boldsymbol{m}_1)\quad -(\boldsymbol{m}_3-\boldsymbol{m}_1)]^{-1}\boldsymbol{m}_1 \tag{6.62}$$

再一次我们把生成 $a\boldsymbol{m}_{\text{des}}$ 的唯一控制向量表示为 $\boldsymbol{u}^*$，$a\boldsymbol{m}_{\text{des}}=\boldsymbol{B}\boldsymbol{u}^*$ 表示生成 $\boldsymbol{m}_1$、$\boldsymbol{m}_2$ 和 $\boldsymbol{m}_3$ 的控制向量为 $\boldsymbol{u}_1$、$\boldsymbol{u}_2$ 和 $\boldsymbol{u}_3$，那么

$$\boldsymbol{u}^*=\boldsymbol{u}_1+b(\boldsymbol{u}_2-\boldsymbol{u}_1)+c(\boldsymbol{u}_3-\boldsymbol{u}_1) \tag{6.63}$$

在AMS，Φ_3 凸包上生成 $a\boldsymbol{m}_{\text{des}}$ 的是控制向量 $\boldsymbol{u}^*$。因此，我们生成 Φ_3 的面，随着每一个被找到，评估方程（6.62）。然后我们操作以下测试：

（1）假如 $0\leqslant b\leqslant 1$ 和 $0\leqslant c\leqslant 1$，那么我们已经找到正确的面。否则，继续搜索。

（2）我们计算 $\boldsymbol{u}^*=\boldsymbol{u}_1+b(\boldsymbol{u}_2-\boldsymbol{u}_1)+c(\boldsymbol{u}_3-\boldsymbol{u}_1)$，控制向量满足 $a\boldsymbol{m}_{\text{des}}=\boldsymbol{B}\boldsymbol{u}^*$。

（a）假如 $a=1$，那么期望力矩 $\boldsymbol{m}_{\text{des}}$ 是在AMS的凸包上，并且这个问题的唯一解是 $\boldsymbol{u}^*$。

（b）假如 $a<1$，那么期望力矩 $\boldsymbol{m}_{\text{des}}$ 运用允许控制是不可达的。我们可以使用 $\boldsymbol{u}^*$ 作为保持方向的解答，或者应用其他方法来寻找一个可接受的解。

（c）假如 $a<1$，那么期望力矩 $\boldsymbol{m}_{\text{des}}$ 可以被无穷多个解得到。其中之一是

$\boldsymbol{u}^*/a$。所有其他解将有以下形式：

$$\boldsymbol{u}=\frac{\boldsymbol{u}^*}{a}+\boldsymbol{u}^{\perp} \tag{6.64}$$

这个过程在 6.11.2 节例 6.7 中进行了解释。

直接分配远远不是最大能力意义上最优的最快算法。它的主要优点在于操作的透明，并且它对于控制分配中出现一些特定问题有相对鲁棒性。

最通常的问题是控制有效性矩阵不是鲁棒满秩的。简单解决方法是在 $\boldsymbol{B}$ 矩阵的元素中加入一些小的随机数。这些数必须足够大，以致它们在飞行控制计算机的机器精度上是重要的，但是在考虑力矩和加速度时物理上不重要。进一步，每次生成一个新的 $\boldsymbol{B}$ 矩阵不必要提供新的随机数：可以每次使用单一含有合适数字的 $n\times m$ 矩阵。

6.7 边和面搜索

直接分配的问题之一，正如在 6.6 节描述的那样，可能需要设计者在正确的边或者面被找到之前构造完全可达力矩集。更进一步，一些其他算法对于计算要求不那么高。

边和面搜索方法寻求消除通过生成边并且核查交点，直到找到正确的对象来测试边或面的必要性，相反这个方法依赖于此几何结构和正确边或者面的不同特性。

第一个特点是，对于可达力矩集（面或者三维的）的任何旋转，在任何轴方向上的最大力矩坐标，通过观察被旋转 $\boldsymbol{B}$ 矩阵特定行的元素符号容易来确定，生成那个点的允许控制向量。那么在那点的真实力矩简单的是 $\boldsymbol{B}$ 乘以那个控制向量。

第二个特点是，在力矩空间的任何两个顶点共享一条边，假如在控制或者在对象符号它们对应控制向量，区别于单一的元素（它们的并集是一条边）。给定在可达力矩凸包上的两个顶点，我们也许可以通过比较生成它们的控制向量确定是否它们共享一条普通边。因此，假如有两个已知顶点，我们可以通过观察确定它们是否定义一条边。

扩展前面的特点，假如我们知道一个三维 Φ 的两条边，也许可以通过比较生成它们的控制向量确定它们是否定义一个面，这里检查是否这两条边在控制或者在对象符号正好区别于两个元素（它们的并集是一个面）。

6.7.1 二维边搜索

我们从图 6.6 开始。在那里我们看见一些二维可达力矩集和一个特定期

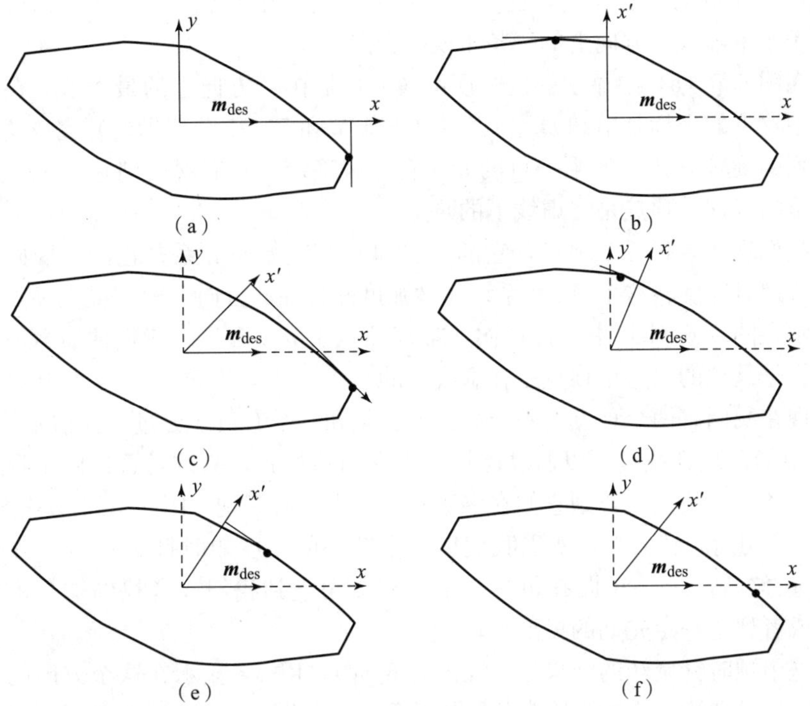

图 6.6 平分

(a) x 和 m_{des} 排成一条直线；(b) x 逆时针旋转 $\pi/2$ 成为 x'，…；(c) 然后 $x'\pi/4$ 顺时针，…；(d) 然后 $\pi/8$ 逆时针，…；(e) 然后 $\pi/16$ 顺时针，…；(f) 然后 $\pi/32$ 顺时针，…

望力矩 $\boldsymbol{m}_{des}$。在这个图中我们放置了一组 $x-y$ 轴，其中 x 轴和 $\boldsymbol{m}_{des}$ 一致。仅 x 轴被显示。在 AMS 中的一些顶点是很难区分的，所以一旦一个被确定，我们用 $a\cdot$ 来显示它。

下面应用三个不同坐标系统。

- 一个是原始的力矩空间坐标系统，$\boldsymbol{m}_1$ 和 $\boldsymbol{m}_2$，它没有画出来。
- 针对 $x-y$ 的旋转结果，x 和 $\boldsymbol{m}_{des}$ 方向一致，在六张图中是固定的。这个 y 轴是重要的，因为每一个标记出顶点的一个重要特征是确定它的 y 分量是正或负的。因此假如我们在控制空间确定一个顶点，并且转换它到力矩空间（$\boldsymbol{Bu}$），我们可以观察是否它的 y 分量在 x 轴下面或者上面来确定它的 y 分量符号。
- 通过多种角度旋转 x 轴，结果获得一个新 x 轴，表示为 x'。这个轴在确定每一步方向上最大 Φ 的顶点是重要的。关联的 y' 在这个方法里是没有意义的。除了加上$'s$ 的增加数到上标，我们都将称它们为 x'，但是它们都应该从原始的 x 中区分出来。

图 6.6 显示了起始方向。没有在图中显示的是力矩空间的坐标。我们仅

对确定二维 Φ 的边感兴趣，这个 Φ 包括在 $\boldsymbol{m}_{\mathrm{des}}$（在图 6.6 中的每一部分显示为一条水平虚线）方向上的一条半线的交点。

在图 6.6（a）中显示的这个顶点（•）是在 x 方向上的最大值。在控制空间中这点的坐标是由和 $\boldsymbol{m}_{\mathrm{des}}$（正如在 5.1 节和 5.4.1 节所做的）完成这次初始排列的旋转 $\boldsymbol{B}$ 矩阵的第一行的元素符号来确定。我们观察到它的 y 分量符号是负的（这个顶点是在虚线下的）。

我们现在寻找一个顶点，它的 y 分量在其起始坐标系是正的。因此往上看通过逆时针旋转这个 $x—y$ 系统 $\pi/2$ 弧度并且在此方向上确定最大顶点。结果显示在图 6.6（b）中。再一次，最高顶点由 a • 凸显。我们注意到它的 y 分量符号是正的（这个顶点是在虚线上的）。

现在我们有两个顶点：一个有正 y 分量和一个有负 y 分量（在初始的 $x—y$ 坐标系）。现在我们可以通过比较生成它们的控制，测试是否这两个顶点组成了一条边。我们将找到它们在多于一个元素上有区别，因此不组成一条边。

$\pi/2$ 初始旋转太大，所以我们以一个减小的角度顺时针旋转 x'。在这里我们选择旋转 $\pi/4$，试图在每一步平分这个角直到我们或者找到这个正确的边，或者到达一定先期的标准。

这个顺时针旋转的结果显示在图 6.6（c），用 a • 显示在这个方向的最高顶点。这是和第一步骤中确定的同样的顶点，见图 6.6（a）。我们再一次平分这个旋转角并且其他途径逆时针旋转 $\pi/8$。

到现在这个模式应该是清楚的。我们再寻找两个连续顶点：一个是在原始 x 轴和这个凸包交点的上面，另一个是在其下面。这个由这两个顶点的 y 分量的表示确定。一旦有这样一对，我们通过比较它们对应的控制向量仔细来查看是否它们形成一条边。假如它们正好区别在一个元素，那么它们形成一条边。在图 6.6（e）和图 6.6（f）中找到的顶点满足两个标准，并且这个正确的边被确认。这条边显示在图 6.7（a）中。

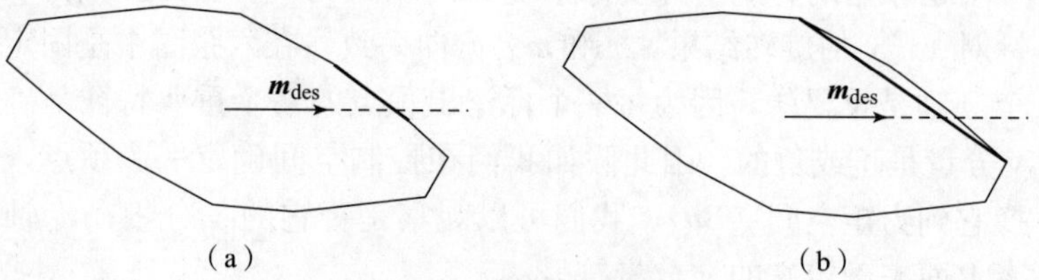

图 6.7　精确和近似解

(a) 从图 6.6（e）和图 6.6（f）获得的精确解；(b) 从图 6.6（c）和图 6.6（d）获得的近似解

在图 6.7（b）中显示的是连接图 6.6（c）和图 6.6（d）中找到顶点的一条线。在一些问题中的一集合顶点，包括那些定义这个正确边的，可能几乎是共线的。假如这个算法通过一个固定最大数目的平分被实现，这个正确的边可能不会被找到。在那种情况，一个近似的解能够通过连接一个在 x 轴上和一个在其下的两个顶点得到，并且找到 x 轴与那条线的交点。那个交点可以以交点与一条边同样的模式被使用；也就是，调整到那个交点的向量为 $\boldsymbol{m}_{\text{des}}$ 的尺寸。

跟这个描述的方法相关，我们已经选择在每一步对分这个角，但是其他分解角度的方法可能证明是更有效的。例如，黄金方法可以被使用。x' 轴的旋转要求角度的正弦和余弦，但是这些可以被预先计算并且存储起来用于需要时的提取。

6.7.1.1 二维边搜索的总结

下面的总结是用一个初始的 $\pi/2$ 旋转和接着的旋转角对分写成的。计数器 i 初始被设定为 $i=0$。这个算法将随着每次对分分支返回到步骤 1 并且 i 被增加。

在开始之前，旋转这个问题使得 $\boldsymbol{m}_1$ 和 $\boldsymbol{m}_{\text{des}}$ 排列一致。如图 6.6 中那样表示旋转后的轴 x。这个简单的平面旋转是

$$\boldsymbol{m}_{\text{des}}=\begin{Bmatrix} m_{d_1} \\ m_{d_2} \end{Bmatrix},\quad \boldsymbol{T}\boldsymbol{m}_{\text{des}}=\begin{Bmatrix} |\boldsymbol{m}_{\text{des}}| \\ 0 \end{Bmatrix} \tag{6.65}$$

$$\boldsymbol{T}=\begin{bmatrix} \cos\theta & \sin\theta \\ -\sin\theta & \cos\theta \end{bmatrix} \tag{6.66}$$

$$\theta=\arctan\frac{m_{d_2}}{m_{d_1}} \tag{6.67}$$

$$\boldsymbol{B}_0=\boldsymbol{T}\boldsymbol{B} \tag{6.68}$$

这个反正切函数应该是象限相关的。

(1) 从 $\boldsymbol{B}_i$ 的第一行确定控制向量 $\boldsymbol{u}_i$，它在 x 方向生成了最大顶点。假如一个元素是正的，这个相关的控制执行机构在控制表示被设置为它的最大值，并且在对象符号中这个数字为 1。假如这个元素是负的，它的最小值是被使用并且数字 0 被分配。假如有任何零：

(a) 假如正好有一个零，x 是垂直于一条边。这条边可能是解，并且它应该像在二维控制分配一样被测试。假如它不是这个解边，这个与 x 轴（$\boldsymbol{B}_i\boldsymbol{u}_i$ 的 y 分量的幅值是最小的，见步骤 2）最接近的顶点用于 $\boldsymbol{u}_i$ 并且继续执行这个算法。

(b) 假如有两个或者多个元素是零，此控制有效性矩阵不是鲁棒满秩的。

(2) 乘以 $\boldsymbol{B}_0\boldsymbol{u}_i$。在这个点上我们仅需要这个结果的 y 分量 y_i，所以仅 $\boldsymbol{B}_0$ 的第二行被需要用来乘以 $\boldsymbol{u}_i$。$\boldsymbol{B}_0$ 是来源于方程（6.68）的初始矩阵。

(3) 假如 $y_i=0$，那么 $\boldsymbol{u}_i$ 是这个分配问题的解。

(4) 假如 $i>0$ 并且 y_i 和 y_{i-1} 的表示是不同的，测试 $\boldsymbol{u}_i$ 和 $\boldsymbol{u}_{i-1}$ 来看是否它们包含了一条边。这个测试是一个元素一个元素地比较它们。假如它们仅确切在一个元素不同，那条边就是解。否则：

(a) 假如 y_i 是正的，顺时针旋转 $\boldsymbol{B}_i$，$\theta=\pi/2/2^i$ 在方程（6.66）。

(b) 假如 y_i 是负的，逆时针旋转 $\boldsymbol{B}_i$，$\theta=-\pi/2/2^i$ 在方程（6.66）。

(5) 增加 i 并且转到步骤 1。

注意到 $\boldsymbol{B}_i$ 被用来确定步骤 1 中的一个最大顶点，但是 $\boldsymbol{B}_0$ 被用来确定在每走到步骤 2 时的 y 坐标。

正如在 6.6 节，分配从正确边被找到的位置继续。

这种方法有一些变化。首先，正如提过的，平分不是分开角度的必然最好途径。黄金法则（比例）在有限的测试被使用有不太好的结果。其次，这个平分（或者其他分解角度的方法）可能仅当旋转的方向被逆转被使用，而不是在每一种旋转。再次，有限测试没有显示出对于一种方案或者其他方案的明显偏向。

6.7.2 三维面搜索

三维面搜索在图 6.8 中进行了说明。这个图是 AMS，并且在里面的某个地方是期望力矩 $\boldsymbol{m}_{\mathrm{des}}$。这个问题的旋转已经被完成来把这个 x 轴和 $\boldsymbol{m}_{\mathrm{des}}$ 排列成一行，如在 6.7.1 节中对于二维情况处理一样。正如前面，我们表示 $\boldsymbol{B}$ 矩阵的初始旋转为 $\boldsymbol{B}_0$。

图 6.8（a）显示了这个 x 轴和解面。在图 6.8（b）中这个 AMS 已经被旋转一个负角（用右手法则），所以现在这个解面从我们的视角看是倾斜向外。在图 6.8（c）中另一个旋转已经把这个解面放置在几乎靠着我们视角边缘的地方。任何进一步的旋转将使得解面的远一些的边从视野中消失。

现在考虑 AMS 投影到这个页面所在的平面。正如在二维情况下所做的，我们把从图 6.8（a）得到的初始旋转作为我们在接下来的优先选择，其中 y 向上和 z 在页面外。把 AMS 投影到页面的平面意味着仅去除每一个顶点的 z 分量。得到的平面图有效的是一个二维 AMS，它的边是三维 AMS 边的投影。x 轴与一条边的交点，正如在 6.7.1 节中通过二维边搜索所做的那样，可以被找到。

再一次考虑图 6.8（c）。一种边搜索将返回解面的四条投影边之一，解面将从视野中消失。另一个小的旋转并且那条边从投影中消失，并且这个面的另一个投影边取代了其位置。两条边定义了一个面，所以这个解面得以确定。

识别两条备选边的关键是在投影图的边搜索中被找到的控制向量生成力矩的 z 分量符号。也就是，我们把这个 AMS 作为一个平面图来确定 x 与一条

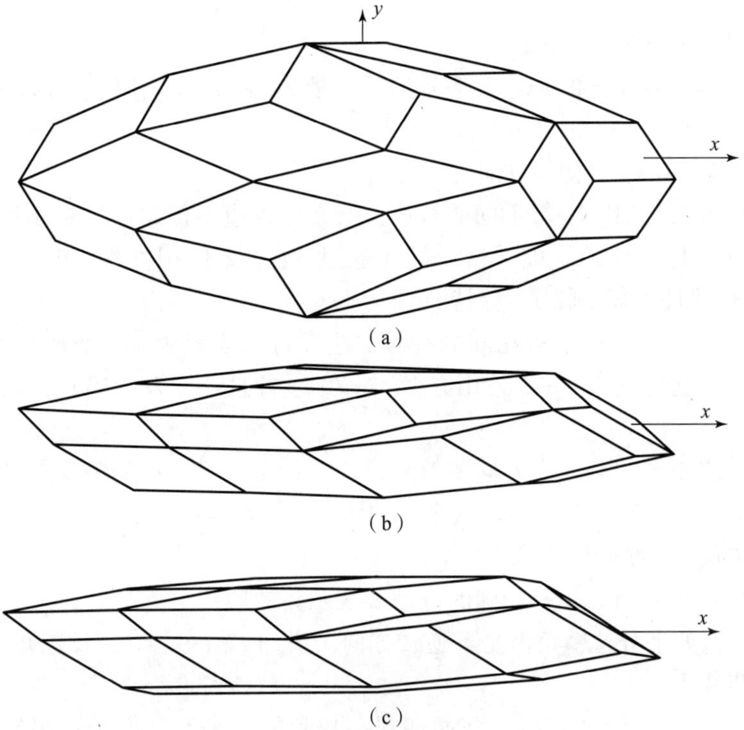

图 6.8 三维面搜索

(a) 初始方向；(b) 负旋转；(c) 进一步负旋转

边的交点，并且正如一个三维图来寻找其 z 分量。

6.7.2.1 三维面搜索的总结

初始的旋转是 $\pi/2$ 和接下来的旋转角度的对分。一个计数器 i 被初始化为 $i=0$。这个算法将在每一个对分中返回到步骤 1 并且 i 是增加的。二维边搜索有它们自己的面旋转，与这里描述的旋转独立。

在开始之前，我们转化这个问题以致 $\boldsymbol{m}_1$ 和 $\boldsymbol{m}_{\text{des}}$ 排列成一行。表示这个旋转轴为 x，如在图 6.8 中那样。有许多方法来实现这个旋转，由于没有哪个是独特的。例 6.9 描述了一种这样的方法。

$$\boldsymbol{B}_0=\boldsymbol{T}_0\boldsymbol{B} \tag{6.69}$$

接下来的变换将围绕这个 x 轴，使用

$$\boldsymbol{T}=\begin{bmatrix}1 & 0 & 0\\0 & \cos\theta & \sin\theta\\0 & -\sin\theta & \cos\theta\end{bmatrix} \tag{6.70}$$

从 $i=0$ 开始，这些步骤是：

（1）去掉 $\boldsymbol{B}_i$ 的第三行并且针对获得的 $2\times m$ 矩阵开展一个边搜索。表示返回的两个顶点为 $\boldsymbol{u}_{i,1}$ 和 $\boldsymbol{u}_{i,2}$。

（2）乘以 $\boldsymbol{B}_0\boldsymbol{u}_{i,1}$ 和 $\boldsymbol{B}_0\boldsymbol{u}_{i,2}$。表示用 z 分量 $z_{i,1}$ 表示 $\boldsymbol{m}_{i,1}$ 和用 z 分量 $z_{i,2}$ 表示 $\boldsymbol{m}_{i,2}$。$\boldsymbol{B}_0$ 是方程（6.69）的初始矩阵。

（3）假如 $i=0$（初始方向）：

（a）假如 $z_{i,1}$ 和 $z_{i,2}$ 有不同的符号，那么这条边不传递信息，并且一个新的初始方向是需要的。旋转这个问题通过 $\theta=\pi/2$ 使用方程（6.70）。计算 $\boldsymbol{B}_0=\boldsymbol{T}_0\boldsymbol{B}_0$ 并且重复步骤 1，保持 $i=0$。

（b）否则 $z_{i,1}$ 和 $z_{i,2}$ 有相同的符号。这个符号表示为 s_i。增加 i 到 $i=0$。旋转这个问题通过 $\theta_1=\pi/2$ 使用方程（6.70）。并且计算 $\boldsymbol{B}_1=\boldsymbol{T}_1\boldsymbol{B}_0$。跳转到步骤 1。

（4）假如 $z_{i,1}$ 和 $z_{i,2}$ 有不同的符号，那么设置 s_i 为 s_{i-1} 的相反。平分这个角并且运用方程（6.70）逆转这个方向（$\theta_i=-\theta_{i-1}/2$）。通过 $+1$ 增加 i，计算 $\boldsymbol{B}_i=\boldsymbol{T}_i\boldsymbol{B}_{i-1}$。跳转到步骤 1。

（5）假如 $z_{i,1}$ 和 $z_{i,2}$ 有相同的符号 s_i 表示。然后：

（a）假如平分这个角但是不逆转方向。增加 i，$i=i+1$，设置并且计算。跳转到步骤 1。

（b）假如 $s_i\neq s_{i-1}$，测试前面和现在找到的边来看它们是否组成了一个面。假如这些向量 $\boldsymbol{u}_{i-,1}$，$\boldsymbol{u}_{i-,2}$，$\boldsymbol{u}_{i,1}$，$\boldsymbol{u}_{i,2}$ 正好在两个位置不同，那么它们是一个相同面的边；退出。

（c）否则，平分这个角并且使用方程（6.70）逆转方向。增加 i，$i=i+1$，设置 $\theta_i=-\theta_{i-1}/2$。计算 $\boldsymbol{B}_i=\boldsymbol{T}_i\boldsymbol{B}_{i-1}$。跳转到步骤 1。

假如一个解在设定数目的对分后没有被找到。这些最后找到的不一样边可以用来计算一个近似的解。这个近似的解可由边（被找到来自 x 轴的一个点）顶点的 y 和 z 坐标通过线性插值计算。与那些顶点相关的控制根据这些插值系数被组合起来。

6.8 Banks 方法

这种控制分配方法由弗吉尼亚理工的研究生 Carl Banks 提出。他把这个称为“顶点跳跃算法”。这是为三力矩问题设计的，所以接下来的描述都与二力矩问题无关。接下来的描述是基于伴随这个算法的 MATLAB® 实现的笔记。这个实现已经内嵌在 ADMIRE 仿真（附录 B）中。

查看图 6.9，三个顶点 y_1、y_2 和 y_3 与原点 O 形成了以三面（y_1，y_2，O）、（y_2，y_3，O）和（y_1，y_3，O）为界的立体角。通过 Π 表示这三边为

(y_1-y_2)、(y_2-y_3) 和 (y_3-y_1) 的面三角。假设这三个顶点有以下的特征：

（1）这些顶点不是线性相关的。

（2）这些顶点是按顺序排列的，以致当从 Π 平面远离原点的方向观察时，$(y_1-y_2-y_3)$ 组成一个逆时针路径。这相当于要求矩阵 $[y_1 \quad y_2 \quad y_3]$ 的秩是正的。

（3）期望力矩 $\boldsymbol{m}_{\text{des}}$ 是在这个立体角内，相当于 $\boldsymbol{m}_{\text{des}}$ 和这个三角 Π 相交，也相当于 $\boldsymbol{m}_{\text{des}}$ 经常在左边穿过 $(y_1-y_2-y_3)$。后者满足在方程（6.71）中的三个矩阵秩符号是正的这个标准：

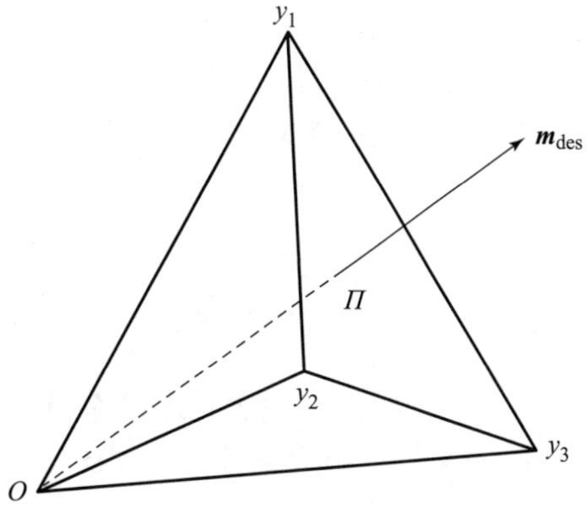

图 6.9　顶点的几何关系，顶点 $\boldsymbol{y}_2$ 和观察者最近

$$\begin{cases} \det[\boldsymbol{m}_{\text{des}} \quad \boldsymbol{y}_1 \quad \boldsymbol{y}_2] > 0 \\ \det[\boldsymbol{m}_{\text{des}} \quad \boldsymbol{y}_2 \quad \boldsymbol{y}_3] > 0 \\ \det[\boldsymbol{m}_{\text{des}} \quad \boldsymbol{y}_3 \quad \boldsymbol{y}_1] > 0 \end{cases} \tag{6.71}$$

这个算法寻求用另一个来替代三个顶点中的一个，这另一个指的是比 Π 平面远离原点的，这样使得这组新顶点和初始组顶点有相同的特性。这个过程重复直到没有新顶点被找到。最后三个顶点将定义包括 $\boldsymbol{m}_{\text{des}}$ 和这个 AMS（解面）边界交点的面。

在这个算法中经常使用的工具是确定一个顶点，这个顶点在某个给定方向 $\boldsymbol{d}$ 的向量上有最大的投影。这个向量 $\boldsymbol{d}$ 是通用的并且经常在这个算法中循环。

在这种算法中旋转不是必要的，所以我们采用了一种简单些的方法来找到最大顶点。我们首先找到 $\boldsymbol{d}$ 和 $\boldsymbol{B}$ 矩阵的每一列的内积，然后根据结果的符号设置这些控制量为它们的最小或者最大值。也就是，我们首先计算 $\boldsymbol{d}^{\mathrm{T}}\boldsymbol{B}$；然后假如第 i 列元素是正的，u_i 被设置为它的最大限值，接着假如它是负的，这个控制被设置为它的最小限值。零元素的情况意味着这个 AMS 的一条边是垂直于 $\boldsymbol{d}$ 并且没有独特最大顶点。

在接下来的算法描述中，工具的使用将大致被描述为“在寻找一个最大顶点的方向上观察”。稍微正式一点，我们将基于这些符号是以一个个元素为基础进行取值这样的理解，参考方程（6.72），然后最小或者最大控制如描述那样被应用。

$$\boldsymbol{v} = \operatorname{sgn}[\boldsymbol{d}^{\mathrm{T}}\boldsymbol{B}] \tag{6.72}$$

这个算法的主要四部分是：

（1）找到有期望特性的初始三个顶点。

（2）确定一个新顶点。

（3）确定前面三个顶点的哪一个应该被替换。

（4）终止这个算法。

6.8.1 找到初始三顶点

这一步骤能被完成有许多途径。例如，从 $\boldsymbol{m}_{\text{des}}$ 的零空间（一个平面），三个方向除了以 120°为分界可以被任意选择。然后在这些方向上最大的三个顶点，当以正确的顺序放置时，可以用来启动这个算法。

可替代的是，Banks 使用的方法如下：

（1）第一个顶点是在 $\boldsymbol{m}_{\text{des}}$ 方向上的最大值，这里表示为 $\boldsymbol{y}_1$。它被从行向量 $\boldsymbol{m}_{\text{des}}\boldsymbol{B}$ 的符号找到，如上所述。

（2）第二个顶点通过在一个垂直于 $\boldsymbol{y}_1$ 的方向 $\boldsymbol{d}$ 观察被找到，并在 $\boldsymbol{y}$ 和 $\boldsymbol{y}_1$ 的平面内。为了这个成立，$\boldsymbol{y}$ 必须是在 $\boldsymbol{y}_1$ 方向的一个向量（如 $a\boldsymbol{y}_1$）和 $\boldsymbol{d}$ 的线性组合。因子 a 是 $\boldsymbol{m}_{\text{des}}$ 到 $\boldsymbol{y}_1$ 投影的幅值。我们能从它们点积得到这两个向量的夹角 θ，即

$$\boldsymbol{y}^{\mathrm{T}}\boldsymbol{y}_1 = yy_1\cos\theta \tag{6.73}$$

这个因子 $a = y\cos\theta = \boldsymbol{y}^{\mathrm{T}}\boldsymbol{y}_1/y_1$，所以

$$\boldsymbol{d} = \boldsymbol{y} - \frac{\boldsymbol{y}^{\mathrm{T}}\boldsymbol{y}_1}{\boldsymbol{y}_1^{\mathrm{T}}\boldsymbol{y}_1} \tag{6.74}$$

从 $\boldsymbol{d}^{\mathrm{T}}\boldsymbol{B}$ 计算 $\boldsymbol{y}_2$。

（3）第三个顶点在一个垂直于 $\boldsymbol{y}_1$ 和 $\boldsymbol{y}_2$ 平面的方向 $\boldsymbol{d}$ 被找到，$\boldsymbol{y}$ 也在此平面的同一面上。这个垂线是从 $\boldsymbol{y}_1$ 和 $\boldsymbol{y}_2$ 的叉乘中找到的。来确定是否 $\boldsymbol{d}$ 指向 $\boldsymbol{y}$ 在上的一面，$\boldsymbol{d}$ 和 $\boldsymbol{y}$ 的内积符号和 $\boldsymbol{y}$ 被检查。假如它是正的，这个方向是好的，否则 $\boldsymbol{y}_1$ 和 $\boldsymbol{y}_2$ 交换来保证这个方向正确。

首先，计算 $\boldsymbol{d} = \boldsymbol{y}_1 \times \boldsymbol{y}_2$。然后，假如 $\boldsymbol{d}^{\mathrm{T}}\boldsymbol{y} > 0$，从 $\boldsymbol{d}^{\mathrm{T}}\boldsymbol{B}$ 计算 $\boldsymbol{y}_3$。

否则 $\boldsymbol{d}^{\mathrm{T}}\boldsymbol{y} < 0$，交换如下进行（利用一个临时 $\boldsymbol{y}$ 变量，$\boldsymbol{y}_{\text{Temp}}$）：

（a）$\boldsymbol{y}_{\text{Temp}} = \boldsymbol{y}_1$。

（b）$\boldsymbol{y}_1 = \boldsymbol{y}_2$。

（c）$\boldsymbol{y}_2 = \boldsymbol{y}_{\text{Temp}}$。

现在从 $-\boldsymbol{d}^{\mathrm{T}}\boldsymbol{B}$ 计算 $\boldsymbol{y}_3$。

这个过程保证了

$$\det[\boldsymbol{m}_{\text{des}} \quad \boldsymbol{y}_1 \quad \boldsymbol{y}_2] > 0$$

但是不涉及任何

$$\det[\boldsymbol{m}_{\text{des}} \quad \boldsymbol{y}_2 \quad \boldsymbol{y}_3]$$

或者

$$\det[\boldsymbol{m}_{\text{des}} \quad \boldsymbol{y}_3 \quad \boldsymbol{y}_1]$$

例如，$\det[\boldsymbol{m}_{\text{des}} \quad \boldsymbol{y}_2 \quad \boldsymbol{y}_3]<0$ 这个算法用 $\boldsymbol{y}_3$ 代替 $\boldsymbol{y}_1$，并且通过在 $\boldsymbol{y}_3\times\boldsymbol{y}_2$ 方向上观察确定一个新的 $\boldsymbol{y}_3$。注意到用 $\boldsymbol{y}_3$ 代替 $\boldsymbol{y}_1$ 意味着$\det[\boldsymbol{m}_{\text{des}} \quad \boldsymbol{y}_2 \quad \boldsymbol{y}_1]<0$；等价地有，$\det[\boldsymbol{m}_{\text{des}} \quad \boldsymbol{y}_1 \quad \boldsymbol{y}_2]>0$。假如$\det[\boldsymbol{m}_{\text{des}} \quad \boldsymbol{y}_3 \quad \boldsymbol{y}_1]<0$ 一个类似的流程被采用，用 $\boldsymbol{y}_3$ 代替 $\boldsymbol{y}_2$，并且通过在 $\boldsymbol{y}_1\times\boldsymbol{y}_3$ 方向找到一个新的 $\boldsymbol{y}_2$。

无论如何我们假设已经确定了满足方程（6.71）的三个顶点，然后再继续。

6.8.2 确定一个新顶点

正如找到初始三顶点的情况，这一步骤有许多可能的方法。Banks 方法要求我们从当前 Π 法线方向观察并且离开原点然后找到最大顶点。图 6.10 显示了一个对于 Π 平面的侧立视角，垂线 $\boldsymbol{d}$，在期望力矩 $\boldsymbol{y}$ 的方向上的向量，以及这个新顶点。

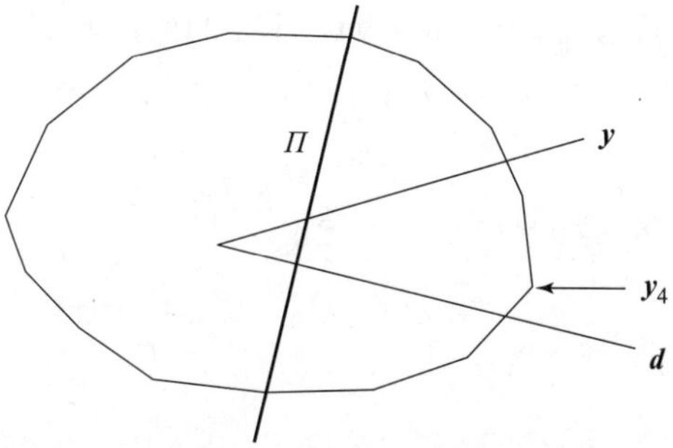

图 6.10 确定新顶点

这个普遍存在的 $\boldsymbol{d}$ 由下式确定：

$$\boldsymbol{d}=(\boldsymbol{y}_2-\boldsymbol{y}_1)\times(\boldsymbol{y}_3-\boldsymbol{y}_1) \tag{6.75}$$

下一个顶点，这里表示为 $\boldsymbol{y}_4$，像前面一样由方程（6.72）确定。

6.8.3 代替一个旧的顶点

图 6.11 显示了沿着 $\boldsymbol{y}_4$ 向下观察的视图。四个潜在的 $\boldsymbol{m}_{\text{des}}$ 和 Π 交点也显示了，表示为 A、B、C 和 D。考察这些点的任何一个，这个目的是来保留顶点 $\boldsymbol{y}_1$、$\boldsymbol{y}_2$ 和 $\boldsymbol{y}_3$ 的两个，接着来用 $\boldsymbol{y}_4$ 替换第三个，所以这个结果仍然如图 6.9 一样围绕 $\boldsymbol{m}_{\text{des}}$。对于显示的四种情况，$\boldsymbol{y}_1$、$\boldsymbol{y}_2$ 和 $\boldsymbol{y}_3$ 旁边的这些字母表示哪一个将被替换。

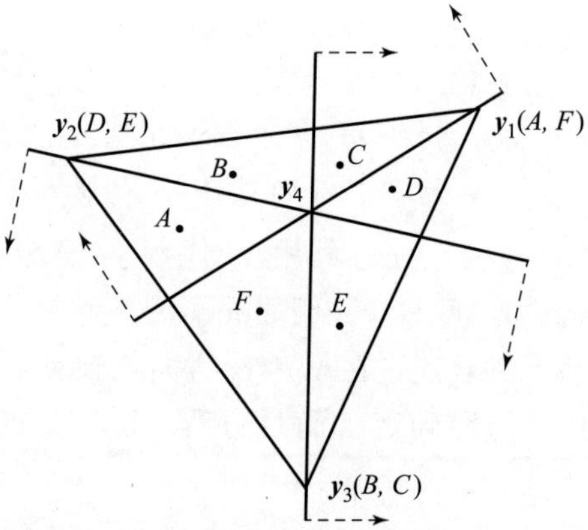

图 6.11　替换一个旧顶点。在图中的虚线显示了 y_4 和 y_1、y_2 和 y_3 方向叉乘积形成的法线。六种可能的 m_{des} 和 Π 交点被用箭头表示出来

如图 6.11 所示，从 y_1-y_4、y_2-y_4 和 y_3-y_4 的每一个构建了三个平面。图中的虚线显示了 $y_4\times y_1$、$y_4\times y_2$ 和 $y_4\times y_3$ 积形成的法线方向。通过获得每一个法线与 m_{des} 的内积，这个平面上 m_{des} 所在的面被确定。确定顶点替换然后从下面的逻辑顺序继续进行（采用 y 而不是 m_{des}）：

```
if det ([y,y4,y1])> 0 %  Case A, B, or C
  if det ([y,y4,y2])> 0 %  Case A
    y1= y4;
  else %  Case B or C
    y3= y4;
  end
else & Case D, E, or F
  if det ([y,y4,y3])>  0 %  Case D or E
    y2= y4;
  else %  Case F
    y1= y4
  end
end
```

例如，对于可能 E：

$$\begin{cases}\det[m_{des}\quad y_4\quad y_1]<0\\ \det[m_{des}\quad y_4\quad y_2]>0\\ \det[m_{des}\quad y_4\quad y_3]>0\end{cases}\tag{6.76}$$

这个组合唯一确定了要被替换的顶点。注意到这三个点的处理不被这个替换所改变，也就是 $\det[\boldsymbol{y}_1 \quad \boldsymbol{y}_2 \quad \boldsymbol{y}_3]>0$。

6.8.4　终止算法

随着每一个新顶点被确认并且代替一个旧的，测试这三个顶点来验证它们是否是一个面的部分。假如是，那就是这个解面，然后这个算法终止。这个测试通过确定它们的并集是否是一个面可便于进行；也就是，通过一个个元素为基础比较这三个顶点。假如它们在除了两个之外的所有元素都是相同的，那么它们组成了一个面。

Banks 的方法在 6.11 节中演示。

6.9　线性规划

线性规划[①]是一个被广泛研究的方法，用来寻找在一些或者全部变量上有约束的线性方程集的最优解。许多介绍性的书把这个问题表达为有限资源的分配来最小化或者最大化涉及那些资源的一些过程的输出。

线性规划有几种问题提出的形式。一些被称为标准的或者经典的。基于我们的目的，采用方程（6.77）：

$$\underset{\boldsymbol{x}}{\mathrm{Min}}\, J=\boldsymbol{c}^{\mathrm{T}}\boldsymbol{x} \qquad A\boldsymbol{x}=\boldsymbol{b}, \qquad \boldsymbol{0}\leqslant\boldsymbol{x}\leqslant\boldsymbol{h} \tag{6.77}$$

在方程（6.77）上的主要变化是：

- 耗费函数 $\boldsymbol{c}^{\mathrm{T}}\boldsymbol{x}$ 是被最大化。
- 约束被设置为一个不等式 $A\boldsymbol{x}\geqslant\boldsymbol{b}$。
- 有界变量没有上界，$\boldsymbol{x}\geqslant\boldsymbol{0}$。

所有组合被认为是这个线性规划问题的形式。

6.9.1　配置控制分配为线性规划问题

应用线性规划于控制分配问题的一个极好的描述是由 Beck（2002）给出的，包括在 MATLAB® 中实现这些算法的性能数据。大多数形式包括了我们还没有介绍的特征，主要的是包括优先性解的特征。在这一节中我们的目的不是在很多细节上探究线性规划，但是两个例子将给读者一个概念，即这些问题是如何建立的。希望线性规划作为控制分配方法扩展解释的读者可以参考附录 A。本节作为一段简单的介绍，和附录 A 都是独立的，所以在这两部

---

① 线性规划超前于现代计算机时代几十年，规划这个词最初表示一个问题，而不是求解问题的几行代码。因此，混合这两种用法，我们可以说线性规划作为一个问题有线性规划求解。

分中有一点重复内容。

6.9.1.1 方向保持

对于这个形式，我们从控制分配必要条件 $\boldsymbol{m}_{\text{des}}=\boldsymbol{Bu}$ 开始，并且考虑在 $\boldsymbol{m}_{\text{des}}$ 上乘以一个 λ，即

$$\boldsymbol{Bu}=\lambda\boldsymbol{m}_{\text{des}} \tag{6.78}$$

假如我们现在取允许的 $\boldsymbol{u}$，受到约束使得满足 $\boldsymbol{Bu}=\lambda\boldsymbol{m}_{\text{des}}$，并且 λ 在 $0\leqslant\lambda\leqslant1$ 范围内，那么当 λ 是最大值时 $\boldsymbol{u}$ 将是在边界上的解，称之为 $\boldsymbol{u}^*$。然后我们按照比例增减 $\boldsymbol{u}^*$ 来获得这个解。

因为我们已经把这个线性规划作为一个最小化问题，不是最大化 λ 而是最小化 $-\lambda$。我们也必须处理这个控制限值，所以零是下限值。这通常是通过引入一个新变量来处理的，即

$$\tilde{\boldsymbol{x}}=\boldsymbol{u}-\boldsymbol{u}_{\text{Min}} \tag{6.79}$$

这个最小化将针对 $\boldsymbol{u}$ 和 λ 执行，等同于在 $\tilde{\boldsymbol{x}}$ 和 λ 上，所以合并它们为 $\boldsymbol{x}$，有

$$\boldsymbol{x}\equiv\begin{Bmatrix}\tilde{\boldsymbol{x}}\\ \lambda\end{Bmatrix} \tag{6.80}$$

因此这个耗费函数 $J=\boldsymbol{c}^{\text{T}}\boldsymbol{x}$ 要求

$$\boldsymbol{c}^{\text{T}}\equiv[0 \quad \cdots \quad 0 \quad -1] \tag{6.81}$$

然后，构造 $\boldsymbol{Ax}=\boldsymbol{b}$；

$$\begin{aligned}\boldsymbol{Bu}&=\boldsymbol{B}(\tilde{\boldsymbol{x}}+\boldsymbol{u}_{\text{Min}})\\ &=\boldsymbol{B}\tilde{\boldsymbol{x}}+\boldsymbol{Bu}_{\text{Min}}=\lambda\boldsymbol{m}_{\text{des}} \quad (6.82)\\ \boldsymbol{B}\tilde{\boldsymbol{x}}-\lambda\boldsymbol{m}_{\text{des}}&=-\boldsymbol{Bu}_{\text{Min}}\end{aligned}$$

$$[\boldsymbol{B} \quad -\boldsymbol{m}_{\text{des}}]\begin{Bmatrix}\tilde{\boldsymbol{x}}\\ \lambda\end{Bmatrix}=-\boldsymbol{Bu}_{\text{Min}} \tag{6.83}$$

$$[\boldsymbol{B} \quad -\boldsymbol{m}_{\text{des}}]\boldsymbol{x}=-\boldsymbol{Bu}_{\text{Min}}$$

$$\boldsymbol{A}\equiv[\boldsymbol{B} \quad -\boldsymbol{m}_{\text{des}}],\ \boldsymbol{b}\equiv-\boldsymbol{Bu}_{\text{Min}} \tag{6.84}$$

最后，$\boldsymbol{x}$ 的上界被设定为

$$\boldsymbol{h}\equiv\begin{Bmatrix}\boldsymbol{u}_{\text{Max}}-\boldsymbol{u}_{\text{Min}}\\ 1\end{Bmatrix} \tag{6.85}$$

总结，这个线性规划是

$$\underset{x}{\text{Min}}\, J=\boldsymbol{c}^{\text{T}}\boldsymbol{x} \mid \boldsymbol{Ax}=\boldsymbol{b},\ \boldsymbol{0}\leqslant\boldsymbol{x}\leqslant\boldsymbol{h} \tag{6.86}$$

其中

$$\boldsymbol{x}=\begin{Bmatrix}\boldsymbol{u}-\boldsymbol{u}_{\text{Min}}\\ \lambda\end{Bmatrix}$$

$$
\begin{aligned}
\boldsymbol{c}^{\mathrm{T}}&=[0 \quad \cdots \quad 0 \quad -1] \\
\boldsymbol{A}&=[\boldsymbol{B} \quad -\boldsymbol{m}_{\mathrm{des}}] \\
\boldsymbol{b}&=-\boldsymbol{B}\boldsymbol{u}_{\mathrm{Min}} \\
\boldsymbol{h}&=\begin{Bmatrix}\boldsymbol{u}_{\mathrm{Max}}-\boldsymbol{u}_{\mathrm{Min}} \\ 1\end{Bmatrix}
\end{aligned}
\tag{6.87}
$$

6.9.1.2 Bodson 减小尺寸、方向保持的形式

这种形式在一定程度上没有纯方向保持形式直观，但是它的优秀特征值得这个努力。首先我们需要一个合适的耗费函数。回想在直接分配过程的结尾我们获得了一个表达式：

$$a\boldsymbol{m}_{\mathrm{des}}=\boldsymbol{B}\boldsymbol{u}^{*} \tag{6.88}$$

也就是，假如这个期望力矩 $\boldsymbol{m}_{\mathrm{des}}$ 被扩展（或者收缩，更糟）到可达力矩集的边界，$\partial(\Phi)$，它将相交于与 $\boldsymbol{B}\boldsymbol{u}^{*}$ 相关的一点。注意，假如我们限制仅在和 $\boldsymbol{m}_{\mathrm{des}}$ 相同方向的允许控制 $\boldsymbol{u}$ 中选择，当这个量值 $\boldsymbol{m}_{\mathrm{des}}^{\mathrm{T}}\boldsymbol{B}\boldsymbol{u}$ 最大时，有 $\boldsymbol{u}=\boldsymbol{u}^{*}$。

既然已经把问题视为最小化的一种，我们希望来最小化 $-\boldsymbol{m}_{\mathrm{des}}^{\mathrm{T}}\boldsymbol{B}\boldsymbol{u}$。加上一个常数将不会改变这个 $\boldsymbol{u}$ 和最小化这个积的力矩 $\boldsymbol{m}=\boldsymbol{B}\boldsymbol{u}$，所以我们采用作为耗费函数：

$$J=-\boldsymbol{m}_{\mathrm{des}}^{\mathrm{T}}\boldsymbol{B}\boldsymbol{u}+\mathrm{const} \tag{6.89}$$

接下来处理控制执行机构位移的极限值，如在方程（6.79）中：

$$\boldsymbol{x}=\boldsymbol{u}-\boldsymbol{u}_{\mathrm{Min}} \tag{6.90}$$

$\boldsymbol{x}$ 的限值变为

$$\boldsymbol{0}\leqslant\boldsymbol{x}\leqslant\boldsymbol{h},\ \boldsymbol{h}=\boldsymbol{u}_{\mathrm{Max}}-\boldsymbol{u}_{\mathrm{Min}} \tag{6.91}$$

我们的耗费函数现在是

$$J=-\boldsymbol{m}_{\mathrm{des}}^{\mathrm{T}}\boldsymbol{B}\boldsymbol{u}+\mathrm{const}=-\boldsymbol{m}_{\mathrm{des}}^{\mathrm{T}}\boldsymbol{B}(\boldsymbol{x}-\boldsymbol{u}_{\mathrm{Min}})+\mathrm{const} \tag{6.92}$$

假如我们使用 $\mathrm{const}=-\boldsymbol{m}_{\mathrm{des}}^{\mathrm{T}}\boldsymbol{B}\boldsymbol{u}_{\mathrm{Min}}$，

$$J=\boldsymbol{c}^{\mathrm{T}}\boldsymbol{x},\ \boldsymbol{c}^{\mathrm{T}}=-\boldsymbol{m}_{\mathrm{des}}^{\mathrm{T}}\boldsymbol{B} \tag{6.93}$$

注意在边界上 $\boldsymbol{x}^{*}=\boldsymbol{u}^{*}-\boldsymbol{u}_{\mathrm{Min}}$。

最后确保备选解和 $\boldsymbol{m}_{\mathrm{des}}$ 在同一方向。操作这个通过约束 $\boldsymbol{A}\boldsymbol{x}=\boldsymbol{b}$。表示所有和 $\boldsymbol{m}_{\mathrm{des}}$ 在同一方向的向量为 $\rho\boldsymbol{m}_{\mathrm{des}}$，$\rho\neq0$，并且表示生成 $\rho\boldsymbol{m}_{\mathrm{des}}$ 的控制为备选向量 $\boldsymbol{u}_{c}$。

$$\rho\boldsymbol{m}_{\mathrm{des}}=\boldsymbol{B}\boldsymbol{u}_{c} \tag{6.94}$$

表示 $\boldsymbol{m}_{\mathrm{des}}$ 的元素为 m_{d_i} 并且表示 $\boldsymbol{B}$ 的行为 B_{r_i}，$i=1, \cdots, n$。假设 $\boldsymbol{m}_{\mathrm{des}}$ 第一个元素非零（或者行的顺序已经被重排了以致它是这样），$m_{d_1}\neq0$，那么

$$\rho m_{d_1}=B_{r_1}\boldsymbol{u}_{c} \tag{6.95}$$

求解 ρ 并且从余下来的方程中消掉它：

$$\rho=\frac{B_{r_1}}{m_{d_1}}\boldsymbol{u}_c,\ i=2,\ \cdots,\ n \tag{6.96}$$

$$B_{r_i}\boldsymbol{u}_c=am_{d_i}=\frac{m_{d_i}}{m_{d_1}}B_{r_1}\boldsymbol{u} \tag{6.97}$$

从方程（6.97）的左边减掉这个右手边的项：

$$B_{r_i}\boldsymbol{u}_c-\frac{m_{d_i}}{m_{d_1}}B_{r_1}\boldsymbol{u}_c=0 \tag{6.98}$$

$$(B_{r_1}m_{d_i}-B_{r_i}m_{d_1})\boldsymbol{u}_c=0 \tag{6.99}$$

i 的范围是 $i=2,\ \cdots,\ n$，所以将那些方程排列成一个 $(n-1)\times m$ 矩阵乘以 $\boldsymbol{Bu}_c$，即

$$\begin{bmatrix} m_{d_2} & -m_{d_1} & 0 & \cdots & 0 & 0 \\ m_{d_3} & 0 & -m_{d_1} & \cdots & 0 & 0 \\ \vdots & \vdots & \vdots & & \vdots & \vdots \\ m_{d_{n-1}} & 0 & 0 & \cdots & -m_{d_1} & 0 \\ m_{d_n} & 0 & 0 & \cdots & 0 & -m_{d_1} \end{bmatrix}\boldsymbol{Bu}_c=\boldsymbol{0} \tag{6.100}$$

假如表示 m_{d_i} 项的矩阵为 $\boldsymbol{M}$，有

$$\boldsymbol{MBu}_c=0 \tag{6.101}$$

这个控制分配问题的约束可以表示为

$$\boldsymbol{MB}x=\boldsymbol{MB}(\boldsymbol{u}_c-\boldsymbol{u}_{\text{Min}})=-\boldsymbol{MBu}_{\text{Min}} \tag{6.102}$$

现在定义

$$\boldsymbol{A}\equiv\boldsymbol{MB},\ \boldsymbol{b}\equiv-\boldsymbol{Au}_{\text{Min}} \tag{6.103}$$

所以约束是

$$\boldsymbol{Ax}=\boldsymbol{b} \tag{6.104}$$

假如 $\boldsymbol{x}$ 满足方程（6.102），方程（6.104）将被满足，也就是 $\boldsymbol{u}=\rho\boldsymbol{m}_{\text{des}}$。否则假如 $\boldsymbol{x}=\boldsymbol{u}_c-\boldsymbol{u}_{\text{Min}}+\delta\boldsymbol{u}$，那么

$$\boldsymbol{MBx}=\boldsymbol{MB}(\boldsymbol{u}_c-\boldsymbol{u}_{\text{Min}}+\delta\boldsymbol{u})=\boldsymbol{MB}\delta\boldsymbol{u}-\boldsymbol{MBu}_{\text{Min}} \tag{6.105}$$

也就是 $\boldsymbol{Ax}\neq\boldsymbol{b}$，所以方程（6.104）必要并充分，来保证我们仅接受 $\boldsymbol{x}$，以致 $\boldsymbol{Bu}$ 是和 $\boldsymbol{m}_{\text{des}}$ 在同一方向。

总结，这个线性规划是

$$\underset{\boldsymbol{x}}{\text{Min}}\,J=\boldsymbol{c}^{\text{T}}\boldsymbol{x}\mid\boldsymbol{Ax}=\boldsymbol{b},\ \boldsymbol{0}\leqslant\boldsymbol{x}\leqslant\boldsymbol{h} \tag{6.106}$$

其中

$$\boldsymbol{x}=\boldsymbol{u}-\boldsymbol{u}_{\text{Min}}$$

$$\boldsymbol{c}^{\text{T}}=-\boldsymbol{m}_{\text{des}}^{\text{T}}\boldsymbol{B}$$

$$\boldsymbol{A}=\boldsymbol{MB}$$

$$\boldsymbol{M}=\begin{bmatrix}\begin{Bmatrix}m_{d_2}\\ \vdots \\ m_{d_n}\end{Bmatrix} & -m_{d_1}\boldsymbol{I}_{n-1}\end{bmatrix}$$

$$\boldsymbol{b}=-\boldsymbol{A}\boldsymbol{u}_{\mathrm{Min}}$$

$$\boldsymbol{h}=\boldsymbol{u}_{\mathrm{Max}}-\boldsymbol{u}_{\mathrm{Min}} \tag{6.107}$$

项 $-m_{d_1}\boldsymbol{I}_{n-1}$ 表明了 $-m_{d_1}$ 乘以 $n-1$ 维的单位矩阵。由于仅考虑二力矩和三力矩问题，我们的 $\boldsymbol{M}$ 矩阵将是 1×2 或者 2×3 维。那么 $\boldsymbol{A}=\boldsymbol{MB}$ 将是一个 $1\times m$ 或者 $2\times m$ 维矩阵，那里 m 是控制执行机构的数目。

6.9.2　单纯形

线性规划问题的任何满足约束 $\boldsymbol{Ax}=\boldsymbol{b}$ 和 $\boldsymbol{0}\leqslant\boldsymbol{x}\leqslant\boldsymbol{h}$ 的解称为可行的。显然最优解是一个可行解。

这个解的第二个要求是它是一个基础解。把 $\boldsymbol{A}$ 的维数表示为 $p\times q$：

$$\boldsymbol{A}\in\Re^{p\times q} \tag{6.108}$$

一个基础解是 $\boldsymbol{x}$ 的 $q-p$ 个元素在它们下限值的解。当这个问题在 $\boldsymbol{x}\geqslant\boldsymbol{0}$ 条件下形成，意味着 $q-p$ 个元素是零。这样剩下 p 列来满足 $\boldsymbol{Ax}=\boldsymbol{b}$，意味着至少 $\boldsymbol{A}$ 必须是满秩的。同时，既然有有限次方法来选择 $\boldsymbol{A}$ 的 p 个列，那么存在有限个基础解。

可见，以方程（6.77）的形式或者它的多种其他形式给定一个线性规划问题：

- 假如有一个可行解，有一个基础可行解。
- 假如有一个最优可行解，有一个最优基础可行解。

单纯形算法一般而言需要一个基础可行解来开始。这个初始解的获得经常必须通过求解一个独立的线性规划问题，这个独立问题有一个容易确定的起始解。从初始解开始，单纯形算法系统的用另一个减小耗费 J 的解来替换现存解。当没有进一步的提高可能，这个算法终止。

6.10　通过多种求解方法的可达力矩

AMS，Φ 的体积在 5.4.2 节确定了。这个体积的单位是任何被找寻目的的立方，通常是力矩、力矩系数或者加速度。任何一种控制分配方法，如果对于 Φ 中所有力矩不能返回允许控制，就是没有利用好飞机的能力。也许有好的理由来接受这种惩罚，例如不充分地计算时间，或者需要一个线性解。当讨论这二维情况时我们将继续使用“体积”这个词作为一个类似概念。

本节描述给定分配方案的可达力矩体积是如何被确定的。我们将需要两个新子集。第一个是Θ，它是Ω（所有允许控制）的一个子集，Ω是当给定所有可达力矩时一个特定的分配算法可以返回的。也即是，一些分配方案可能被要求来寻找与一个给定可达力矩相关的控制，但是将返回一个不允许的控制向量。Θ是实际上允许的所有解的子集。Θ不必然是一个真子集，因为对于直接分配，Θ和Ω是一样的。

另一个新子集是Π，它是Θ通过控制有效性矩阵$\boldsymbol{B}$到力矩空间的映射。Π是给定分配方法能够求解允许控制的所有力矩的集合。我们感兴趣的正是Π的体积。

作为一个品质因数，我们将把Π的体积和Φ的体积作为一个百分比进行比较。这是有一点误导的，因为一个拥有75%Φ体积的Π体积看似非常不理想，但是实际上从一个球形的角度看，这个分配方案在任一方向都达到了90%的最大值。进一步，这个体积没有考虑这个分配方案也许已经以一个轴为优先，并且牺牲了在其他方向的能力。

毫无疑问，这里描述的任何体积计算将离线进行，特别是在早期设计阶段。这些计算可能计算量需求大，一旦控制分配方法已经被选中，那么不需要这个信息。

一般情况下，我们将讨论三力矩问题，因为从二力矩问题不能获得更深刻理解。对于一般逆的分析，二力矩问题是三力矩问题的初步，所以我们将讨论这两个。

6.10.1 一般情况（三力矩问题）

许多控制分配方法与其Θ和Π子集的分析计算相违背。在这些情况下，人们能在力矩空间的不同方向创造很多$\boldsymbol{m}_{\mathrm{des}}$，并且在分配方法确实返回允许控制这个方向上确定最大向量。

有时候这个确定是直截了当的，假如不是必须进行沿着几个方向的搜索来找到不允许控制被引入的点。对于一个给定方向上的期望力矩，这个力矩能够被加强或者缩减（调整）来确定返回允许控制的最大幅值。每一次当返回控制从允许变化到不允许，这个方向被逆转并且加强过程的步长被减小，通过二分法或者其他这样的方案，直到达到一定的容忍度。对于不被允许的解，仅需要一个控制被命令超过其限值。

被这个“鸟枪”方法返回的控制向量大体上是Θ，并且$\boldsymbol{B}$乘以每一个向量大体上是Π。有了在Π中的大量的点，凸包$\partial(\Pi)$可以被确定。有许多软件资源来确定点集的凸包。大多数情况下，如MATLAB®的convhull命令，返回定义边界的三角连续集的坐标。convhull命令有一个选项来返回这个它找到的凸包的体积（或者面积假如是二维的）。

6.5.5.1 节就菊花链提到了两种方法来处理在第一组菊花链的饱和控制。第一组需要均匀调整，而第二组设置这些不允许控制为它们的最近限值。第二种方法有这个结果，那就是它的 Π 也许不是凸的。也就是，当拟合一个凸包到从菊花链中获得仅允许解的一个集合，这些点的一些将在凸包内。关于这个现象的更多细节，可参考 Bordignon（1996）。

给定一个定义 Π 边界的三角形的连续集坐标，被凸包 $\partial(\Pi)$ 包围的力矩空间的体积可以被确定。比如这个凸包算法已经返回了总共 n_{tri} 个定义这个边界的三角形。表示第 i 个三角形的每一个顶点坐标，$i=1, \cdots, n_{\text{tri}}$，作为从原点开始的一个行向量为 $\boldsymbol{r}_{ij}$，$j=1, \cdots, 3$。形成矩阵 $\boldsymbol{M}$，它的行是这些向量。

$$\boldsymbol{M}_i=\begin{bmatrix}\boldsymbol{r}_1\\ \boldsymbol{r}_2\\ \boldsymbol{r}_3\end{bmatrix},\ i=1, \cdots, n_{\text{tri}} \tag{6.109}$$

那么这个以给定三角为底和给出原点为顶点的三角金字塔的体积由以下表达式给出（Hausner，1965）：

$$V_i=\frac{|\det(\boldsymbol{M}_i)|}{3!} \tag{6.110}$$

这个凸包的总体积 V_Π 是所有这样体积的和，即

$$V_\Pi=\sum_{i=1}^{n_{\text{tri}}} V_i \tag{6.111}$$

在方程（6.110）中分子是 $\boldsymbol{M}_i$ 行列式的绝对值。这是因为这个行列式可能是正的或负的，取决于这三行的顺序。这个“有方向的体积”是在其他应用中重要的，但不是在这里。

方程（6.109）～方程(6.111）推广到其他维度。对于二力矩问题这个凸包算法将返回边，其中的每一条都和原点形成了一个三角形。在那种情况 $\boldsymbol{M}_i$ 将有两行，并且方程（6.110）的分母将是 2!

6.10.2　广义逆（二力矩和三力矩问题）

在广义逆情况，体积计算可以做得精确。理解这些计算的关键是注意广义逆 $\boldsymbol{P}$ 返回的每一个解将是

$$\boldsymbol{u}_P=\boldsymbol{P}\boldsymbol{m}_{\text{des}} \tag{6.112}$$

表示 $\boldsymbol{P}$ 的列为 $\boldsymbol{c}_i$，$i=1, \cdots, n$。这个方法返回的任何控制向量 $\boldsymbol{u}_P$ 将是这些列的一个线性组合，

$$\boldsymbol{u}_P=m_{d_1}\boldsymbol{c}_1+\cdots+m_{d_n}\boldsymbol{c}_n \tag{6.113}$$

仅有这些列中的 n 个，它们不能拓展到 m 维控制空间。生成一个 n 维的子空间，我们表示为 S_P。子空间 S_P 与在 Ω 中的允许控制的交集仅是能被这

个广义逆生成的允许控制，或者 Θ。

6.10.2.1　二力矩问题

对于一个三控制，二力矩问题的情况在图 6.12 中进行了象征性阐释。这个矩形盒子是允许控制 Ω。所示的相交于 Ω 的平面代表了由广义逆 P 的列生成的二维子空间的部分。这条虚线是这个交集[①]边界的部分。这条边界的剩余部分是在图的后面。仅在交集内的那些控制执行机构假如被 $\boldsymbol{Pm}_{\text{des}}(\Theta)$ 返回将是允许的，并且仅那些控制生成的力矩将是可达的，使用这个广义逆（Π）。

图 6.12 建议了计算允许控制 Θ 进而可达力矩 Π 的方法，可达力矩 Π 是对于所有可达力矩 Φ 一个给定的广义逆能返回的。假如我们计算由 $\boldsymbol{P}$ 的列拓展成的二维子空间和允许控制 Ω 的交集，那么我们能通过 $\boldsymbol{B}$ 把它们映射到力矩空间，生成 Π。那时，我们能通过对所有形成的三角形求和计算这个面积。

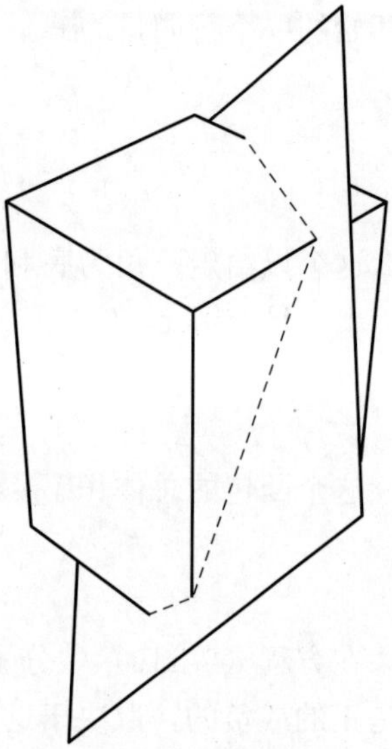

图 6.12　二维子空间相交于一个三维允许控制集

对于二力矩（$m=2$）和多于三个控制（$n>3$），这个问题是一样的，但是有更多的交集要被找到。这个总交集将仍然是一个二维图，但是有更多边。可视化这些高维问题的困难的一点是 Ω，允许控制的子集，将包含每一维小于 n 的物体，并且这个二维平面将与维度为 $m-n$ 的所有物体相交于一点。

换句话，有四个控制和两个力矩，这个四维 Ω 将包含三维、二维和一维对象，并且这个被 $\boldsymbol{P}$ 的列生成的二维子空间将与这个二维对象相交于一个点。

一般而言这个问题是要：

（1）找到这个由广义逆 $\boldsymbol{P}$ 的列生成的二维子空间 S_P 与在允许控制 Ω 的子集中每一个 $m-2$ 维对象的交集。

（2）假如找到的交集是允许的，保存它。否则，放弃它。

（3）排序允许交集的序列以致它们是连接的；也就是，所以它们沿着互相连接处一个前于下一个。这定义了 Θ。

（4）把允许交集的排列后的序列映射到力矩空间。这定义了 Π。

（5）考虑力矩空间中每一对连续交集作为三角形基础同时一个顶点在原

① 这里的交集这个词的使用和在 5.1.3 节中解释的两个对象的交集不同。

点，然后计算其面积。

（6）把找到的面积求和。这是对于这个广义逆 $\boldsymbol{P}$ 的可达力矩的体积。

我们现在展开叙述这些步骤中的每一步。

步骤1　找到由广义逆 $\boldsymbol{P}$ 的列生成的二维子空间 S_P 与允许控制子集 Ω 的每一个 $m-2$ 维对象的交集。

考察三个控制：$m=3$。$m-2=1$，所以我们寻找和一维边的交集点。这些被特殊表示为有两个控制执行机构固定和沿着这条边变化的第三个。现在采用 $m=4$，寻找和两维面交集的点。二维面具有的特征是两个固定的控制和两个自由变化，所以又一次两个将被固定。无论 Ω 的维度有多高，这将是真的。我们因此被要求来寻找 m 控制中一次拿出两个的所有组合，并且对于每一种组合考虑最小和最大偏转的所有四种组合。也就是，最小—最小，最小—最大，最大—最小，最大—最大。①

把考虑的这两个控制分组到 $\boldsymbol{u}_1$，其余的到 $\boldsymbol{u}_2$。一致分解 $\boldsymbol{B}$ 和 $\boldsymbol{P}$ 为 $\boldsymbol{B}_1$，$\boldsymbol{B}_2$、$\boldsymbol{P}_1$ 和 $\boldsymbol{P}_2$，则

$$[\boldsymbol{B}_1 \quad \boldsymbol{B}_2]\begin{Bmatrix}\boldsymbol{u}_1\\ \boldsymbol{u}_2\end{Bmatrix}=\boldsymbol{m}, \qquad \begin{bmatrix}\boldsymbol{P}_1\\ \boldsymbol{P}_2\end{bmatrix}\boldsymbol{m}=\begin{Bmatrix}\boldsymbol{u}_1\\ \boldsymbol{u}_2\end{Bmatrix} \tag{6.114}$$

由于 $\boldsymbol{u}_1$ 是已知的，求解

$$\boldsymbol{m}=\boldsymbol{P}_1^{-1}\boldsymbol{u}_1 \tag{6.115}$$

然后求解

$$\boldsymbol{u}_2=\boldsymbol{P}_2\boldsymbol{m} \tag{6.116}$$

这个交集是在

$$\boldsymbol{u}=\begin{Bmatrix}\boldsymbol{u}_1\\ \boldsymbol{u}_2\end{Bmatrix} \tag{6.117}$$

这个 $\boldsymbol{u}$ 必须被重新排列来和 $\boldsymbol{u}$ 的初始定义一致。

这个过程对于两个控制的每一种组合和最小最大偏转的每一种组合必须重复。

注意相同的交集可以在不同的评估中获得。这将是真实的，假如 $\boldsymbol{u}_2$ 包含任何控制在它的极限值的一端或另一端。例如，假如 S_P 正好精确通过 Ω 的一个顶点，那么在 $\boldsymbol{u}_2$ 中的每一个控制将饱和，并且在包含那个顶点的 $\boldsymbol{u}_1$ 中任何和每一对控制的验证将提供那个顶点。

步骤2　假如找到的交集是允许的，保存它。否则，舍弃它。

假如在 $\boldsymbol{u}_2$ 中的一个单一的控制执行机构是不允许的，那么这个交集是在 Ω 外并且必须被舍弃。

---

① m 控制中一次拿出 n 个组合数是 $m!/(n!(m-n)!)$，并且最小/最大组合的数目是 2^n。

步骤 3　排列允许交集列以使它们是连续的。

完成这一步的快速方法是通过使用一种凸包算法。S_P 和 Ω 的交集确实是凸的，正如在 Bordignon（1996）中证明的。

排列这个序列的另一种方法是使用在步骤 1 和 2 中找到的交集的对象数字。考虑图 6.13，它是在图 6.12 中加了一些标签。

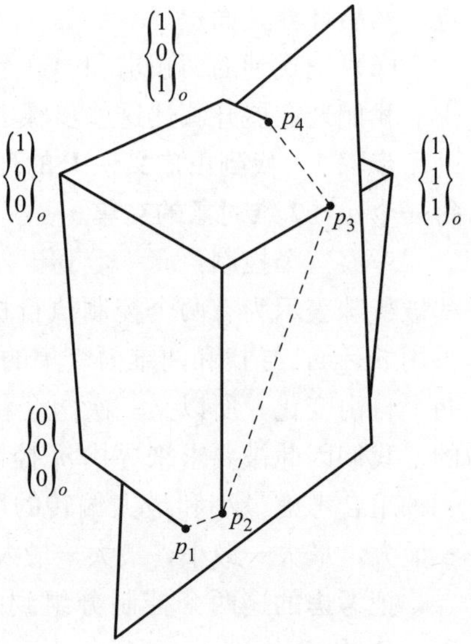

图 6.13　二维子空间相交于一个三维允许控制集

在图 6.13，交集的四个点被标记，如 Ω 顶点中的四个。接下来的结果和符号表示是一致的。

- 确定交集的第一个，在步骤 1 中 $\boldsymbol{u}_1$ 由 u_1 和 u_3 组成，并且两个都被设置为它们的下限值。$\boldsymbol{u}_2$ 包含 u_2。在步骤 2 中 $\boldsymbol{u}_2$ 被发现是允许的。这个交集被表示为 p_1。在对象符号中，$p_1=\{0\quad 2\quad 0\}_o$。
- 确定交集的第二个，在步骤 1 中 $\boldsymbol{u}_1$ 由 u_2 和 u_3 组成，其中 u_2 在它的上界并且 u_3 在它的下界。$\boldsymbol{u}_2$ 包含 u_1。在步骤 2 中 $\boldsymbol{u}_2$ 被找到是允许的。这个交集被表示为 p_2。在对象符号中，$p_2=\{2\quad 1\quad 0\}_o$。
- 确定交集的第三个，在步骤 1 中 $\boldsymbol{u}_1$ 由 u_1 和 u_2 组成，都在它们的上界。$\boldsymbol{u}_2$ 包含 u_3。在步骤 2 中 $\boldsymbol{u}_2$ 被发现是允许的。这个交集被表示为 p_3。在对象符号中，$p_3=\{1\quad 1\quad 2\}_o$。
- 确定交集的第四个，在步骤 1 中 $\boldsymbol{u}_1$ 由 u_1 和 u_3 组成，都在它们的上界。$\boldsymbol{u}_2$ 包含 u_2。在步骤 2 中 $\boldsymbol{u}_2$ 被发现是允许的。这个交集被表示为 p_4。在对象符号中，$p_4=\{1\quad 2\quad 1\}_o$。

现在使用从 5.1.3 节中来的两个对象的并集。回想两个对象的并集将生成这两个都是成员的最小对象，来形成这个并集，一个个元素比较两个对象数字。假如两个项是同一数字，在并集中的相关项是那个数字。假如它们是不同的，这个并集的相关项是 2。这样：

- 表示为 $\{1\quad 0\quad 0\}_o$ 的顶点和表示为 $\{1\quad 0\quad 1\}_o$ 的顶点的并集是 $\{1\quad 0\quad 2\}_o$，一个一维对象（它有一个 2），或者一条边，从图 6.13 看这是明显的；
- 表示为 $\{1\quad 0\quad 0\}_o$ 的顶点和表示为 $\{1\quad 1\quad 1\}_o$ 的顶点的并集是

$\{1\quad 2\quad 2\}_o$，一个二维对象（它有两个2），或者一个面，这从图6.13看也是明显的；

- 表示为$\{0\quad 0\quad 0\}_o$的顶点和表示为$\{1\quad 1\quad 1\}_o$的顶点的并集是$\{2\quad 2\quad 2\}_o$，一个三维对象（它有三个2），或者一个超矩形，它是Ω。

$p_1=\{0\quad 2\quad 0\}_o$和$p_2=\{2\quad 1\quad 0\}_o$的并集是$p_1\cup p_2=\{2\quad 2\quad 0\}_o$，图的左下角的面。$p_1=\{0\quad 2\quad 0\}_o$和$p_4=\{1\quad 2\quad 1\}_o$的并集是$p_1\cup p_2=\{2\quad 2\quad 2\}_o$，它是$\Omega$的全体。

在图6.13中是清楚的，当且仅当它们的并集是二维或更少，这两个交集将被连接。这个“或者更少”被强调是因为假如（在图中）二维子空间S_P有一个交集在Ω的一个顶点，这个交集将在每次包含任何定义那个顶点的控制对的搜索中被找到。这些中的任何两个的并集将导致一个零维对象（那个顶点）。

仍然参考图6.13，我们知道：

$$p_1\cup p_2=\{2\quad 2\quad 0\}_o \tag{6.118a}$$

$$p_1\cup p_3=\{2\quad 2\quad 2\}_o \tag{6.118b}$$

$$p_1\cup p_4=\{2\quad 2\quad 2\}_o \tag{6.118c}$$

$$p_2\cup p_3=\{2\quad 1\quad 2\}_o \tag{6.118d}$$

$$p_2\cup p_4=\{2\quad 2\quad 2\}_o \tag{6.118e}$$

$$p_3\cup p_4=\{1\quad 2\quad 2\}_o \tag{6.118f}$$

这个二维连接因此是$p_1\cup p_2$，$p_2\cup p_3$，$p_3\cup p_4$。我们因此排列这列顶点显示为$p_1-p_2-p_3-p_4$，如图6.13清楚显示。

对于高阶问题，给定有m控制和n力矩的一列交集p_i，交集p_j和p_k将被连接当且仅当它们的并集（2的数目）的维度是

$$\dim(p_j\cup p_k)\leqslant m-n+1 \tag{6.119}$$

步骤4　把允许交集的排列好的序列映射到力矩空间。这定义了Π。

从步骤3得到的排列好的序列将在对象符号中。转换这个序列到控制偏转，使用这个最小和最大偏转对于在步骤1使用的$\boldsymbol{u}_1$和在步骤2找到的允许控制。用这个控制有效性矩阵$\boldsymbol{B}$乘以这些中的每一个。

步骤5　把在力矩空间的每一对连续交集作为一个三角形的基础并且顶点在原点处，然后计算其面积。

对于这个二力矩问题，修正方程（6.111），有

$$A_i=\frac{|\det(\boldsymbol{M}_i)|}{2!} \tag{6.120}$$

$\boldsymbol{M}_i$是2×2矩阵，它的行是在步骤3确定的两个连接的交集。

步骤 6　对这样找到的面积求和。这是对于这个广义逆 $\boldsymbol{P}$ 的可达力矩的体积。

$$A_{\Pi} = \sum_{i=1}^{n_{\mathrm{tri}}} A_i \tag{6.121}$$

在方程（6.121）中，n_{tri}是这样形成的三角形的数目。这个数字不能解析确定，而是将通过前面步骤的结果确定。

6.10.2.2　三力矩问题

三力矩问题是二力矩问题的自然拓展，除了这些图更难画。有三个这样的图将显示在 6.11.1 节（图 6.14～图 6.16），但是他们仅显示完成的结果，而不是达到那里的步骤。

有了三力矩，可以计算这个由 $\boldsymbol{P}$ 的列拓展成的三维子空间和允许控制 Ω 的交集。这些交集将包含变化尺寸的平面多边形，正如将从后面 6.11.1 节显示的图中所示。当通过 $\boldsymbol{B}$ 映射到力矩空间时，将在线性映射下保持为多边形。在那里这些多边形必须被分解为三角形，这样形成了以原点作为顶点的三角金字塔的基础。然后使用我们在确定凸包体积时用过的体积计算方程（6.110）。

我们被要求寻找这个三维子空间和允许控制 Ω 的 m 维子集的每一个 $m-n$ 维对象的交集。从这个二维问题修正，这个问题是要：

（1）找到有广义逆 P 的列生成的三维子空间 S_P 和允许控制 Ω 的子集的每一个 $m-3$ 维对象的交集。

（2）假如找到的交集是允许的，保存它。否则，舍弃它。

（3）找到生成边的控制对，并且找到形成三维 Θ 的二维面的边的组合。

（4）映射允许交集的列到力矩空间，这个定义了 Π。

（5）考虑这个三维 Θ 的每一个二维面。拿一个任意面上的点作为顶点并且和它的边组成三角形。把每一个三角形看作一个有顶点在原点的三角金字塔的基，并且计算它的体积。

（6）对此次找到的体积求和。这是对于这个广义逆 $\boldsymbol{P}$ 的可达力矩体积。

我们现在将详述这些步骤的每一步。

步骤 1　找到这个由广义逆 $\boldsymbol{P}$ 的列生成的三维子空间 $\boldsymbol{S_P}$ 和允许控制 $\boldsymbol{\Omega}$ 子集的 $\boldsymbol{m-3}$ 维的每一个对象的交集。

考虑所有的控制一次取三个，并且它们上界和下界的每一个组合。组合这三个被考察的控制到 $\boldsymbol{u}_1$ 并且剩下的到 $\boldsymbol{u}_2$，一致分解 $\boldsymbol{B}$ 和 $\boldsymbol{P}$ 为 $\boldsymbol{B}_1$，$\boldsymbol{B}_2$，$\boldsymbol{P}_1$，$\boldsymbol{P}_2$。

求解

$$m = P_1^{-1} u_1 \tag{6.122}$$

然后求解

$$u_2 = P_2 m \tag{6.123}$$

这个交集是在

$$u = \begin{Bmatrix} u_1 \\ u_2 \end{Bmatrix} \tag{6.124}$$

这个 $\boldsymbol{u}$ 必须被重新排序来和 $\boldsymbol{u}$ 的初始定义一致起来。

步骤 2 假如这个找到的交集是允许的，保存它。否则，舍弃它。

假如在 $\boldsymbol{u}_2$ 中一个单一的控制执行机构是不允许的，那么这个交集是在 Ω 外并且必须被舍弃。

步骤 3 找到生成边的控制对，并且找到形成这个三维 $\boldsymbol{\Theta}$ 的二维面的边的组合。

给定一序列拥有 m 控制和三力矩的交集 p_i、p_j 和 p_k的交集将被一条边连接起来当且仅当它们的并集（2 的数目）的维度是

$$\dim(p_j \cup p_k) \leqslant m-3+1 \tag{6.125}$$

给定同样的序列，交集 p_j 和 p_k 将是同样二维面的部分当且仅当它们的并集（2 的数目）的维度是

$$\dim(p_j \cup p_k) \leqslant m-3+2 \tag{6.126}$$

第一个测试将显示哪些交集是被边连接的，而第二个将显示哪些在同一面上。从这个信息，每个面的排好序列边将被推导出。为了说明，考虑生成表 6.2 中显示的交集的一个三力矩、十控制问题。

表 6.2 交集

交集	对象数字
p_1	{2 0 2 2 2 2 0 2 2 0}。
p_2	{2 0 2 2 2 2 0 2 2 1}。
p_3	{1 2 2 2 2 2 0 2 2 0}。
p_4	{1 2 2 2 2 2 0 2 2 1}。
p_5	{2 1 2 2 2 0 2 2 2 0}。
p_6	{2 1 2 2 2 0 2 2 2 1}。
p_7	{0 2 2 2 2 0 2 2 2 0}。
p_8	{0 2 2 2 2 0 2 2 2 1}。
p_9	{0 0 2 2 2 0 2 2 2 0}。
p_{10}	{0 0 2 2 2 0 2 2 2 1}。
p_{11}	{1 1 2 2 2 0 2 2 2 0}。
p_{12}	{1 1 2 2 2 0 2 2 2 1}。

对于一个边连接的测试是 $\dim(p_j \cup p_k) \leqslant (10-3+1)=8$，而对于一个共享面，它是 $\dim(p_j \cup p_k) \leqslant (10-3+2)=9$。我们看见 $\dim(p_1 \cup p_2)=8$（同一边），$\dim(p_1 \cup p_3)=8$（同一边），$\dim(p_1 \cup p_4)=9$（同一面但不同边），等等。完成这个并集，我们确定有一个面，这个面包含了 p_1、p_2、p_3 和 p_4 顺序排列的交集（或者那些交集的任何循环顺序）。

从所有并集的形成，我们获得了表 6.3 和表 6.4。

表 6.3　边

交集	边带有
p_1	p_2，p_3，p_9
p_2	p_1，p_4，p_{10}
p_3	p_1，p_4，p_{11}
p_4	p_2，p_3，p_{12}
p_5	p_6，p_7，p_{11}
p_6	p_5，p_8，p_{12}
p_7	p_5，p_8，p_9
p_8	p_6，p_7，p_{10}
p_9	p_1，p_7，p_{10}
p_{10}	p_2，p_8，p_9
p_{11}	p_3，p_5，p_{12}
p_{12}	p_4，p_6，p_{11}

表 6.4　面

面	交集按顺序
1	p_1，p_2，p_4，p_3
2	p_1，p_2，p_{10}，p_9
3	p_1，p_3，p_{11}，p_5，p_7，p_9
4	p_2，p_4，p_{12}，p_6，p_8，p_{10}
5	p_3，p_4，p_{12}，p_{11}
6	p_5，p_6，p_8，p_7
7	p_5，p_6，p_{12}，p_{11}
8	p_7，p_8，p_{10}，p_9

步骤 4　把这些列的允许交集映射到力矩空间。这定义了 Π。

从步骤 3 中获得序列将在对象符号中。转换这个序列到控制偏转，对于 $\boldsymbol{u}_1$ 和步骤 1 中找到 $\boldsymbol{u}_2$ 的允许控制使用最小和最大偏转。通过控制有效性矩阵 $\boldsymbol{B}$ 乘以这些中的每一个。

步骤 5　考察三维 $\boldsymbol{\Theta}$ 或者 $\boldsymbol{\Pi}$ 的每一个二维面。取面上的任意一点作为一个顶点并且和它的边组成三角形。假如 $\boldsymbol{\Pi}$ 被使用，把它映射到力矩空间。把每一个三角形看作一个三角金字塔的基础并且它的顶点在原点，并计算它的体积。

假如一个面是三角形，和原点形成一个三角金字塔。否则，在面上任取一点，不在 p_0 一条边上并且和每一条边形成三角形。人们可以取一条线连接不在同一边和另一个有同样的特征的两个交点，然后找到它们的交集。

一旦这些三角形被找到，我们可以再一次使用方程（6.111），有

$$V_i = \frac{|\det(\boldsymbol{M}_i)|}{3!} \tag{6.127}$$

$\boldsymbol{M}_i$ 是一个 3×3 矩阵，它的行是在寻找这些三角形中确定的这三个交集。

步骤 6　对如此找到的体积求和。这是用于广义逆 $\boldsymbol{P}$ 的可达力矩的体积。

$$V_\Pi = \sum_{i=1}^{n_{\text{tri}}} V_i \tag{6.128}$$

在方程（6.121）中，n_{tri}是形成的三角形的数目。这个数字不能解析确定，并且将由前面步骤的结果确定。

6.10.2.3　总结

我们已经在细节上发展了二力矩问题的情况，因为可视化这些步骤是更容易的，特别是对于二力矩和三控制问题。步骤中的一些可能看起来几乎是直观的，但是当拓展这些结果到更高纬度，人们应该注意直觉，那里两个二维对象能相交于一个点（或者更坏）。

显示的结果的大多数改自 n-flats 的研究，几乎排他性地来源于 Sommerville（1929）。一个 n-flat 就像一个 n 维度子空间，除了它不包含这个原点。几乎我们已经描述的每一个“对象”在一个 n-flat 里面（Ω 和 Φ 包含这个原点，但是其余的总体没有），但是有界的。考虑这个边界，当我们确定是否在 Ω 中的交集是允许的。

最后，在实现本节建议的这些算法的单一最大问题是确定什么是零。在有限机器精度情况下经常发现，应该是同样的两个数字表现为几乎是，但不是非常确切。代码中到处出现小数字 epsilons 来检查是否两个数字“足够接近”。一开始看起来这将是一个小概率事件，但是经验证明相反。

一个帮助消除许多这些接近于零的经验的哲学理念是来认识到我们正在处理的气动数据的精度几乎总是精确到最多三位有效数字。人们仅需要看看这个旋转导数（如 C_{ℓ_p}，滚转速度阻尼和其他）确定的不同方法。不同的方法将生成不同结果，经常互相不同（参见 Mulkens 和 Ormerod（1993））。因此

我们对于加入小的气动上不重要随机数到 **B** 矩阵“振荡”控制有效性数据，没有一点不安。

注意：假如你认为在控制分配问题中数值毗邻将不会发生，你就错了。

6.11 实例

除非另外注明，这些例子使用的数据在方程（5.43）和方程（5.44）中已经引入，为了方便在这里重复。

$$\boldsymbol{B}=\begin{bmatrix} 0.7073 & -0.7073 & -3.4956 & -3.0013 & 3.0013 & 3.4956 & 2.1103 \\ 1.1204 & 1.1204 & -0.7919 & -1.2614 & -1.2614 & -0.7919 & 0.0035 \\ -0.3309 & 0.3309 & -0.1507 & -0.3088 & 0.3088 & 0.1507 & -1.2680 \end{bmatrix} \tag{6.129}$$

$$\boldsymbol{u}_{\mathrm{Min}}=\begin{Bmatrix} -0.9599 \\ -0.9599 \\ -0.5236 \\ -0.5236 \\ -0.5236 \\ -0.5236 \\ -0.5236 \end{Bmatrix}_u \quad \boldsymbol{u}_{\mathrm{Max}}=\begin{Bmatrix} 0.4363 \\ 0.4363 \\ 0.5236 \\ 0.5236 \\ 0.5236 \\ 0.5236 \\ 0.5236 \end{Bmatrix}_u \tag{6.130}$$

6.11.1 广义逆

例 6.3 用于 ADMIRE 仿真的伪逆在方程（6.129）中的 **B** 矩阵被应用到方程（6.32），有

$$\boldsymbol{P}=\begin{bmatrix} 0.0140 & 0.1612 & -0.1585 \\ -0.0140 & 0.1614 & 0.1591 \\ -0.0734 & -0.1140 & -0.0817 \\ -0.0634 & -0.1816 & -0.1573 \\ 0.0634 & -0.1816 & 0.1566 \\ 0.0734 & -0.1141 & 0.0812 \\ 0.0410 & 0.0001 & -0.6100 \end{bmatrix} \tag{6.131}$$

使用 $\boldsymbol{u}=\boldsymbol{P}\boldsymbol{m}_{\mathrm{des}}$ 可达的力矩在图 5.16 中进行了描述。这些力矩的体积是全部体积的 37%。

这个解对于适度大小的力矩很有效（实际上，在这个情况下角加速度）。

例如，给定

$$\boldsymbol{m}_{\text{des}}=\begin{Bmatrix}2.8493\\-0.2942\\0.5726\end{Bmatrix} \tag{6.132}$$

使用方程（6.131）生成这个允许解

$$\boldsymbol{u}_{\text{Pseudo}}=\begin{Bmatrix}-0.0984\\0.0037\\-0.2223\\-0.2173\\0.3238\\0.2892\\-0.2324\end{Bmatrix} \tag{6.133}$$

然而，这个 $\boldsymbol{m}_{\text{des}}$ 是可达的通过直接分配：

$$\boldsymbol{m}_{\text{des}}=\begin{Bmatrix}5.6986\\-0.5884\\1.1452\end{Bmatrix} \tag{6.134}$$

但是这个伪逆在这里生成了几个不允许控制：

$$\boldsymbol{u}_{\text{Pseudo}}=\begin{Bmatrix}-0.1968\\0.0075\\-0.4445\\-0.4345\\0.6477\\0.5784\\-0.4647\end{Bmatrix} \tag{6.135}$$

这样在方程（6.134）中的力矩实际上运用直接分配很容易看出是可达的，并且这个力矩被显示出来在可达力矩的边界上。

$$\boldsymbol{u}_{\text{DA}}=\begin{Bmatrix}-0.2620\\-0.2617\\-0.5236\\-0.5236\\0.5236\\0.5236\\-0.5236\end{Bmatrix} \tag{6.136}$$

例 6.4 用于 ADMIRE 仿真的一个定制的广义逆 我们将定制一个广义逆以致它达到，使用允许控制，最大可达正滚转、俯仰和偏航力矩。

$\boldsymbol{B}$ 的部分是：

$$\boldsymbol{B}_1=\begin{bmatrix}0.7073 & -0.7073 & -3.4956\\ 1.1204 & 1.1204 & -0.7919\\ -0.3309 & 0.3309 & -0.1507\end{bmatrix} \tag{6.137}$$

$$\boldsymbol{B}_2=\begin{bmatrix}-3.0013 & 3.0013 & 3.4956 & 2.1103\\ -1.2614 & -1.2614 & -0.7919 & 0.0035\\ -0.3088 & 0.3088 & 0.1507 & -1.2680\end{bmatrix} \tag{6.138}$$

使用 6.6 节的直接分配方法，这三个期望力矩和它们伴随的控制被确定。

最大值$\dot{p}$（当$\dot{q}=\dot{r}=0$ 时）：

$$\boldsymbol{m}_1^{\text{Spec}}=\begin{Bmatrix}7.74\\ 0\\ 0\end{Bmatrix}\quad \boldsymbol{u}_1^{\text{Spec}}=\begin{Bmatrix}0.436\\ -0.436\\ -0.523\\ -0.523\\ 0.523\\ 0.523\\ 0.151\end{Bmatrix}\quad \boldsymbol{u}_{1_2}^{\text{Spec}}=\begin{Bmatrix}-0.523\\ 0.523\\ 0.523\\ 0.151\end{Bmatrix} \tag{6.139}$$

最大值$\dot{q}$（当$\dot{p}=\dot{r}=0$ 时）：

$$\boldsymbol{m}_2^{\text{Spec}}=\begin{Bmatrix}0\\ 3.13\\ 0\end{Bmatrix}\quad \boldsymbol{u}_2^{\text{Spec}}=\begin{Bmatrix}0.436\\ 0.436\\ -0.523\\ -0.523\\ -0.523\\ -0.523\\ 0.000\end{Bmatrix}\quad \boldsymbol{u}_{2_2}^{\text{Spec}}=\begin{Bmatrix}-0.523\\ -0.523\\ -0.523\\ 0.000\end{Bmatrix} \tag{6.140}$$

最大值$\dot{r}$（当$\dot{p}=\dot{q}=0$ 时）：

$$\boldsymbol{m}_3^{\text{Spec}}=\begin{Bmatrix}0\\ 0\\ 1.40\end{Bmatrix}\quad \boldsymbol{u}_3^{\text{Spec}}=\begin{Bmatrix}-0.959\\ 0.436\\ -0.221\\ -0.523\\ 0.523\\ -0.521\\ -0.523\end{Bmatrix}\quad \boldsymbol{u}_{3_2}^{\text{Spec}}=\begin{Bmatrix}-0.523\\ 0.523\\ -0.521\\ -0.523\end{Bmatrix} \tag{6.141}$$

现在应用方程（6.25）：

$$\boldsymbol{P}_2=\begin{bmatrix}\boldsymbol{u}_{1_2}^{\text{Spec}} & \boldsymbol{u}_{2_2}^{\text{Spec}} & \boldsymbol{u}_{3_2}^{\text{Spec}}\end{bmatrix}\begin{bmatrix}\boldsymbol{m}_1^{\text{Spec}} & \boldsymbol{m}_2^{\text{Spec}} & \boldsymbol{m}_3^{\text{Spec}}\end{bmatrix}^{-1}$$

$$= \begin{bmatrix} -0.523 & -0.523 & -0.523 \\ 0.523 & -0.523 & 0.523 \\ 0.523 & -0.523 & -0.521 \\ 0.151 & 0.000 & -0.523 \end{bmatrix} \begin{bmatrix} 7.74 & 0 & 0 \\ 0 & 3.13 & 0 \\ 0 & 0 & 1.40 \end{bmatrix}^{-1}$$

$$= \begin{bmatrix} -0.0676 & -0.1674 & -0.3729 \\ 0.0676 & -0.1674 & 0.3729 \\ 0.0676 & -0.1674 & -0.3715 \\ 0.0196 & 0 & -0.3729 \end{bmatrix} \tag{6.142}$$

最后，我们使用方程（6.10）来得到 $\boldsymbol{P}_1$，然后组成 $\boldsymbol{P}$。

$$\boldsymbol{P}_1 = \boldsymbol{B}_1^{-1}[\boldsymbol{I}_n - \boldsymbol{B}_2\boldsymbol{P}_2]$$

$$\boldsymbol{P}_1 = \begin{bmatrix} 0.7073 & -0.7073 & -3.4956 \\ 1.1204 & 1.1204 & -0.7919 \\ -0.3309 & 0.3309 & -0.1507 \end{bmatrix}^{-1}$$

$$\left[\boldsymbol{I}_3 - \begin{bmatrix} -3.0013 & 3.0013 & 3.4956 & 2.1103 \\ -1.2614 & -1.2614 & -0.7919 & 0.0035 \\ -0.3088 & 0.3088 & 0.1507 & -1.2680 \end{bmatrix} \begin{bmatrix} -0.0676 & -0.1674 & -0.3729 \\ 0.0676 & -0.1674 & 0.3729 \\ 0.0676 & -0.1674 & -0.3715 \\ 0.0196 & 0 & -0.3729 \end{bmatrix}\right]$$

$$= \begin{bmatrix} 0.0564 & 0.1395 & -0.6837 \\ -0.0564 & 0.1395 & 0.3107 \\ -0.0676 & -0.1674 & -0.1576 \end{bmatrix} \tag{6.143}$$

$$\boldsymbol{P} = \begin{bmatrix} 0.0564 & 0.1395 & -0.6837 \\ -0.0564 & 0.1395 & 0.3107 \\ -0.0676 & -0.1674 & -0.1576 \\ -0.0676 & -0.1674 & -0.3729 \\ 0.0676 & -0.1674 & 0.3729 \\ 0.0676 & -0.1674 & -0.3715 \\ 0.0196 & 0 & -0.3729 \end{bmatrix} \tag{6.144}$$

这个广义逆 Π 的可达力矩的子集，在图 6.14 中显示。

在图 6.14 中 Π 的形状由 $\boldsymbol{PB}\text{-}I$ 的三维零空间和允许控制 Ω 的七维集的交集生成。Π 的体积是 Φ 体积的 25.5%。

例 6.5　用于 $\boldsymbol{\Phi}$ 整个面的一个定制广义逆　对于这个例子，我们将定制一个广义逆，它在定义一个面 4 个顶点的 3 个上“适合”。我们在 ADMIRE

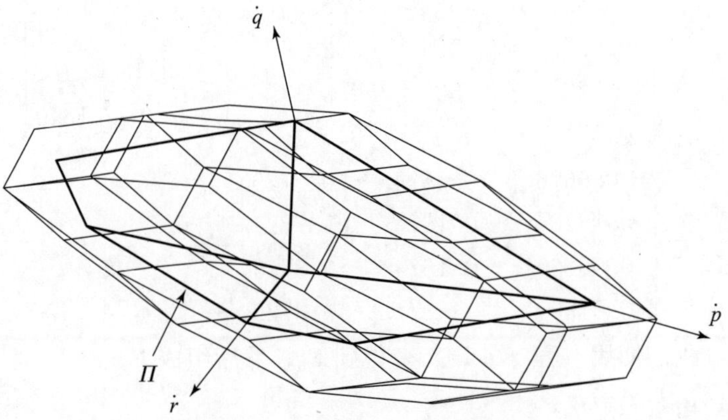

图 6.14　在 AMS 线框内的立体图形用于 ADMIRE 仿真，从图 5.8 演化而来，是在例 6.4 中描述的定制的广义逆。观察是从 $\dot{p}\,\dot{q}\,\dot{r}=(1\ 1\ 1)$

仿真中选择 u_1 和 u_2 的一个面。按照在 5.4.1 节中的流程（见下面的例 6.7），我们计算定义这些面的控制和力矩。我们将从那些结果中使用 4 个顶点中的 3 个用于我们特指的力矩。那么，由于第 4 个顶点是这 3 个指定顶点的一个线性组合，得到的广义逆将获得用于整个面的允许解。

结果得到的面是 $\boldsymbol{o}_{2200110}$ 和 $\boldsymbol{o}_{2211001}$。下面的结果是用于 $\boldsymbol{o}_{2200110}$。

控制：

$$\boldsymbol{u}_{0000110}=\begin{Bmatrix}-0.9599\\-0.9599\\-0.5236\\-0.5236\\0.5236\\0.5236\\-0.5236\end{Bmatrix}_u\quad \boldsymbol{u}_{0100110}=\begin{Bmatrix}-0.9599\\0.4363\\-0.5236\\-0.5236\\0.5236\\0.5236\\-0.5236\end{Bmatrix}_u$$

$$\boldsymbol{u}_{1000110}=\begin{Bmatrix}0.4363\\0.4363\\-0.5236\\-0.5236\\0.5236\\0.5236\\-0.5236\end{Bmatrix}_u\quad \boldsymbol{u}_{1100110}=\begin{Bmatrix}0.4363\\-0.9599\\-0.5236\\-0.5236\\0.5236\\0.5236\\-0.5236\end{Bmatrix}_u\tag{6.145}$$

力矩：

$$\boldsymbol{m}_{0000110}=\begin{Bmatrix}5.6986\\-2.1528\\1.1451\end{Bmatrix}_m \quad \boldsymbol{m}_{0100110}=\begin{Bmatrix}4.7111\\-0.5885\\1.6071\end{Bmatrix}_m$$

$$\boldsymbol{m}_{1100110}=\begin{Bmatrix}5.6986\\0.9758\\1.1451\end{Bmatrix}_m \quad \boldsymbol{m}_{1000110}=\begin{Bmatrix}6.6861\\-0.5885\\0.6831\end{Bmatrix}_m \tag{6.146}$$

我们将使用前面三个控制和力矩。再一次应用方程（6.25），有

$$\boldsymbol{P}_2=\left[\boldsymbol{u}_{1_2}^{\mathrm{Spec}} \quad \boldsymbol{u}_{2_2}^{\mathrm{Spec}} \quad \boldsymbol{u}_{3_2}^{\mathrm{Spec}}\right]\left[\boldsymbol{m}_1^{\mathrm{Spec}} \quad \boldsymbol{m}_2^{\mathrm{Spec}} \quad \boldsymbol{m}_3^{\mathrm{Spec}}\right]^{-1}$$

$$=\begin{bmatrix}-0.5236 & -0.5236 & -0.5236\\0.5236 & 0.5236 & 0.5236\\0.5236 & 0.5236 & 0.5236\\-0.5236 & -0.5236 & -0.5236\end{bmatrix}\begin{bmatrix}5.6986 & 4.7111 & 5.6986\\-2.1528 & -0.5885 & 0.9758\\1.1451 & 1.6071 & 1.1451\end{bmatrix}$$

$$=\begin{bmatrix}-0.0643 & 0.0 & -0.1374\\0.0643 & 0.0 & 0.1374\\0.0643 & 0.0 & 0.1374\\-0.0643 & 0.0 & -0.1374\end{bmatrix} \tag{6.147}$$

最后一步使用方程（6.10），有

$$\boldsymbol{P}_1=\boldsymbol{B}_1^{-1}\left[\boldsymbol{I}_n-\boldsymbol{B}_2\boldsymbol{P}_2\right]$$

$$\boldsymbol{P}_1=\begin{bmatrix}0.7073 & -0.7073 & -3.4956\\1.1204 & 1.1204 & -0.7919\\-0.3309 & 0.3309 & -0.1507\end{bmatrix}^{-1}$$

$$\left[\boldsymbol{I}_3-\begin{bmatrix}-3.0013 & 3.0013 & 3.4956 & 2.1103\\-1.2614 & -1.2614 & -0.7919 & 0.0035\\-0.3088 & 0.3088 & 0.1507 & -1.2680\end{bmatrix}\begin{bmatrix}-0.0643 & 0.0 & -0.1374\\0.0643 & 0.0 & 0.1374\\0.0643 & 0.0 & 0.1374\\-0.0643 & 0.0 & -0.1374\end{bmatrix}\right]$$

$$=\begin{bmatrix}0.2125 & 0.4463 & -1.0568\\-0.2123 & 0.4463 & 1.0572\\-0.0643 & 0.0 & -0.1374\end{bmatrix} \tag{6.148}$$

$$
\boldsymbol{P}=\begin{bmatrix} 0.2125 & 0.4463 & -1.0568 \\ -0.2123 & 0.4463 & 1.0572 \\ -0.0643 & 0.0 & -0.1374 \\ -0.0643 & 0.0 & -0.1374 \\ 0.0643 & 0.0 & 0.1374 \\ 0.0643 & 0.0 & 0.1374 \\ -0.0643 & 0.0 & -0.1374 \end{bmatrix} \tag{6.149}
$$

最后，我们检查 $\boldsymbol{u}_{1100110}=\boldsymbol{P}\boldsymbol{m}_{1100110}$。这是对的，并且这个广义逆对于 Π 的一个确定体积将返回允许解，这个 Π 包括了在由面 $\boldsymbol{o}_{2200110}$ 和力矩空间原点组成的金字塔中的每一个力矩。在这个金字塔中的解实际上是那些在面 $\boldsymbol{o}_{2200110}$ 上获得的调整大小后的解。这个广义逆也适合反面 $\boldsymbol{o}_{2211001}$。

这个广义逆返回允许解（Π）的可达力矩显示在图 6.15 中，穿越面 $\boldsymbol{o}_{2200110}$ 的对角线属于 Π，并且是一个事实的结果，这个事实是那个交集的四个点由于有限精度算术的使用而不是精确二维的。全部 Π 是两个面的凸包。这个 Π 的体积是 Φ 体积的 13.3%。

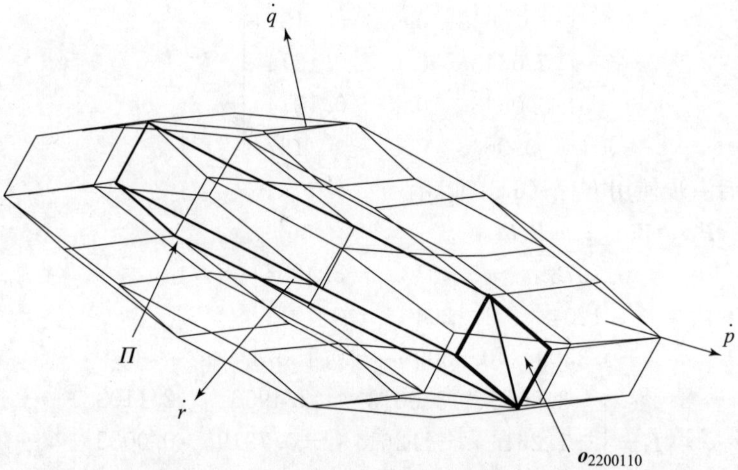

图 6.15　在例 6.5 中描述的定制广义逆。这个被定制来适合整个面 $\boldsymbol{o}_{2200110}$。观察是从（$\dot{p}\,\dot{q}\,\dot{r}$）=(1 1 1)

我们当然能计算一个集合的广义逆，每一个对应于可达力矩集 Φ 的一个面。通过预先计算和保存这些逆，它们然后能被实时搜索到来找到包含一个期望力矩 $\boldsymbol{m}_{\mathrm{des}}$ 的逆。这个方法将牺牲广义逆解的可预测性，然而这些解在 6.2.1 节所描述的最大能力的意义上仍然是最优的。一种用于确定正确广义逆使用的方法在 6.6.2 节被建议。

例 6.6　“最好”广义逆用于 ADMIRE 仿真　在 Stevens 和 Lewis（2003）

中的单纯形算法被整合到作者的软件设计中，其中进行了所有必要计算来从子矩阵 $\boldsymbol{P}_2$ 中组成一个广义逆并且计算了返回允许控制 Π 的可达力矩的体积。这个开始的逆是描述在 6.5.4.1 节中的 Moore-Penrose 伪逆。

终止标准是基于在参数被变化时扰动向量的尺寸（2 范数），在这种情况 $\boldsymbol{P}_2$ 的元素。它被设置为 0.01 rad/s^2/rad。这个算法在 419 次迭代后当这个标准被满足时终止。

图 6.16 显示了在这个 Φ 线框中的“最好”广义逆。

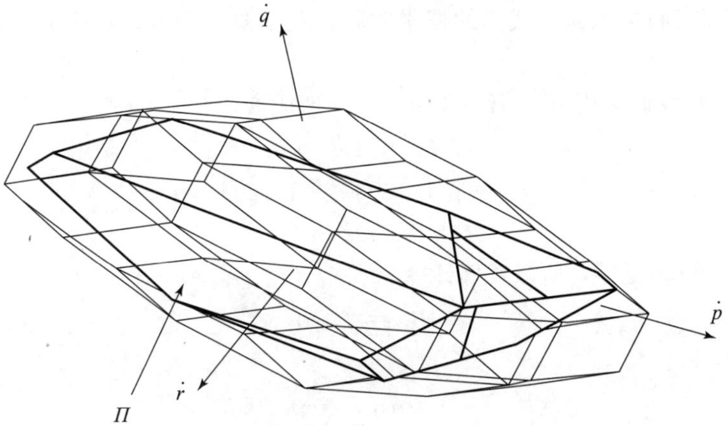

图 6.16 用于 ADMIRE 仿真“最好”广义逆，描述在例 6.6 中。观察是从 $(\dot{p}\,\dot{q}\,\dot{r})=(1\ 1\ 1)$

这个可达力矩集 Φ 的体积在前面被确定为 177.1 (rad/s^2)^3。这个 Moore-Penrose 伪逆的体积是那个的 37.6%，或者 66.6 (rad/s^2)^3。这个“最好”广义逆的体积是总体积的 46.7%，或者 82.8 (rad/s^2)^3。

$$\boldsymbol{P}_{\text{Best}}=\begin{bmatrix} 0.0311 & 0.2399 & -0.3380 \\ -0.0266 & 0.2415 & 0.2649 \\ -0.0668 & -0.1118 & -0.1428 \\ -0.0668 & -0.1120 & -0.1440 \\ 0.0684 & -0.1145 & 0.1141 \\ 0.0708 & -0.1094 & 0.0845 \\ 0.0342 & 0.0001 & -0.5415 \end{bmatrix} \tag{6.150}$$

6.11.2 直接分配

我们对于这例子采用一个期望力矩：

$$\boldsymbol{m}_{\text{des}}=\begin{Bmatrix} 2.8493 \\ -0.2942 \\ 0.5726 \end{Bmatrix} \tag{6.151}$$

这个 $\boldsymbol{m}_{des}$ 不是任意的，虽然我们将继续当其是任意的。它是被选择为那样，那些点直接面对在例 6.5 使用的面的中心 $\boldsymbol{o}_{2200110}$，有 50%最大控制执行机构饱和。在这个面中心的力矩从平均那个面上两个对角相反的力矩被找到，如 $\boldsymbol{m}_{0000110}$ 和 $\boldsymbol{m}_{1100110}$。平均值被 2 除可得到这个从原点到这个面一半的力矩。

例 6.7　直接分配，一个可达期望力矩　假如提供方程（6.151）的 $\boldsymbol{m}_{des}$ 同时没有关于它的原点的前期信息，将开始生成面，根据的是在 5.4.1.1 节的算法，通过采用 $i=1, \cdots, m-1$ 和 $j=i+1, \cdots, m$。生成的第一对是 $i=1$，$j=2$（它将大大减少我们的搜索时间，正如被表示的，这个 $\boldsymbol{m}_{des}$ 不是任意的）。

下一步我们采用 $\boldsymbol{B}$ 的第一和第二列并形成 $\boldsymbol{B}_{12}$。

$$\boldsymbol{B}_{12}=\begin{bmatrix} 0.7073 & -0.7073 \\ 1.1204 & 1.1204 \\ -0.3309 & 0.3309 \end{bmatrix} \tag{6.152}$$

$\boldsymbol{B}_{12}$ 的第一行不是零，所以我们计算 $\boldsymbol{t}=[t_{11} \quad t_{12} \quad t_{13}]$：

$$\boldsymbol{t}\boldsymbol{B}_{12}=[0 \quad 0] \tag{6.153}$$

设置 $t_{13}=1$，

$$\begin{aligned}\boldsymbol{t}\boldsymbol{B}_{12}&=[t_{11} \quad t_{12} \quad 1]\begin{bmatrix} 0.7073 & -0.7073 \\ 1.1204 & 1.1204 \\ -0.3309 & 0.3309 \end{bmatrix} \\ &=[t_{11} \quad t_{12}]\begin{bmatrix} 0.7073 & -0.7073 \\ 1.1204 & 1.1204 \end{bmatrix}+[-0.3309 \quad 0.3309] \\ &=[0 \quad 0]\end{aligned} \tag{6.154}$$

因此

$$\begin{aligned}[t_{11} \quad t_{12}]&=-[-0.3309 \quad 0.3309]\begin{bmatrix} 0.7073 & -0.7073 \\ 1.1204 & 1.1204 \end{bmatrix}^{-1} \\ &=[0.4678 \quad 0]\end{aligned} \tag{6.155}$$

$$\boldsymbol{t}=[0.4678 \quad 0 \quad 1] \tag{6.156}$$

$$\boldsymbol{t}\boldsymbol{B}=[0 \quad 0 \quad -1.7861 \quad -1.7129 \quad 1.7129 \quad 1.7861 \quad -0.2807] \tag{6.157}$$

这个生成面 $\boldsymbol{o}_{2200110}$（最大）和 $\boldsymbol{o}_{2211001}$（最小）。我们将首先测试这个正的面。和这个面关联的物理控制和力矩在例 6.5 中给出。在这四个顶点上的力矩是

$$\boldsymbol{m}_{0000110}=\begin{Bmatrix} 5.6986 \\ -2.1528 \\ 1.1451 \end{Bmatrix}_m \quad \boldsymbol{m}_{0100110}=\begin{Bmatrix} 4.7111 \\ -0.5885 \\ 1.6071 \end{Bmatrix}_m$$

$$\boldsymbol{m}_{1100110}=\begin{Bmatrix}5.6986\\0.9758\\1.1451\end{Bmatrix}_m \quad \boldsymbol{m}_{1000110}=\begin{Bmatrix}6.6861\\-0.5885\\0.6831\end{Bmatrix}_m \tag{6.158}$$

我们选择在 6.6.1 节的流程：

$$\boldsymbol{m}_1=\boldsymbol{m}_{0000110} \quad \boldsymbol{m}_2=\boldsymbol{m}_{0100110} \quad \boldsymbol{m}_3=\boldsymbol{m}_{1000110} \tag{6.159}$$

现在我们计算 a，b 和 c：

$$a\boldsymbol{m}_{\text{des}}=\boldsymbol{m}_1+b(\boldsymbol{m}_2-\boldsymbol{m}_1)+c(\boldsymbol{m}_3-\boldsymbol{m}_1) \tag{6.160}$$

$$\begin{Bmatrix}a\\b\\c\end{Bmatrix}=[\boldsymbol{m}_{\text{des}} \quad -(\boldsymbol{m}_2-\boldsymbol{m}_2) \quad -(\boldsymbol{m}_3-\boldsymbol{m}_1)]^{-1}\boldsymbol{m}_1 \tag{6.161}$$

$$\begin{Bmatrix}a\\b\\c\end{Bmatrix}=\begin{Bmatrix}2\\0.5\\0.5\end{Bmatrix} \tag{6.162}$$

我们已经能表示这四个力矩的任何一个为 $\boldsymbol{m}_1$，并且通过对象符号的一个元素不同于它的其余两个为 $\boldsymbol{m}_2$ 和 $\boldsymbol{m}_3$。注意到我们已经能把方程（6.160）的 $\boldsymbol{m}_2$ 和 $\boldsymbol{m}_3$ 反向。

从 $0\leqslant b\leqslant 1$ 和 $0\leqslant c\leqslant 1$ 知道我们已经找到了这个正确面，并且从 $a\geqslant 1$ 知道它是可达的。

对于这个面的控制是

$$\boldsymbol{u}_{0000110}=\begin{Bmatrix}-0.9599\\-0.9599\\-0.5236\\-0.5236\\0.5236\\0.5236\\-0.5236\end{Bmatrix}_u \quad \boldsymbol{u}_{0100110}=\begin{Bmatrix}-0.9599\\0.4363\\-0.5236\\-0.5236\\0.5236\\0.5236\\-0.5236\end{Bmatrix}_u$$

$$\boldsymbol{u}_{1000110}=\begin{Bmatrix}0.4363\\0.4363\\-0.5236\\-0.5236\\0.5236\\0.5236\\-0.5236\end{Bmatrix}_u \quad \boldsymbol{u}_{1100110}=\begin{Bmatrix}0.4363\\-0.9599\\-0.5236\\-0.5236\\0.5236\\0.5236\\-0.5236\end{Bmatrix}_u \tag{6.163}$$

生成 $\boldsymbol{u}^*$ 的控制是

$$\boldsymbol{u}^{*}=\boldsymbol{u}_{1}+b(\boldsymbol{u}_{2}-\boldsymbol{u}_{1})+c(\boldsymbol{u}_{3}-\boldsymbol{u}_{1})=\begin{Bmatrix}-0.2618\\-0.2618\\-0.5236\\-0.5236\\0.5236\\0.5236\\-0.5236\end{Bmatrix}_{u} \tag{6.164}$$

对于这个控制分配问题的一个解是 $\boldsymbol{u}^{*}/a=\boldsymbol{u}^{*}/2$：

$$\boldsymbol{u}_{\mathrm{DA}}=\boldsymbol{u}^{*}/2=\begin{Bmatrix}-0.1309\\-0.1309\\-0.2618\\-0.2618\\0.2618\\0.2618\\-0.2618\end{Bmatrix} \tag{6.165}$$

6.11.3 边和面搜索

例 6.8 边搜索 对于这个例子，我们采用从这个 ADMIRE 仿真中得到的控制有效性数据的第一和第二行。这个数据不是任何一个特定问题的代表。然而，二维边搜索是三维面搜索的一个部分，并且 $\boldsymbol{B}$ 矩阵的第三行的消除类似于在三维搜索中投影到一个面。这个控制执行机构的限值是不变的。

$$\boldsymbol{B}=\begin{bmatrix}0.7073 & -0.7073 & -3.4956 & -3.0013 & 3.0013 & 3.4956 & 2.1103\\ 1.1204 & 1.1204 & -0.7919 & -1.2614 & -1.2614 & -0.7919 & 0.0035\end{bmatrix} \tag{6.166}$$

我们采用方程（6.151）的成分 $\dot{p}$ 和 $\dot{q}$ 作为我们的 $\boldsymbol{m}_{\mathrm{des}}$。

$$\boldsymbol{m}_{\mathrm{des}}=\begin{Bmatrix}2.8493\\-0.2942\end{Bmatrix} \tag{6.167}$$

首先我们设置一个坐标系统把 x 和 $\boldsymbol{m}_{\mathrm{des}}$ 一致：

$$\theta=\arctan\left(\frac{-0.2942}{2.8493}\right)=-0.1029\mathrm{rad}=-5.895^{\circ} \tag{6.168}$$

$$\boldsymbol{T}=\begin{bmatrix}\cos\theta & \sin\theta\\ -\sin\theta & \cos\theta\end{bmatrix}=\begin{bmatrix}0.9947 & -0.1027\\ 0.1027 & 0.9947\end{bmatrix} \tag{6.169}$$

作为一个快速核查：

$$\boldsymbol{Tm}_{\mathrm{des}}=\begin{Bmatrix}2.8644\\0\end{Bmatrix} \tag{6.170}$$

$$\boldsymbol{B}_0=\boldsymbol{TB}=\begin{bmatrix}0.5885 & -0.8186 & -3.3958 & -2.8559 & 3.1150 & 3.5584 & 2.0988\\1.1871 & 1.0418 & -1.1467 & -1.5630 & -0.9465 & -0.4287 & 0.2202\end{bmatrix} \tag{6.171}$$

用于这个初始顶点的控制执行机构从 $\boldsymbol{B}_0$ 第一行的表示来确定：

$$\boldsymbol{u}_0=\boldsymbol{u}_{1000111}=\begin{Bmatrix}0.4363\\-0.9599\\-0.5236\\-0.5236\\0.5236\\0.5236\\0.5236\end{Bmatrix} \tag{6.172}$$

接下来，$\boldsymbol{B}_0\boldsymbol{u}_0$ 的 y 分量被确定：

$$\boldsymbol{B}_0\boldsymbol{u}_0=\begin{Bmatrix}8.9091\\0.3320\end{Bmatrix} \tag{6.173}$$

我们注意到 $y_0=0.3320>0$，所以第一次旋转将是顺时针的（$-\pi/2$）。

$$\boldsymbol{T}_0=\begin{bmatrix}\cos(-\pi/2) & \sin(-\pi/2)\\-\sin(-\pi/2) & \cos(-\pi/2)\end{bmatrix}=\begin{bmatrix}0 & -1\\1 & 0\end{bmatrix} \tag{6.174}$$

$$\boldsymbol{B}_1=\boldsymbol{T}_1\boldsymbol{B}_0=\begin{bmatrix}-1.1871 & -1.0418 & 1.1467 & 1.5630 & 0.9465 & 0.4287 & -0.2202\\0.5885 & -0.8186 & -3.3958 & -2.8559 & 3.1150 & 3.5584 & 2.0988\end{bmatrix} \tag{6.175}$$

$$\boldsymbol{u}_1=\boldsymbol{u}_{0011110}=\begin{Bmatrix}-0.9599\\-0.9599\\0.5236\\0.5236\\0.5236\\-0.5236\end{Bmatrix} \tag{6.176}$$

$$\boldsymbol{B}_0\boldsymbol{u}_1=\begin{Bmatrix}-0.6572\\-4.3937\end{Bmatrix} \tag{6.177}$$

这里 $y_1=-4.3937$ 并且 y_0 和 y_1 有不同表示，所以我们检查 $\boldsymbol{u}_0$ 和 $\boldsymbol{u}_1$ 是否组成一条边。我们有 $\boldsymbol{u}_0=\boldsymbol{u}_{1000111}$ 和 $\boldsymbol{u}_1=\boldsymbol{u}_{0011110}$。它们在四个位置不同，并且同一边的顶点也不同。

由于 $y_1<0$，第二次旋转将通过（$+\pi/4$）。

$$\boldsymbol{T}_1=\begin{bmatrix}\cos(\pi/4) & \sin(\pi/4)\\ -\sin(\pi/4) & \cos(\pi/4)\end{bmatrix}=\begin{bmatrix}0.7071 & 0.7071\\ -0.7071 & 0.7071\end{bmatrix} \tag{6.178}$$

$$\boldsymbol{B}_2=\boldsymbol{T}_1\boldsymbol{B}_1=\begin{bmatrix}-0.4233 & -1.3155 & -1.5903 & -0.9142 & 2.8719 & 2.8193 & 1.3283\\ 1.2555 & 0.1578 & -3.2120 & -3.1246 & 1.5334 & 2.2131 & 1.6398\end{bmatrix} \tag{6.179}$$

$$\boldsymbol{u}_2=\boldsymbol{u}_{0000111}=\begin{Bmatrix}-0.9599\\ -0.9599\\ -0.5236\\ -0.5236\\ 0.5236\\ 0.5236\\ 0.5236\end{Bmatrix} \tag{6.180}$$

$$\boldsymbol{B}_2\boldsymbol{u}_2=\begin{Bmatrix}8.0874\\ -1.3255\end{Bmatrix} \tag{6.181}$$

继续，第三次旋转是顺时针通过$+\pi/8$。

$$\boldsymbol{T}_2=\begin{bmatrix}\cos(\pi/8) & \sin(\pi/8)\\ -\sin(\pi/8) & \cos(\pi/8)\end{bmatrix}=\begin{bmatrix}0.9239 & 0.3827\\ -0.3827 & 0.9239\end{bmatrix} \tag{6.182}$$

$$\boldsymbol{B}_3=\boldsymbol{T}_1\boldsymbol{B}_2=\begin{bmatrix}0.0894 & -1.1550 & -2.6985 & -2.0404 & 3.2401 & 3.4516 & 1.8547\\ 1.3220 & 0.6492 & -2.3590 & -2.5369 & 0.3176 & 0.9657 & 1.0066\end{bmatrix} \tag{6.183}$$

$$\boldsymbol{u}_3=\boldsymbol{u}_{100111}=\begin{Bmatrix}0.4363\\ -0.9599\\ -0.5236\\ -0.5236\\ 0.5236\\ 0.5236\\ 0.5236\end{Bmatrix} \tag{6.184}$$

$$\boldsymbol{B}_3\boldsymbol{u}_3=\begin{Bmatrix}8.9091\\ 0.3320\end{Bmatrix} \tag{6.185}$$

我们有 $y_2=-1.3255$ 和 $y_3=0.3320$，所以最后两个顶点有不同符号。比较它们相应的控制，$\boldsymbol{u}_{0000111}$ 和 $\boldsymbol{u}_{1000111}$ 仅在 u_1 不同，所以我们已经标记出正确的边 $\boldsymbol{o}_{2000111}$。

我们利用方程（6.55）和方程（6.57）确定 $\boldsymbol{u}^*$。我们刚确定的力矩是在旋转后的力矩空间，所以使用旋转后的期望力矩，即

$$\boldsymbol{T}\boldsymbol{m}_{\text{des}}=\begin{Bmatrix}2.8644\\0\end{Bmatrix} \tag{6.186}$$

$$\begin{Bmatrix}a\\b\end{Bmatrix}=[\boldsymbol{m}_{\text{des}}\quad -(\boldsymbol{m}_2-\boldsymbol{m}_1)]^{-1}\boldsymbol{m}_1 \tag{6.187}$$

应用到这个例子，我们采用

$$\boldsymbol{m}_1=\boldsymbol{B}_2\boldsymbol{u}_2=\begin{Bmatrix}8.0874\\-1.3255\end{Bmatrix} \tag{6.188}$$

和

$$\boldsymbol{m}_2=\boldsymbol{B}_2\boldsymbol{u}_3=\begin{Bmatrix}8.9091\\0.3320\end{Bmatrix} \tag{6.189}$$

$$\begin{Bmatrix}a\\b\end{Bmatrix}=\begin{bmatrix}2.8644 & -0.8216\\0 & -1.6575\end{bmatrix}^{-1}\begin{Bmatrix}8.0874\\-1.3255\end{Bmatrix}=\begin{Bmatrix}3.0528\\0.7997\end{Bmatrix} \tag{6.190}$$

$$\begin{aligned}\boldsymbol{u}^*&=\boldsymbol{u}_2+b(\boldsymbol{u}_3-\boldsymbol{u}_2)\\&=\begin{Bmatrix}-0.9599\\-0.9599\\-0.5236\\-0.5236\\0.5236\\0.5236\\0.5236\end{Bmatrix}-0.7997\left\{\begin{Bmatrix}0.4363\\-0.9599\\-0.5236\\-0.5236\\0.5236\\0.5236\\0.5236\end{Bmatrix}-\begin{Bmatrix}-0.9599\\-0.9599\\-0.5236\\-0.5236\\0.5236\\0.5236\\0.5236\end{Bmatrix}\right\}\\&=\begin{Bmatrix}0.1567\\-0.9599\\-0.5236\\-0.5236\\0.5236\\0.5236\\0.5236\end{Bmatrix}\end{aligned} \tag{6.191}$$

（由于我们知道 $\boldsymbol{u}_2$ 和 $\boldsymbol{u}_3$ 仅在它们的第一个元素不同，方程（6.191）已经能被化简为确定 $\boldsymbol{u}^*$ 的第一个元素，$\boldsymbol{u}^*(1)=\boldsymbol{u}_2(1)+b(\boldsymbol{u}_3(1)-\boldsymbol{u}_2(1))$。$\boldsymbol{u}^*$ 的剩余部分与 $\boldsymbol{u}_2$ 和 $\boldsymbol{u}_3$ 一样。）

作为确认：

$$\boldsymbol{B}\boldsymbol{u}^*/a=\begin{Bmatrix}2.8493\\-0.2942\end{Bmatrix}=\boldsymbol{m}_{\text{des}} \tag{6.192}$$

例 6.9　面搜索　我们使用从例 6.7 中的期望力矩方程（6.151）：

$$\boldsymbol{m}_{\text{des}}=\begin{Bmatrix}2.8493\\-0.2942\\0.5726\end{Bmatrix} \tag{6.193}$$

第一步是旋转这个问题使得这个 x 轴与 $\boldsymbol{m}_{\text{des}}$ 排列一致。一个直接的方法是使用欧拉参数。首先我们得到在 x 方向的单位向量和归一化后的期望力矩的叉乘积。得到的向量垂直于 x 轴和 $\boldsymbol{m}_{\text{des}}$ 组成的平面。结果的幅值是在这两个向量之间角度的正弦值，并且当归一化后它用作一个特征轴。

$$\begin{Bmatrix}1\\0\\0\end{Bmatrix}\times\frac{\boldsymbol{m}_{\text{des}}}{|\boldsymbol{m}_{\text{des}}|}=0.2204\begin{Bmatrix}0\\-0.8895\\-0.4570\end{Bmatrix} \tag{6.194}$$

因此在这向量之间的角度 $\eta=\arcsin(0.2204)=0.2222\text{rad}=12.73°$。这个特征轴的方向余弦是 $\xi=0$，$\zeta=-0.8895$，$\chi=-0.4570$。那么随着这些参数的习惯定义，有

$$\begin{cases}q_0\equiv\cos(\eta/2)\\q_1\equiv\zeta\sin(\eta/2)\\q_2\equiv\zeta\sin(\eta/2)\\q_3\equiv\chi\sin(\eta/2)\end{cases} \tag{6.195}$$

转换矩阵变成：

$$\boldsymbol{T}=\begin{bmatrix}(q_0^2+q_1^2-q_2^2-q_3^2) & 2(q_1q_2+q_0q_3) & 2(q_1q_3-q_0q_2)\\2(q_1q_2-q_0q_3) & (q_0^2-q_1^2+q_2^2-q_3^2) & 2(q_2q_3+q_0q_1)\\2(q_1q_3+q_0q_2) & 2(q_2q_3-q_0q_1) & (q_0^2-q_1^2-q_2^2+q_3^2)\end{bmatrix}$$

$$=\begin{bmatrix}0.9754 & -0.1007 & 0.1960\\0.1007 & 0.9949 & 0.0100\\-0.1960 & 0.0100 & 0.9805\end{bmatrix} \tag{6.196}$$

起始矩阵然后是 $\boldsymbol{B}_0$，则

$$\boldsymbol{B}_0=\boldsymbol{TB}=\begin{bmatrix}0.5122 & -0.7379 & -3.3594 & -2.8610 & 3.1151 & 3.5190 & 1.8095\\1.1826 & 1.0467 & -1.1414 & -1.5603 & -0.9496 & -0.4343 & 0.2033\\-0.4519 & 0.4743 & 0.5295 & 0.2729 & -0.2981 & -0.5454 & -1.6570\end{bmatrix} \tag{6.197}$$

现在，我们使用 $\boldsymbol{B}_0$ 的头两行并且重复例 6.8。作为一个结果，我们发现 x 轴相交于 $\boldsymbol{o}_{2000111}$ 这条边。回到三空间：

$$\boldsymbol{B}_0\boldsymbol{u}_{0000111}=\begin{Bmatrix}7.8947\\-1.3435\\-1.7509\end{Bmatrix}$$

$$\boldsymbol{B}_0\boldsymbol{u}_{1000111}=\begin{Bmatrix}8.6099\\0.3077\\-2.3818\end{Bmatrix} \tag{6.198}$$

这条边的两个顶点都有负 z 分量，所以我们需要一个正旋转来使得这条边朝向这个面部。通过 $\pi/2$ 围绕 x 轴一个旋转是

$$\boldsymbol{T}_0=\begin{bmatrix}1&0&0\\0&0&1\\0&-1&0\end{bmatrix} \tag{6.199}$$

$$\boldsymbol{B}_1=\boldsymbol{T}_0\boldsymbol{B}_0=\begin{bmatrix}0.5122&-0.7379&-3.3594&-2.8610&3.1151&3.5190&1.8095\\-0.4519&0.4743&0.5295&0.2729&-0.2981&-0.5454&-1.6570\\-1.1826&-1.0467&1.1414&1.5603&0.9496&0.4343&-0.2033\end{bmatrix} \tag{6.200}$$

我们采用 $\boldsymbol{B}_1$ 的头两行并且重复例 6.8。现在我们找到这个 x 轴相交于边 $\boldsymbol{o}_{0200110}$。再一次在三空间：

$$\begin{cases}\boldsymbol{B}_1\boldsymbol{u}_{0000110}=\begin{Bmatrix}4.9695\\0.6465\\0.0949\end{Bmatrix}\\ \boldsymbol{B}_1\boldsymbol{u}_{0100110}=\begin{Bmatrix}5.9998\\-0.0157\\1.5563\end{Bmatrix}\end{cases} \tag{6.201}$$

这条边有正的 z 分量。我们也注意到在初始（$\boldsymbol{B}$）方向找到的边是 $\boldsymbol{o}_{2000111}$，并且在旋转 $\pi/2$ 后找到的边是 $\boldsymbol{o}_{0200110}$。这些边在第一、二和七位置是不同的，所以它们的共同对象是 $\boldsymbol{o}_{2200112}$，一个三维图并不是一个面。

这个算法继续，直到在第五个（$\pi/32$）和第六个（$-\pi/64$）三维旋转后对于一个面的标准被满足后。

在第五次旋转后被找到的边是 $\boldsymbol{o}_{1200110}$，并且这些定义力矩是

$$\begin{cases}\boldsymbol{B}_4\boldsymbol{u}_{1000110}=\begin{Bmatrix}6.7149\\-0.6343\\-0.1577\end{Bmatrix}\\ \boldsymbol{B}_4\boldsymbol{u}_{1100110}=\begin{Bmatrix}5.6847\\0.1680\\-1.5472\end{Bmatrix}\end{cases} \tag{6.202}$$

第六次旋转生成边 $\boldsymbol{o}_{0200110}$ 和定义力矩：

$$
\begin{cases}
\boldsymbol{B}_5\boldsymbol{u}_{0000110} = \begin{Bmatrix} 5.9998 \\ -0.0921 \\ 1.5537 \end{Bmatrix} \\
\boldsymbol{B}_5\boldsymbol{u}_{0100110} = \begin{Bmatrix} 4.9695 \\ 0.6411 \\ 0.1265 \end{Bmatrix}
\end{cases}
\tag{6.203}
$$

因此，被找到的两条边是有一个负 z 分量的 $\boldsymbol{o}_{1200110}$，和有一个正 z 分量的 $\boldsymbol{o}_{0200110}$。这两条边仅在第一和第二分量上区别，所以它们都是面 $\boldsymbol{o}_{2200110}$ 的部分，正如我们一直知道的，这是正确解。

6.11.4 Banks 方法

对于这个例子，我们使用与例 6.7 和例 6.9 同样的数据。为了帮助读者可视化这个过程，图 6.17 显示了通过这个算法在过程中找到的每一个顶点。用来确认每一个顶点的表示是第一次参考，然后任何重命名，并且最后一个 x 假如这个顶点没有在解中使用。因此，“y_1，y_2，x”意味着这个顶点第一次确认为 y_1，后来成为 y_2，并且最后被另一个顶点替换（这些 y_4 之一）。

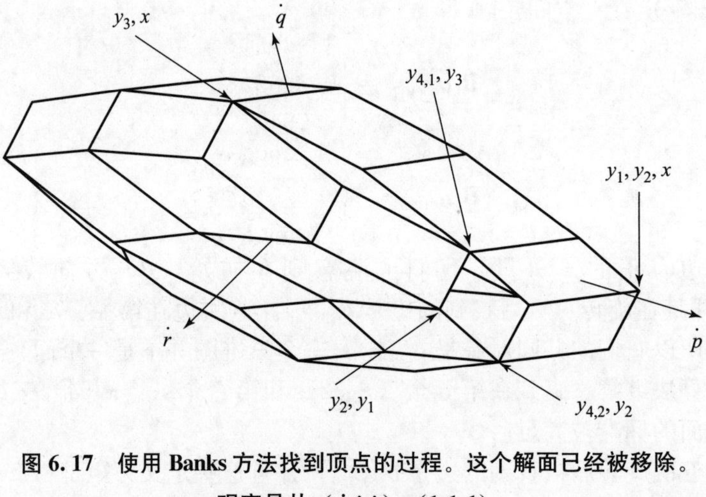

图 6.17　使用 Banks 方法找到顶点的过程。这个解面已经被移除。观察是从（$\dot{p}\,\dot{q}\,\dot{r}$）=（1 1 1）

例 6.10　用于 ADMIRE 仿真的 Banks 方法　我们从 $\boldsymbol{m}_{\text{des}}^{\text{T}}\boldsymbol{B}$ 的表示找到第一个顶点，这个在 $\boldsymbol{m}_{\text{des}}$ 的方向上生成了最高顶点。为了和 6.8 节中的内容一致，我们指定 $\boldsymbol{y} \equiv \boldsymbol{m}_{\text{des}}$。

$$\boldsymbol{y}=\begin{Bmatrix}2.8493\\-0.2942\\0.5726\end{Bmatrix} \tag{6.204}$$

$$\begin{aligned}\boldsymbol{y}^{\mathrm{T}}\boldsymbol{B}=[&1.4962\quad -2.1555\quad -9.8133\\ &-8.3573\quad 9.0995\quad 10.2793\quad 5.2858]\end{aligned} \tag{6.205}$$

在这个最大向量的控制执行机构是 $\boldsymbol{u}_{1000111}$，有

$$\boldsymbol{u}_{1000111}=\begin{Bmatrix}0.4363\\-0.9599\\-0.5236\\-0.5236\\0.5236\\0.5236\\0.5236\end{Bmatrix} \tag{6.206}$$

$$\boldsymbol{y}_1=\boldsymbol{B}\boldsymbol{u}_{1000111}=\begin{Bmatrix}8.8960\\-0.5848\\-0.6447\end{Bmatrix} \tag{6.207}$$

在图 6.17 中这个顶点被表示为“$\boldsymbol{y}_1$，$\boldsymbol{y}_2$，$\boldsymbol{x}$”，意味着它在后面将和 $\boldsymbol{y}_2$ 交换（来保持顶点顺序的习惯性），并且最后为了另一顶点而被舍弃。

下一个顶点被找到是通过在垂直于 $\boldsymbol{y}_1$ 的一个方向 $\boldsymbol{d}$ 上观察，并且在 $\boldsymbol{y}$ 和 $\boldsymbol{y}_1$ 的平面内。

$$\boldsymbol{d}=\boldsymbol{y}-\frac{\boldsymbol{y}^{\mathrm{T}}\boldsymbol{y}_1}{\boldsymbol{y}_1^{\mathrm{T}}\boldsymbol{y}_1}\boldsymbol{y}_1=\begin{Bmatrix}0.0490\\-0.1101\\0.7756\end{Bmatrix}_u \tag{6.208}$$

$$\begin{aligned}\boldsymbol{d}^{\mathrm{T}}\boldsymbol{B}=[&-0.3454\quad 0.0986\quad -0.2009\\ &-0.2476\quad 0.5254\quad 0.3753\quad -0.8804]\end{aligned} \tag{6.209}$$

$$\boldsymbol{u}_{0100110}=\begin{Bmatrix}-0.9599\\0.4363\\-0.5236\\-0.5236\\0.5236\\0.5236\\-0.5236\end{Bmatrix}_u \tag{6.210}$$

$$\boldsymbol{y}_2=\boldsymbol{B}\boldsymbol{u}_{0100110}=\begin{Bmatrix}4.7111\\-0.5885\\1.6071\end{Bmatrix} \tag{6.211}$$

在图 6.17 中这个顶点被表示为“$\boldsymbol{y}_2$，$\boldsymbol{y}_1$”，意味着它在后面将和 $\boldsymbol{y}_1$ 交换（来保持顶点顺序的习惯性），但是不被舍弃，并且因此将是解的一部分。

第三个顶点在一个垂直于 $\boldsymbol{y}_1$ 和 $\boldsymbol{y}_2$ 平面的方向 $\boldsymbol{d}$ 上被找到，在 $\boldsymbol{y}$ 所在平面的同一面。首先 $\boldsymbol{y}_1$ 和 $\boldsymbol{y}_2$ 的叉乘积：

$$\boldsymbol{d}=\boldsymbol{y}_1\times\boldsymbol{y}_2=\begin{Bmatrix}-1.3193\\-17.3344\\-2.4800\end{Bmatrix}\tag{6.212}$$

我们计算 $\boldsymbol{d}^{\mathrm{T}}\boldsymbol{y}=-0.0793<0$，所以交换 $\boldsymbol{y}_1$ 和 $\boldsymbol{y}_2$，并且从 $-\boldsymbol{d}$ 计算 $\boldsymbol{y}_3$。

$$\boldsymbol{y}_1=\begin{Bmatrix}4.7111\\-0.5885\\1.6071\end{Bmatrix}\tag{6.213}$$

$$\boldsymbol{y}_2=\begin{Bmatrix}8.8960\\-0.5848\\-0.6447\end{Bmatrix}\tag{6.214}$$

$$\begin{aligned}-\boldsymbol{d}^{\mathrm{T}}\boldsymbol{B}=\{&19.5339\quad 19.3090\quad -18.7125\\&-26.5909\quad -17.1402\quad -8.7417\quad -0.2999\}\end{aligned}\tag{6.215}$$

$$\boldsymbol{u}_{1100000}=\begin{Bmatrix}0.4363\\0.4363\\-0.5236\\-0.5236\\-0.5236\\-0.5236\\-0.5236\end{Bmatrix}_u\tag{6.216}$$

$$\boldsymbol{y}_3=\begin{Bmatrix}-1.1050\\3.1260\\0.6639\end{Bmatrix}\tag{6.217}$$

在图 6.17 中这个顶点被表示为“$\boldsymbol{y}_3$，$\boldsymbol{x}$”，意味着它将在后面为了另一个顶点被舍弃。不难看出为什么这个顶点将不会留存，因为它离解面很远。

在这个点上这三个顶点是 $\boldsymbol{m}_{0100110}$，$\boldsymbol{m}_{1000111}$，$\boldsymbol{m}_{1100000}$，这些组合形成 $\boldsymbol{o}_{2200222}$，一个五维的对象并且不是一个面。在图 6.17 中的三个顶点是“$\boldsymbol{y}_1$，$\boldsymbol{y}_2$，$\boldsymbol{x}$”，“$\boldsymbol{y}_2$，$\boldsymbol{y}_1$”，“$\boldsymbol{y}_3$，$\boldsymbol{x}$”。

我们接下来沿着 $\boldsymbol{y}_1$，$\boldsymbol{y}_2$ 和 $\boldsymbol{y}_3$ 平面的法线观察。

$$\boldsymbol{d}=(\boldsymbol{y}_2-\boldsymbol{y}_1)\times(\boldsymbol{y}_3-\boldsymbol{y}_1)=\begin{Bmatrix}8.3611\\17.0441\\15.5665\end{Bmatrix}\tag{6.218}$$

方程（6.72）通常应用在这个最高顶点生成这个控制向量，$\boldsymbol{u}_{1100110}$和

$$\boldsymbol{y}_{4,1}=\begin{Bmatrix}5.6986\\0.9758\\1.1451\end{Bmatrix} \tag{6.219}$$

看哪一个顶点被 $\boldsymbol{y}_{4,1}$ 替换了，我们进行这些确定性的测试：

```
if det {[y,y4,y1]}>0 % Case A, B, or C
  if det {[y,y4,y2]}>0 % Case A
    y1=y4;
  else % Case B or C
    y3=y4;
  end
else & Case D, E, or F
  if det {[y,y4,y3]}>0 % Case D or E
    y2=y4;
  else % Case F
    y1=y4;
  end
end
```

使用现在的数据，即

$$\det[\boldsymbol{y}\quad \boldsymbol{y}_{4,1}\quad \boldsymbol{y}_1]=2.9432>0$$

$$\det[\boldsymbol{y}\quad \boldsymbol{y}_{4,1}\quad \boldsymbol{y}_2]=-10.8415<0$$

所以 $\boldsymbol{y}_3$ 被 $\boldsymbol{y}_{4,1}$代替。

在图 6.17 中这个顶点被表示为“$\boldsymbol{y}_{4,1}$，$\boldsymbol{y}_3$”，意味着它被创造并且任何替换这个初始的 $\boldsymbol{y}_3$。这个初始的 $\boldsymbol{y}_3$ 如上所示，没有作为这个解的很大程度的备选在图中出现，所以它第一个被替换不令人意外。

现在这三个顶点是 $\boldsymbol{m}_{0100110}$，$\boldsymbol{m}_{1000111}$，$\boldsymbol{m}_{1100110}$，它们组成了 $\boldsymbol{o}_{2200112}$，一个三维对象并且不是一个面。

我们利用这新的顶点集重复最后一步。

$$\boldsymbol{d}=(\boldsymbol{y}_2-\boldsymbol{y}_1)\times(\boldsymbol{y}_3-\boldsymbol{y}_1)=\begin{Bmatrix}3.5209\\-0.2903\\6.5429\end{Bmatrix} \tag{6.220}$$

在这个最高顶点的控制向量是 $\boldsymbol{u}_{1000110}$和

$$\boldsymbol{y}_{4,2}=\begin{Bmatrix}6.6861\\-0.5885\\0.6831\end{Bmatrix} \tag{6.221}$$

使用现在的数据：

$$\det[\boldsymbol{y}\quad \boldsymbol{y}_{4,2}\quad \boldsymbol{y}_1]=-3.2894e-4<0$$

$$\det[\boldsymbol{y}\quad \boldsymbol{y}_{4,2}\quad \boldsymbol{y}_3]=2.9440>0$$

所以 $\boldsymbol{y}_2$ 被 $\boldsymbol{y}_{4,2}$ 代替。

在图 6.17 中这个顶点被表示为“$\boldsymbol{y}_{4,2}$，$\boldsymbol{y}_3$”，意味着它被创造并且替换现在的 $\boldsymbol{y}_2$。

现在这三个顶点是 $\boldsymbol{m}_{0100110}$，$\boldsymbol{m}_{1000111}$，$\boldsymbol{m}_{1000110}$，它们组成了 $\boldsymbol{o}_{2200110}$，一个二维的对象是这个解面。容易在图 6.17 中看出最后这三个顶点都是同一面的部分。

6.11.5 线性规划

接下来的两个例子继续使用在方程（6.129）和方程（6.130）中的 ADMIRE 仿真数据，和从 6.11.2 节直接分配例子中得到的期望力矩。

$$\boldsymbol{m}_{\mathrm{des}}=\begin{Bmatrix}2.8493\\-0.2942\\0.5726\end{Bmatrix}\tag{6.222}$$

例 6.11 用于 ADMIRE 仿真的方向保持组成 这个问题使用 MATLAB® 函数 linprog 解决。这些调用变量利用方程（6.87）定义：

```
A=[B -md];
b=-B*umin;
ct=[0 0 0 0 0 0 0 -1];
h=[umax-umin;1]
```

函数 `linprog(f,A,b,Aeq,beq,LB,UB)` 被调用，`c` 作为向量在 MATLAB® 中称为 `f`。接下来的这两个变量 `A`,`b` 被用于一个不等式约束，并且被设定为空矩阵。变量 `Aeq`,`beq` 是和我们的 `A` 和 `b` 相关的等式约束。`LB`,`UB` 是下界和上界。MATLAB® 的函数 `optimoptions` 被用来指定 `linprog` 使用这个单纯形算法。

```
op=optimoptions('linprog','Algorithm','simplex');
[X]=linprog(ct',[],[],A,b,zeros(8,1),h);
U=X(1:7)+umin;
Lambda=-X(8);
```

这导致了一个正确的解：

$$u_{DP}=\begin{Bmatrix}-0.2719\\-0.1331\\-0.2886\\-0.3126\\0.2220\\0.2305\\-0.2235\end{Bmatrix} \tag{6.223}$$

这个解是不同于从直接分配获得的解：

$$u_{DA}=\begin{Bmatrix}-0.1309\\-0.1309\\-0.2618\\-0.2618\\0.2618\\0.2618\\-0.2618\end{Bmatrix} \tag{6.224}$$

然而，随着这个期望力矩靠近可达力矩集的边界，这两个解变得越来越相似，直到在边界上它们是一样的。

对于不可达力矩，这个算法确实保持了方向，返回在边界上的解。

例 6.12 减小尺寸方向保持结构用于 ADMIRE 仿真 这个问题使用 MATLAB® 函数 linprog 解决，从方程（6.107）调用变量：

```
M=[md(2:3,1) -md(1)*eye(2)];
A=M*B;
b=-A*umin;
ct=-md'*B;
h=umax-umin;
```

函数 linprog 被调用，再一次指定这个单纯形算法。

```
op=optmoptions('linprog','Algorithm','simplex');
[X]=linprog(ct',[],[],A,b,zeros(7,1),h);
u=(X+umin);
rho=B(1,:)*u/md(1)
u=u/rho;
```

这导致了和使用直接分配一样的解：

$$\boldsymbol{u}_{\mathrm{RSDP}}=\begin{Bmatrix}-0.1309\\-0.1309\\-0.2618\\-0.2618\\0.2618\\0.2618\\-0.2618\end{Bmatrix} \tag{6.225}$$

6.11.6 凸包体积计算

例 6.13 菊花链解的体积计算 这个例子将在第一步中方向保持来使用一个菊花链解。继续使用方程（6.129）和方程（6.130）。优先使用 Φ 顶点方向作为方向，找到在这个菊花链可达的每一个方向的最大力矩，并且用一个凸包来拟合这些点。

这个菊花链将包含下面的子矩阵，用 $\boldsymbol{b}_i$ 表示 $\boldsymbol{B}$ 的一列：

$$\begin{aligned}\boldsymbol{B}_1&=[\boldsymbol{b}_4\quad \boldsymbol{b}_5\quad \boldsymbol{b}_7]\\ \boldsymbol{B}_2&=[\boldsymbol{b}_1\quad \boldsymbol{b}_2\quad \boldsymbol{b}_3\quad \boldsymbol{b}_6]\end{aligned} \tag{6.226}$$

首先如 5.4.1 节一样继续，然后正如方程（5.49）做的那样继续寻找顶点。数目 44 的顶点全集被输入 MATLAB® 作为一个矩阵 Verts，这个矩阵的行是这些顶点。

```
Verts=[
    5.6989   -2.1520    1.1451
    4.7113   -0.5883    1.6071
    5.6989    0.9755    1.1451
    6.6864   -0.5883    0.6831
   -5.6989   -2.1483   -1.1451
   -6.6864   -0.5846   -0.6831
   -5.6989    0.9791   -1.1451
   -4.7113   -0.5846   -1.6071
   -2.0923    1.5615    1.1259
   -5.7533    0.7322    0.9681
   -4.7658    2.2960    0.5061
   -1.1048    3.1253    0.6639
    4.7658   -3.4689   -0.5061
    1.1048   -4.2981   -0.6639
    2.0923   -2.7344   -1.1259
```

```
  5.7533   -1.9051   -0.9681
 -8.8960   -0.5883    0.6447
 -7.9085    0.9755    0.1827
  7.9085   -2.1483   -0.1827
  8.8960   -0.5846   -0.6447
 -2.0379   -2.9776   -0.9873
 -1.0503   -1.4139   -1.4493
  1.0503    0.2410    1.4493
  2.0379    1.8048    0.9873
  2.0379   -2.9813    0.9873
  1.0503   -1.4175    1.4493
 -1.0503    0.2447   -1.4493
 -2.0379    1.8084   -0.9873
 -1.1048   -4.3018    0.6639
 -2.0923   -2.7381    1.1259
  2.0923    1.5652   -1.1259
  1.1048    3.1289   -0.6639
  5.7533    0.7359   -0.9681
  7.9085    0.9791   -0.1827
  4.7658    2.2997   -0.5061
 -7.9085   -2.1520    0.1827
 -4.7658   -3.4725    0.5061
 -5.7533   -1.9088    0.9681
  2.5562   -3.4725    0.8217
 -2.5562    2.2997   -0.8217
 -2.6107   -0.5883    1.2915
  2.6107   -0.5846   -1.2915
  2.5562    2.2960    0.8217
 -2.5562   -3.4689   -0.8217;
```

矩阵 $\boldsymbol{B}_1$ 和 $\boldsymbol{B}_2$ 被定义为 b1 和 b2。$\boldsymbol{B}_1$ 的逆 bli 和 $\boldsymbol{B}_2$ 的伪逆 p2 被计算。

```
b1=[B(:,4:5) B(:,7)];bli=inv(b1);
b2=[B(:,1:3) B(:,6)];p2=pinv(b2);
```

一个初始空矩阵 M 将被用来收集这个菊花链操作的结果。为了容易操作这些控制同时不需要定义新控制向量，我们定义一个索引向量 ix，对应于 $\boldsymbol{u}$ 的各个部分。

```
M=[];
ix=[4 5 7 1 2 3 6];
```

然后采用每一个顶点 m（Verts 的一行的转置）并且试图使用 bli 来分配。两个比例因子(scale457 和 scale236)被初始化为 1。接下来我们对应它们的限值检查 u_4，u_5 和 u_7，假如必要的话调节 scale457，然后对于其他控制和 scale1236 重复。两个控制向量是 u457 和 u1236。由于我们在每一种情况都保持了这个方向，这两个操作是互相独立的。

```
for iV=1:44 %44 vertices
  scale457=1;scale1236=1; % Initialize scale factors
  m=Verts(Iv,:)'; % Pick a row
  u457=bli*m;u1236=p2*m; % Sol'ns without constraints
for iu=1:3
  if(scale457*u457(iu)>umax(ix(iu)))
     scale457=umax(ix(iu))/u457(iu);
  end
  if(scale457*u457(iu)<umin(ix(iu)))
     scale457=umin(ix(iu))/u457(iu);
  end
end % for iu=1:3
for iu=4:7
  if(scale1236*u1236(iu-3)>umax(ix(iu)))
     scale1236=umax(ix(iu))/u1236(iu-3);
  end
  if(scale1236*u1236(iu-3)<umin(ix(iu)))
     scale1236=umin(ix(iu))/u1236(iu-3);
end for iu=4:7
```

然后调整这些向量，在 U 中组合成原始控制向量，并且把 BU 作为一个新的列加入到 M。在所有 44 个顶点被处理后，M 将包含在菊花链 Π 凸包上的 44 个点。

```
  u457=scale457*u457;
  u1236=scale1236*u1236;
  U=[u1236(1:3);u457(1:2);u1236(4);u457(3)];
  M=[M B*U];
end % for iV=1:44
```

最后传递这个点矩阵到 convhull，引入体积 V 选项：

```
[K,V]=convhull(M');
```

因为这个矩阵的形状，M 的转置是必要的。我们找到这个 Π 凸包近似的体积是 66.15，而对比于 Φ 是 177.10。由于 $\boldsymbol{B}$ 矩阵是通过使用角加速度 (rad/s^2) 线性化的 ADMIRE 仿真获得，Π 和 Φ 的单位是角加速度的立方，但是真实值没有相对于最大可达的体积那么重要。

6.12　后记

本章描述了并且在大多数情况下给出了几种控制分配方法的数值实例。尽管有一些算法明显比较复杂，但它们都已经被应用实现并且在有人飞行模拟器（参见 Scalera 和 Durham（1998））实时情况下运行了。这些实验的结果描述在 Virginia Polytechnic Institute & State University 学生的硕士论文中，列在附录 C 参考文献中。

目前为止最简单和最小计算要求的方法是广义逆（6.5 节）。然而，这个方法从对于所有可达力矩，或者它们的大部分，生成允许解的意义上来说远不是最优。广义逆的使用在串联广义逆中（6.5.5.2 节）看起来通过付出复杂性的一个小代价克服了那个不足。因此没有证明或者令人信服的证据来表明这个串联广义逆是有效的，或者保证使得其在一些应用中不会表现得不好。

剩下的方法几乎是等价的，因为目标是对于每一个可达力矩提供允许解。最快的可能是 Banks 方法（6.8 节），最慢的是直接方法（6.6 节）。

目前为止，为了容易理解，直接方法一般而言仅是找到线与面的交集。另外，线性规划（6.9 节和附录 A）可能是最富有挑战性的。然而，线性规划提供了预先打包好的几种证明也许可靠的解法器。确定的是假如有人拥有很强的线性规划背景来处理控制分配问题，那么这是最容易理解的。

目前随着形式变得多样化，线性规划的许多形式有第二个函数，这个函数允许优化除了力矩需求外的一些其他指标。这不必要唯一。假如这第二个指标的形成依赖于控制执行机构，那么人们可以在控制有效性矩阵零空间中运动来满足它。这个问题将在第 7 章中进一步讨论。

参考文献

Acosta, DM, Yildiz, Y, Craun, RW, Beard, SD, Leonard, MW, Hardy, GH, and Weinstein, M 2015 'Piloted evaluation of a control allocation technique to recover from pilot-induced oscillations,' *J. Aircraft*, **52**(1), 130 - 140.

Beck, RE 2002 *Application of Control Allocation Methods to Linear Systems with Four or More objectives*. PhD Thesis, Virginia Polytechnic Institute & State University.

Bodson, M2002 'Evaluation of optimization methods for control allocation' *AIAA J. Guidance, Control, and Dynamics*, **25**(4), 703 – 711.

Bordignon, KA 1996 *Constrained Control Allocation for Systems with Redundant Control Effectors*. PhD Thesis, Virginia Polytechnic Institute & State University.

Bordignon, K and Bessolo, J 2002 'Control allocation for the X-35B,' AIAA-2002-6020 in *Proceedings of the* 2002 *Biennial International Powered Lift Conference and Exhibit*.

Hausner, MA 1965 *A Vector Space Approach to Geometry*. Prentice-Hall, p. 234.

Lallman, FJ 1985 'Preliminary Design Study of a Lateral-Directional Control System Using Thrust Vectoring,' NASA TM 86425.

Mulkens, JM and Ormerod, AO 'Measurements of aerodynamic rotary stability derivatives using a whirling arm facility,' *J. Aircraft*, **30**(2), 178 – 183.

Sommerville, D 1929 *An Introduction to the Geometry of n Dimensions*, Methuen. Republished by Dover Publishing, New York, 1958: pp. 9 – 10.

Scalera, KR and Durham, W 1998 'Modification of a surplus Navy 2F122A A-6E OFT for flight dynamics research and instruction,' AIAA-98-4180 in *AIAA Modeling and Simulation Technologies Conference and Exhibit*.

Stevens, B and Lewis, F 2003 *Aircraft Control and Simulation*, 2nd edn. John Wiley & Sons, pp. 646 – 647.

第 7 章
帧方式控制分配

7.1 概述

现代飞行控制计算机运行频率是根据控制执行机构每秒偏转几次确定的，在现在的战术飞机中大约为 100，在这种情况下出现了“**帧方式控制分配**”的表述。在每一个运行周期或者帧开始阶段，评估所有控制律输入，接着应用控制律，然后计算需要的控制偏转。

假如飞行控制计算机被当作一个连续过程，那么针对给定力矩（或者目标集）的连续变化需求，控制分配器计算控制执行机构位置，然后计算满足那个需求的执行机构全局位置。希望控制执行机构连续并且瞬时移动到指令位置，从这个意义上看这个问题是容易的。

当考虑执行机构及其作动器的物理限值，问题就不再容易。我们已经广泛考虑了全局位置限值，例如，升降舵不能超越某个最小或者最大位置。但是控制执行机构及其作动器系统也有**速度限值**。

拍动控制面能够运动的最大速度是它偏转角和行程方向的非线性函数，它生成了由表面上的空气载荷传递的联动力矩。当一个面从它的自由浮动（零联动力矩）位置离开时产生抵抗这个联动力矩的力，并且它的最大速度通常低于（有时大大低于）当它向其自由浮动位置移动时的速度。

用来表示最大速度能力的图片常常是那些在面上没有空气载荷时获得的。在低速、高迎角机动时，动压是相对低的，而且假设这样没有空气载荷时的最大速度能力情况足够用于我们的问题分析。

在控制系统中的速度限制能造成严重，甚至致命后果。对飞行员的飞机控制进行速度限制必然引入时间滞后。一般而言，飞行员把输入送到指令发生装置是希望从飞机中获得一定响应。当响应延迟，他输入一个更大量。然而最终，飞机响应赶上了初始希望的，接着超过了它。感觉到了这个超调量，飞行员应用相反控制，响应再次延迟，直到飞行员的输入和响应远远不同步，这种情况称为**飞行员引起的振荡**。

通过考虑控制执行机构能够在一帧内运动多远，并考虑飞行控制计算机处理所有信息和执行机构到达新的指定位置的时间，我们将把这些速度限制融入控制分配问题中。例如，假如一个特定执行机构能以不大于 100（°）/s 的速度运动并且帧长是（100 Hz 计算速度）0.01 s，那么这个执行机构不能在这个间隔内移动超过 1°。也就是，除非执行机构超越了全局物理限值，正如我们一直讨论的。

有一些其他限制会影响执行机构在给定帧内的行程，但是现在我们假设每一个执行机构任何时间任一方向能以它的最大速度运动。

因此我们考虑帧方式问题。给定控制执行机构 u_i 有正的和负的速度限制 $\dot{u}_{\mathrm{Max}}$，$\dot{u}_{\mathrm{Min}}$和计算帧长度 Δt，那么执行机构行程最大限值（仅基于速度）在这帧内是$\dot{u}_{\mathrm{Max}}\Delta t$，$\dot{u}_{\mathrm{Min}}\Delta t$。

这是可能的情况，在一个帧内，执行机构的正或负的运动可能遇到那个执行机构的全局位置限值 u_{iMax}，u_{iMin}。因此，控制执行机构在 Δt 内可以运动的实际距离受限于速度限制行程或者全局限制中更限制的那个：

$$\begin{aligned}\Delta u_{\mathrm{iMax}} &= \min(\dot{u}_{\mathrm{Max}}\Delta t,\ u_{\mathrm{iMax}})\\ \Delta u_{\mathrm{iMin}} &= \max(\dot{u}_{\mathrm{Min}}\Delta t,\ u_{\mathrm{iMin}})\end{aligned} \tag{7.1}$$

考察所有 m 个控制执行机构，我们有帧方式集允许控制 $\Delta\Omega$，完全类似于全局允许控制集 Ω。

在帧计算中，控制生成的力矩将根据实际控制有效性（这个我们建模为控制有效性矩阵，$\boldsymbol{B}$）而改变。

但是现在我们有一个选择 $\boldsymbol{B}$ 的机会：它可能是全局的，$\boldsymbol{B}_{\mathrm{Global}}$，基于从控制空间原点（这在第 4 章中假设并且在整个第 5 章中隐含）出发的偏转变化的控制有效性，或者我们基于飞机的当前状态（包括执行机构位置）可以计算本地控制有效性矩阵，$\boldsymbol{B}_{\mathrm{Local}}$。我们将在 7.3 节中进一步讨论。

我们在第一帧的结尾跟踪记录帧的开始用下标 k，结尾条件用 $k+1$，假如必要，对于接下来的帧，以第一个为参考用 $k+2$ 等。

在这帧开始的当前力矩（或者目的）是 $\boldsymbol{m}_k$。飞行控制计算机已经计算了全局期望力矩，$\boldsymbol{m}_{d_{k+1}}$ 将通过这些执行机构在下一个帧的结尾时获得。从这帧开始到结尾，期望力矩的变化是

$$\Delta\boldsymbol{m}_{\mathrm{des}} = \boldsymbol{m}_{d_{k+1}} - \boldsymbol{m}_k \tag{7.2}$$

在这帧开始的当前执行机构位置是 $\boldsymbol{u}_k$。控制分配器必须计算控制执行机构位置的变化 $\Delta\boldsymbol{u}$，它生成了力矩变化 $\Delta\boldsymbol{m}_{\mathrm{des}}$。我们把这帧开始实际控制生成的力矩 $\boldsymbol{m}_k$ 近似为 $\boldsymbol{B}_{\mathrm{Global}}\boldsymbol{u}_k$。

使用允许控制偏转可获得的力矩变化瞬时集是 $\Delta\Phi$（ΔAMS）。$\Delta\Phi$ 的原点

是正被控制执行机构生成的当前全局力矩，它的凸包生成于控制执行机构从它们当前位置开始的运动。运动范围将取决于在帧内执行机构最大速度时的偏转，或者通过全局限值，选其中更限制的那个。

图 7.1 阐明了帧方式问题。它来自于图 5.4。这个大的对象是全局 Φ，显示了定义在 $\partial(\Phi)$ 上的边界控制。

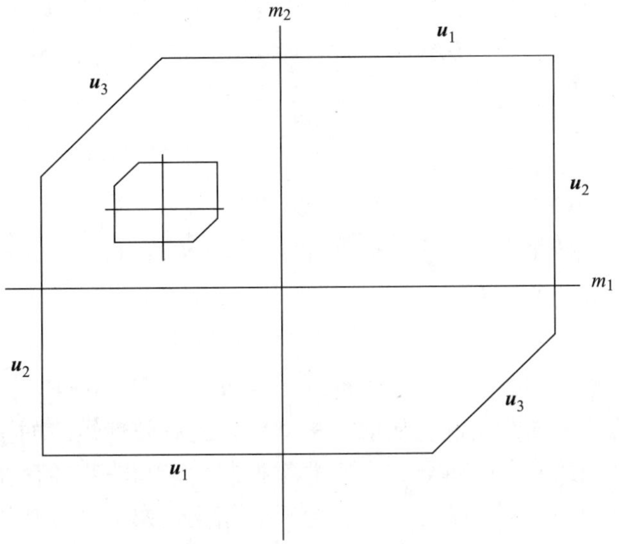

图 7.1　二维可达力矩集，$\boldsymbol{\Phi}$

在 Φ 中的更小的图是 $\Delta\Phi$，它是在一帧中力矩能被改变的量。它的原点是在当前的全局力矩 $\boldsymbol{m}_k$，并且定义这些边的控制量是 $\Delta\boldsymbol{u}_1$，$\Delta\boldsymbol{u}_2$，$\Delta\boldsymbol{u}_3$。如图所示，$\Delta\Phi$ 没有邻接一个全局限值，所以最小值和最大值 $\Delta\boldsymbol{u}$ 由这些执行机构的速度限制所确定。假如下一个期望力矩 $\boldsymbol{m}_{k+1}$ 在 $\Delta\Phi$ 内，那么 $\Delta\boldsymbol{m}$ 可以被获得，否则控制速度限制将发生。

7.2　路径依赖

帧方式控制分配一个相当严重的后果是，在常规机动后，在机动结束时生成这个力矩的控制依赖于在开始和结尾中间生成力矩的顺序。例如，从水平飞行开始然后机动到达同样水平飞行条件，采用的路径是翻圈飞行相对于采用的路径是横滚，结束时的控制配置将是不同的。

对于除了简单设计外的任何情况进行一般概括这种路径依赖是非常困难的。相反，我们将提供一个说明性例子来使读者相信路径依赖是真的，然后提出一种方法来消除不管什么原因引起的依赖。

我们知道由飞行控制计算机生成的期望力矩序列计算根据的是在一帧计算开始前正被使用的控制律。从当前 $\boldsymbol{m}$ 开始的期望力矩的每一个变化 $\Delta\boldsymbol{m}$，将在下一帧中实现。

从 Φ 和 Ω 的原点（$\boldsymbol{m}_0=0$，$\boldsymbol{u}_0=0$）开始（$k=0$），将有一序列 $\Delta\boldsymbol{u}$ 根据使用中的控制分配方案被计算。假设在每一帧分配是成功的，那么一段时间后到第 n 帧（$k=n$），应该有

$$\boldsymbol{B}\Delta\boldsymbol{u}_k=\Delta\boldsymbol{m}_k,\ k=1,\ \cdots,\ n \tag{7.3}$$

$$\boldsymbol{m}=\sum_{k=0}^{n}\Delta\boldsymbol{m}_k=\boldsymbol{m}_{\mathrm{des}_n} \tag{7.4}$$

$$\boldsymbol{u}_n=\sum_{k=0}^{n}\Delta\boldsymbol{u}_k \tag{7.5}$$

这里，$\boldsymbol{m}_{\mathrm{des}_n}$ 是在第 n 帧结束时的期望力矩。方程（7.3）表明这个分配在每一个阶段是成功的，方程（7.4）说明在 n 个成功帧方式分配后正被生成的力矩是 $\boldsymbol{m}_{\mathrm{des}_n}$，而方程（7.5）仅表示了这个明显情况。

关于路径依赖的问题是，假如 $\boldsymbol{m}_{\mathrm{des}_n}=0$，$\boldsymbol{u}_n$ 必须是 $=\boldsymbol{0}$ 吗？

我们将确认不连续情况，例如在机动中控制有效性矩阵的一个变化，当返回到力矩空间的原点时将导致一个非零控制向量。非线性存在的问题是它们经常是困难的或者不可能进行建模分析。相反，如果没有其他人的相反论证，我们将论证并认同此观点。

7.2.1 路径依赖实例

我们将使用从第 5 章得到的简单的 3×2 系统，在方程（5.3）中给出。这个问题的几何关系在图 7.1 中描述。

$$\boldsymbol{B}=\begin{bmatrix}1 & 0 & -0.5\\0 & 1 & -0.5\end{bmatrix} \tag{7.6}$$

这些全局位置限值是

$$-0.5\leqslant u_i\leqslant 0.5,\ i=1,\ \cdots,\ 3 \tag{7.7}$$

在初始形式中我们没有给出特定单位，所以我们对于力矩将采用英尺-磅；对于偏转用弧度，我们也将采用秒作为时间单位并且在一台 10 Hz（0.1 s 帧长）计算机中实现我们的力矩—速度分配器。

我们采用以下速度限制：

$$-2\leqslant \dot{u}_i\leqslant 2,\ i=1,\ \cdots,\ 3 \tag{7.8}$$

以 rad/s 为单位，在一帧中每一个执行机构在两者任一方向能最大运动 0.2 rad，或者在五帧内从一个限值到另一个限值。

例 7.1　直接分配的路径依赖　正如在这里所用，术语直接分配包括达到

最大能力和保持方向的任何分配方法。这至少包括描述为直接分配的方法（6.6 节）、边和面搜索（6.7 节）、Banks 方法（6.8 节）和在 6.9 节提出的线性规划方法（但不必然是在附录 A 中的那些）。

对于力矩时间历史曲线，我们将指令下面序列的力矩，每一个将在飞行控制计算机的帧中被顺序实现：

$$\boldsymbol{m}_0=0,\ \boldsymbol{m}_1=\begin{Bmatrix}0.2\\0\end{Bmatrix},\ \boldsymbol{m}_2=\begin{Bmatrix}0.2\\0.2\end{Bmatrix},\ \boldsymbol{m}_3=\boldsymbol{0} \tag{7.9}$$

这个序列显示在图 7.2 中。

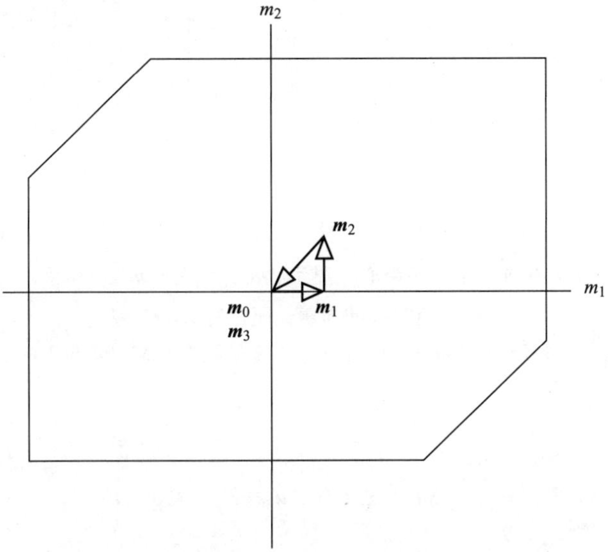

图 7.2　在 $\boldsymbol{\Phi}$ 中的力矩序列。不进行大小调整

在每一帧开始，我们将把问题放在目前力矩的中心并且考虑 $\Delta\Phi$ 和在序列中推进到下一个力矩时需要的 $\Delta\boldsymbol{m}$。图 7.3 说明了需要的 $\Delta\Phi$ 的 3 个备份。假如所有都是好的，那么现在得到的力矩将是这个序列中最新的力矩，并且是在图 7.3 中假设的。

我们将从头到尾使用常值控制有效性矩阵，因为这足够论证直接速度分配方法的路径依赖。我们将提出三个分配问题，它们的 $\Delta\Phi$ 连贯放在 $\boldsymbol{m}_0$、$\boldsymbol{m}_1$ 和 $\boldsymbol{m}_2$ 的中心（方程（7.9）），如图 7.3 所示。

在二维分配中的步骤是容易实现的，特别是在相交边是容易辨识的条件下。最后一个显示为一个顶点（在图 7.3（c）中可见）。这三个 $\Delta\boldsymbol{u}$ 是

$$\Delta\boldsymbol{u}_1=\begin{Bmatrix}0.1333\\-0.0667\\-0.1333\end{Bmatrix},\ \Delta\boldsymbol{u}_2=\begin{Bmatrix}-0.0667\\0.1333\\-0.1333\end{Bmatrix},\ \Delta\boldsymbol{u}_3=\begin{Bmatrix}-0.1333\\-0.1333\\0.1333\end{Bmatrix} \tag{7.10}$$

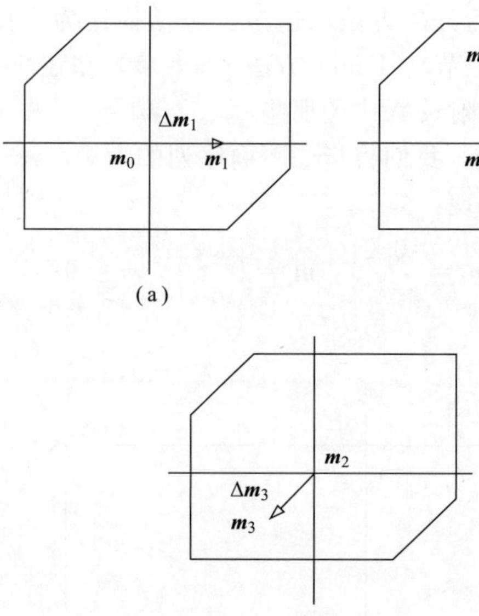

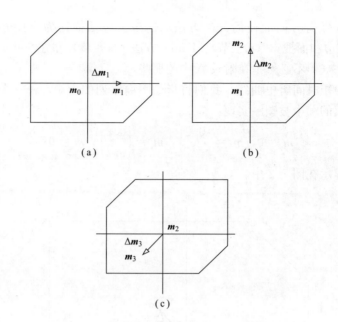

图 7.3　ΔΦ 在这三个力矩中心，显示 $\Delta m_{k+1}=m_k-m_{k-1}$，$k=1$，…，3。$\Delta m$ 是有箭头的向量。不进行大小调整

(a) Φ 中心位于 m_0；(b) $\Delta\Phi$ 中心位于 m_1；(c) $\Delta\Phi$ 中心位于 m_2

最后的控制分配是这三个 $\Delta\boldsymbol{u}$ 的和，即

$$\boldsymbol{u}_{DA}=\Delta\boldsymbol{u}_1+\Delta\boldsymbol{u}_2+\Delta\boldsymbol{u}_3=\begin{Bmatrix}-0.0667\\-0.0667\\-0.1333\end{Bmatrix}\tag{7.11}$$

这个解不是零向量，而是在 $\boldsymbol{B}$ 的零空间的一个向量，$\boldsymbol{B}\boldsymbol{u}_{DA}=0$。

我们仅显示直接分配在零力矩时不是必然回到控制空间的原点。为了显示它确实依赖于路径，考虑改变我们的力矩序列来采用一条不同的路径：

$$\boldsymbol{m}_0=\boldsymbol{0},\ \boldsymbol{m}_1=\begin{Bmatrix}0.2\\0\end{Bmatrix},\ \boldsymbol{m}_2=\begin{Bmatrix}0.2\\0.2\end{Bmatrix},\ \boldsymbol{m}_3=\begin{Bmatrix}0\\0.2\end{Bmatrix},\ \boldsymbol{m}_4=\boldsymbol{0}\tag{7.12}$$

不是在第三条边上走向原点，我们直接到 m_2 轴然后往下到原点。这四个 $\Delta\Phi$ 和 $\Delta\boldsymbol{m}$ 在图 7.4 中显示。

很明显，图 7.3 (a) 和图 7.3 (c) 是彼此的映象，两个都被同一条边定义 ($\Delta\boldsymbol{u}_2$)。图 7.3 (b) 和图 7.3 (d) 也是，都被 $\Delta\boldsymbol{u}_1$ 定义。因为内置在这个问题中的对称性，一个问题的直接分配解将与其映象解相反。

$$\Delta\boldsymbol{u}_1=\begin{Bmatrix}0.1333\\-0.0667\\-0.1333\end{Bmatrix},\ \Delta\boldsymbol{u}_2=\begin{Bmatrix}-0.0667\\0.1333\\-0.1333\end{Bmatrix},\ \Delta\boldsymbol{u}_3=-\Delta\boldsymbol{u}_1,\ \Delta\boldsymbol{u}_4=-\Delta\boldsymbol{u}_2\tag{7.13}$$

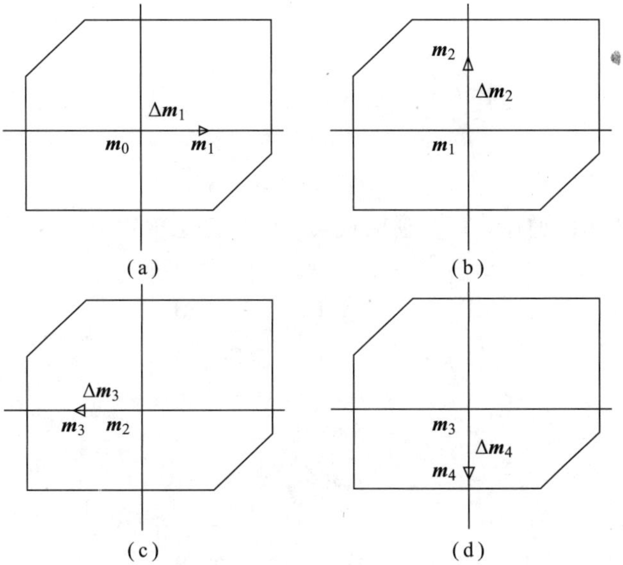

图 7.4　$\Delta\Phi$ 在这四个力矩中心，显示 $\Delta m_k = m_k - m_{k-1}$，$k=1$，…，4。$\Delta m$ 是有箭头的向量。没有什么需要调整大小

(a) $\Delta\Phi$ 中心位于 m_0；(b) $\Delta\Phi$ 中心位于 m_1；(c) $\Delta\Phi$ 中心位于 m_2；(d) $\Delta\Phi$ 中心位于 m_3

$$\boldsymbol{u}_{DA} = \Delta\boldsymbol{u}_1 + \Delta\boldsymbol{u}_2 + \Delta\boldsymbol{u}_3 + \Delta\boldsymbol{u}_4 = \boldsymbol{0} \tag{7.14}$$

这个解是不同于第一条路径的解，因此证明了路径依赖。由于这个问题是人为的，应该没有许多结论能从这些控制返回到原点这个事实中获得。

例 7.2　广义逆的路径依赖　严格意义上说，广义逆没有表现出路径依赖，但是表现了一些很类似的特点。首先，考虑基于常值广义逆 $\boldsymbol{P}$ 的帧方式使用的控制分配。方程（7.5）成为

$$\boldsymbol{u}_n = \sum_{k=0}^{n} \Delta\boldsymbol{u}_k = \sum_{k=0}^{n} \boldsymbol{P}\Delta\boldsymbol{m}_k = \boldsymbol{P}\sum_{k=0}^{n} \Delta\boldsymbol{m}_k = \boldsymbol{P}\boldsymbol{m}_{\mathrm{des}_n} \tag{7.15}$$

很明显，一个常值广义逆的使用将经常使解回到原点，$\boldsymbol{m}_{\mathrm{des}_n} = \boldsymbol{0} \Rightarrow \boldsymbol{u}_n = \boldsymbol{0}$。

基于变化的飞行条件和飞机的状态，控制有效性可能在机动中发生很大变化。假如控制有效性矩阵在演变过程中改变，那么一般而言 $\boldsymbol{m}_{\mathrm{des}_n} = \boldsymbol{0} \nRightarrow \boldsymbol{u}_n = \boldsymbol{0}$。假如从 $\boldsymbol{B}_1 = \boldsymbol{B}$ 开始并在 q 步后变为不同的 $\boldsymbol{B} = \boldsymbol{B}_2$，那么

$$\boldsymbol{u} = \sum_{k=0}^{n} \Delta\boldsymbol{u}_k = \sum_{k=0}^{q} \boldsymbol{P}_1\Delta\boldsymbol{m}_k + \sum_{k=q}^{n} \boldsymbol{P}_2\Delta\boldsymbol{m}_k = ? \tag{7.16}$$

这里，$\boldsymbol{P}_1$ 和 $\boldsymbol{P}_2$ 分别与 $\boldsymbol{B}_1$ 和 $\boldsymbol{B}_2$ 相关。为了证明什么发生了，我们回到方程（7.9）的三个力矩，它们显示在图 7.2 和图 7.3 中。我们将对于前两帧使用方程（7.6）：

$$\boldsymbol{B}_1=\begin{bmatrix}1 & 0 & -0.5\\ 0 & 1 & -0.5\end{bmatrix} \tag{7.17}$$

最后一帧在（1，3）元素有一点变化：

$$\boldsymbol{B}_2=\begin{bmatrix}1 & 0 & -0.25\\ 0 & 1 & -0.5\end{bmatrix} \tag{7.18}$$

为了证明，使用伪逆作为广义逆的代表。两个伪逆矩阵是

$$\boldsymbol{P}_1=\begin{bmatrix}0.8333 & -0.1667\\ -0.1667 & 0.8333\\ -0.3333 & -0.3333\end{bmatrix} \tag{7.19}$$

$$\boldsymbol{P}_2=\begin{bmatrix}0.9524 & -0.00952\\ -0.0952 & 0.8095\\ -0.1905 & -0.3810\end{bmatrix} \tag{7.20}$$

从原点到 $\boldsymbol{m}_1$：

$$\Delta\boldsymbol{m}_1=\boldsymbol{m}_1-\boldsymbol{m}_0=\begin{Bmatrix}0\\ 0.2\end{Bmatrix}$$

$$\Delta\boldsymbol{u}_1=\boldsymbol{P}_1\Delta\boldsymbol{m}_1=\begin{Bmatrix}-0.0333\\ 0.1667\\ -0.0667\end{Bmatrix} \tag{7.21}$$

我们注意到在0.1 s 帧长内没有一个执行机构被指令超过±0.2 rad，所以没有违反速度限制。

继续，有

$$\Delta\boldsymbol{m}_2=\boldsymbol{m}_2-\boldsymbol{m}_1=\begin{Bmatrix}0.2\\ 0\end{Bmatrix}$$

$$\Delta\boldsymbol{u}_2=\boldsymbol{P}_1\Delta\boldsymbol{m}_2=\begin{Bmatrix}0.1667\\ -0.0333\\ -0.0667\end{Bmatrix} \tag{7.22}$$

我们现在转换到 $\boldsymbol{B}_2$ 和 $\boldsymbol{P}_2$。这意味着当前力矩不是 $\boldsymbol{m}_2$，由于那个使用了 $\boldsymbol{B}_1$ 和 $\boldsymbol{P}_1$ 而获得，而它是

$$\boldsymbol{m}_2^*=\boldsymbol{B}_2(\Delta\boldsymbol{u}_1+\Delta\boldsymbol{u}_2)=\begin{Bmatrix}0.1667\\ 0.2000\end{Bmatrix} \tag{7.23}$$

现在图 7.3（c）不是精确的。第三个 $\Delta\Phi$ 的原点不在 $\boldsymbol{m}_2$，而在 $\boldsymbol{m}_2^*$。这不会减慢我们，因为下一个 $\Delta\boldsymbol{m}$ 是容易计算的：

$$\Delta\boldsymbol{m}_3=\boldsymbol{m}_3-\boldsymbol{m}_2^*=\begin{Bmatrix}-0.1667\\ -0.20\end{Bmatrix}$$

$$\Delta \boldsymbol{u}_3 = \boldsymbol{P}_2 \Delta \boldsymbol{m}_3 = \begin{Bmatrix} -0.1397 \\ -0.1460 \\ 0.1079 \end{Bmatrix} \tag{7.24}$$

最后的控制分配为

$$\boldsymbol{u}_3 = \Delta \boldsymbol{u}_1 + \Delta \boldsymbol{u}_2 + \Delta \boldsymbol{u}_3 = \begin{Bmatrix} -0.0063 \\ -0.0127 \\ -0.0254 \end{Bmatrix} \tag{7.25}$$

这不是零向量，但是这个力矩（根据 $\boldsymbol{B}_2$）是零：

$$\boldsymbol{B}_2 \boldsymbol{u}_3 = \boldsymbol{0} \tag{7.26}$$

换句话说，$\boldsymbol{u}_3$ 是在 $\boldsymbol{B}_2$ 的零空间内。结束在零空间不是由于采用这条路径，而是在这条路径上的条件变化导致的。

7.3　全局相对于本地控制有效性

控制有效性（$\boldsymbol{B}$ 矩阵）可以被预先计算并保存在飞行控制计算机中作为当前飞行条件的函数。它的最基本形式就是增益调度，对控制律进行反馈增益的查表操作，它是通过使用控制有效性而隐含计算的。

或者，飞行控制系统也可以使用一个包括飞机扩展模型的板上模型（或者 OBM）：在最低程度，气动力和力矩作为飞机状态、控制执行机构位置和任何其他相关变量的函数。其中可以融入更精细的模型，例如控制—作动器动力学模型。

关于全局分配问题，对于怎样计算全局控制有效性矩阵 $\boldsymbol{B}_{\text{Global}}$，也许有一些不确定性。假如力矩相对于偏转的图对于所有控制偏转都是线性的，那么回答是容易的：力矩相对于控制偏转的导数是这个图的常值斜率。但是它从来不是线性的。

考虑图 7.5。控制有效性的通常阐释确定了在原点处的正切斜率。或者，人们也可以使用有时被称为割线斜率的斜率，其为从原点到图上一点的一条直线的斜率。在这个图上显示的是能够被控制执行机构生成的最大力矩的一个割线斜率。当然有其他可能的定义，但是假如对控制有效性的定义来自线性近似，那么在一些偏转中将引入误差，因而“最好”选项是留给控制系统设计师来判断。在最大执行机构偏转时的力矩的一条割线没有显示，并且从任何意义上都表现不出有用。

在帧方式分配情况下我们对于控制有效性（$\boldsymbol{B}_{\text{Global}}$）将使用全局斜率或者计算在当前操作条件下的斜率，或者本地斜率（$\boldsymbol{B}_{\text{Local}}$）。后面这种方法需要一个详细的板上模型，但是大的优点是总体上降低了由于非线性控制有效性带

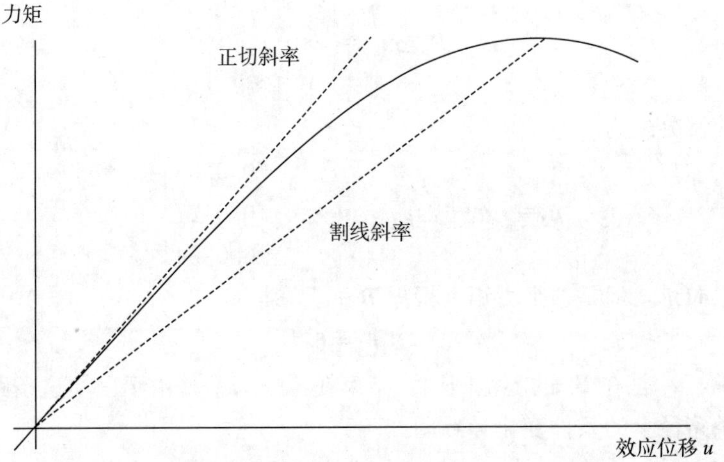

图 7.5　线性控制有效性的可能阐释

来的误差。然而，当使用本地斜率时有些错误需要避免。

图 7.6 中表示了三个实例，其中控制执行机构是，在帧的开始时，在 u^{I}、u^{II} 和 u^{III}。对于 u^{I}，假如帧方式控制限值 Δu 是小的，那么当使用正切斜率作为有效性时将引入非常小的错误。u^{II} 显示了一个不同的问题：执行机构的有效性在此条件是零，因此控制分配器不将试图去使用它。更糟糕的是 u^{III}：假如指令减小力矩，控制分配器将驱动它到更大的偏转。

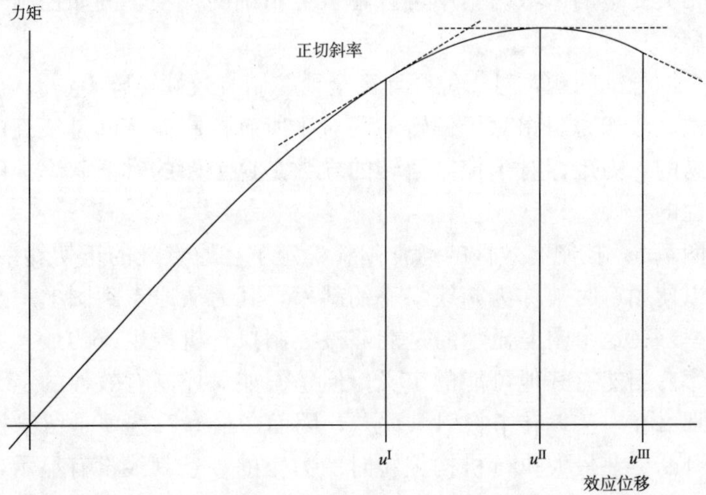

图 7.6　本地控制有效性

设置一定程度上小于 u^{II} 的任意上界全局偏转看起来是更好的，因为在更大偏转上操作是没有什么好处的。也就是说，任何能通过比 u^{II} 大的偏转来实

现的也可以通过比 u^{II} 小的偏转来实现，并且不需要特殊处理。

需要所有这些表明一定程度上的特殊处理，或者准备板上计算机或者使用可以监测什么时候斜率符号将发生变化的软件。

在帧方式控制分配中，飞行控制计算机不断地计算在下一帧分配中使用的力矩变化。力矩的变化来自正被生成的力矩和需要满足控制律动态的下一个力矩。当前和下一个力矩明显与某个 $\boldsymbol{B}_{\mathrm{Global}}$ 相关。下一帧的控制分配问题将与 $\boldsymbol{B}_{\mathrm{Global}}$ 相关，但是使用 $\boldsymbol{B}_{\mathrm{Local}}$ 是更合理的，因为它将是一个更精确的分配。

所有这些将在复原（7.4 节）的讨论中起一些作用，在 7.4 节中我们解决控制执行机构偏转问题，这个问题指的是在 7.2 节描述的并且在 7.2.1 节论证的对于零力矩指令的非零偏转。

7.4　复原

复原指的是针对路径依赖（在 7.2 节中描述）而使用的方法。控制执行机构已经偏转到一定位置，这些位置虽然生成期望力矩（通过 $\boldsymbol{B}$ 的零空间），但是由于其他原因是不期望的（见关于图 5.6 的讨论）。

由于我们通过零空间到达这里，我们将通过这个零空间返回到期望偏转。也就是，我们寻找一个向量 $\Delta\boldsymbol{u}^{\perp}$ 使得：

- $\Delta\boldsymbol{u}^{\perp}$ 是在 $\boldsymbol{B}$ 的零空间 $\mathcal{N}(\boldsymbol{B})$ 中；
- 把 $\Delta\boldsymbol{u}^{\perp}$ 加到当前的 $\Delta\boldsymbol{u}$，将使得解变成一个期望配置。

最初在复原基于的想法是驱动执行机构到最小偏转，尽可能为零，而保持在 $\boldsymbol{B}$ 的零空间内。那时意识到也许有比仅是零偏转更期望的目标。早期成功例子是复原到偏转生成最小化气动阻力的执行机构配置，一般而言，这和零偏转不一样。其他目的被假设，例如最小化液压能源需求或者雷达截面（后者是有趣的，由于人们期望最小化的截面是威胁轴的一个函数）。更一般而言，我们指的是优先解。

7.4.1　增广 B 矩阵

许多优先解把标量函数 $y(\boldsymbol{u})$ 加到现存的力矩向量 $\boldsymbol{m}$。这样把问题维度增加了一个。二力矩问题变为三目标问题，并且三力矩问题变为四目标问题。

$$\boldsymbol{m}^{*}=\begin{Bmatrix}\boldsymbol{m}\\ y(\boldsymbol{u})\end{Bmatrix} \tag{7.27}$$

新函数和在原始问题的力矩一样被对待。$y(\boldsymbol{u})$ 的泰勒展开序列是 $\boldsymbol{B}$ 的一个新列的基，生成了增广矩阵 $\boldsymbol{B}^{*}$。

$$B^* = \begin{bmatrix} & & B & & \\ \dfrac{\partial y}{\partial u_1} & \dfrac{\partial y}{\partial u_2} & \cdots & \dfrac{\partial y}{\partial u_{n-1}} & \dfrac{\partial y}{\partial u_n} \end{bmatrix} \tag{7.28}$$

例如，假如我们最小化阻力，这个增广 $\boldsymbol{B}$ 矩阵将是

$$B^* = \begin{bmatrix} & & B & & \\ \dfrac{\partial C_D}{\partial u_1} & \dfrac{\partial C_D}{\partial u_2} & \cdots & \dfrac{\partial C_D}{\partial u_{n-1}} & \dfrac{\partial C_D}{\partial u_n} \end{bmatrix} \tag{7.29}$$

为了最小化控制向量的 2 范数，我们定义一个相关函数：

$$y = \sum_{i=0}^{m} \frac{1}{2} u_i^2 \tag{7.30}$$

设立 1/2 是因为平方的导数将生成一个因子 2 进行对消。最小化 y 也将最小化这个 2 范数，并且它更容易处理。这里增广 $\boldsymbol{B}$ 矩阵是

$$B^* = \begin{bmatrix} & & B & & \\ u_1 & u_2 & \cdots & u_{n-1} & u_n \end{bmatrix} \tag{7.31}$$

在 $\boldsymbol{B}^*$ 中的这个新列是在得到 $\Delta \boldsymbol{m}_{\text{des}}$ 步骤之后且在应用 $\Delta \boldsymbol{u}^{\perp}$ 一些分量进行复原之前的 u_i 值。

7.4.1.1 可达力矩的增广集

为了可视化可达力矩增广集，再次看我们的 3×2 实例，使用最小范数作为我们的目标。增广的 $\boldsymbol{B}^*$ 成为

$$B^* = \begin{bmatrix} 1 & 0 & -0.5 \\ 0 & 1 & -0.5 \\ u_1 & u_2 & u_3 \end{bmatrix} \tag{7.32}$$

现在假设我们已经使用 $\boldsymbol{B}$ 进行了帧方式分配，如图 7.3（a）所示，但是在我们离开这帧之前我们希望最小化 y。这个增广 $\boldsymbol{B}$ 矩阵是

$$B^* = \begin{bmatrix} 1 & 0 & -0.5 \\ 0 & 1 & -0.5 \\ 0.1333 & -0.0667 & -0.1333 \end{bmatrix} \tag{7.33}$$

为了查看可达目标集 $\Delta\Phi^*$，我们把图围绕 Δm_1 旋转 90°，这样当我们正对 $\Delta y - \Delta m_1$ 平面观察时，Δy 正向上。Δm_2 将垂直于平面 $\Delta y - \Delta m_1$。这个图是通过消除了 B^* 的第二行（与 Δm_2 相关）得到 B^{**} 绘制而成。这样达到的效果是把允许控制 Ω 投影到 $\Delta y - \Delta m_1$ 平面，导致了 $\Delta\Phi^*$ 的一个侧视图，称为 $\Delta\Phi^{**}$，如图 7.7 所示。

$$B^{**} = \begin{bmatrix} 1 & 0 & -0.5 \\ 0.1333 & -0.0667 & -0.1333 \end{bmatrix} \tag{7.34}$$

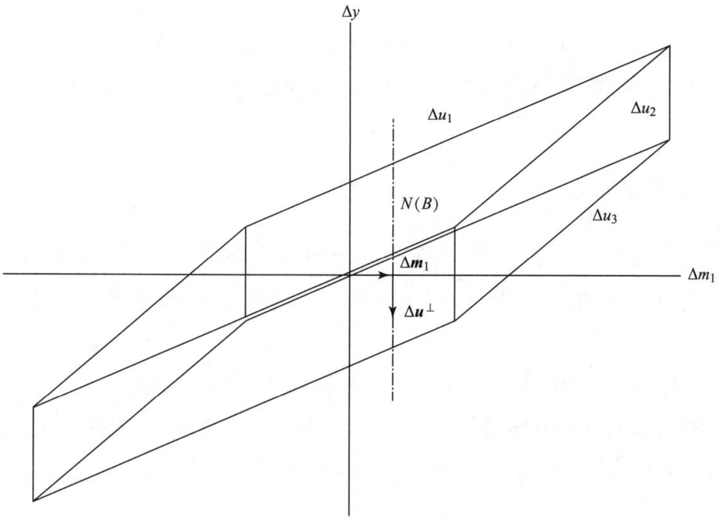

图 7.7　$\Delta\boldsymbol{\Phi}^{*}$ 在 $\Delta y-\Delta\boldsymbol{m}_1$ 平面内被观察

$\boldsymbol{B}^{**}$ 矩阵仅对构造图 7.7 有用，其中图 7.7 是观察 $\Delta\Phi^{*}$ 的一个途径。

表示为 Δm_1 的线是图 7.3（a）的侧视图。这个有实箭头的向量是 $\Delta\boldsymbol{m}_1$，和在图 7.3（a）中的一样。靠近其中三条边的 Δu_i 符号表示定义那些边的控制量；所有和这三条边平行的边由同样的控制量定义。

因为我们通过加入一行增大了 $\boldsymbol{B}$，图 7.7 是一个三维图。在图中所有不是向量或者轴的线条是边，并且那些看不到的（在页面中，在正 Δm_2 的方向上）作为细虚线被画出了。

通过 Δm_1 箭头的虚线生成了允许控制偏转，这些允许偏转改变了 y 而仍然保持需要的 $\Delta\boldsymbol{m}$（Δm_1，Δm_2）。它被表示为 $\mathcal{N}(\boldsymbol{B})$，其是 2×3 维 $\boldsymbol{B}$ 矩阵的一维（在这种情况）零空间，并且 $\Delta\boldsymbol{u}^{\perp}$ 必须沿着负的 Δy 方向；也就是，如图所示在图中向下。

因为现在这是一个三维问题，$\Delta\boldsymbol{u}_{\mathrm{Max}}^{\perp}$ 将不与一条边而是与一个二维面相交。我们将确定面是由 Δu_1 和 Δu_2 定义的，具体是 $\boldsymbol{o}_{221}$ 这个面。这样我们可以选择任何 $\Delta\boldsymbol{u}^{\perp}$，随着合适的大小调整，减小阻力而同时仍然求解初始问题。

对图 7.7 的一些意见如下：

（1）分配必须在两步完成。没有与沿着 $\Delta\boldsymbol{u}^{\perp}$ 显示点相关的任何 $\Delta\boldsymbol{m}^{*}$ 的先验知识。

（2）我们不是希望在一帧内一定达到最小值 Δy。首先，解在下一帧可能就过时了。其次，没有强烈需求来这样做，因为我们希望的是连续的向最小 2 范数推进。再次，采用更小步骤将允许我们在这一步使用一个更便宜的分配器，例如合适调整后的一个伪逆解。最后，我们希望减小振荡，这将在 7.4.3

节中讨论。

(3) 一般而言，假如在期望力矩 $\Delta \boldsymbol{m}_{\text{des}}$（在图 7.7 中的 $\Delta \boldsymbol{m}_1$）的变化是在边界 $\partial(\Delta\Phi)$ 上，将没有复原的可能性，因为在边界上的解是唯一的（阻止退化，见 5.2 节）。

7.4.2 实现

为了实现复原，我们首先寻找上面 $\boldsymbol{B}$ 矩阵的满足 $\Delta \boldsymbol{m}_{\text{des}}$ 分配的执行机构配置，把问题原点设置为力矩空间的这个点，然后根据希望的 Δy 使用 $\boldsymbol{B}^*$ 进行配置。

(1) 使用 $\boldsymbol{B}$，求解对于 $\Delta \boldsymbol{m}_{\text{des}}$ 的 m 维分配问题来寻找 $\Delta \boldsymbol{u}$。

(2) 假如解在 $\Delta\Phi$ 的边界上，停止。没有可能复原。否则，通过改变偏转的上界和下界限值为 $\Delta \boldsymbol{u}'_{\text{Min}}$ 和 $\Delta \boldsymbol{u}'_{\text{Max}}$，移动原点到 $\Delta \boldsymbol{m}_{\text{des}}$。

$$\begin{cases} \Delta \boldsymbol{u}'_{\text{Min}} = \Delta \boldsymbol{u}_{\text{Min}} - \Delta \boldsymbol{u} \\ \Delta \boldsymbol{u}'_{\text{Max}} = \Delta \boldsymbol{u}_{\text{Max}} - \Delta \boldsymbol{u} \end{cases} \tag{7.35}$$

(3) 按照需要增广 $\boldsymbol{B}$ 矩阵（7.4.1 节）。

(4) 选择有以下形式的增广力矩向量：

$$\Delta \boldsymbol{m}^* = \begin{Bmatrix} \boldsymbol{0} \\ a \end{Bmatrix},\ a<0 \tag{7.36}$$

在方程（7.36）中 $\Delta \boldsymbol{m}^*$ 的前面 n（2 或者 3 用于我们的目的）个分量保证 $\Delta \boldsymbol{m}_{\text{des}}$ 是不变的，并且负的 a 表示我们正最小化 y。

(5) 使用 $\boldsymbol{B}^*$，对于 $\Delta \boldsymbol{m}^*$ 求解（$m+1$）维分配问题来寻找任何 $\Delta \boldsymbol{u}^{\perp}$。

(6) 必要时调整 $\Delta \boldsymbol{u}^{\perp}$。

(7) 对于这帧的最后控制偏转，$\Delta \boldsymbol{u}'$ 是

$$\Delta \boldsymbol{u}' = \Delta \boldsymbol{u} + \Delta \boldsymbol{u}^{\perp} \tag{7.37}$$

7.4.3 振荡

振荡是假如 $\boldsymbol{u}^{\perp}$ 没有进行合适调整，能和一些期望解一起发生的一种现象。考虑阻力系数是运动控制面（如单一水平尾翼表面）的函数。通常有某个位置，在那里控制引起的阻力是一个最小值，一般而言，它是相对于它的自由浮动位置（没有联动力矩）导致的。然后这个阻力和在最小值任意一边的偏转一起增加。阻力相对于偏转的图是 U 形的，如图 7.8 和图 7.9 中显示的。

当前的工作点 u_i 如图 7.8 所示。和这条曲线正切的虚线是 $\boldsymbol{B}_{\text{Aug}}$ 中适当元素的值，$\partial D/\partial u_i$。点 a 代表了在 $\boldsymbol{u}^{\perp}$ 加入后的偏转，点 b 代表了加上之后它在这个阻力曲线上的位置。在这种情况下阻力被大大减小了，虽然不如线性近

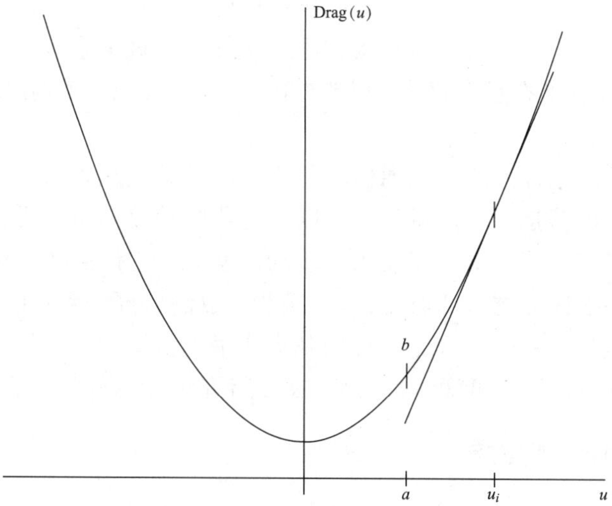

图 7.8　典型的阻力与复原时的控制偏转对比

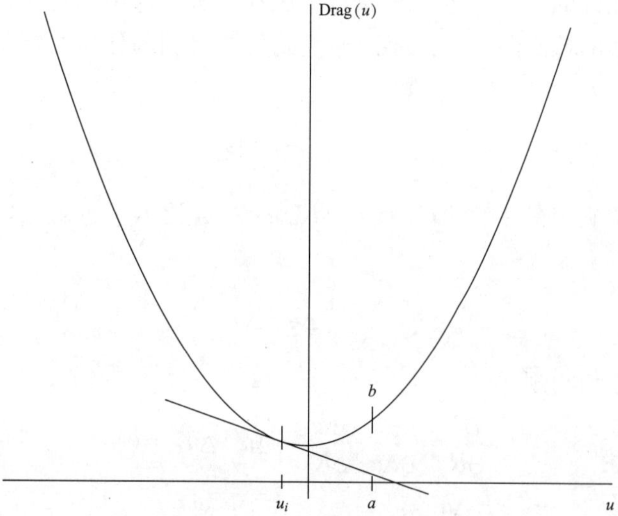

图 7.9　图 7.8 在不同工作点时

似将表示的那样多。

u_i 的另一个不同的工作点如图 7.9 所示。点 a 和点 b 有和前面一样的意义。在这种情况下 u_i 的符号已经变化，并且阻力值实际上提高了。

假如在零偏转附近运行一会儿，执行机构将不断来回切换，这称为振荡。除非用手段来防止，振荡是一般常见的现象。当靠近原点，我们需要调节 $\boldsymbol{u}^{\perp}$。但需要调节多少很难解析确定，并且这样的问题将使得飞行控制工程师在可以预见的将来仍然有用武之地。

振荡是一种不期望的现象。即使执行机构可能时间平均偏转符合控制系统的需求，振荡将在执行机构作动器上产生损耗，这也是应该避免的。美学意义上，我们很难在控制执行机构在 100 Hz 处发出“嗡嗡”噪声时找到美感。

处理振荡的一种方法是在通向执行机构的通道上放置低通滤波器。事实上，这样的滤波器是正常提供的，它以作动器驱动控制执行机构的动态响应的形式存在。作动器经常可建模为一阶动态系统，它们的数学模型和电气低通滤波器是无法区分的。那就是说，当帧方式控制分配器可能指令执行机构改变方向并且在下一个百分之一秒内到远离最近位置的新位置，而作动器—执行机构系统动态因为低通特性的存在，将不能实现这样的突然变化。

7.4.4 最小范数复原

当复原到最小范数解时，随着比例因子能解析确定，振荡就不是一个问题。复原到最小范数解，或者尽可能接近它，可以在一步内执行。任何时候当伪逆解是允许的，最小范数复原将生成那个解。这当然意味着只要力矩需求是零，返回的控制向量将是零。通过此伪逆得到的任何力矩就没有路径依赖，包括原点。

7.4.4.1 对于这个 2 范数的最优比例调整

我们希望确定最小化 $\Delta\boldsymbol{u}'=\Delta\boldsymbol{u}+K\Delta\boldsymbol{u}^{\perp}$ 范数的 K。也就是，我们希望最小化

$$J=\frac{1}{2}\Delta\boldsymbol{u}'^{\mathrm{T}}\Delta\boldsymbol{u}' \tag{7.38}$$

为了最小值出现：

$$\frac{\partial J}{\partial K}=\frac{\partial J}{\partial\Delta\boldsymbol{u}'}\frac{\partial\Delta\boldsymbol{u}'}{\partial K}=\Delta\boldsymbol{u}'^{\mathrm{T}}\Delta\boldsymbol{u}^{\perp}=0 \tag{7.39}$$

减去 $\Delta\boldsymbol{u}'^{\mathrm{T}}=\Delta\boldsymbol{u}^{\mathrm{T}}+K\Delta\boldsymbol{u}^{\perp^{\mathrm{T}}}$：

$$[\Delta\boldsymbol{u}^{\mathrm{T}}+K\Delta\boldsymbol{u}^{\perp^{\mathrm{T}}}]\Delta\boldsymbol{u}^{\perp}=0 \tag{7.40}$$

用于最小范数复原的增广 $\boldsymbol{B}$ 矩阵是

$$\boldsymbol{B}^{*}=\begin{bmatrix}\boldsymbol{B}\\ u_1\ u_2\cdots\ u_{n-1}\ u_n\end{bmatrix} \tag{7.41}$$

可写为

$$\boldsymbol{B}^{*}=\begin{bmatrix}\boldsymbol{B}\\ \Delta\boldsymbol{u}^{\mathrm{T}}\end{bmatrix} \tag{7.42}$$

然后我们选择 $\Delta\boldsymbol{u}^{\perp}$，所以

$$\boldsymbol{B}^*\Delta\boldsymbol{u}^{\perp}=\begin{Bmatrix}\boldsymbol{0}\\a\end{Bmatrix},\ a<0 \tag{7.43}$$

因此

$$\Delta\boldsymbol{u}^{\mathrm{T}}\Delta\boldsymbol{u}^{\perp}=a \tag{7.44}$$

最优调整比例是

$$K_{\mathrm{Opt}}=\frac{-a}{\Delta\boldsymbol{u}^{\perp\mathrm{T}}\Delta\boldsymbol{u}^{\perp}} \tag{7.45}$$

例 7.3　用于最小范数复原的最优比例　为了说明，我们继续使用 7.2.1 节的简单的三控制二力矩例子。大致上按照 7.4.2 节中的步骤。在第一帧，使用直接分配，从 $\boldsymbol{m}_0$ 移动到 $\boldsymbol{m}_1$。

$$\boldsymbol{m}_0=\boldsymbol{0},\ \boldsymbol{m}_1=\begin{Bmatrix}0.2\\0\end{Bmatrix} \tag{7.46}$$

$$\Delta\boldsymbol{u}_1=\begin{Bmatrix}0.1333\\-0.0667\\-0.1333\end{Bmatrix} \tag{7.47}$$

通过使用方程（7.35）改变上限和下限的偏转值来移动原点：

$$\begin{cases}\Delta u_{1'_{\mathrm{Min}}}=-0.5-0.1333=-0.6333\\ \Delta u_{1'_{\mathrm{Max}}}=0.5-0.1333=-0.3667\\ \Delta u_{2'_{\mathrm{Min}}}=-0.5+0.0667=-0.4333\\ \Delta u_{2'_{\mathrm{Max}}}=0.5+0.0667=-0.5667\\ \Delta u_{3'_{\mathrm{Min}}}=-0.5+0.1333=-0.3667\\ \Delta u_{3'_{\mathrm{Max}}}=0.5+0.1333=-0.6333\end{cases} \tag{7.48}$$

增广 $\boldsymbol{B}$ 矩阵 $\boldsymbol{B}^*$ 在方程（7.31）中给出，增大的力矩向量 $\boldsymbol{m}^*$ 在方程（7.36）中给出。对于 $\boldsymbol{m}^*$ 任意选择 $a=-1$。

$\mathcal{N}(\boldsymbol{B})$ 的方向可使用任何分配方法确定。我们需要的只是一个方向，所以伪逆也可以被使用。在这种情况下 $\boldsymbol{B}^*$ 是正方形，我们可以简单使用它的逆。

$$\mathcal{N}(\boldsymbol{B})=\boldsymbol{B}^{*-1}\begin{Bmatrix}0\\0\\-1\end{Bmatrix}=\begin{Bmatrix}5\\5\\10\end{Bmatrix} \tag{7.49}$$

复原的 $\Delta\boldsymbol{u}^{\perp}$ 将有以下形式最大的复原向量：

$$\Delta\boldsymbol{u}^{\perp}=K\begin{Bmatrix}5\\5\\10\end{Bmatrix},\ K>0 \tag{7.50}$$

$\Delta\boldsymbol{u}^{\perp}_{\mathrm{Max}}$ 是从移动原点开始在 $\mathcal{N}(\boldsymbol{B})$ 方向上的最大允许向量，被确定为出现在

$K_{\mathrm{Max}}=0.06333$。

$$\Delta\boldsymbol{u}_{\mathrm{Max}}^{\perp}=\begin{Bmatrix}0.3166\\0.3166\\0.6333\end{Bmatrix} \tag{7.51}$$

$$K_{\mathrm{Opt}}=\frac{-a}{\Delta\boldsymbol{u}^{\perp\mathrm{T}}\Delta\boldsymbol{u}^{\perp}}=\frac{1}{150}=0.006667 \tag{7.52}$$

假如 K_{Opt} 比前面确定的 K_{Max} 大，必须使用 K_{Max}。在当前的问题中 $K_{\mathrm{Opt}}=1/150=0.006667<K_{\mathrm{Max}}$，并且有着最小范数的 $\Delta\boldsymbol{u}'$ 是

$$\Delta\boldsymbol{u}'_{\mathrm{Opt}}=\begin{Bmatrix}0.1666\\-0.0334\\-0.0666\end{Bmatrix} \tag{7.53}$$

当 $K=0$ 和 0.20 比较，这个向量的范数是 $\|\Delta\boldsymbol{u}'_{\mathrm{Opt}}\|_2=0.1825$。图 7.10 说明了这个过程。

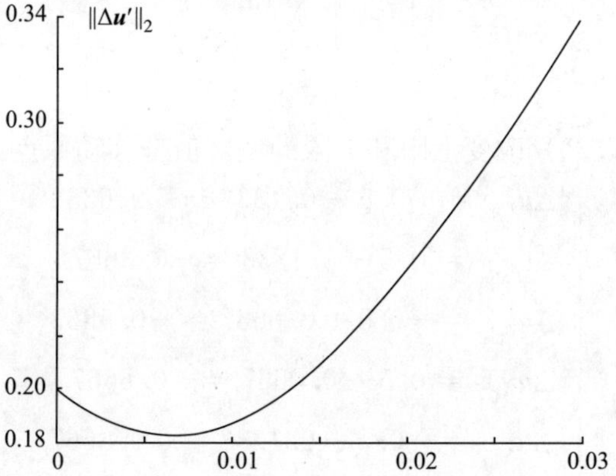

图 7.10　$\|\Delta\boldsymbol{u}'\|_2$ 对比 K

例 7.4　K_{Opt} 对比 K_{Max} 和伪逆解　在前面章节给出的过程将的确返回和这个伪逆同样的解，只要那个解是允许的。假如伪逆解是不允许的，那么伪逆解可以被均匀调整比例来生成一个保持在这个方向上的允许解 $\boldsymbol{m}_{\mathrm{des}}$，但是那不同于通过更小的 K_{Opt} 和 K_{Max} 来调整 $\boldsymbol{u}^{\perp}$。

为了强调这个结果并且强化最小范数复原方法，我们考虑一个更复杂的问题。5.2 节使用了一个三力矩七控制的例子，重新列在下面。不用操心帧方式问题，因为涉及的数学对于全局问题是一样的。

$$\boldsymbol{B}=\begin{bmatrix}0.7073 & -0.7073 & -3.4956 & -3.0013 & 3.0013 & 3.4956 & 2.1103\\ 1.1204 & 1.1204 & -0.7919 & -1.2614 & -1.2614 & -0.7919 & 0.0035\\ -0.3309 & 0.3309 & -0.1507 & -0.3088 & 0.3088 & 0.1507 & -1.2680\end{bmatrix} \tag{7.54}$$

$$\boldsymbol{u}_{\mathrm{Min}}=\begin{Bmatrix}-0.9599\\-0.9599\\-0.5236\\-0.5236\\-0.5236\\-0.5236\end{Bmatrix}_u\quad \boldsymbol{u}_{\mathrm{Max}}=\begin{Bmatrix}0.4363\\0.4363\\0.5236\\0.5236\\0.5236\\0.5236\end{Bmatrix}_u \tag{7.55}$$

我们采用

$$\boldsymbol{m}_{\mathrm{des}}=\begin{Bmatrix}-1.8832\\1.4055\\1.0133\end{Bmatrix} \tag{7.56}$$

这个向量是方程（5.50）中的 $\boldsymbol{m}_{0100000}$ 的 90%，使用直接分配可达但是不通过这个伪逆。这个直接分配解是在方程（5.49）中 $\boldsymbol{u}_{0100000}$ 的 90%，所以我们能直接复原而不用纠结于分配。

$$\boldsymbol{u}_{\mathrm{DA}}=\begin{Bmatrix}-0.8639\\0.3927\\-0.4712\\-0.4712\\-0.4712\\-0.4712\\-0.4712\end{Bmatrix} \tag{7.57}$$

增广 $\boldsymbol{B}$ 矩阵是

$$\boldsymbol{B}^*=\begin{bmatrix}0.7073 & -0.7073 & -3.4956 & -3.0013 & 3.0013 & 3.4956 & 2.1103\\1.1204 & 1.1204 & -0.7919 & -1.2614 & -1.2614 & -0.7919 & 0.0035\\-0.3309 & 0.3309 & -0.1507 & -0.3088 & 0.3088 & 0.1507 & -1.2680\\-0.8639 & 0.3927 & -0.4712 & -0.4712 & -0.4712 & -0.4712 & -0.4712\end{bmatrix} \tag{7.58}$$

任意选择 $a=-2$ 并且使用$\boldsymbol{P}^*$，$\boldsymbol{B}^*$ 的伪逆，即

$$\boldsymbol{u}^{\perp}=\boldsymbol{P}^*\begin{Bmatrix}\boldsymbol{0}\\-2\end{Bmatrix}=\begin{Bmatrix}1.5545\\0.0375\\0.6303\\0.3026\\0.4391\\0.4389\\-0.3854\end{Bmatrix} \tag{7.59}$$

最优比例因子是

$$K_{\text{Opt}}=\frac{-a}{\boldsymbol{u}^{\perp\text{T}}\boldsymbol{u}^{\perp}}=0.5813 \tag{7.60}$$

伪逆解是 $\boldsymbol{u}_{\text{Pseudo}}=\boldsymbol{u}_{\text{DA}}+K_{\text{Opt}}\boldsymbol{u}^{\perp}$，即

$$\boldsymbol{u}_{\text{Pseudo}}=\begin{Bmatrix}0.0397\\0.4145\\-0.1048\\-0.2953\\-0.2160\\-0.2161\\-0.6952\end{Bmatrix} \tag{7.61}$$

和 $\boldsymbol{u}_{\text{Min}}$，$\boldsymbol{u}_{\text{Max}}$ 比较，我们看出 u_7 被指令超过其最小位移。因为最优复原向量的使用将导致不允许控制，我们不能使用 K_{Opt} 但是反而必须使用 K_{Max}。这个被移动的原点是

$$\boldsymbol{u}'_{\text{Min}}=\boldsymbol{u}_{\text{Min}}-\boldsymbol{u}=\begin{Bmatrix}-0.0960\\-1.3526\\-0.0524\\-0.0524\\-0.0524\\-0.0524\\-0.0524\end{Bmatrix} \tag{7.62}$$

$$\boldsymbol{u}'_{\text{Max}}=\boldsymbol{u}_{\text{Max}}-\boldsymbol{u}=\begin{Bmatrix}1.3002\\0.0436\\0.9948\\0.9948\\0.9948\\0.9948\\0.9948\end{Bmatrix} \tag{7.63}$$

把 $K\boldsymbol{u}^{\perp}$ 和 $\boldsymbol{u}'_{\text{Min}}$，$\boldsymbol{u}'_{\text{Max}}$ 比较，基于 u_7，确定 $K_{\text{Max}}=0.1359$。

$$\boldsymbol{u}_{\text{DA, scaled}}=\boldsymbol{u}_{\text{DA}}+K_{\text{Max}}\boldsymbol{u}^{\perp}=\begin{Bmatrix}-0.6527\\0.3978\\-0.3856\\-0.4301\\-0.4116\\-0.4116\\-0.5236\end{Bmatrix} \tag{7.64}$$

假如我们使用这个伪逆解，将需要调整这个向量大小使得所有元素都是允许的。

$$\boldsymbol{u}_{\text{Pseudo, scaled}}=\begin{Bmatrix} 0.0299 \\ 0.3121 \\ -0.0790 \\ -0.2224 \\ -0.1627 \\ -0.1628 \\ -0.5236 \end{Bmatrix} \tag{7.65}$$

使用这个调整后的伪逆得到的力矩，如预料的，比期望的小很多。

$$\boldsymbol{Bu}_{\text{Pseudo, scaled}}=\begin{Bmatrix} -1.4183 \\ 1.0585 \\ 0.7631 \end{Bmatrix} \tag{7.66}$$

第 8 章

控制分配和飞行控制系统设计

本章将阐明控制分配如何适用于典型飞行控制系统。作为一种有代表性的飞行控制方法，动态逆在这里被选中。有许多形式的动态逆控制律可以采用。通过 MATLAB® /Simulink® 仿真，本书给出了一个简单动态逆控制律例子，并且可以从本书的辅助站点获得。这些文件不是必需的，但是本书提供了，假如读者希望进一步加深对这些材料的理解，可以查看。本章的例子中使用了飞机的一个简单线性模型。

8.1 动态逆期望加速度

动态逆在第 3 章中被引入。对于单个控制执行机构控制的单一加速度情况，我们推导了方程（3.4），在这里重复作为方程（8.1）：

$$u^{*}(t)=\frac{1}{b}(\dot{x}_{\text{des}}-f(x(t))) \tag{8.1}$$

我们注意到，假如假设近似和测量是完美的，这个结果是方程（8.2）：

$$\dot{x}=\dot{x}_{\text{des}} \tag{8.2}$$

8.1.1 期望加速度

图 8.1 显示了在附录 B 中描述的 Simulink® 文件[①]的顶层方块图。图 8.1 是方程（8.1）的一个图形化表示。生成$\dot{x}_{\text{des}}$的过程被分解为两步。第一步在图 8.1 中的“指令”方块中进行操作。飞行员输入，从指令发生装置感应到的力或者位移意义上来说，被转换为指令响应（如滚转速度）。第二步通过使用被指令状态和感应到的值确定期望加速度。这个在“调节器”方块中操作。“机载模型”方块提供了标称飞机加速度的估计值。这些标称加速度是总体加速度的一部分，而总体加速度不是被分配控制的函数，即方程（8.1）

① 这个特殊的模型是“Linear_ADMIRE_sim. mdl”。

中的 $f(x(t))$。对于在单个控制执行机构下的单一加速度情况，“控制分配”方块简单的是 $1/b$。

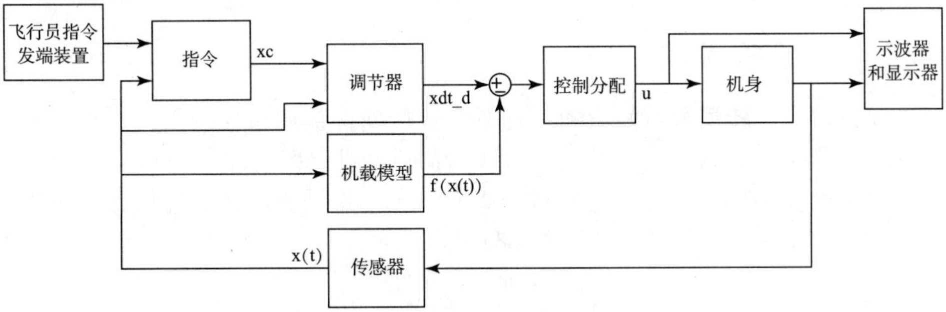

图 8.1　方程（8.1）的顶层方块图

对于给出的线性化例子，机身动力学通过使用标准状态空间形式进行建模：

$$\dot{\boldsymbol{x}}=\boldsymbol{A}\boldsymbol{x}+\boldsymbol{B}\boldsymbol{u} \tag{8.3}$$

这些方程在“机身”方块中被实现。这个方块展开如图 8.2 所示。

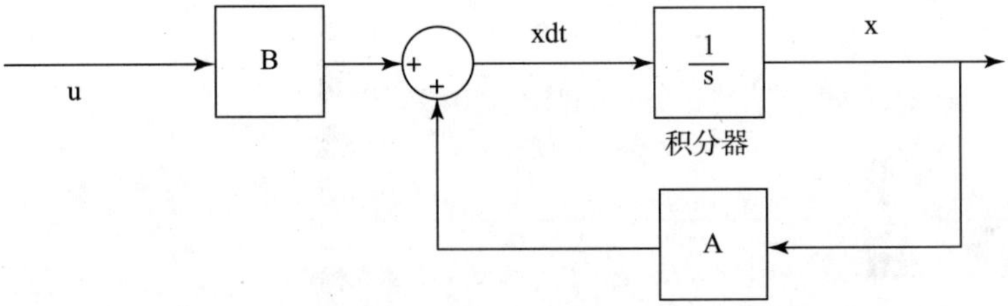

图 8.2　在图 8.1 中“机身”方块的状态空间形式

假如用来生成方程（8.2）的假设是成立的，即采用 $\dot{x}=\dot{x}_{\mathrm{des}}$ 是合理的，那么图 8.2 能简化为图 8.3。

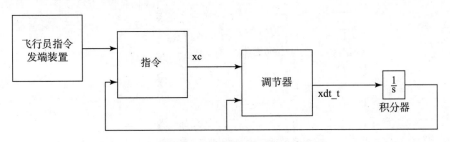

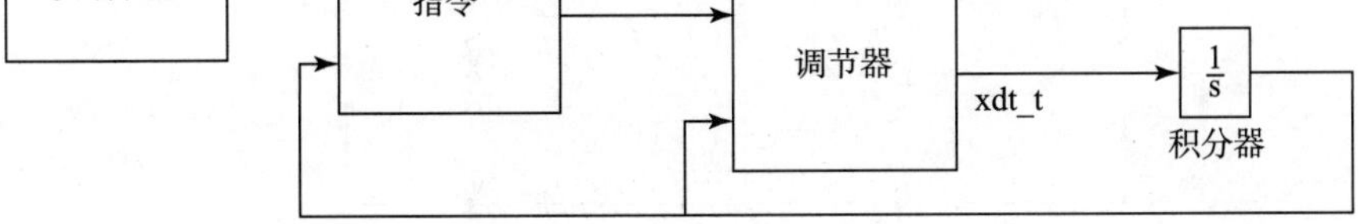

图 8.3　简化的图 8.1

通过这种简化，控制律指令和调节器部分能被设计来获得特定的传递函数。那就是，通过假设动态逆和控制分配将完美运行，图 8.3 的结构可以被用来设计指令和调节器。这样设计的三个例子在下文中展示。

8.1.2 指令和调节器实例

例 8.1 滚转模态时间常数 通常，横侧向杆被用来控制滚转速度，p。飞行员希望获得快速一阶响应，并且飞行品质文件（国防部，1990），包含了推荐滚转模态时间常数 τ_R 的范围。这个能通过简单比例控制器实现，如图 8.4 所示。系统能通过下面的传递函数表示：

$$\frac{p}{p_c}=\frac{K_p}{s+K_p}=\frac{1}{\tau_R s+1} \tag{8.4}$$

从方程（8.4）中可以看出，期望的时间常数能通过选择 $K_p=1/\tau_R$ 得到。

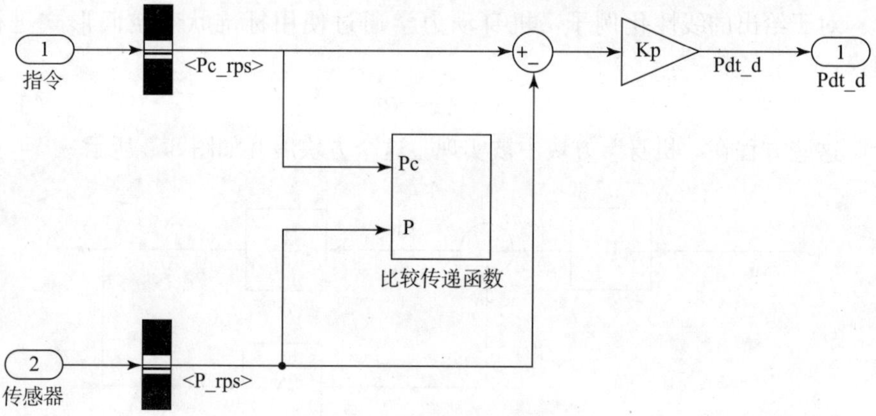

图 8.4 简单比例控制器

仿真中的一个方块计算了方程（8.4）传递函数的输出，并且把它和仿真滚转速度进行了比较。查看图 8.5 可获得细节。

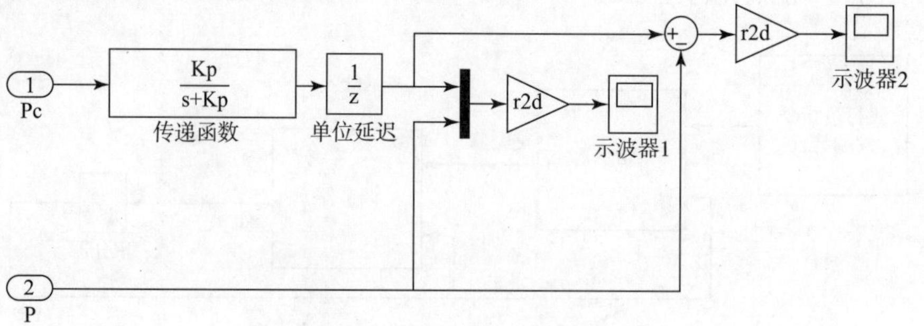

图 8.5 传递函数比较方块

假如用来简化设计过程的假设是合理的，那么仿真滚转速度 p_{Sim} 应该和这个传递函数的输出 p_{tf} 是一样的（或者几乎是一样的）。运行这个仿真的结果显示这两种信号是非常接近的，但不是一样的。图 8.6 显示了选择 K_p 来给出时间常数为 0.5 s 时的仿真结果。对于这个传递函数响应和仿真响应的线条在显示比例下是很难区分的。为了解决这个区分问题，下面一些图显示这两个值的区别。

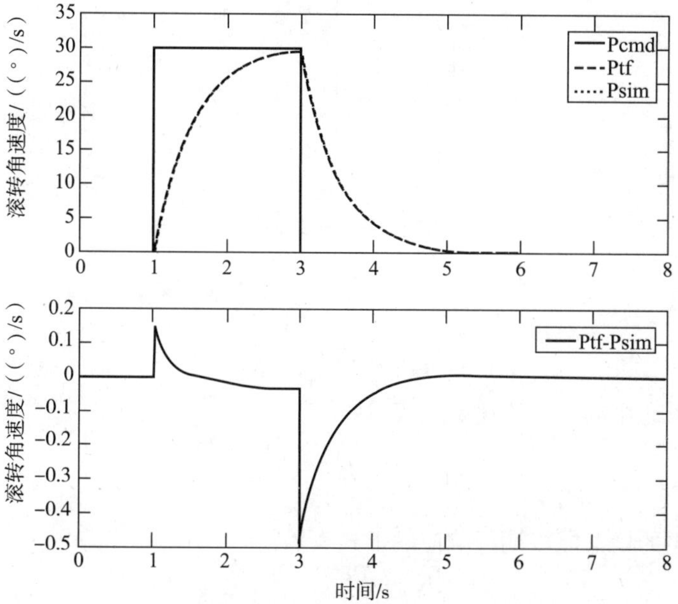

图 8.6　滚转速度响应

实际上，正如飞行控制计算机通常不可能以无限精度来获得实际飞机状态和标称加速度，人们将永不会获得完全一致的匹配。而且，其他因素如作动器和传感器动力学能影响这个响应。甚至在简单线性模型中，一步时间滞后的存在，0.01 s，在这个反馈路径中的“传感器”方块中足以导致微小的变化。从这里描述的方法中获得的增益是一个好的初始起点。随着一个设计成熟并且获得更多系统信息，能改变调节器增益来获得期望响应。这个过程在一篇描述基于动态逆并用在 X-35 项目中的控制律文章中进行了记录：

然而，一种经常在低阶直接综合技术中出现的复杂情况是高阶动力学的影响。为了补偿这些影响，围绕在动态逆控制律周围进行离线优化，它通过调整调节器增益获得期望飞行品质指标。（Walkeer 和 Allen，2002）

例 8.2　俯仰速度指令　假如我们期望二阶响应，调节器能选用一个不同的结构。对于一架飞机的短时响应，主要由俯仰速度特征表示，飞行品质特殊要求通常建议二阶响应。考虑用比例—积分—前向通道结构，如图 8.7 所示，来控制俯仰速度 q。

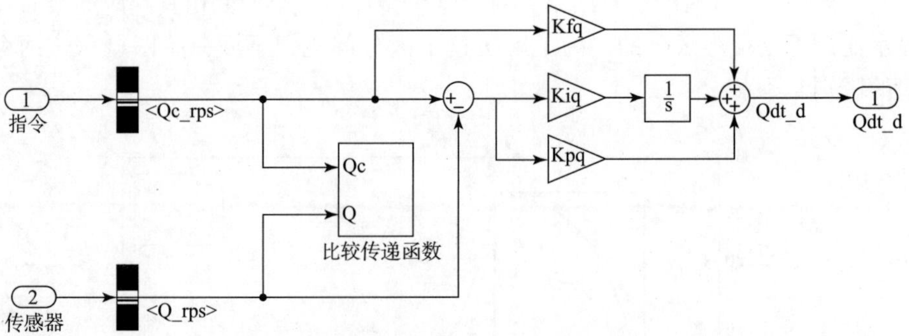

图 8.7　比例—积分—前向通道控制器

进行方块图代数操作，图 8.7 简化为以下传递函数：

$$\frac{q}{q_c}=\frac{(K_{fq}+K_{pq})s+K_{iq}}{s^2+K_{pq}s+K_{iq}} \tag{8.5}$$

期望响应以通用的二阶传递函数表示：

$$G(s)=\frac{\omega_n^2(T_{\theta_2}s+1)}{s^2+2\zeta\omega_n s+\omega^2 n} \tag{8.6}$$

在调节器中的增益能以期望响应的形式表示：

$$\begin{cases}K_{pq}=2\zeta\omega_n\\K_{iq}=\omega_n^2\\K_{fq}=T_{\theta_2}\omega_n^2-2\zeta\omega_n\end{cases} \tag{8.7}$$

注意到把期望的 T_{θ_2} 设置为零消除了在传递函数中的零。在仿真中，再次用一个方块来比较期望传递函数的响应结果和飞机响应结果。图 8.8 显示了使用期望阻尼比 $\zeta=0.85$，自然频率 $\omega_n=0$ 和 $T_{\theta_2}=0$ 时的仿真结果。

例 8.3　侧滑控制器　本节中设计控制器的方法不局限于速度指令系统。方向舵脚蹬经常用来控制侧滑角。图 8.9 显示了生成期望偏航加速度 $\dot{r}_{\text{des}}$ 的结构，它用来控制侧滑 β。这个方法合并了在调节器模块中的偏航速度 r 上的比例控制和生成偏航速度指令的比例积分前向通道控制。

再次进行方块图代数操作，图 8.9 简化为这个传递函数：

$$\begin{aligned}\frac{\beta}{\beta_c}&=\frac{K_r(K_{fb}+K_{pb})s+K_rK_{ib}}{s^3+K_rs^2+K_rK_{pb}s+K_rK_{ib}}\\&=\frac{\omega_n^2\omega_2(T_{\theta_2}s+1)}{(s^2+2\zeta\omega_n s+\omega_n^2)(s+\omega_2)}\end{aligned} \tag{8.8}$$

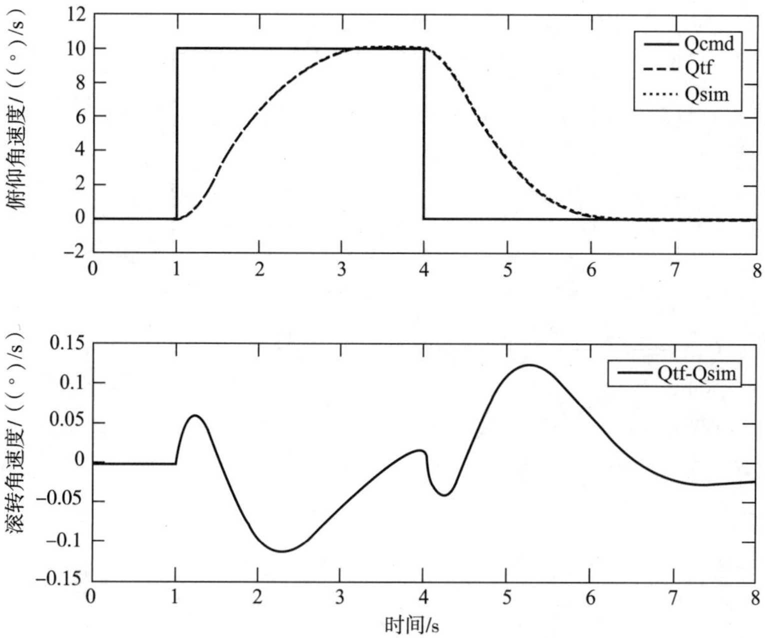

图 8.8　俯仰速度响应

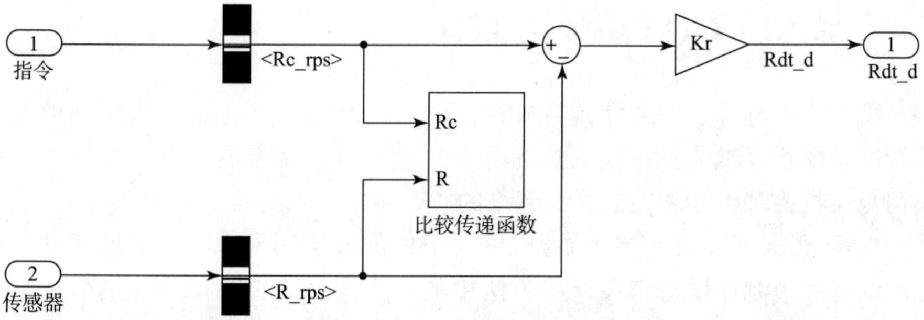

图 8.9　侧滑控制器，调节器

假如期望响应是以 ζ、ω_n、ω_2 和 T_{θ_2} 的形式已知的，人们可以求解生成这个响应的控制律增益。注意这个结构使用近似量$\dot{\beta}\approx -r$。

这里的过于简化导致期望传递函数和仿真响应之间明显区别，如图 8.10 所示。

使用动态逆控制律的好处是人们能使用简单反馈控制概念来确定生成期望响应的指令和调节器增益。典型简化假设在早期被用在设计过程中，增益在后面被调整，使得高阶系统像期望的低阶等效系统一样运动。

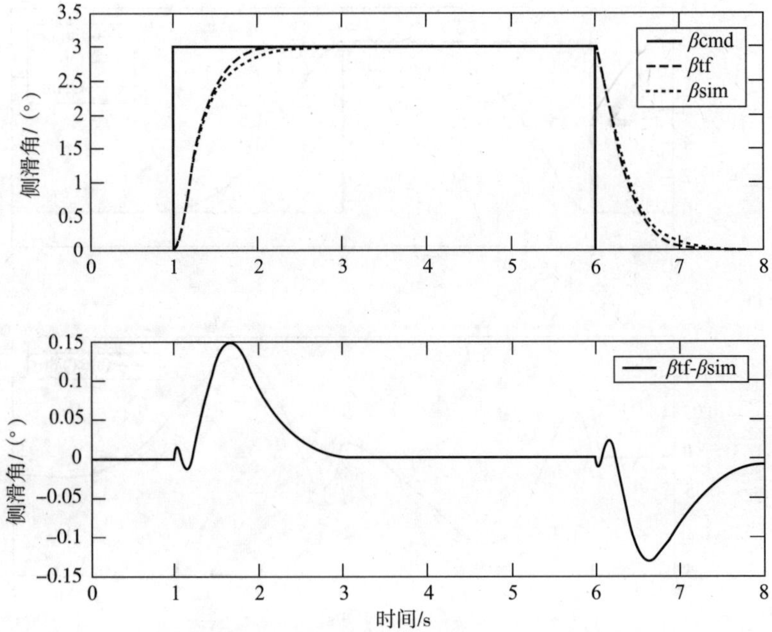

图 8.10 侧滑响应

8.2 最大值集合和控制律设计

第 5 章中的方法用来计算 AMS，即在一个给定方向上的最大可达值和三维集的总体积。本节将详细叙述为什么这个集合是重要的，以及总体上它是如何与飞机的动力学和控制联系起来的。

AMS 代表了飞机的加速能力。8.1 节中的方法用来确定生成期望动态响应的动态逆控制律增益。在这些方法中的一个假设是控制律的控制分配部分提供了必要的加速度。计算增益的这种方法能用来设计控制系统，使其有设计者期望的任何动态响应。然而，在实践中，动态响应的范围局限于要求加速度在 AMS 内。更明确一些，这些期望加速度必须在 AMS 的子集内，对于 AMS 控制分配的一种特定方法将找到允许控制。由于这个原因，作者相信控制分配方法对于每一个可达力矩寻找到允许控制的能力，是用来比较控制分配不同方法的标准。

8.2.1 在设计过程中

在飞机设计的早期阶段，机动要求能被用来指定 AMS 的最小尺寸。这有助于确定控制面的起始尺寸以保证这飞机将有能力进行期望的机动。

典型地，控制面尺寸是通过考虑最小控制有效飞行区域确定的。大多数飞机依赖于气动控制面生成用于机动的期望力矩。这些面的力矩生成能力和动压 $\bar{q}=\rho V^2/2$ 成比例。为了减少可用的控制功率，低动压飞行条件经常需要被检查。例如，一个可能和降落配置类似的低速条件经常被用来检查控制功率要求。

在确定是否一组特定集的控制执行机构足以满足一种特定的设计之前，重要的是确定将来飞机的机动需求。提出这样的需求有很多方法和概念。本书的目的不是来对这些方法进行分类和讨论它们的有效性，仅将详细讨论一种方法。更多信息可以在 Shaw（1985）和 Wilsond 等（1993）中获得。

例 8.4　军用飞机的滚转需求　这本书中用作仿真的例子是 ADMIRE 飞机，它是一种单引擎鸭翼/三角翼飞机（ADMIRE，2003）。假如针对美国政府的一个建议书的这样一架飞机正被设计，设计者将被定义了这架飞机必须满足的一些特定标准的详细文件所规范指导，如 MIL-STD-1797A（国防部，1990）。1797A 的指导建议是基于早期飞行品质要求，如 MIL-F-8785C（国防部，1980）。由于缺乏对于 ADMIRE 仿真代表的飞机的详细指标要求，用于讨论目的，我们将假设应用 8785C 要求。

8785C 要求基于尺寸和机动性把飞机分为几类。ADMIRE 飞机将被分类为一种类型 IV 飞机，一种高度机动的飞机。最大期望的滚转模态时间常数，τ_R，对于类型 IV 飞机是

$$\tau_R \leqslant 1\ \mathrm{s} \tag{8.9}$$

回到方程（8.4），它把滚转模态时间常数和期望滚转速度传递函数联系了起来：

$$\frac{p}{p_c}=\frac{K_p}{s+K_p}=\frac{1}{\tau_R s+1} \tag{8.10}$$

然而，单独这个信息不足以确定期望加速能力。对于一阶阶跃响应，最大加速度将发生在阶跃输入的时刻，并且等于这一步幅值除以时间常数。

$$\dot{p}_{\mathrm{Max}}=\frac{p_c}{\tau_R} \tag{8.11}$$

图 8.11 显示了对于单位阶跃输入和时间常数 $\tau_R=0.5$ s 的以上传递函数的一个实例响应。

为了确定需要的最大横侧向加速度，有必要选择系统将生成期望动态响应的最大阶跃输入。8785C 规定了响应滚转输入而获得滚转角变化的最大允许时间，针对三种不同类型机动，有四种不同的速度范围：非常低（VL），低（L），中（M），高（H）。这些速度范围的定义对于每架飞机都是特定的。这里使用的 ADMIRE 仿真的数据（马赫数 0.22，近海平面）将被假定为非常

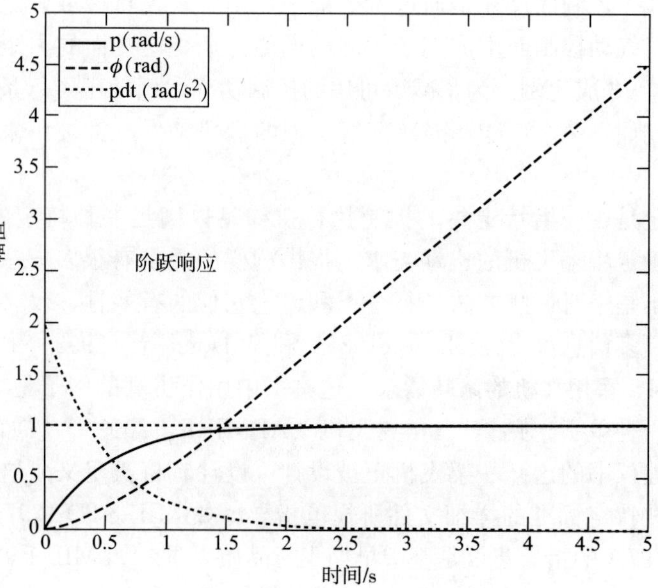

图 8. 11　一阶滚转速度单位阶跃响应的例子

低（VL），并且下面的分析是基于此假设。

为了初始确定尺寸目的，更具限制性的要求通常被选择，以使得这些要求对于所有类别都满足。同样的分析将对于所有其他速度范围都完成。更具限制性的要求被确认为需要最大初始滚转加速度 $\dot{p}_{\text{Max}}=p_c/\tau_R$。

我们选择输入为一个阶跃，$1/s$，幅值为 $p_c(s)=p_c/s$。传递函数是方程 (8. 10)，所以

$$p(s)=\left(\frac{p_c}{s}\right)\left(\frac{1}{\tau_R s+1}\right) \tag{8.12}$$

方程（8. 12）的拉普拉斯反变换生成

$$p(t)=p_c(1-\mathrm{e}^{-t/\tau_R}) \tag{8.13}$$

继续通过假设滚转角 ϕ 是滚转速度 p 的积分，并且这个滚转是从 $\phi=0$ 开始的。这些具体参数给出了 $\Delta\phi$ 值和这个机动能进行的最大时间 T_1，因此

$$\begin{aligned}\Delta\phi &= \phi(T_1)-\phi(0)\\ &= \int_0^{T_1} p\mathrm{d}t = p_c T_1 + p_c\tau_R \mathrm{e}^{(-T_1/\tau_R)+C_1}\end{aligned} \tag{8.14}$$

初始滚转角 $\phi(0)=0$，积分常数 $C_1=-p_c\tau_R$。

$$\Delta\phi=p_c T_1-p_c\tau_R(1-\mathrm{e}^{-T_1/\tau_R}) \tag{8.15}$$

对于一个给定的时间常数 τ_R，滚转角的变化 $\Delta\phi$，倾斜变化需要的时间 T_1，能确定阶跃输入指令的量值 p_c：

$$p_c=\frac{\Delta\phi}{T_1-\tau_R(1-e^{-T_1/\tau_R})} \tag{8.16}$$

应用方程（8.16）到 8785C 的多样性要求显示最苛求要求产生于 $\Delta\phi=90°$ 和 $T_1=2.0$ s。这样得到

$$p_c=79.3\ (°)/\text{s}=1.38\ \text{rad/s} \tag{8.17}$$

使用方程（8.11），有

$$\dot{p}_{\text{Max}}=79.3\ (°)/\text{s}^2=1.38\text{rad/s}^2 \tag{8.18}$$

对于那些熟悉飞行品质具体要求的人来说，关键需求用于 B 类飞行阶段是有趣的。一般 B 类是要求最少的，包括爬升、巡航等。其他两种飞行阶段是包括空战机动的 A 和 C，包括起飞和降落，船上操作，这一奇怪的结果可能是因为这个飞行条件中假设 VL（非常低速）。

图 8.12 显示了这个响应，它满足了在 $\tau_R=1.0$ s 时达到倾斜要求的 MIL-F-8785C 时间。

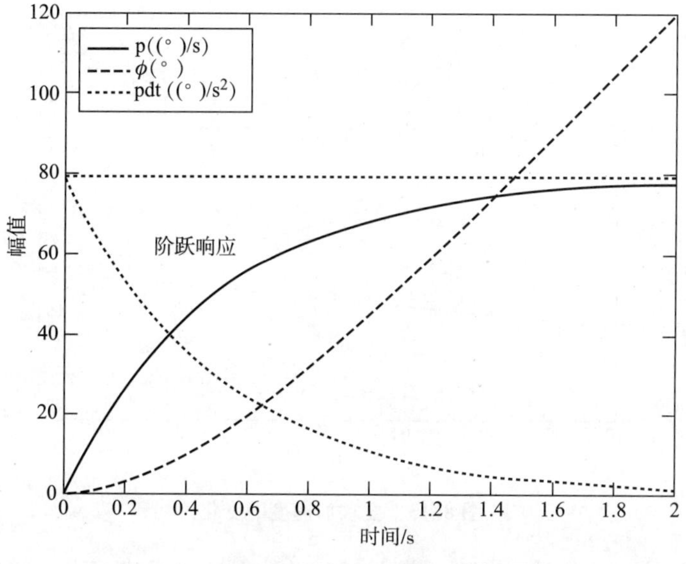

图 8.12　阶跃响应交汇于达到滚转角要求时间

实际上，在这个机动中找到的加速度将仅是一个必要而不是充分条件。这种简单的分析已经忽略了多种因素，例如作动器动力学和建模误差，而这些能对飞机达到期望性能产生消极影响。小于在这种情况下发现的加速能力，表示这个设计有问题，但是假如大于这个量，则不能保证这是一个成功的设计。

一种方法可以增加初始估计以考虑不确定性，主要通过改变时间常数。注意到期望时间常数是不等式，$\tau_R\leqslant 1$ s。假如减小这个特定时间常数，就会

要求增加加速度。这一点将通过使用期望的时间常数 0.2 s 重新分析前面的例子而进行阐明。

再一次使用方程（8.16），有 $\tau_R=0.2$ s，随着 $\Delta\phi=90°$和 $T_1=2.0$ s，同样的飞行类别中发现 **B** 是最严苛的。

$$p_c=50.0(°)/\text{s}=0.87\ \text{rad/s} \tag{8.19}$$

再次使用方程（8.11）：

$$\dot{p}_{\text{Max}}=250(°)/\text{s}^2=4.36\ \text{rad/s}^2 \tag{8.20}$$

虽然减小了步长 p_c，但大大增加了期望加速度。图 8.13 显示了要求步长和要求加速度之间的关系，假设滚转角中的期望变化和改变的时间保持不变。对于这种情况，随着时间常数趋于零，步长接近 45（°）/s，并且加速度趋于无穷大。

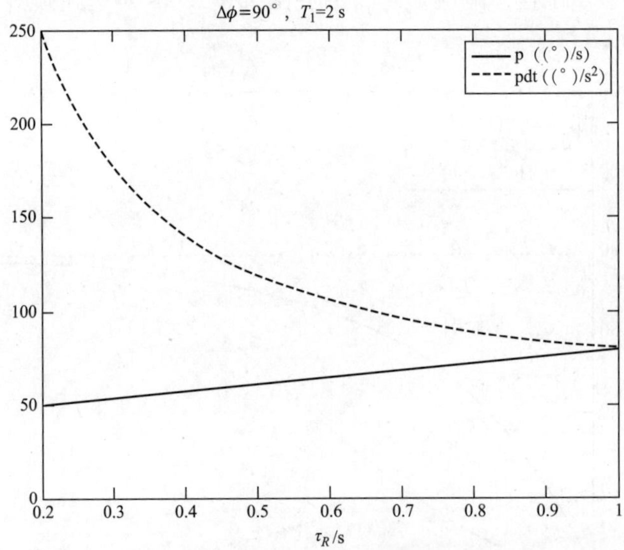

图 8.13　要求加速度的变化

进行初始尺寸估计时，减小期望时间常数保证飞机将能进行需要的机动。重要的是，在设计过程的早期阶段，能确保有足够的加速能力，使得人们在初始估计和可能的错误场景中能考虑不确定性。

这个实例显示仅一个轴用于一种单独机动需求。实际上，人们可能想对多种机动生成加速度需求，激活所有三轴。对于一个建议控制执行机构组，AMS 将被计算，并且检查确保所有期望加速度被包括在这 AMS 中。

8.2.2　在一个成熟设计中

一旦设计是成熟的，伴有建立的控制执行机构组和相对熟知的控制有效性数据，使用存在的加速度能力能定制控制律。考虑如图 5.11 所示前面例子中使用的 AMS。表 5.5 中的最大滚转加速度是 $\pm 7.74\ \text{rad/s}^2$。这大大超过了计算出来用于在 2 s 内进行 90°滚转角变化的最小需求 $1.38\ \text{rad/s}^2$。回想这个要求是使用时间常数 $\tau_R = 1$ s 和步长 $p_c = 79.3$ (°)/s 计算的。有了更多的滚转加速度能力，飞机性能可通过增大允许步长，减小时间常数，或者两者的一些组合得到提高。ADMIRE 仿真使用了横侧向杆力到滚转速度指令的简单变换。在这些限值内，80 N 的力量变换到指令 $p_c = 180$ (°)/s $= \pi\text{rad/s}$。

调整时间常数，使得最大可能阶跃输入仍然得到期望动力学结果：

$$\dot{p}_{\text{Max}} = \frac{p_c}{\tau_R} \Rightarrow \tau_R = \frac{p_c}{\dot{p}_{\text{Max}}} = \frac{\pi\text{rad/s}}{7.74\ \text{rad/s}^2} = 0.406\ \text{s} \tag{8.21}$$

运行线性机动仿真，可看见被指令加速度在这个 AMS 外。这是因为飞机也希望控制侧滑，并且需要的偏航加速度和滚转加速度结合是在 AMS 外，如图 8.14 和图 8.15 所示。期望加速度被显示为从原点出发聚合在一起的向量。

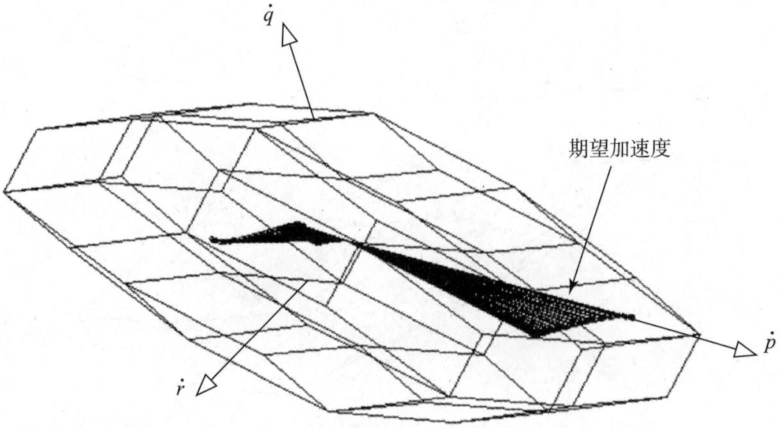

图 8.14 对于 $p_c = \pi$rad/s 和 $\tau_R = 0.406$ s 的 AMS 和期望加速度。从 $(\dot{p}\,\dot{q}\,\dot{r}) = (1\ 1\ 1)$ 进行观察

图 8.16 显示增加期望时间常数到 0.5 s 时允许所有必须加速度在 AMS 内。

从这个例子获得的重要教训是大多数真实飞机机动将涉及多轴。单轴最大加速度能力经常不足以保证期望机动。假如对于滚转或者偏航轴的期望动力学特性被改变了，它将影响这架飞机进行设定机动的能力。

在这一点上，假如控制律要求加速度超过飞机能力（也就是在 AMS 外），什么发生会是合理的。回答将根据多种因素而不同：控制分配算法如何处理过度加速度指令、飞行区域和飞机表现。在最好情况下，飞机飞行仅与设定

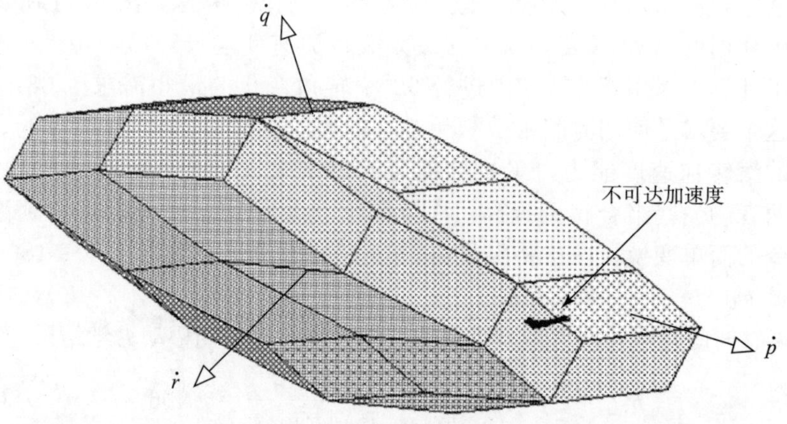

图 8.15　对于 $p_c=\pi$rad/s 和 $\tau_R=0.406$ s 的 AMS 和期望加速度。这个期望加速度除了图示不可达外是可达的。从（$\dot{p}\,\dot{q}\,\dot{r}$）=（1 1 1）进行观察

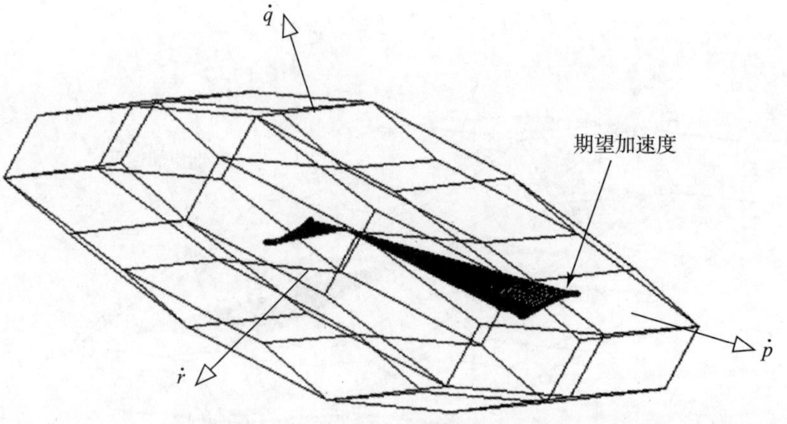

图 8.16　AMS 和期望加速度，对于 $p_c=\pi$rad/s 和 $\tau_R=0.5$ s。从（$\dot{p}\,\dot{q}\,\dot{r}$）=（1 1 1）进行观察

的期望动力学有一点不同。最坏情况下，飞机不稳定，经过短暂开环飞行后不受控，结果可能是灾难性的。由于最坏情况的严重性，强烈建议应该调整好控制律以使其不会要求控制信号发端装置提供它不能提供的指令。正如上面的例子所示，好的控制律能使用飞机能力范围内的期望加速度，同时防止给出危险的过分指令。

8.2.3　非最优例子

例 8.5　联动控制　6.4 节介绍了控制执行机构连接的一种方法。这里继续那个例子，它展示了飞机机动能力效果。为此，我们需要和这个联动相关的广义逆矩阵（$\boldsymbol{P}$）。

回想 ADMIRE 飞机的控制执行机构以传统连接配置进行组合，这个组合有以下三个伪控制：

- 滚转执行机构：仅接受非对称指令的外侧升降副翼；
- 俯仰执行机构：仅接受对称指令的鸭翼；
- 偏航执行机构：方向舵。

在这种情况下，内侧升降副翼被对称配置为机翼后缘摆动装置以提高升力，设计其为马赫数和迎角的函数。作为一个结果，它们不被积极用作生成力矩。

联动的效果能被表示为一个可逆的 3×3 矩阵，如方程（6.1）所示。另外，我们可以使用广义逆。调用方程（6.6）来计算广义逆，$\boldsymbol{P}=\boldsymbol{N}[\boldsymbol{BN}]^{-1}$。

为了反映这个联动，矩阵 $\boldsymbol{N}$ 成为

$$\boldsymbol{N}=\begin{bmatrix} 0 & 1 & 0 \\ 0 & 1 & 0 \\ 1 & 0 & 0 \\ 0 & 0 & 0 \\ 0 & 0 & 0 \\ -1 & 0 & 0 \\ 0 & 0 & 1 \end{bmatrix} \tag{8.22}$$

$\boldsymbol{N}$ 的行代表了七个实际控制执行机构。列代表了三个伪控制。第三和第六行代表外侧升降副翼，它被非对称地用来定义第一个伪控制，滚转执行机构。第一和第二行对应于鸭翼，它被用来成为第二个伪控制，俯仰执行机构。第七行是方向舵，它也是第三个伪控制，偏航执行机构。第四和第五行是内侧的升降副翼，它不接受控制分配程序指令，因此是零。这个例子的控制有效性矩阵和方程（5.43）一样，为了方便起见，重写在这里。

$$\boldsymbol{B}=\begin{bmatrix} 0.7073 & -0.7073 & -3.4956 & -3.0013 & 3.0013 & 3.4956 & 2.1103 \\ 1.1204 & 1.1204 & -0.7919 & -1.2614 & -1.2614 & -0.7919 & 0.0035 \\ -0.3309 & 0.3309 & -0.1507 & -0.3088 & 0.3088 & 0.1507 & -1.2680 \end{bmatrix} \tag{8.23}$$

应用 $\boldsymbol{P}=\boldsymbol{N}[\boldsymbol{BN}]^{-1}$：

$$
\boldsymbol{P}=\begin{bmatrix} -0.0 & 0.4463 & 0.0011 \\ -0.0 & 0.4463 & 0.0011 \\ -0.1335 & 0 & -0.2221 \\ 0 & 0 & 0 \\ 0 & 0 & 0 \\ 0.1335 & 0 & 0.2221 \\ 0.0317 & 0 & -0.7358 \end{bmatrix} \tag{8.24}
$$

然而，这种简化的代价是损失加速能力。图 8.17 显示了在初始 AMS 中连接前控制集的 AMS。

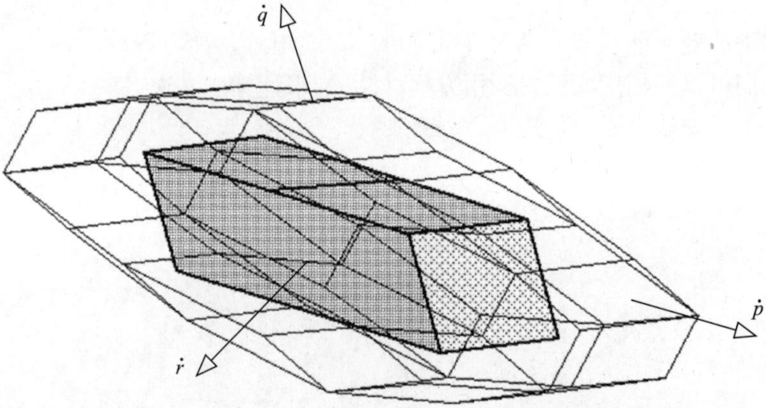

图 8.17　AMS 用于在初始 AMS 内三个连接的伪控制。从（$\dot{p}\dot{q}\dot{r}$）=(1 1 1) 观察

连接前控制集的 AMS 明显小于图 5.11，32.6$(\mathrm{rad/s^2})^3$ 相比较于 177.1$(\mathrm{rad/s^2})^3$，小于初始体积的 19%。图 8.18 显示了加速度需求，时间常数 0.5 s 的 180(°)/s 滚转输入，叠加在新的 AMS 上。

很清楚，滚转和偏航加速度都超过了这个连接 AMS 的能力。为了减小需要的加速度，减小最大步长指令能，增加时间常数，或者采用这些行动的一些组合能。发现，仅通过减小滚转速度指令幅值到 94.4 (°)/s，期望加速度适合于新 AMS。这代表了超过 47%的初始速度指令的损失。另外，通过增加时间常数到它的最大允许值 1 s，并且减小滚转速度指令幅值到 110.5 (°)/s，期望加速度适合于这个新的 AMS。这代表了超过 38%的初始速度指令损失，当时间常数加倍时有相应的附加惩罚。

这个例子阐明了进行控制分配问题研究的一些动机。正如可见，传统解决控制分配问题的方法，在连接前的解牺牲了大量的性能。

应该注意的是，连接执行机构组的更小 AMS 也能满足例 9.4 中使用的倾

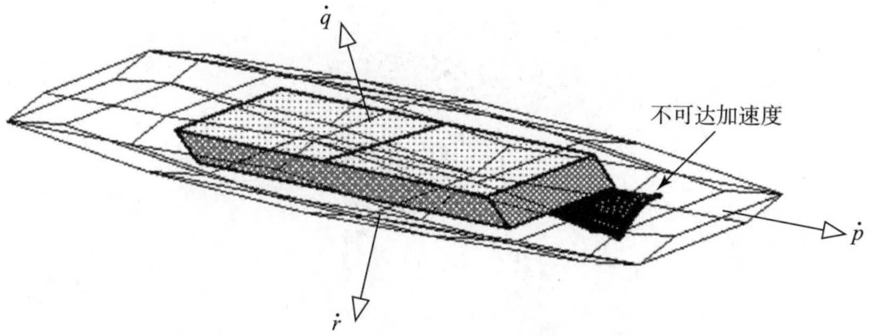

图 8.18　AMS 用于三个连接的伪控制，伴随 $p_c=180$ (°)/s 和 $\tau_R=0.5$ s 的加速度。从 $(\dot{p}\,\dot{q}\,\dot{r})=(1\ 5\ 1)$ 观察

斜要求时间。这样给出了设置控制执行机构组初始尺寸的另一种方法。假如连接执行机构组能够生成早期设计迭代中需要的加速度，那么由于使用单独执行机构而在 AMS 中的增加，将抵消由于未知或者未建模效应带来的任何加速度损失。当设计成熟，最优控制分配方法能被实现而且控制律能被改变以利用增加的可用加速度。

参考文献

Aerodata Model in Research Environment (ADMIRE), Ver. 3.4h, Swedish Defence Research Agency (FOI), Stockholm, Sweden, 2003.

Department of Defense 1980 MIL-F-8785C 'Military Specification, Flying Qualities of Piloted Airplanes'.

Department of Defense 1990 MIL-STD-1797A 'Flying Qualities of Piloted Aircraft'.

Shaw, RL 1985 *Fighter Combat: Tactics and Maneuvering*. Naval Institute Press.

Walker, GP and Allen, DA 2002 'X-35B STOVL flight control law design and flying qualities,' in *AIAA Biennial International Powered Lift Conference*.

Wilson, DJ, Riley, DR, and Citurs, KD 1993 'Aircraft Maneuvers for the Evaluation of Flying Qualities and Agility, Vol. 2: Maneuver Descriptions and Selection Guide,' Wright Laboratory Technical Report WL-TR-93-3082.

第 9 章
应　用

9.1 从设计 X-35 飞行控制系统获得的经验

本节将讨论把控制分配算法集成作为飞行控制系统一部分时出现的一些问题。本章提供的材料来源于设计 X-35 飞行控制系统获得的经验。不是所有材料都来源于 X-35 项目，但是所有这些论点在这个项目过程的某个阶段中都针对不同选项的价值进行了讨论。这里提出来是告诉读者当试图实现多种控制分配方法时可能会出现困难。要记住的重要一点是，设计过程是开放的，解不是唯一的。典型情况是，每一个设计选项有一些好处并且随之而来的是一些代价，在试图得到最可能的最终产品时妥协是需要的。作者无意说“这是解决问题的方法”；而是我们倾向于给出各种方法的好处和代价，所以读者能更多了解可能的选项。

9.1.1 理论对比于实践

“理论上，理论和实践之间没有区别。实际上，不是这样的。”

——匿名

当使用仿真研究设计理论解时，飞机有一些问题经常被忽略。硬件错误的影响经常在开始时被忽略，因为假如一块特定的硬件不在手边，那么不能够确切知道它将如何出错。创建模型来表示多种可能硬件错误经常是不值得的。

飞机在获得飞行许可以前，必须通过严格测试。测试包括验证系统如何对于多种硬件故障情形进行响应和检查软件中的差错来确保这个软件将不会失效。

本章将讨论关于硬件和软件实现的多个问题。当设计控制分配算法时这些问题通常不是主要的考虑因素。列举如下：

(1) 确定性的：为了通过软件测试，要求飞行控制系统对于给定飞行条件下有独特的控制执行机构解。当飞行测试飞机时，控制执行机构有预期值是重要的。那样的话，假如执行机构不在期望位置，一些东西不太对（或者是在预测中使用的模型不正确，或者是不可预见的一些情况已经发生了），有明确应对措施。

（2）用于结构耦合问题的控制律已知增益：从执行机构来的力量导致机身的振动。这些振动信息返回成为传感器数据，它能改变对这些执行机构的指令。假如围绕这个回路的增益大于1，那么振动将增加。这能导致结构发生灾难性错误。

（3）结构载荷约束：飞机结构设计能支撑有限力量。假如执行机构带来的载荷超过这些限值，这个机身将断裂。

（4）容错：当出现可能的控制执行机构故障时，飞机必须能够平安降落。

（5）实时计算：注意到经军用和商用许可的硬件经常大大落后于最先进水平。这是由于硬件需要经过耗费时间的严格测试过程来获得高风险应用的许可。

9.2 冗余的使用

当飞机设计有冗余执行机构，这是个典型的欠定问题，附加能力是为了在出现故障时提供足够的控制能力。假如没有故障出现，对于这些额外自由度使用有很多方法。一些控制分配方法为了利用这些额外的自由度试图实时优化某个耗费函数。该方法使用计算时间来寻找最优解，并且要求不总是可用的计算机处理能力。一个替代性方法是预先计算对于特定条件最优的执行机构解，并且把那些用作一个优先解。

9.2.1 优先解

不依赖于实时优化，最优配置能被提前计算并存储。通常情况下，气动组将提供一个拍动方案用于最优的前置和后置边缘襟翼。

这些方案通常是马赫数和迎角的函数。它们对于不同模式有不同方案，例如降落配置或者空中加油。在这种方法的实现中，控制被通过零空间向优先解复位，试图最小化要求的控制和优先的控制之间的差距。这个方法的一个优点是在降低了计算需求，因为不需要在每一帧都重复计算最优解。在故障情况中，最优解将有可能改变。这种方法不能够找到新的最优解。对于故障情况预先计算最优解是可能的。然而，这可能需要计算和存储非常多类似情况，这消耗了板上计算机的宝贵存储空间。

在 X-35 项目上，我们使用预先计算的优先解。用于气动执行机构的优先值是基于气动效率并且由气动组提供。推进执行机构的优先值是基于引擎效率并且由推进组提供。

9.2.2 再次解决路径依赖问题

处理非线性函数的一种方法是把问题化简为一个本地线性问题，用加速度的期望变化指令控制执行机构的变化。这个方法把离散积分引入到控制分配问题中。不幸的是，这个积分是路径依赖的。

路径依赖对于飞机来说是非常不希望的。有能力预测在特定飞行条件下的控制偏转在测试和验证飞行控制软件过程中是极端重要的。一种减小路径依赖性的方法是使用冗余来优化一个函数，使得控制执行机构长期来看被驱动到一个最优解。注意，这可能不会确保对于给定飞行条件有期望单独解。首先，应该选使有唯一全局解的待优化函数。假如不是，这个优化基于达到一条特定路径，可能会获得不同的局部最小值。同时，正被驱动到唯一的全局最小值仍然允许暂时的变化，长期来说变小了。

在 X-35 项目上，离散时间或者帧方式控制分配（第 7 章）被用来指令控制执行机构的变化。这种使用优先值驱动解到可重复配置的方法运行良好，并且在飞机测试过程中没有路径依赖问题。对于给定的飞行条件，这些执行机构是以可接受的公差在预测配置中。

9.3 设计约束

在满足需要生成的力矩以外，可能有其他约束加于控制执行机构的分配上。几个共同的约束在下面详细介绍。

9.3.1 轴优先次序

当力矩要求超过控制执行机构组的能力（也就是，这个力矩要求在 AMS 之外），可能是希望相对于其他轴优先考虑某个轴。通常纵向轴（俯仰）相对于横侧向轴被优先考虑。这样做有几点原因。一个是迎角的控制对于飞机的性能是极其重要的，并且这是通过纵向轴的控制实现的。由于升力曲线斜率的非线性特征，优先于一个不能超越的最大迎角。超过这个限制能导致不希望的后果，例如高度损失很大或者随着气动力和力矩在本质上变得混沌偏离受控飞行。另一个进行纵轴优先控制的原因是这个轴是最有可能不稳定的或者已经减小了稳定裕度。对于超声速飞机，例如 X-35 或者 ADMIRE 仿真（见附录 B），飞机的压力中心将随着飞机从亚声速到超声速的变化而变化。在超声速条件下压力中心是在一个更稳定的位置。假如飞机在亚声速条件下已经稳定，飞机可能是在超声速时过于稳定，导致需要大的控制执行机构偏转来配平和机动飞机。为了避免这个问题，对于亚声速飞行包线的一部分，飞机设计人员可以选择让飞机更靠近中性稳定，或者甚至可能不稳定。例如，ADMIRE 仿真在亚声速条件下是纵向不稳定的。

一种加强轴优先次序的方法是重新定义这些控制执行机构为纵向和横侧向伪执行机构。采用 ADMIRE 飞机的七个气动面，它们可以被分组为伪执行机构，见表 9.1。

表 9.1 伪执行机构

纵向
对称鸭翼 CS=1/2(rc+lc) 对称内侧升降副翼 IS=1/2(rie+lie) 对称外侧升降副翼 OS=1/2(roe+loe)
横侧向
非对称鸭翼 CA=1/2(rc−lc) 非对称内侧升降副翼 IA=1/2(rie−lie) 非对称外侧升降副翼 OA=1/2(roe−loe)

重要词语：CS，对称鸭翼；IS，对称内侧升降副翼；OS，对称向外升降副翼；CA，非对称鸭翼；IA，非对称内侧升降副翼；OA，非对称向外升降舵；rc，右鸭翼；lc，左鸭翼；rie，右横内侧升降舵；lie，左横内侧升降舵；roe，右横侧向外升降舵；loe，左横侧向外升降舵。

这些伪执行机构命令使用控制分配程序被计算，然后映射到真实的执行机构命令，见表 9.2。

表 9.2 逆向映射，伪执行机构

rc=CS+CA lc=CS−CA rie=IS+IA lie=IS−IA roe=OS+OA loe=OA−OA r=r

缩写依据表 9.1，r，方向舵

对于这个例子，为了把纵向轴优先于横侧向轴，首先给定一个指令的俯仰力矩，人们将求解三个纵向执行机构（CS，IS，OS）。一旦这些对称值已知，即可用来重新计算横侧向执行机构的控制执行机构限值，然后求得四个横侧向执行机构来满足这些滚转和偏航力矩要求。

使用描述的伪控制在控制执行机构组的力矩生成能力上增加了约束。这个方法不允许对于在 AMS 中的每一个力矩进行允许控制的分配。

飞机设计，如其他所有设计，是关于妥协的艺术。使用这种方法获得了希望的轴优先。这个获得的代价是性能的损失。这个妥协是否可接受将依赖于特定飞机和其要求。

在 X-35 项目上，执行机构被分成纵向组和横侧向组。当推进执行机构是在 STOVL 变体上有效时，纵向组满足俯仰力矩要求，以及垂直和向前加速度指令。横侧向组满足滚转和偏航力矩需求。纵向组优先于横侧向组。在X-35 飞行测试中，这种方法有效地使纵向执行机构获得优先，并且使得飞机在它的特定迎角范围内运动。同时，飞机满足项目办公室设定的所有机动需求。

9.3.2 结构载荷

控制执行机构生成加速飞机的力矩。典型地处理飞机动力学问题时，我们把飞机当作刚体。一般而言这是针对动力学分析的合理假设，好的结构设计人员关心机体需要承受的载荷。当执行机构生成力或者力矩，机体结构必须能够承受这些载荷，否则机体将散架。这对于执行机构引起的最大载荷，以及重复载荷应用引起疲劳故障都是一个问题。

某些执行机构的组合对于机体的长期寿命是不利的。其中一个例子见于 ADMIRE 飞机的机身载荷。假如鸭翼正生成一个正滚转力矩，并且升降副翼正生成一个负滚转力矩，机身就受到了关于 x 轴的扭矩。由于重量在飞机设计中是一个至关重要的因素，因此在飞机仍能负担必要的载荷情况下，其结构被做得尽可能轻（导致它总体上比较弱）。描述的控制可能生成一个净的滚转力矩，但是它们将比其他导致一样净力矩的控制方案在机身机构上产生更多的内部载荷。

处理结构载荷的一种方法是优先驱动控制朝着结构上好的条件并且避免过度的载荷。然而，通常设计人员说“我优先使飞机飞行时不散架”不是一个足够强的表述，而他们希望一定程度地保证不希望的控制方案不被使用。

阻止上述情形发生的一种方法是预先连接控制执行机构来消除导致过量机身载荷的控制指令可能性。对于 ADMIRE 例子，纵向控制能被组合为一个单独的对称俯仰执行机构：

```
(pitch)=-CS+IS+OS
```

我们选择符号约定使得正的（俯仰）生成负的（机头向下）俯仰力矩，和一个升降舵类似。

这些横侧向非对称控制能组合为一个单独的滚转执行机构：

roll=-CA+IA+OA

选择符号约定使得正的滚转生成负的（左翼下）滚转力矩。

对于一个偏航执行机构，方向舵将被使用：

yaw=rud

每一种设计选择都有好处和代价。特定解付出的代价是系统上附加额外约束导致控制权限的丧失。这超越了通过分解控制量为纵向和横侧向执行机构导致的权限丧失。好处是确保某些结构上不利的控制方案将永不会被指令。一个可以被敲定的妥协可以是仅在高动压飞行条件下加强前面的连接，而允许在低动压下控制量被单独指令。对于高动压条件，限制伴随高动压的高载荷控制是更重要的。同时在高动压下，飞机将通常有多于需要量的控制权限，所以会牺牲一些可能性来减小结构载荷。相反地，在低动压条件下，飞机将困于控制权限的不足，因而使用执行机构的全部能力可能是必要的。然而，在更低动压下，执行机构偏转导致的结构载荷将很小。

在X-35项目上，非对称水平尾翼指令和非对称拍动指令被连接在一起，用于高速条件下来消除它们被指令在一种导致机身上过多力矩的配置的可能性。在低速条件下，它们被独立指令来提供更大的力矩生成能力。

9.3.3 执行机构带宽

假如一些执行机构比其他的慢，或者由于一些原因希望更少使用它们，这个通过偏置使用在代价函数中的权值矩阵能实现。

在X-35项目上，当转移到悬浮状态或者从悬浮状态转移过来时，权值被用来糅合气动和推力执行机构的使用。在悬浮中，气动执行机构在生成的力矩上效果有限，相反被固定在这种LID配置（升力提升装置）以便更好地控制围绕飞机的气流并且降低引擎的吸入效果。当飞机有更大的空速并且气动控制变得更有效，它们成为有效集的部分。当这架飞机有足够的空速，仅使用气动控制来机动，推力执行机构被过分加权来弱化它们的使用。这节省了引擎部件的损耗。这些气动执行机构也比推力执行机构表现得更好（在它们的影响下有更多线性）。在更高空速，推进升力系统不能使用，并且推进执行结构无效。

一些控制系统结构也已经使用高通和低通滤波器来对力矩需求进行分类，传送低通值到减慢了的执行机构，而高通值到更快的执行机构。

9.3.4 增益限制和稳定裕度

当批准飞机进行飞行测试时，一个需要知道重要信息是控制律的全局增益，传感器到执行机构的增益。因为机构耦合问题，这是必要的。

使用这种类型的控制方法，通过控制律知道增益可能是复杂的。然而为了预防可能出现的灾难性后果，知道它们是重要的。假如一个简单的广义逆解被使用，那么控制分配增益在任何特定的飞行条件下是可知的。然而，对于讨论的许多优化方法，通过控制律的控制分配部分来确定增益是困难的。

在 X-35 项目上，有许多结构耦合挑战需要克服。为了确保飞机获得适飞认证，需要做大量的工作。更多细节见 Tauke 和 Bordignon（2002）。

9.4 容错

冗余执行机构的主要用处之一是克服丧失作动器故障相关的控制有效性。一个基于控制分配的控制方法，优点是它相对容易来容纳执行机构故障。控制分配算法将简单地使用任何有用控制量来试图满足力矩需求。

有几种设计特征能帮助提高容错能力。能够检测失效执行机构的硬件能简化确定哪些执行机构能用在控制分配算法中的过程。同时，当一个执行机构故障时，知道故障的位置是有用的。一些系统被设计为失效于一个特定位置。其他时间，一个执行机构可能卡在某个随机位置。假如控制律能意识到故障执行机构的位置，那么当计算需要的力矩时它能更好地考虑故障影响。

在 X-35 项目上，运动气动执行机构的硬件发送信号到控制律，报告故障和最后知道的位置。控制推进系统的软件能检测和分析推进执行机构的条件。对于具体如何执行的更详细描述，见 Wurth 等（2002）。从控制分配的观点看，推进控制软件对于每一个推进执行机构通信逻辑值，假如一个故障被检测到就设置为真。对于一些故障条件，一个故障意味着这个执行机构仍然能被指令，但是允许值的范围被这个故障改变了。对于这些情况，推进软件为这个故障执行机构传达新的执行机构限值。

假如执行机构在一个固定位置发生故障，这个固定值被用在 OBM 中来计算标称加速度，并且那个执行机构被从有效执行机构集中移除。假如故障执行机构有新限值，这个执行机构仍然是有效执行机构集的部分，但是新限值被使用。

幸运的是，X-35 飞行测试过程中没有执行机构故障发生。然而，很多故障情形仿真在离线和在有人驾驶仿真中被进行，在这些仿真飞行中容错使用证实是非常有效的。

参考文献

Tauke，G and Bordignon，K 2002 'Structural coupling challenges for the X-35B，' AIAA 2002-6004 in *AIAA* 2002 *Biennial International Powered Lift Conference and Exhibit*.

Wurth，S，Hart，J，and Baxter，J 2002 'X-35B integrated flight propulsion control fault tolerance development，' AIAA 2002-6019 in *AIAA* 2002 *Biennial International Powered Lift Conference and Exhibit*.

附录A
线性规划

线性规划是被广泛研究的数值优化方法。它之所以受欢迎可以这样解释：许多有现实意义的问题，其约束和目标或者是本质上未知量的线性函数，或者容易用线性模型进行近似（Luenberger 和 Ye，2008）。我们限制自己只考虑可以用线性控制有效性近似并且控制有简单边界的系统，如前所述（第 4 章）的控制分配问题约束归于后一类。

有些研究人员已经考虑把线性规划作为一种求解控制分配问题的方法。在其中一种早期处理中，Buffington（1999）阐述了使用线性规划来改变分配器处理冗余控制的方式，根据期望指令，选中不同控制方案满足飞行阶段的不同要求。这个课题已经被其他研究者拓展，而且线性规划分配器已经被设计好来分配控制同时优化很多次要目标。

给定 $\boldsymbol{Bu}=\boldsymbol{m}_{\mathrm{des}}$ 和 $\boldsymbol{u}_l\leqslant\boldsymbol{u}\leqslant\boldsymbol{u}_u$ 直接变换为一组线性约束，仍然需要看看是否我们能找到合适的能达到控制分配器目标的线性代价函数。附加的约束可能也需要以线性形式组成来满足这些目标。多种形式是可能的，我们将限制自己在那些形式，其满足我们前面最优化定义（关于最大能力分配）同时也优雅地处理不可行指令。不设定单一形式，我们提供多个例子说明分配器的不同最优工作情况。

给出的线性规划描述模型不仅用于最大能力分配，当有冗余控制权限时也允许次要目标优化。使用优先控制解来分析控制冗余这个概念在 9.2.1 节已简要介绍了；使用额外控制权限来处理次要目标在第 7 章已进一步展开。第 7 章的方法能和早期介绍的任何其他分配器一样被应用于线性规划分配器。然而，我们也将看到前面方法的一个子集能直接合并入线性规划形式，虽然以一个稍微不同的形式。

为了这两种目标的方法，在控制冗余的情况下处理不可行指令同时保持最大能力和优化次要目标，能被独立发展出来。这允许对于每一个不同方法进行比较；对于一个给定问题的正确方法能组合起来。

本附录一开始概括叙述控制分配问题如何和线性规划联系起来。处理不可达指令的方法呈现在这里作为概述的部分——假如人们不关心次要目标，或者不关心可行指令非独特解的存在性，这些方法将作为最优分配器在 Φ 内获得力矩。

在这个综述后，针对线性规划，我们提出一些讨论，阐述了如何以一个有用的标准形式表示一个问题。讨论了一些重要特征，包括如何能用这些特征来推导期望最优解。这里的讨论决不会像专门关于线性规划的书那么完整，但是给出了部分内容来帮助理解和分析使用这些技术建立的分配器的工作情况。

在提供方法来组合不可行和可行方法为单一合适方法用作一个控制分配器之前，优化可行指令的选项被提出。主要设计选择全部与设置这个分配器有关。实际的数值解从计算观点看是重要的，在其中和关于其自身，是一个深入研究的领域。本书中的任何程序能使用许多可用求解器的一种求解。

在最后一节，我们将讨论线性规划的数值解。一个总体综述被提出，并对其中一种经典算法进行了深入描述，包括关于它怎样生成控制分配问题解的例子。这种描述和附录 B 描述的数值仿真示例算法，将允许读者开发代码来求解这些例子问题。理解一个简单解法器的运行情况也将帮助优化更复杂工具的性能。

A.1　控制分配作为线性规划

在从细节上检查线性规划问题的解之前，我们首先考虑控制分配问题如何配置为线性优化问题。最终，我们寻找满足 6.2 节讨论的最优化定义的形式。依照那些定义，这个问题如何能设置成获得最大能力，关于此的两个例子在 6.9 节被引入。

前面两个线性规划例子处理不可行指令的方式和讨论的其他优化方法等价，保持方向并且返回在 $\partial(\Phi)$ 边界上的一个解。这些方法中的一个在方程 (6.107) 中表示，也对于从 $\partial(\Phi)$ 上来的可行指令的解调整了大小。另一个在方程 (6.86)、方程(6.87) 中出现，用于可行指令的解是欠确定的，变成求解这个问题的特定数值方法的一个函数。线性规划提供一个比这些特定的方法的任一种更一般的方法，允许我们开发有不同目的的分配器。

在方程 (4.5) 和方程 (4.6) 中，控制分配问题作为求解受约束线性系统被引入，$\boldsymbol{u}_l$、$\boldsymbol{u}_u$、$\boldsymbol{B}$ 和 $\boldsymbol{m}_{\text{des}}$ 被给定来求 $\boldsymbol{u}$。在第 5 章，我们已经注意到，对于 $\boldsymbol{u}$ 中执行机构的数目大于在指令目标 $\boldsymbol{m}_{\text{des}}$ 中元素数目的情况，方程 (A.1) 中的系统是欠定的并且 $\boldsymbol{u}$ 可能有无限多个解。加强在我们执行机构上的边界

方程（A.2），限制了可达目标集 Φ 为一个由凸多边形限定边界的集合：[①]

$$\boldsymbol{Bu}=\boldsymbol{m}_{\mathrm{des}} \tag{A.1}$$

$$\boldsymbol{u}_l \leqslant \boldsymbol{u} \leqslant \boldsymbol{u}_u \tag{A.2}$$

A.1.1 对于可达指令的优化

我们暂时忽略控制器会要求在 Φ 外 $\boldsymbol{m}_{\mathrm{des}}$ 的可能性并且仅考虑可行指令。除非这样一个指令是在可行集的边界上，这些对应的执行机构位置不是唯一的。一个对于这个条件的优化表述，最靠近一个优先解，也在 6.2.3 节被引入。前面两个例子的区别是，当两者都为最大能力而分配，一个没有包括任何一个这样的优先解，另一个隐含表示了优先包括从边界来的调整大小的解。

一个满足这个最优化标准的方法是寻找一个解，它使得执行机构位置的函数 $J(\boldsymbol{u})$ 获得最优值。这个指标的选择类似于在主要目标被满足后选择要被最小化的次要目标。研究者已经满足多种目标中任何一个被选中的例子，目标包括：最小化控制偏转或者一定执行机构的使用；优化对于一些量值例如阻力、结构载荷或者雷达截面积的控制作用；或者甚至跟踪一个优先控制解，这个解被选择来简化分析或者来有助于系统辨识（见 Buffington（1999），Buffington、Chandler 和 Pachter（1998），Buffington（1999），Frost 等(2010)）。

结果是一个受约束的优化问题：

$$\begin{gathered}\min_{\boldsymbol{u}} \quad J(\boldsymbol{u}) \\ \boldsymbol{Bu}=\boldsymbol{m}_{\mathrm{des}} \\ \boldsymbol{u}_l \leqslant \boldsymbol{u} \leqslant \boldsymbol{u}_u\end{gathered} \tag{A.3}$$

假如 $J(\boldsymbol{u})$ 是线性的，那么在方程（A.3）中表述的问题，被归结为一个线性规划问题。

A.1.2 对于不可达指令的优化

在方程（A.3）中的规划满足了 6.2.4 节的优化标准，它最大化能力并且生成了接近于整个 Φ 上优先解的解。然而，等式约束 $\boldsymbol{Bu}=\boldsymbol{m}_{\mathrm{des}}$ 对于 $\boldsymbol{m}_{\mathrm{des}} \notin \Phi$ 不能成立。这个规划面对一个不可达指令时没有解，因此不适合作为一个分配器，除非控制系统能保证 $\boldsymbol{m}_{\mathrm{des}} \in \Phi$。

我们将假设，对于不可达指令，期望控制解将在 Φ 的边界上。然后我们

---

① 对于典型的飞机问题，容易考虑二维和三维问题，那里可达目标被约束为一个多边形或者多面体。然而，这里给出的方法也能拓展到有更多目标的系统，生成一个高维多面体（Beck，2002）。例如，考虑反作用控制系统（RCS）喷嘴选择问题，其中一架飞机使用多个固定推进器来控制角加速度和线加速度。

能定义一个第二约束优化问题用于这种不可达情况。

$$\begin{aligned}&\min_{\boldsymbol{u}} \quad J_{\text{infeas}}(\boldsymbol{u})\\&\boldsymbol{Bu}\in\partial(\Phi)\\&\boldsymbol{u}_l\leqslant\boldsymbol{u}\leqslant\boldsymbol{u}_u\end{aligned} \tag{A.4}$$

这里，在力矩上的等式约束已经被放松了。相反，我们只要求解在边界 $\partial(\Phi)$ 上。在接下来的章节里，我们将看见，不是明确地表述这个约束，这些约束和目标函数能被选择使得最后的控制解满足这个条件。

我们有三个条件，如方程（A.5）～方程（A.7）中所示，来考虑什么时候把我们的分配器变成为一个线性规划问题形式。第一和第二个条件确保我们满足最大能力和优先控制条件。第三个条件允许我们指定一个最优解和当存在一个不可达的指令时优雅的失败。

$$\boldsymbol{u}=\min_{\boldsymbol{u}} J(\boldsymbol{u}),\quad \boldsymbol{m}_{\text{des}}\in\Phi \tag{A.5}$$

$$\boldsymbol{Bu}=\boldsymbol{m}_{\text{des}},\quad \boldsymbol{m}_{\text{des}}\in\Phi \tag{A.6}$$

$$\boldsymbol{Bu}\in\partial(\Phi),\quad \boldsymbol{m}_{\text{des}}\notin\Phi \tag{A.7}$$

最终，我们将描述满足所有三个条件的方法。在考虑如何处理一些次要目标之前，即条件（A.5），我们首先定义线性规划满足第二种这两个条件。满足条件（A.7）的优先使用和在 6.2.4 节讨论的类似，仅将一定程度放宽轴优先次序的概念，相反考虑这力矩误差的最小化，如图 A.1 所示。

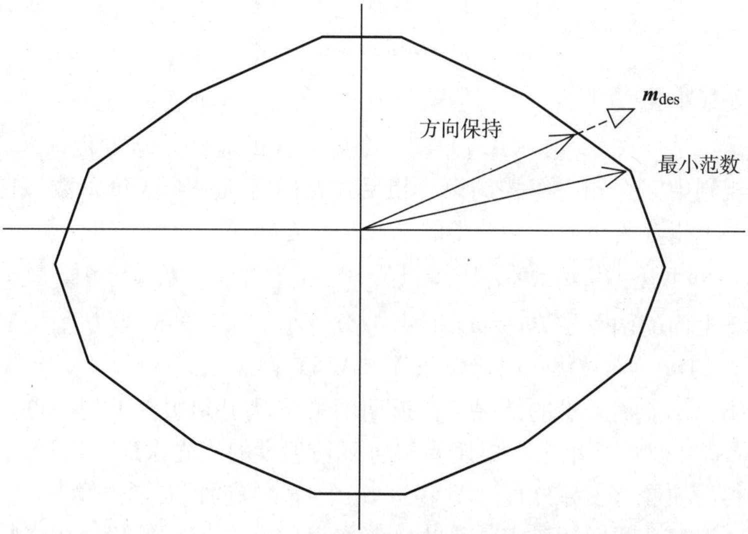

图 A.1 $\boldsymbol{\Phi}$ 对于一个 2×7 维 $\boldsymbol{B}$ 矩阵显示了两个可能线性规划解用于不可达力矩指令，$\boldsymbol{m}_{\text{des}}$：保持这个期望力矩方向，并且最小化在每个轴上绝对误差的和

方向保持

考虑在方程（A.3）中的约束方程，$\boldsymbol{Bu}=\boldsymbol{m}_{\text{des}}$和$\boldsymbol{u}_l\leqslant\boldsymbol{u}\leqslant\boldsymbol{u}_u$。这个等式约束确保我们获得期望解，但是假如$\boldsymbol{m}_{\text{des}}$是在$\Phi$范围外，它不能被满足。回想前面我们获得了控制分配解，它调整了期望力矩使得它在$\partial(\Phi)$上但是保持了同一方向（见图A.1）。对于我们问题中约束的一次简单修改生成，

$$\boldsymbol{Bu}=\lambda\boldsymbol{m}_{\text{des}}\mid\{1\geqslant\lambda\geqslant0,\ \boldsymbol{u}_l\leqslant\boldsymbol{u}\leqslant\boldsymbol{u}_u\}\tag{A.8}$$

在方程（A.8）中，比例调整因子λ总是正的，确保了得到的力矩$\lambda\boldsymbol{m}_{\text{des}}$是和这个期望力矩$\boldsymbol{m}_{\text{des}}$在同一方向。对于在$\Phi$中的指令，我们需要确保$\lambda=1$使得期望力矩被获得。在$\Phi$外，$\lambda$被允许小于1，调整这个期望力矩大小。

假如我们的线性规划最大化λ，那么在λ上的上界确保满足条件（A.6）。类似地，λ的最大值出现，在当$\boldsymbol{Bu}$落在$\partial(\Phi)$上，用于满足条件（A.7）的不可达$\boldsymbol{m}_{\text{des}}$（$\Phi$是凸的）。

约定俗成，我们将设置我们的规划来最小化目标函数，因此我们的代价函数是简单的，$\min-\lambda=\max\lambda$。通过λ增广这个未知控制向量并且从方程（A.8）约束的两边减去$\lambda\boldsymbol{m}_{\text{des}}$，我们得到了一个有$m+1$未知量的问题。

$$\begin{gathered}\min_{\boldsymbol{u},\lambda}\quad-\lambda\\ [\boldsymbol{B}\quad-\boldsymbol{m}_{\text{des}}]\begin{pmatrix}\boldsymbol{u}\\ \lambda\end{pmatrix}=\boldsymbol{0}\\ 0\leqslant\lambda\leqslant1\\ \boldsymbol{u}_l\leqslant\boldsymbol{u}\leqslant\boldsymbol{u}_u\end{gathered}\tag{A.9}$$

误差最小化

满足条件（A.6）和（A.7）的一个可替代的方法是从方程（A.3）的初始线性规划中完全删去等式约束。相反，我们定义一个代价函数，它最小化在每根轴上指令力矩$\boldsymbol{m}_{\text{des}_i}$和获得的$y_i=\boldsymbol{B}_{r_i}\boldsymbol{u}$之间误差的线性组合。

$$\min_{\boldsymbol{u}}(w_1|\boldsymbol{B}_{r_1}\boldsymbol{u}-\boldsymbol{m}_{\text{des}_2}|+w_2|\boldsymbol{B}_{r_2}\boldsymbol{u}-\boldsymbol{m}_{\text{des}_2}|+w_3|\boldsymbol{B}_{r_3}\boldsymbol{u}-\boldsymbol{m}_{\text{des}_3}|)\tag{A.10}$$

很明显，上面的函数当$\boldsymbol{Bu}=\boldsymbol{m}_{\text{des}}$时有一个最小值零，同时当方程（A.10）为了在$\Phi$内的$\boldsymbol{m}_{\text{des}_i}$而被优化时确保条件（A.6）被满足。

在指令不能被满足的情况下，返回的解将映射到边界上的一点。权值项的选择，ω_i，支配了单个力矩误差如何驱动到零的优先次序。通过选择ω_i的幅值使得一项经常主导方程（A.10），一个特定轴的控制能被优先。

更一般化，我们能寻求最小化这些误差的某个加权范数。在这些单独轴上的权值已经被合并为一个单一矩阵$\boldsymbol{W}_{\text{d}}$；通常$\boldsymbol{W}_{\text{d}}$被选择为对角形的。

$$\begin{gathered}\min_{\boldsymbol{u}}\|\boldsymbol{W}_{\text{d}}(\boldsymbol{Bu}-\boldsymbol{m}_{\text{des}})\|\\ \boldsymbol{u}_l\leqslant\boldsymbol{u}\leqslant\boldsymbol{u}_u\end{gathered}\tag{A.11}$$

方程（A.11）中范数的选择决定了需要解决这个问题的优化算法类型。通常对于工程问题当给定最小范数类型解，我们预想一个平方和，欧几里得类型的方法。ℓ_2 范数给我们提供一个受约束的二次型规划问题。这一规划的分配器可使用如二次型规划，但是不适用线性规划技巧。

幸运的是，有许多范数允许我们把方程（A.11）的目标函数表达为线性形式。方程（A.10）的绝对值解是一个这样的选项，对应于方程（A.11）中 ℓ_1 范数的使用。另一选项是使用力矩误差的ℓ_∞范数，最小化最大分量的绝对值。

因为ℓ_∞选项导致了一个更大更复杂的规划，ℓ_1 选项通常被用于力矩误差。后面我们将考虑使用控制误差的ℓ_∞范数，那里已经显示附加的复杂性可以通过解的特征得到合理解释。

例 A.1　应用线性规划求解控制分配问题　回到上面 ADMIRE 仿真的例子，在 6.11.2 节中，我们寻找一个针对期望力矩的保持方向控制解：

$$\boldsymbol{m}_{\text{des}}=\begin{pmatrix}2.8493\\-0.2942\\0.5726\end{pmatrix} \tag{A.12}$$

使用在方程（A.13）和方程（A.14）中的控制有效性和控制限值。

$$\boldsymbol{B}=\begin{bmatrix}0.7073 & -0.7073 & -3.4956 & -3.0013 & 3.0013 & 3.4956 & 2.1103\\ 1.1204 & 1.1204 & -0.7919 & -1.2614 & -1.2614 & -0.7919 & 0.0035\\ -0.3309 & 0.3309 & -0.1507 & -0.3088 & 0.3088 & 0.1507 & -1.2680\end{bmatrix} \tag{A.13}$$

$$\boldsymbol{u}_l=\begin{pmatrix}-0.9599\\-0.9599\\-0.5236\\-0.5236\\-0.5236\\-0.5236\\-0.5236\end{pmatrix},\quad \boldsymbol{u}_u=\begin{pmatrix}0.4363\\0.4363\\0.5236\\0.5236\\0.5236\\0.5236\\0.5236\end{pmatrix} \tag{A.14}$$

使用在方程（A.12）～方程（A.14）中的数据，我们使用任何便利的线性规划解法器能获得在方程（A.9）的线性规划的一个解。作为一个实例，我们将使用 MATLAB®，调用 `x=linprog(f, A,b,Aeq,beq,xMin,xMax)`，寻找这个解：

$$\begin{gathered}\min_{x}\ \boldsymbol{f}^{\mathrm{T}}\boldsymbol{x}\\ \boldsymbol{A}_{\text{eq}}\boldsymbol{x}=\boldsymbol{b}_{\text{eq}}\\ \boldsymbol{A}\boldsymbol{x}\leqslant\boldsymbol{b}\end{gathered}$$

$$\boldsymbol{x}_{\text{Min}} \leqslant \boldsymbol{x} \leqslant \boldsymbol{x}_{\text{Max}}$$

使用 MATLAB®，能按照 linprog 要求格式化我们的例子：

```
f=[zeros(7,1);-1];
A=[]; b=[];
Aeq=[B-md];
beq=[zeros(3,1)];
xMin=[ul; 0];
xMax=[uu; 1];
opt=optimoptions('linprog', 'algorithm', 'simplex');
x=linprog(f,A,b,Aeq,beq,xMin,xMax,zeros(8,1),opt);
ul=x(1:7)
lambda=x(8)
```

得到的解满足 $\boldsymbol{Bu}=\boldsymbol{m}_{\text{des}}$，但是不同于在前面例子中遇到的那些的任何一个。

$$\lambda=1,\ \boldsymbol{u}=\begin{pmatrix}-0.9599\\0.4363\\-0.5236\\-0.2913\\0.5236\\-0.2150\\0.1479\end{pmatrix} \tag{A.15}$$

特别是，这个控制使用的幅值看起来比在广义解（方程（6.3））和直接分配（方程（6.7））解要高。聪明的读者将注意到所有控制，保存 $\boldsymbol{u}_5$ 和 $\boldsymbol{u}_6$，它们的一个限值处饱和。方程（A.9）中给出的代价函数没有区分在 Φ 内获得同样力矩的等价解，因此得到的控制向量是解法器选项的一个函数。①

在第 5 章中，在 Φ 边界上的一个解被发现是唯一的并且被两个控制所定义，假设 $\boldsymbol{B}$ 的每一个 3×3 子矩阵是满秩的。这样，我们的线性规划应该返回和不可达指令下直接分配解同样的解，假如它真的在期望方向上返回了最大力矩。我们能通过调整 $\boldsymbol{m}'_{\text{des}}=4\boldsymbol{m}_{\text{des}}$ 修改我们的解来寻找一个不可达指令：

```
md=4*md; %Note scaling on desired moment
         % to create unattainable command
f=[zeros(7,1); -1];
```

① 为了和接下来章节的讨论保持一致，linprog 被强制来使用 Dantzig's 单纯形算法。读者被请求来检查当这个“算法”参数设置为 interior-point、dual-simplex 或者 active-set 时的输出，并且比较得到的控制量的幅值。

```
A=[]; b=[];
Aeq=[B-md];
beq=[zeros(3,1)];
xMin=[ul; 0];
xMax=[uu; 1];
opt=optimoptions('linprog', 'algorithm', 'simplex');
x=linprog(f,A,b,Aeq,beq,xMin,xMax,zeros(8,1),opt);
ul=x(1:7)
lambda=x(8)
```

新的，在方程（A.16）中更大的结果和由直接分配方法返回的一样（或者当这个指令饱和时任何保持方向的方法）。

$$\boldsymbol{u}=\begin{pmatrix}-0.2619\\-0.2617\\-0.5236\\-0.5236\\0.5236\\0.5236\\-0.5236\end{pmatrix} \tag{A.16}$$

$$\lambda=0.5 \tag{A.17}$$

这个解在由 $\boldsymbol{u}_2$ 和 $\boldsymbol{u}_3$ 定义的面上被找到。乘子 λ 表明这个解仅返回期望力矩的50%——在通过四调整大小以前，初始力矩要求正好在AMS的边界的半途。

A.2 线性规划问题的标准形式

线性规划的早期概念是被军事规划人员（Dantzig，2002）开发作为方法处理在多种任务中确定“规划”用于分配稀缺资源（如人员或者设备）的问题。线性目标函数的引入把这个问题转换为优化的一种，有一组未知变量它们的约束能通过线性关系进行近似。

在研究它们的解时，把线性规划以一个通用的、标准的形式重新描述是适宜的。任何寻求优化有一组在线性等式或者不等式约束下的未知变量的线性函数的问题，能重新写成这个已知的标准形式。

$$\min_{\boldsymbol{x}} \boldsymbol{c}^{\mathrm{T}}\boldsymbol{x} \mid \boldsymbol{A}\boldsymbol{x}=\boldsymbol{b},\ \boldsymbol{x}\geqslant\boldsymbol{0} \tag{A.18}$$

所有在方程（A.18）中的未知变量都假设为非负；这是提醒在初始的线性规划中未知量的物理含义是作为资源来被分配的。剩余的约束已经被转换为一组线性等式。[1] 这个标准形式经常在线性规划文献中采用；它是有趣的，因为它提供给我们一个架构来讨论线性规划的特征同时开始研究解决它们的方法。

回想前面使用 MATLAB® 的 linprog 函数解决的简单方向保持线性规划。方程（A.9）的程序没有写成标准型，但是把它转换成标准型的过程和需要用作更复杂控制分配器时的形式类似。在接下来的章节中，我们将转换它为标准形式。随着处理更多复杂问题，许多同样的方法将在后面使用。

A.2.1 处理负的未知量

作为转换设计为求解控制分配问题的一个规划为在方程（A.18）中标准形式的第一步，考虑未知变量的非负约束：

$$\boldsymbol{x} \geqslant \boldsymbol{0} \tag{A.19}$$

典型地，在控制分配问题的未知量是有界的，但是有两种之一表示。

$$\boldsymbol{u}_l \leqslant \boldsymbol{u} \leqslant \boldsymbol{u}_u \tag{A.20}$$

我们能应用到执行机构位置，来使得它们非负的最简单变换是重新定义零位置，使得我们测量每个执行机构偏转相对于它的下界。

$$\boldsymbol{x} = \boldsymbol{u} - \boldsymbol{u}_l \tag{A.21}$$

对于在方程（A.9）中的方向保持控制分配问题，代价函数是一个仅有大小可调参数的函数，min$-\lambda$，并且应用这个代替保持不变。使用方程（A.21）来代替 $\boldsymbol{u}$，这些约束被转换。

$$\begin{aligned} \boldsymbol{B}\boldsymbol{u} = \boldsymbol{B}(\boldsymbol{x} + \boldsymbol{u}_l) &= \lambda \boldsymbol{m}_{\text{des}} \\ \boldsymbol{B}\boldsymbol{x} - \lambda \boldsymbol{m}_{\text{des}} &= -\boldsymbol{B}\boldsymbol{u}_l \end{aligned} \tag{A.22}$$

$$[\boldsymbol{B} \quad -\boldsymbol{m}_{\text{des}}] \begin{pmatrix} \boldsymbol{x} \\ \lambda \end{pmatrix} = -\boldsymbol{B}\boldsymbol{u}_l \tag{A.23}$$

$$\begin{aligned} 0 \leqslant \boldsymbol{x} &\leqslant \boldsymbol{u}_u - \boldsymbol{u}_l \\ 0 \leqslant \lambda &\leqslant 1 \end{aligned} \tag{A.24}$$

不是相对于它们的下限值来测量执行机构的位置，我们也能定义它们相对于任意一个参考值，$\boldsymbol{u}_0$。当这个参考值在这些执行机构的范围内，从这个参考值的差，$\boldsymbol{u} - \boldsymbol{u}_0$，仍然是一个可以有两者之一符号的量。这个未知的非负量能被重新写成两个非负量的组合，即

$$\begin{aligned} \boldsymbol{u} - \boldsymbol{u}_0 &= \boldsymbol{u}^+ - \boldsymbol{u}^- \\ \boldsymbol{u} &= \boldsymbol{u}^+ - \boldsymbol{u}^- + \boldsymbol{u}_0 \end{aligned}$$

---

[1] 对详细考察线性规划文献感兴趣的研究者将很快了解到对于标准形式至少有两种不同的约定。在第二种，约束被表述为不等式，$\min\limits_{\boldsymbol{x}} \boldsymbol{c}^{\mathrm{T}}\boldsymbol{x} \mid \boldsymbol{A}\boldsymbol{x} \leqslant \boldsymbol{b},\ \boldsymbol{x} \geqslant \boldsymbol{0}$。

$$\boldsymbol{u}^{+} \geqslant \mathbf{0}$$
$$\boldsymbol{u}^{-} \geqslant \mathbf{0} \tag{A.25}$$

很容易优先于把这些新的未知变量，$\boldsymbol{u}^{+}$ 和 $\boldsymbol{u}^{-}$ 作为它们好像是由 $\boldsymbol{u}$ 正和负的元素的幅值组成，即

$$u_i=\begin{cases} u_i^{+}+u_0, & u_i-u_{0i}\geqslant 0 \\ u_i^{-}+u_0, & u_i-u_{0i}<0 \end{cases},\quad i=1,\ \cdots,\ m \tag{A.26}$$

然而，除非在方程（A.26）中的约束被明确包括，一个常值偏置都能加入到 $\boldsymbol{u}^{+}$ 和 $\boldsymbol{u}^{-}$ 并不改变 $\boldsymbol{u}$ 的值。

方程（A.25）被应用到这个方向保持问题，方程（A.9），来给出一个新组的非负变量约束。

$$\boldsymbol{B}\boldsymbol{u}=\boldsymbol{B}(\boldsymbol{u}^{+}-\boldsymbol{u}^{-}+\boldsymbol{u}_0)=\lambda\boldsymbol{m}_{\mathrm{des}} \tag{A.27}$$

$$[\boldsymbol{B}\ -\boldsymbol{B}]\begin{pmatrix}\boldsymbol{u}^{+}\\ \boldsymbol{u}^{-}\end{pmatrix}=\lambda\boldsymbol{m}_{\mathrm{des}}-\boldsymbol{B}\boldsymbol{u}_0 \tag{A.28}$$

$$[\boldsymbol{B}\ -\boldsymbol{B}\ -\boldsymbol{m}_{\mathrm{des}}]\begin{pmatrix}\boldsymbol{u}^{+}\\ \boldsymbol{u}^{-}\\ \lambda\end{pmatrix}=-\boldsymbol{B}\boldsymbol{u}_0 \tag{A.29}$$

$$0\leqslant\lambda\leqslant 1$$
$$0\leqslant\boldsymbol{u}^{+}\leqslant\boldsymbol{u}_u-\boldsymbol{u}_0$$
$$0\leqslant\boldsymbol{u}^{-}\leqslant\boldsymbol{u}_0-\boldsymbol{u}_l \tag{A.30}$$

如前，当我们根据 $\boldsymbol{u}_l$ 写出 $\boldsymbol{u}$，我们对于 $\boldsymbol{u}$ 的替代没有影响比例调整因子，λ，所以不需要对初始的代价函数进行修改。然而一个主要的区别是，为了特指 $\boldsymbol{u}_0$，我们已经在这个问题中增加了未知量的数目从 $m+1$ 到 $2m+1$。

经常当这个折中被达成，它是为了获得灵活性来包括这个控制误差的幅值，$\boldsymbol{u}-\boldsymbol{u}_0$，在这个代价函数中。一个幸运的副作用是这样一个代价函数的输出最小化在 $\boldsymbol{u}^{+}$ 和 $\boldsymbol{u}^{-}$ 中的元素的幅值，导致这些元素中的常值偏置到零。

A.2.2 处理不等式约束

方程（A.28）和方程（A.29）都根据有界变量重新描述控制，$\mathbf{0}\leqslant\boldsymbol{x}\leqslant\boldsymbol{h}$。上界，$\boldsymbol{h}$，代表了在我们的标准形式方程（A.18）中没有发现的一个附加不等式约束。

$$\boldsymbol{A}\boldsymbol{x}=\boldsymbol{b}$$
$$\boldsymbol{x}\leqslant\boldsymbol{h}$$
$$\mathbf{0}\leqslant\boldsymbol{x}$$

更一般化，我们能考虑附加约束，一般来说它们是线性不等式的并且不局限于有简单界限在未知变量上。

$$\begin{aligned}\boldsymbol{A}_{\mathrm{eq}}\boldsymbol{x}&=\boldsymbol{b}_{\mathrm{eq}}\\ \boldsymbol{A}_u\boldsymbol{x}&\leqslant\boldsymbol{b}_u\\ \boldsymbol{0}&\leqslant\boldsymbol{x}\end{aligned}\tag{A.31}$$

在方程（A. 31）中的线性不等式能通过引入附加的非负的变量转换化等式。这些附加的变量代表基于现在未知的左手侧值 $\boldsymbol{A}_u\boldsymbol{x}$ 和这个界 $\boldsymbol{b}_u$ 之间的“松弛”。

$$\begin{aligned}\boldsymbol{A}_u\boldsymbol{x}+\boldsymbol{y}^+&=\boldsymbol{b}_u\\ \boldsymbol{y}^+&\geqslant\boldsymbol{0}\\ \boldsymbol{0}&\leqslant\boldsymbol{x}\end{aligned}\tag{A.32}$$

假如在方程（A. 31）中的不等式被写成一个下界，$\boldsymbol{A}_1\boldsymbol{x}\geqslant\boldsymbol{b}_1$，我们能从右手侧减去一个附加变量 $\boldsymbol{y}^-$。在这种情况，$\boldsymbol{y}^-$将代表“剩余”在这个界上。

回到这个示例的控制分配规划，我们通过松弛变量的引入移除在我们未知上的上界。在方程（A. 24）和方程（A. 30）中的控制约束成为

$$0\leqslant\boldsymbol{x}\leqslant\boldsymbol{h}\rightarrow\begin{cases}\boldsymbol{x}+\boldsymbol{x}^+=\boldsymbol{h}\\ \boldsymbol{x}\geqslant\boldsymbol{0}\\ \boldsymbol{x}^+\geqslant\boldsymbol{0}\end{cases}\tag{A.33}$$

$$\begin{matrix}0\leqslant\boldsymbol{u}^+\leqslant\boldsymbol{u}_u-\boldsymbol{u}_0\\ 0\leqslant\boldsymbol{u}^-\leqslant\boldsymbol{u}_0-\boldsymbol{u}_l\end{matrix}\rightarrow\begin{cases}\boldsymbol{u}^++\boldsymbol{x}^+=\boldsymbol{u}_u-\boldsymbol{u}_0\\ \boldsymbol{u}^-+\boldsymbol{x}^-=\boldsymbol{u}_0-\boldsymbol{u}_l\\ \boldsymbol{u}^+\geqslant\boldsymbol{0}\\ \boldsymbol{u}^-\geqslant\boldsymbol{0}\\ \boldsymbol{x}^+\geqslant\boldsymbol{0}\\ \boldsymbol{x}^-\geqslant\boldsymbol{0}\end{cases}\tag{A.34}$$

再一次，注意到我们的代替已经增加了这个问题的维度。一个附加的未知和一个附加的等式约束已经被加入用于被替换的每一个不等式。对于简单边界，如方程（A. 34）和方程（A. 33），我们将在后面探索问题的一个可选择形式，它避免了膨胀这个问题维度。然而，在方程（A. 32）中的一般方法仍然能应用到其他有界的参数。

A. 2. 3　编写一个程序用于标准形式的控制分配

在 A. 2. 1 节和 A. 2. 2 节列出的代替允许我们来转换在控制分配问题中的多符号、有界、执行机构为一组非负未知量和一些附加的等式约束。两个可能的变换被开发出来，根据一个特定问题是否受益于一个控制误差项的明确形式。

对于我们的方向保持规划，参考控制位置 $\boldsymbol{u}_0$，得到的误差 $\boldsymbol{u}-\boldsymbol{u}_0$，两者都没有出现在这个代价函数中。因此，根据这个下界来修改执行机构位置是简

单的。从方程（A. 22）开始，然后应用在方程（A. 33）中的变换到有界控制，方程（A. 24），我们以标准形式推导下面的线性规划。

$$\min_{(\boldsymbol{x},\ \lambda,\ \boldsymbol{x}^+,\ \boldsymbol{\lambda}^+)^{\mathrm{T}}} \ -\lambda \tag{A. 35}$$

$$\begin{bmatrix} \boldsymbol{B} & -\boldsymbol{m}_{\mathrm{des}} & \boldsymbol{0}_{n\times m} & \boldsymbol{0}_{n\times 1} \\ \boldsymbol{I}_{\mathrm{m}\times \mathrm{m}} & \boldsymbol{0}_{\mathrm{m}\times 1} & \boldsymbol{I}_{m\times m} & \boldsymbol{0}_{m\times 1} \\ \boldsymbol{0}_{1\times m} & 1 & \boldsymbol{0}_{1\times m} & 1 \end{bmatrix} \begin{pmatrix} \boldsymbol{x} \\ \lambda \\ \boldsymbol{x}^+ \\ \lambda^+ \end{pmatrix} = \begin{pmatrix} -\boldsymbol{B}\boldsymbol{u}_l \\ \boldsymbol{u}_u \\ 1 \end{pmatrix}$$

$$0\leqslant\lambda$$
$$0\leqslant\lambda^+$$
$$0\leqslant\boldsymbol{x}$$
$$0\leqslant\boldsymbol{x}^+ \tag{A. 36}$$

或者，将方程（A. 18）中的变量写为

$$\min_{\boldsymbol{x}} \boldsymbol{c}^{\mathrm{T}}\boldsymbol{x} \mid \boldsymbol{A}\boldsymbol{x}=\boldsymbol{b},\ \boldsymbol{0}\leqslant\boldsymbol{x}$$

$$\boldsymbol{A}=\begin{bmatrix} \boldsymbol{B} & -\boldsymbol{m}_{\mathrm{des}} & \boldsymbol{0}_{n\times m} & \boldsymbol{0}_{n\times 1} \\ \boldsymbol{I}_{m\times m} & \boldsymbol{0}_{m\times 1} & \boldsymbol{I}_{m\times m} & \boldsymbol{0}_{m\times 1} \\ \boldsymbol{0}_{1\times m} & 1 & \boldsymbol{0}_{1\times m} & 1 \end{bmatrix}$$

$$\boldsymbol{x}=\begin{pmatrix} u-u_l \\ \lambda \\ \boldsymbol{x}^+ \\ \lambda^+ \end{pmatrix}$$

$$\boldsymbol{b}=\begin{pmatrix} -\boldsymbol{B}\boldsymbol{u}_l \\ \boldsymbol{u}_u \\ 1 \end{pmatrix}$$

$$\boldsymbol{c}^{\mathrm{T}}=(\boldsymbol{0}_{m\times 1},\ -1,\ \boldsymbol{0}_{m\times 1},\ 0) \tag{A. 37}$$

正如所变换的，这个规划有 $m+n+1$ 等式约束和 $2m+2$ 未知量。注意到，在关于执行机构位置的松弛变量外，我们也需要在大小调整参数上的一个松弛变量来加强它的上界。

上面的替代方法，从方程（A. 28）开始然后使用松弛变量移除这个上界位置，也能应用到我们的方向保持控制分配器。

获得的系统甚至大于上面那个，有 $2m+n+1$ 等式约束和 $4m+2$ 未知量。

$$
\begin{bmatrix} \boldsymbol{B} & -\boldsymbol{B} & -\boldsymbol{m}_{\text{des}} & \boldsymbol{0}_{n\times m} & \boldsymbol{0}_{n\times m} & \boldsymbol{0}_{n\times 1} \\ \boldsymbol{I}_{m\times m} & \boldsymbol{0}_{m\times m} & \boldsymbol{0}_{m\times 1} & \boldsymbol{I}_{m\times m} & \boldsymbol{0}_{m\times 1} & \boldsymbol{0}_{m\times 1} \\ \boldsymbol{0}_{m\times m} & \boldsymbol{I}_{m\times m} & \boldsymbol{0}_{m\times 1} & \boldsymbol{0}_{m\times m} & \boldsymbol{I}_{m\times m} & \boldsymbol{0}_{m\times 1} \\ \boldsymbol{0}_{1\times m} & \boldsymbol{0}_{1\times m} & 1 & \boldsymbol{0}_{1\times m} & \boldsymbol{0}_{1\times m} & 1 \end{bmatrix} \begin{pmatrix} \boldsymbol{u}^{+} \\ \boldsymbol{u}^{-} \\ \lambda \\ \boldsymbol{x}^{+} \\ \boldsymbol{x}^{-} \\ \lambda^{+} \end{pmatrix} = \begin{pmatrix} -\boldsymbol{B}\boldsymbol{u}_0 \\ \boldsymbol{u}_u - \boldsymbol{u}_0 \\ \boldsymbol{u}_0 - \boldsymbol{u}_l \\ 1 \end{pmatrix}
$$

$$
\begin{cases} 0 \leqslant \lambda \\ 0 \leqslant \boldsymbol{u}^{+} \\ 0 \leqslant \boldsymbol{u}^{-} \\ 0 \leqslant \lambda^{+} \\ 0 \leqslant \boldsymbol{x}^{+} \\ 0 \leqslant \boldsymbol{x}^{-} \end{cases} \tag{A. 38}
$$

或者，再一次明确替换为标准形式：

$$
\min_{\boldsymbol{x}} \boldsymbol{c}^{\mathrm{T}}\boldsymbol{x} \mid \boldsymbol{A}\boldsymbol{x} = \boldsymbol{b}，\boldsymbol{0} \leqslant \boldsymbol{x}
$$

$$
\boldsymbol{A} = \begin{bmatrix} \boldsymbol{B} & -\boldsymbol{B} & -\boldsymbol{m}_{\text{des}} & \boldsymbol{0}_{n\times m} & \boldsymbol{0}_{n\times m} & \boldsymbol{0}_{n\times 1} \\ \boldsymbol{I}_{m\times m} & \boldsymbol{0}_{m\times m} & \boldsymbol{0}_{m\times 1} & \boldsymbol{I}_{m\times m} & \boldsymbol{0}_{m\times 1} & \boldsymbol{0}_{m\times 1} \\ \boldsymbol{0}_{m\times m} & \boldsymbol{I}_{m\times m} & \boldsymbol{0}_{m\times 1} & \boldsymbol{0}_{m\times m} & \boldsymbol{I}_{m\times m} & \boldsymbol{0}_{m\times 1} \\ \boldsymbol{0}_{1\times m} & \boldsymbol{0}_{1\times m} & 1 & \boldsymbol{0}_{1\times m} & \boldsymbol{0}_{1\times m} & 1 \end{bmatrix}
$$

$$
\boldsymbol{x} = \begin{pmatrix} \boldsymbol{u}^{+} \\ \boldsymbol{u}^{-} \\ \lambda \\ \boldsymbol{x}^{+} \\ \boldsymbol{x}^{-} \\ \lambda^{+} \end{pmatrix}
$$

$$
\boldsymbol{b} = \begin{pmatrix} -\boldsymbol{B}\boldsymbol{u}_0 \\ \boldsymbol{u}_u - \boldsymbol{u}_0 \\ \boldsymbol{u}_0 - \boldsymbol{u}_l \\ 1 \end{pmatrix}
$$

$$
\boldsymbol{c}^{\mathrm{T}} = (\boldsymbol{0}_{1\times m}，\boldsymbol{0}_{1\times m}，-1，\boldsymbol{0}_{1\times m}，\boldsymbol{0}_{1\times m}，0) \tag{A. 39}
$$

上面的两个规划都由同样的隐含优化问题推导而来，但是有不同的维度。当在上面的形式中不是直接有用，在方程（A. 39）中附加的未知量将允许我们使得代价函数或者附加约束为控制误差的一个函数。

为了避免和需要求解的控制分配问题的维度混淆，本节中接下来对于线性规划的讨论中，使用 k 和 l 分别来代表未知量数目和等式约束数目。

$$\boldsymbol{x}, \boldsymbol{c} \in \Re^k, \boldsymbol{b} \in \Re^l, \boldsymbol{A} \in \Re^{l \times k}, l \leqslant k$$

一般而言，我们希望要求来获得解的计算需求、时间和内存，将随着问题尺度的某个函数进行大小调整。然而，对于问题和解法器的一个特定组合，一个更大形式的结构和数值特征，相比于小一些形式可能更高效。

A. 2. 4 有上界时修正的标准形式

加入处理未知量上界的松弛变量加倍了我们问题中的未知量同时也对每一个未知上界附加了一个约束。不导致在问题尺度上的增加，宁可采用一个求解策略，它可以以一个修改的标准形式来处理问题。

$$\min_{\boldsymbol{x}} \boldsymbol{c}^{\mathrm{T}} \boldsymbol{x} \mid \boldsymbol{A}\boldsymbol{x}=\boldsymbol{b}, \ \boldsymbol{0} \leqslant \boldsymbol{x} \leqslant \boldsymbol{h} \tag{A. 40}$$

一旦一个规划被转换为方程（A. 40）中修改后的形式，备选解能被探讨。假如一个给定的未知量 x_i 是在它的上（或下）界，一个在变量里的简单变化 $\hat{x}_i=h_i-x_i$ 能被应用，对于那个元素颠倒这个界。一个新的程序以修改后的标准形式能被表示为

$$\min_{\hat{\boldsymbol{x}}} \hat{\boldsymbol{c}}^{\mathrm{T}} \boldsymbol{x} \mid \hat{\boldsymbol{A}}\hat{\boldsymbol{x}}=\hat{\boldsymbol{b}}, \ \boldsymbol{0} \leqslant \hat{\boldsymbol{x}} \leqslant \hat{\boldsymbol{h}} \tag{A. 41}$$

那里参数$\hat{\boldsymbol{c}}$、$\hat{\boldsymbol{b}}$、$\hat{\boldsymbol{h}}$和$\hat{\boldsymbol{A}}$是和方程（A. 40）中的初始量一样的，对于颠倒的第 i 个分量有相应的变化。

$$\begin{gathered}
\hat{x}_i=h_i-x_i \\
\hat{\boldsymbol{A}}_{ci}=-\boldsymbol{A}_{ci} \\
\hat{c}_i=c_i \\
\hat{\boldsymbol{b}}=\boldsymbol{b}+h_i \hat{\boldsymbol{A}}_{ci}
\end{gathered} \tag{A. 42}$$

在变量中的这种变化形成了这个背景用于一个特别修正，它有时能被应用于数值算法，这些算法优先于应用到在标准形式（A. 18）中的规划。附加的逻辑被加入到这个算法，来辨识什么时候一个变量已经到达它的上界然后应用方程（A. 42）。一个有上界的规划的解因此能继续，此时仅有非负不等式约束有效。

处理有真实执行机构的物理系统，我们发现在一个控制分配问题里大多数未知量有自然的上界和下界。因此，在方程（A. 18）中给出的线性规划的修正形式对于我们的大多数问题是方便的。除非特别指出，这是在这个附录余下部分都要采用的用于线性规划的形式。

我们的这个格式下的两种方向保持形式的约束表示是在前面 A. 2. 1 节中被形成的。方程（A. 22）和方程（A. 24）的效果是用控制向量的下界来替换这个向量，给出一个有 n 个约束和 $m+1$ 个未知量的问题。

$$\min_{\boldsymbol{x}} \boldsymbol{c}^{\mathrm{T}}\boldsymbol{x} \mid \boldsymbol{Ax}=\boldsymbol{b},\ \boldsymbol{0}\leqslant\boldsymbol{x}$$
$$\boldsymbol{A}=[\boldsymbol{B}\quad -\boldsymbol{m}_{\mathrm{des}}]$$
$$\boldsymbol{x}=\begin{pmatrix}\boldsymbol{u}-\boldsymbol{u}_l\\ \lambda\end{pmatrix}$$
$$\boldsymbol{h}=\begin{pmatrix}\boldsymbol{u}_u-\boldsymbol{u}_l\\ l\end{pmatrix}$$
$$\boldsymbol{b}=(-\boldsymbol{B}\boldsymbol{u}_l)$$
$$\boldsymbol{c}^{\mathrm{T}}=(\boldsymbol{0}_{m\times 1},\ -1) \tag{A.43}$$

把这个控制表示为相对于从一个优先位置的误差，这个问题有 $2m+1$ 个未知量，但是它仍然只有 n 个等式约束，阐述了使用这种修正形式的好处。

$$\min_{\boldsymbol{x}} \boldsymbol{c}^{\mathrm{T}}\boldsymbol{x} \mid \boldsymbol{Ax}=\boldsymbol{b},\ \boldsymbol{0}\leqslant\boldsymbol{x}$$
$$\boldsymbol{A}=[\boldsymbol{B}\quad -\boldsymbol{B}\quad -\boldsymbol{m}_{\mathrm{des}}]$$
$$\boldsymbol{x}=\begin{pmatrix}\boldsymbol{u}^{+}\\ \boldsymbol{u}^{-}\\ \lambda\end{pmatrix}$$
$$\boldsymbol{h}=\begin{pmatrix}\boldsymbol{u}_u-\boldsymbol{u}_0\\ \boldsymbol{u}_0-\boldsymbol{u}_l\\ 1\end{pmatrix}$$
$$\boldsymbol{b}=(-\boldsymbol{B}\boldsymbol{u}_0)$$
$$\boldsymbol{c}^{\mathrm{T}}=(\boldsymbol{0}_{1\times m},\ \boldsymbol{0}_{1\times m},\ -1) \tag{A.44}$$

例 A.2　在修正标准形式下的力矩误差最小化　考虑在方程（A.10）中表示的力矩误差的最小 ℓ_1 范数。我们能表示每个轴的单独力矩误差为附加变量，用来加强这个等式约束，$\boldsymbol{Bu}=\boldsymbol{m}_{\mathrm{des}}+\boldsymbol{m}_s$。这些辅助变量获得了指令的和得到的力矩之间的误差。代价函数有一个最小值零，当这些加入的变量被改变到零。

$$\min_{\boldsymbol{u}} |\boldsymbol{w}_m^{\mathrm{T}}\boldsymbol{m}_s| \tag{A.45}$$
$$\boldsymbol{Bu}-\boldsymbol{m}_s=\boldsymbol{m}_{dws}$$
$$\boldsymbol{u}_l\leqslant\boldsymbol{u}\leqslant\boldsymbol{u}_u \tag{A.46}$$

对于在方程（A.25）中的那个使用一个类似的变换，这些加入的变量能被变为非负。我们使用方程（A.35）代替 $\boldsymbol{u}$ 并且得到的线性规划被写为和那个上面见到的类似形式。

$$\min_{\boldsymbol{u}}|\boldsymbol{w}_m^{\mathrm{T}}\boldsymbol{m}_s|=\min_{\boldsymbol{u}}\boldsymbol{w}_m^{\mathrm{T}}\boldsymbol{m}_s^{+}+\boldsymbol{w}_m^{\mathrm{T}}\boldsymbol{m}_s^{-}$$
$$\boldsymbol{Bu}=\boldsymbol{m}_{\mathrm{des}}+\boldsymbol{m}_s$$
$$\boldsymbol{B}(\boldsymbol{x}+\boldsymbol{u}_l)=\boldsymbol{m}_{\mathrm{des}}+\boldsymbol{m}_s^{+}-\boldsymbol{m}_s^{-}$$

$$[\boldsymbol{B}\quad -\boldsymbol{I}_n\quad \boldsymbol{I}_n]\begin{pmatrix}\boldsymbol{x}\\ \boldsymbol{m}_s^+\\ \boldsymbol{m}_s^-\end{pmatrix}=\boldsymbol{m}_{\text{des}}-\boldsymbol{B}\boldsymbol{u}_l,\quad 0\leqslant\boldsymbol{x}\leqslant\boldsymbol{u}_u-\boldsymbol{u}_l$$

$$0\leqslant\boldsymbol{m}_s^+$$

$$0\leqslant\boldsymbol{m}_s^- \tag{A.47}$$

为我们的解法器把它设置为标准形式，我们看到：

$$\boldsymbol{c}^{\mathrm{T}}=(\boldsymbol{0}_m\quad \boldsymbol{w}_{mn}\quad \boldsymbol{w}_{mn})$$

$$\boldsymbol{A}=[\boldsymbol{B}\quad -\boldsymbol{I}_n\quad \boldsymbol{I}_n]$$

$$\boldsymbol{x}^{\mathrm{T}}=(\boldsymbol{u}\quad -\boldsymbol{u}_l\quad \boldsymbol{m}_s^+\quad \boldsymbol{m}_s^-)$$

$$\boldsymbol{h}^{\mathrm{T}}=(\boldsymbol{u}_u\quad -\boldsymbol{u}_l\quad -\quad -) \tag{A.48}$$

$$\boldsymbol{b}^{\mathrm{T}}=(\boldsymbol{m}_{\text{des}}\quad -\boldsymbol{B}\boldsymbol{u}_l) \tag{A.49}$$

写成这种形式，体现这个力矩误差的未知量没有一个自然的上界。假如使用一个解法器，它确保这个代价函数是非增加的，我们能对误差的每一个元素设置上界为这个初始代价$|\boldsymbol{\omega}_m^{\mathrm{T}}(\boldsymbol{B}\boldsymbol{u}_{\text{init}}-\boldsymbol{m}_{\text{des}})|$。

A.3 线性规划解的特征

通过把一个线性规划表示为上面的标准形式（方程（A.18）或者方程（A.40））的一种，我们已经把约束分解为边界的一个简单集和一个方程线性系统：

$$\boldsymbol{A}\boldsymbol{x}=\boldsymbol{b} \tag{A.50}$$

$$\boldsymbol{A}\in\Re^{l\times k},\ \boldsymbol{x}\in\Re^{k},\ \boldsymbol{b}\in\Re^{l}$$

$$\boldsymbol{0}\leqslant\boldsymbol{x}\leqslant\boldsymbol{h} \tag{A.51}$$

在方程（A.51）中已经包括上界，$\boldsymbol{x}\leqslant\boldsymbol{h}$。假如我们的规划写成传统标准形式，即方程（A.18），这个上界不起作用，那么方程（A.51）变成

$$\boldsymbol{x}\geqslant\boldsymbol{0}$$

满足方程（A.50）和方程（A.51）中约束的向量是这个线性规划可能解。考虑约束系统特征有益于更好理解最优解和用来寻找它的方法。

暂时忽略我们未知变量的界并且仅考虑在方程（A.50）中的等式约束，我们能对我们线性规划的解做出一些观察。对于任意选择的$\boldsymbol{A}$和$\boldsymbol{b}$，不能保证方程（A.50）正好有一个解。

为了保证在方程（A.50）中的约束有一个解，我们将假设矩阵$\boldsymbol{A}$是满秩的。这个假设暗示了关于我们系统的两个条件是真的。物理上的类似把这两个条件都和在第5章讨论的内在几何结构联系起来。

首先假设$l\leqslant k$；换句话说，我们有比等式约束更多的未知量。在我们控

制分配形式中的约束通常起源于一个关系，$\boldsymbol{Bu}=\boldsymbol{m}_{\text{des}}$，映射许多冗余控制执行机构为更小数目的力矩。如上所见，附加的约束和变量可以被加入到把我们的规划转换为标准形式的过程中。附加的等式约束没有威胁这个条件，$l\leqslant k$，假如它们对应于附加的未知量（如一个实例，考虑方程（A. 33）和方程（A. 34）中加入的松弛变量和附加约束）。

上面这个条件的反面（一个规划有比等式约束更少的未知量）是对一个分配问题那里有比力矩需求更少的执行机构的提醒。在那种情况，假如 $\boldsymbol{m}_{\text{des}}$ 的元素以一定比例出现，分配器仅能获得期望指令。类似地，假如我们有比约束更多的未知量，我们限制 $\boldsymbol{b}$ 的值，那里存在方程（A. 50）的一个合理解。

我们的满秩假设也意味着 $\boldsymbol{A}$ 的行是线性独立的。假如任何行能被写成其他行的一个线性组合，那么再一次，对于 $\boldsymbol{Ax}=\boldsymbol{b}$ 有一个解的 $\boldsymbol{b}$ 的值被限制。在任何规划，那里 $\boldsymbol{b}$ 的元素有和 $\boldsymbol{A}$ 的行一样的线性关系，那么这些约束中的至少一种是冗余的并且能被去除。假如 $\boldsymbol{b}$ 没有表现出同样的关系，那么这些约束是相互无关的并且没有解。避开在转换这个问题过程中我们附加冗余的，或者不一致的约束的可能性，第二条件能出现，假如我们的控制执行机构组没有提供关于每一个轴的力矩的真正独立控制。

A. 3. 1　基础解

考虑描述线性等式约束的矩阵 $\boldsymbol{A}$。假如一定程度上任意地分解 $\boldsymbol{A}$ 为两个子矩阵：一个正方形矩阵$\widetilde{\boldsymbol{B}}$，剩余的列在$\widetilde{\boldsymbol{D}}$中，即

$$\boldsymbol{A}=\begin{bmatrix}\widetilde{\boldsymbol{B}} & \widetilde{\boldsymbol{D}}\end{bmatrix},\ \boldsymbol{A}\in\Re^{l\times k},\ \widetilde{\boldsymbol{B}}\in\Re^{l\times l},\ \widetilde{\boldsymbol{D}}\in\Re^{l\times k-l},\ l\leqslant k \tag{A. 52}$$

当$\widetilde{\boldsymbol{B}}$被显示为 $\boldsymbol{A}$ 的前 l 列，重新排列这些列使得这个分解能包含任何特定集是平常的。假如矩阵 $\boldsymbol{A}$ 是满秩的，那么存在一组 l 线性独立列向量，能用来形成$\widetilde{\boldsymbol{B}}$。在$\Re^l$中的线性独立向量集形成了$\Re^l$的一个基（Nef，1967）。

在$\Re^l$中的其他任何一个向量，特别是 $\boldsymbol{b}$，能够被写成在这个集中的向量的一个线性组合。定义$\widetilde{\boldsymbol{B}}$为正方矩阵，它的列是这些 l 向量，$\boldsymbol{b}$ 能写成

$$\widetilde{\boldsymbol{B}}\boldsymbol{X}_B=\boldsymbol{b} \tag{A. 53}$$

为$\boldsymbol{x}_B$求解这个系统得到了一个用于 l 变量的唯一解。这些基础变量对应于初始选为$\widetilde{\boldsymbol{B}}$部分的 $\boldsymbol{A}$ 的列。对应于 $\boldsymbol{A}$ 剩余列的变量，那些在$\widetilde{\boldsymbol{D}}$中，是非基础变量。

一个初始等式约束的解 $\boldsymbol{x}$ 能够被形成，通过设置对应于这些基础变量的所有元素为它们在$\boldsymbol{x}_B$中的值并且设置这些非基础元素 $\boldsymbol{x}_D$ 等于零。

$$\boldsymbol{Ax}=\widetilde{\boldsymbol{B}}\boldsymbol{x}_B+\widetilde{\boldsymbol{D}}\boldsymbol{x}_D=\widetilde{\boldsymbol{B}}\boldsymbol{x}_B+\widetilde{\boldsymbol{D}}\ (0,\ \cdots,\ 0)^{\mathrm{T}}=\widetilde{\boldsymbol{B}}\boldsymbol{x}_B=\boldsymbol{b} \tag{A. 54}$$

这个解称为等式约束在方程（A.50）中的线性规划的一个基础解。

回想在方程（A.42）中的那些，我们论证了如何处理一个规划以这个修正后的标准形式，那里解变量的一个是在它的上界，并且开发了一个对应变量等于零的相关规划。

$$\hat{\boldsymbol{A}}\hat{\boldsymbol{x}}=\hat{\boldsymbol{b}}$$
$$\hat{x}_i=h_i-x_i=h_i-h_i=0$$
$$\hat{\boldsymbol{A}}_{ci}=-\boldsymbol{A}_{ci}$$
$$\hat{\boldsymbol{b}}=\boldsymbol{b}+h_i\hat{\boldsymbol{A}}_{ci}$$

基于这个方法的存在，我们拓展对于一个基础解的定义，当面对一个修正后标准形式的规划时允许这些非基础变量在它们的上界。

我们将考虑，我们规划的一个基础解最多有 l 个变量不在它们的边界之一。由于 l 个独立列向量的每一种组合对应于一个特殊基础解，有无数多个这样的解。

A.3.2 退化的基础解

一般而言，所有这些基础变量 $\boldsymbol{x}_B$ 不确保为非零（或者不等于它们的上界）。假如一个给定的解有多于 $k-l$ 个变量在它们的边界之一，称它为一个退化基础解。一个给定退化解的基础集不是唯一的。在构造$\widetilde{\boldsymbol{B}}$中，对应在$\boldsymbol{x}_B$边界的任何一个元素的 $\boldsymbol{A}$ 任何一列可以被任意交换为$\widetilde{\boldsymbol{D}}$中的任何一个非基础列，并不会改变这个解向量。

例如，等式约束对于设置在方程（A.43）中的方向保持线性规划。

$$\boldsymbol{A}=[\boldsymbol{B}\quad -\boldsymbol{m}_{\text{des}}] \tag{A.55}$$

有 n 个约束和 $m+1$ 个未知量，所以我们希望一个基础解有最多 n 个未知量不在它们边界之一。回想这个未知向量由这些执行机构位置和一个调整参数 λ 组成。

$$\boldsymbol{x}=\begin{pmatrix}\boldsymbol{u}-\boldsymbol{u}_l\\ \lambda\end{pmatrix} \tag{A.56}$$

对于一个在 Φ 外的三力矩指令，因此不可达，调整大小的参数 λ 小于 1，仅剩下两个附加基础变量对应于两个控制执行机构。仅如在 6.6 节提出的直接分配情况，我们希望这两个执行机构来定义 Ω 的一个面。然而，在这种情况下 $\boldsymbol{m}_{\text{des}}$ 和 Ω 一条边的映象排列成一行，对应的基础解仅包括了一个单一非饱和控制。这个基础解是退化的。

A.3.3 基础可行解

假如一个给定的解满足问题上的约束，$\boldsymbol{Ax}=\boldsymbol{b}$，$\boldsymbol{x}\geqslant\boldsymbol{0}$ 或者 $\boldsymbol{0}\leqslant\boldsymbol{x}\leqslant\boldsymbol{h}$（后者

应用到修正后的标准形式问题中)，它是初始问题的一个可行解。通过简单的拓展，假如一个基础解也是可行的，那么它称为一个基础可行解。

几何上，假如在我们问题中的变量是有界的，可行解向量的集 $\mathcal{X}$ 是一个凸 k 维多形体。在这个多形体上的极端点都对应于这些约束下的基础可行解；任何一个可行解，$\boldsymbol{x}\in\mathcal{X}$，能被写成这些极端点的一个线性组合。

对于代价函数取任意值，$\boldsymbol{y}=\boldsymbol{c}^{\mathrm{T}}\boldsymbol{x}$，最多 $k-1$ 维度的一系列平行表面被生成。对于一定范围内的代价，这些表面相交于这个可行多形体。最小代价，对应于正切于这个多型体的最低值表面，必须包含至少一个极点。

这些可行集的极点的几何结构阐述了为什么基础可行解对我们是有意义的。这些点和我们期望的最优解之间的关系称为线性规划的基础定理(Luenberger，1984)。

给定一个以方程（A.18）为形式的线性规划，其中 $\boldsymbol{A}\in\Re^{l\times k}$，$\mathrm{rank}(\boldsymbol{A})=l$：

(1) 假如有一个可行解，有一个基础可行解。

(2) 假如有一个最优可行解，有一个最优基础可行解。

这个定理的证明能在任何一部标准线性规划教材中找到。

控制分配的含义是，对于一个给定的规划，我们知道最优执行机构组合将出现在一个基础可行解上。从了解规划的结构出发，事实是，在这个最优解中，至少 $k-l$ 未知量将在它们的边界之一上。我们能做出一些假设，关于这些控制执行机构将如何在一个特定的分配器下工作。

基础可行解的数目是有限的，受到潜在 k 个基础向量一次取 l 个的可能组合的限制。因此我们能想象一个迭代解，它寻找可行集的极端点直到最优解被找到。基本上这个方法隐含于许多线性规划算法，包括有影响力的基于 Dantzig 的原始主要单纯形方法的算法集。

A.4 分配可行指令

这里我们已经忽略了在 A.1.2 节中的第一个条件，条件（A.5)，即如何在 Φ 内部选择一个最优控制解。一般而言，我们能形成一个解来最优化任何一个线性次要代价函数，当加强在获得力矩的一个约束，$\boldsymbol{Bu}=\boldsymbol{m}_{\mathrm{des}}$。假设指令是可达的，线性规划解是可行的。因此，这些等式约束被保证可满足，并且这个规划被形成来优化在 $\boldsymbol{B}$ 矩阵零空间的目标函数。

正如在第 7 章讨论的，在处理后复原的解中，我们考虑指定一个优先解的两类方法。

第一，假设一个希望的执行机构组合是已知的并且分配器寻找一个解接近那个解（通过最小化一些误差指标度量）。设计者有优先解本身作为一种选择，也有这个特定的误差指标来最小化，允许这类分配器达到许多不同的目的。

第二，解的质量由控制位置的某个函数定义。在引入分配器之前，优化这个函数的执行机构位置是未知的。然而，我们确实假设表达目标函数的线性本质的一个梯度是存在的。假如目标函数在控制范围内真是线性的，最小值能直接被找到；更一般化，当前工作点的本地线性近似被考虑，和当前时间步长里允许移动的某个范围一起。

A.4.1 最小化一个优先解的误差

一个简单次要目标是最小化在这个解和一个已知的优先控制向量（见6.3节）之间的区别。没有指出这样一个解是如何已知的，基础概念是来最小化$\boldsymbol{u}-\boldsymbol{u}_p$这个量的某个范数

$$\min_{\boldsymbol{u}} | \boldsymbol{u}-\boldsymbol{u}_p |_n \tag{A.57}$$

$$\boldsymbol{B}\boldsymbol{u}=\boldsymbol{m}_{\mathrm{des}}$$

$$\boldsymbol{u}_l \leqslant \boldsymbol{u} \leqslant \boldsymbol{u}_u \tag{A.58}$$

在方程（A.57）中的范数是被认真选择的以便保持这个规划的线性。在关于方程（A.11）中力矩误差的讨论中，两个这样的范数被引入。这些也是作为处理上面控制执行机构范数的设计选项存在的。这些设计选项是最小化单个面误差（ℓ_1 范数）幅值的加权和，和使用ℓ_∞范数最小化最大单独误差。

在任一情况，应用相对于这个优先解的在方程（A.25）中给出的替代来写出这些未知量是方便的，$\boldsymbol{u}-\boldsymbol{u}_p=\boldsymbol{u}^+-\boldsymbol{u}^-$。

$$\boldsymbol{u}_i-\boldsymbol{u}_{p_i}=\begin{cases}\boldsymbol{u}_i^+,\ \boldsymbol{u}_i-\boldsymbol{u}_{p_i}\geqslant 0\\ \boldsymbol{u}_i^-,\ \boldsymbol{u}_i-\boldsymbol{u}_{p_i}<0\end{cases},\ i=1,\ \cdots,\ m \tag{A.59}$$

$$\boldsymbol{u}_i-\boldsymbol{u}_{p_i}=\boldsymbol{u}^+-\boldsymbol{u}^-$$

$$\boldsymbol{u}^+\geqslant\boldsymbol{0}$$

$$\boldsymbol{u}^-\geqslant\boldsymbol{0} \tag{A.60}$$

代入这个约束方程：

$$\boldsymbol{B}\boldsymbol{u}=\boldsymbol{B}(\boldsymbol{u}^+-\boldsymbol{u}^-+\boldsymbol{u}_p)=\boldsymbol{m}_{\mathrm{des}} \tag{A.61}$$

一个线性规划的初始参数被生成。这个规划的最终形式将取决于目标函数的选择。

$$\Rightarrow \boldsymbol{B}\boldsymbol{u}^+-\boldsymbol{B}\boldsymbol{u}^-=[\boldsymbol{B}\quad -\boldsymbol{B}]\begin{pmatrix}\boldsymbol{u}^+\\ \boldsymbol{u}-\end{pmatrix}=\boldsymbol{m}_{\mathrm{des}}-\boldsymbol{B}\boldsymbol{u}_p$$

$$\Rightarrow \boldsymbol{A}=[\boldsymbol{B}\quad -\boldsymbol{B}] \tag{A.62}$$

$$x=\begin{pmatrix}u^+\\u^-\end{pmatrix}$$

$$h=\begin{pmatrix}u_u-u_p\\u_p-u_l\end{pmatrix} \tag{A. 63}$$

最小全部控制误差

使用单独误差项的绝对值的加权和，我们能构造一个代价函数，它是全部误差的一个度量，如

$$\min_{u}|w_u^{\mathrm{T}}(u-u_p)|=\min_{\begin{pmatrix}u^+\\u^-\end{pmatrix}}|w_u^{\mathrm{T}}(u^+-u^-)| \tag{A. 64}$$

$$=\min_{\begin{pmatrix}u^+\\u^-\end{pmatrix}}(w_u^{\mathrm{T}},\ w_u^{\mathrm{T}})\begin{pmatrix}u^+\\u^-\end{pmatrix} \tag{A. 65}$$

从这里，这个线性规划的参数能用决定变量 $x=(u^{+\mathrm{T}},\ u^{-\mathrm{T}})^{\mathrm{T}}$ 的向量写成

$$A=[B\quad -B]$$
$$b=m_{\mathrm{des}}-Bu_p$$
$$c^{\mathrm{T}}=(w_u^{\mathrm{T}},\ w_u^{\mathrm{T}})$$
$$h=\begin{pmatrix}u_u-u_p\\u_p-u_l\end{pmatrix} \tag{A. 66}$$

在方程（A. 66）中，这个优先控制向量，u_p，并且在单独控制上的权值，w_u，成为设计参数。一些对于 u_p 的选项在 6. 3 节进行讨论。

设计参数的选择也能被用来强调不同目的。研究人员已经探索了对于加权方案的多种选项，包括归一化执行机构的幅值或者强调单独执行机构误差，它们有更大影响在一些次要目标如阻力、歪曲载荷或者反应控制系统和作动器使用。这些权值也能被用来强制一些执行机构跟踪它们优先位置，本质上把它们从这个解中去除，而留着它们用于极端指令。

例 A. 3　最小化组合执行机构偏转　对于从方程（A. 12）～方程(A. 14)来的初始例子，我们希望找到一个控制解，它能最小化执行机构从它们零位置偏转的和。

在方程（A. 12）中的初始力矩要求是可达的，所以我们能利用定义在方程（A. 66）中的线性规划，它有一个优先控制位置 $u_p=(0,\ 0,\ 0,\ 0,\ 0,\ 0,\ 0)^{\mathrm{T}}$ 和所有的平等加权控制误差 $w_u=(1,\ 1,\ 1,\ 1,\ 1,\ 1,\ 1)^{\mathrm{T}}$。得到的线性规划能通过我们选择的线性规划程序被求解。从在 A. 3. 3 节的讨论中，我们希望至少四个控制量或者在它们优先位置或者在它们的最大或者最小界。

使用 MATLAB® 的 `linprog` 寻找解的过程看起来像：

```
%% Program setup
```

```
md=[2.8493;-.2942;.5726]; %Desired moment
%Control effectiveness
B=[0.7073 -0.7073 -3.4956 -3.0013  3.0013 3.4956 2.1103;...
   1.1204  1.1204 -0.7919 -1.2614 -1.2614 -0.7919 0.0035;...
  -0.3309 0.3309 -0.1507 -0.3088 0.3088  0.1507  -1.2680];
%Effector limits
ul=[-0.9599; -0.9599; -0.5236; -0.5236; -0.5236; -0.5236;
    -0.5236];
uu=[0.4363; 0.4363; 0.5236; 0.5236; 0.5236; 0.5236];

%Control error minimization
wu=ones(7,1);
up=zeros(7,1);
c=[wu;wu];
Aeq=[B -B];
h=[uu-up; up-ul];
beq=md-B*up;
opt=optimoptions('linprog', 'algorithm', 'simplex');
xc=linprog(c,[],[],Aeq,beq, zeros(size(h)),h,zeros(size(h)),
   opt);

u=x(1:7)-xc(8:14)+up; %Final effector positions
```

得到的最小化绝对偏转和的执行机构位置是：

$$u^{T}=(0,\ 0,\ 0,\ -0.39,\ 0.5236,\ 0.1577,\ -0.2103) \tag{A.67}$$

这个最优解确实驱动三个控制，鸭翼和右边向外的升降副翼，到它们的优先解，但是在这种情况左边的内侧升降副翼也被驱动到它的正的停止位。

例 A.4 最小化方向舵使用 继续前面的例子，我们将加入一个附加的最小化方向舵偏转的设计约束。我们继续通过修改控制误差权值，w_u，以致任何方向舵误差将主导整个误差。在上面这个 MATLAB® 代码里我们修改了问题的结构安排：

```
...
%Control error minimization
wu=ones(7,1);
wu(7)=10;
up=zeros(7,1);
c=[wu;wu];
Aeq=[B -B];
```

```
h=[uu-up; up-ul];
...
```

新的解是

$$u^{T}=(-0.4715, 0.2532, 0, -0.5236, 0.5236, 0.0626, 0)$$

我们已经获得新的目标，即把方向舵驱动到零，但是仅在这种情况，这个方向舵和右边外侧升降副翼是在优先位置。现在有两个控制已经被驱动到它们的停止位。

我们能确认分配器仍然获得最大力矩能力，它的达成是通过增加力矩指令的幅值（小心不要要求一个不可达力矩，那样会使得这个规划不可行）。从这个例子的早期使用回想，例 A.1，它倍增了直接放在 AMS 边界上的力矩指令。求解以上的规划，它有附加的比例，md=2*md，给出这个结果：

$$u^{T}=(-0.2619, -0.2617, -0.5236, -0.5236, 0.5236, 0.5236, -0.5236)$$

驱动方向舵到它的停止位来获得期望力矩。

它可能看起来违反直觉，但是使用ℓ_1范数寻找最小组合误差导致一些执行机构偏转到它们的极限，除非除了 n 个外的所有执行机构能被驱动到这个优先解。这个结果来自于线性规划的构造和基础定理的应用。

这个线性规划的最优解将是一个基础可行解。在方程（A.66）中规划的一个基础可行解有 $\boldsymbol{A}$ 的 n 列在基础集中。因此我们仅希望至多 n 个执行机构不在它们的极限值或者优先解。作为代表了在 $\boldsymbol{u}^{+}$ 和 $\boldsymbol{u}^{-}$ 中的同一的执行机构，$\boldsymbol{x}$ 没有两个元素将永远同时非零。对于一个给定的执行机构，位置给定为两个变量的差：

$$\begin{aligned} u_i=u_i^{+}=u_i^{-}&=(u_i^{+}-\text{const})-(u_i^{+}-\text{const})\\ &=\tilde{u}_i^{+}+\tilde{u}_i^{+} \end{aligned} \tag{A.68}$$

并且 $\boldsymbol{u}^{+}$ 和 $\boldsymbol{u}^{-}$ 的单独元素能包括任意的相应的常数。然而在这个代价函数中这两个变量以同一符号出现。

$$\begin{aligned} y_i=w_{ui}u_i^{+}+w_{ui}u_i^{-}&=w_{ui}(u_i^{+}-\text{const})+w_{ui}(u_i^{-}-\text{const})\\ &=w_{ui}(u_i^{+}+u_i^{-})-2*w_{ui}*\text{const}\\ \tilde{u}_i^{+}&=(u_i^{+}-\text{const})\geqslant 0\rightarrow \text{const}\leqslant u_i^{+}\\ \tilde{u}_i^{+}&=(u_i^{-}-\text{const})\geqslant 0\rightarrow \text{const}\leqslant u_i^{-} \end{aligned} \tag{A.69}$$

对于一个给定执行机构的代价的贡献，y_i 被最小化当值 const 到达它的最大值。因此，$\boldsymbol{u}^{+}$ 和 $\boldsymbol{u}^{-}$ 的对应元素在最优解中将不会同时非零，并且一个单一执行机构不能贡献多于我们的基础变量之一。

A.4.2 最小化最大误差

使用一些控制执行机构在它们的极限值可能是不希望的，即使整体绝对偏转更少。相反，可能希望限制最大单一偏转。Bodson 和 Frost（2011）讨论控制作用力并且建议不用最小ℓ_1 范数解，最小ℓ_∞范数对于一些问题可能是一个更好的选择。

一个向量的ℓ_∞范数是这个向量元素绝对值的最大值。通过像前面一样分开控制向量的正和负的元素，这个ℓ_∞范数仅是$\boldsymbol{u}^+$或者$\boldsymbol{u}^-$的最大元素。

$$|\boldsymbol{u}-\boldsymbol{u}_p|_\infty=\max_{i=1,\cdots,m}|\boldsymbol{u}_i-\boldsymbol{u}_{p_i}|=\max_{i=1,\cdots,m}(\boldsymbol{u}_i^+,\ \boldsymbol{u}_i^-) \tag{A.70}$$

根据 Bodson 和 Frost（2011）中的记号法，我们引入一个新的变量u^*来代表在代价函数中的∞范数。从方程（A.70）中，我们知道u^*是大于或者等于$\boldsymbol{u}^+$或者$\boldsymbol{u}^-$中的任一元素，因此我们在问题中加了一个附加的不等式约束集。

$$\begin{aligned} &u^*-\boldsymbol{u}_i^+\geqslant 0\ (i=1,\ \cdots,\ m)\\ &u^*-\boldsymbol{u}_i^-\geqslant 0\ (i=1,\ \cdots,\ m)\end{aligned} \tag{A.71}$$

根据通常流程，这些新的不等式通过附加变量的加入被转换为等式：

$$\begin{aligned} &u^*-\boldsymbol{u}_i^+-\delta\boldsymbol{u}_i^+=0\ (i=1,\ \cdots,\ m)\\ &u^*-\boldsymbol{u}_i^--\delta\boldsymbol{u}_i^+=0\ (i=1,\ \cdots,\ m)\end{aligned} \tag{A.72}$$

然后整个线性系统成为

$$\begin{bmatrix} \boldsymbol{B} & -\boldsymbol{B} & \boldsymbol{0}_{m\times n} & \boldsymbol{0}_{n\times m} & \boldsymbol{0}_{n\times 1}\\ \boldsymbol{I}_{m\times m} & \boldsymbol{0}_{m\times m} & \boldsymbol{I}_{m\times m} & \boldsymbol{0}_{m\times m} & -\boldsymbol{1}_{m\times 1}\\ \boldsymbol{0}_{m\times m} & \boldsymbol{I}_{m\times m} & \boldsymbol{0}_{m\times m} & \boldsymbol{I}_{m\times m} & -\boldsymbol{1}_{m\times 1}\end{bmatrix}\begin{pmatrix}\boldsymbol{u}^+\\ \boldsymbol{u}^-\\ \delta\boldsymbol{u}^+\\ \delta\boldsymbol{u}^-\\ u^*\end{pmatrix}=\begin{pmatrix}\boldsymbol{m}_{\mathrm{des}}-\boldsymbol{B}\boldsymbol{u}_p\\ \boldsymbol{0}_{m\times 1}\\ \boldsymbol{0}_{m\times 1}\end{pmatrix} \tag{A.73}$$

$$\begin{pmatrix}\boldsymbol{u}_u-\boldsymbol{u}_p\\ \boldsymbol{u}_p-\boldsymbol{u}_l\\ \boldsymbol{u}_u-\boldsymbol{u}_p\\ \boldsymbol{u}_p-\boldsymbol{u}_l\\ \max(|\boldsymbol{u}_u-\boldsymbol{u}_p|_\infty,\ |\boldsymbol{u}_p-\boldsymbol{u}_l|_\infty)\end{pmatrix}\geqslant\begin{pmatrix}\boldsymbol{u}^+\\ \boldsymbol{u}^-\\ \delta\boldsymbol{u}^+\\ \delta\boldsymbol{u}^-\\ u^*\end{pmatrix}\geqslant\begin{pmatrix}\boldsymbol{0}\\ \boldsymbol{0}\\ \boldsymbol{0}\\ \boldsymbol{0}\\ 0\end{pmatrix} \tag{A.74}$$

基于上面的约束，u^*是在$\boldsymbol{u}-\boldsymbol{u}_p$的∞范数上的一个上界。$u^*$的任何大于期望范数的值将把在方程（A.71）中所有项作为严格的不等式。假如u^*在代价函数中出现一个正系数，它对于这个代价函数的贡献能被降低为这个地步，那里一个或多个不等式等于零，并且$u^*=|\boldsymbol{u}-\boldsymbol{u}_p|_\infty$，不改变任何实际控制。

我们线性规划来最小化这个∞范数的最后部分是基于这个代价函数：

$$\min_{u} \begin{pmatrix} \mathbf{0}_{6m\times 1} & 1 \end{pmatrix} \begin{pmatrix} \boldsymbol{u}^{+} \\ \boldsymbol{u}^{-} \\ \delta\boldsymbol{u}^{+} \\ \delta\boldsymbol{u}^{-} \\ u^{*} \end{pmatrix} \tag{A.75}$$

权值的一个向量，$\boldsymbol{w}_u$，在这个控制误差的单独元素上能被引入。这些系数能被用来归一化这些可能有很大不同有效性或者偏转范围的执行机构的使用。可替代的，这些权值能被用来优先某些执行机构的使用。

$$u^{*} - \boldsymbol{w}_{ui}^{+}\boldsymbol{u}_i^{+} - \delta\mathbf{u}_i^{+} = 0 \ (i=1, \cdots, m)$$

$$u^{*} - \boldsymbol{w}_{ui}^{-}\boldsymbol{u}_i^{+} - \delta\boldsymbol{u}_i^{+} = 0 \ (i=1, \cdots, m) \tag{A.76}$$

最终结果是对方程（A.73）中的约束进行一个修改，类似于在 Bodson 和 Frost（2011）中，允许正的和负的误差分量被分开加权。

$$\begin{bmatrix} \boldsymbol{B} & -\boldsymbol{B} & \mathbf{0}_{n\times m} & \mathbf{0}_{n\times m} & \mathbf{0}_{n\times 1} \\ \boldsymbol{W}_u^{+} & \mathbf{0}_{m\times m} & \boldsymbol{I}_{m\times m} & \mathbf{0}_{m\times m} & -\mathbf{1}_{m\times 1} \\ \mathbf{0}_{m\times m} & \boldsymbol{W}_u^{-} & \mathbf{0}_{m\times m} & \boldsymbol{I}_{m\times m} & -\mathbf{1}_{m\times 1} \end{bmatrix} \begin{pmatrix} \boldsymbol{u}^{+} \\ \boldsymbol{u}^{-} \\ \delta\boldsymbol{u}^{+} \\ \delta\boldsymbol{u}^{-} \\ u^{*} \end{pmatrix} = \begin{pmatrix} \boldsymbol{m}_{\mathrm{des}} - \boldsymbol{B}\boldsymbol{u}_p \\ \mathbf{0}_{m\times 1} \\ \mathbf{0}_{m\times 1} \end{pmatrix} \tag{A.77}$$

$$\begin{pmatrix} \boldsymbol{u}_u - \boldsymbol{u}_p \\ \boldsymbol{u}_p - \boldsymbol{u}_l \\ \boldsymbol{u}_u - \boldsymbol{u}_p \\ \boldsymbol{u}_p - \boldsymbol{u}_l \\ \max(|\boldsymbol{u}_u - \boldsymbol{u}_p|_{\infty}, \ |\boldsymbol{u}_p - \boldsymbol{u}_l|_{\infty}) \end{pmatrix} \geqslant \begin{pmatrix} \boldsymbol{u}^{+} \\ \boldsymbol{u}^{-} \\ \delta\boldsymbol{u}^{+} \\ \delta\boldsymbol{u}^{-} \\ u^{*} \end{pmatrix} \geqslant \begin{pmatrix} \mathbf{0} \\ \mathbf{0} \\ \mathbf{0} \\ \mathbf{0} \\ 0 \end{pmatrix} \tag{A.78}$$

表示为对于目前为止使用的标准线性规划形式的输入参数：

$$\boldsymbol{A} = \begin{bmatrix} \boldsymbol{B} & -\boldsymbol{B} & \mathbf{0}_{n\times m} & \mathbf{0}_{n\times m} & \mathbf{0}_{n\times 1} \\ \boldsymbol{W}_u^{+} & \mathbf{0}_{m\times m} & \boldsymbol{I}_{m\times m} & \mathbf{0}_{m\times m} & -\mathbf{1}_{m\times 1} \\ \mathbf{0}_{m\times m} & \boldsymbol{W}_u^{-} & \mathbf{0}_{m\times m} & \boldsymbol{I}_{m\times m} & -\mathbf{1}_{m\times 1} \end{bmatrix}$$

$$\boldsymbol{b} = \begin{pmatrix} \boldsymbol{m}_{\mathrm{des}} - \boldsymbol{B}\boldsymbol{u}_p \\ \mathbf{0}_{m\times 1} \\ \mathbf{0}_{m\times 1} \end{pmatrix}$$

$$\boldsymbol{c}^{\mathrm{T}} = \begin{pmatrix} \boldsymbol{u}^{+} & \boldsymbol{u}^{-} & \delta\boldsymbol{u}^{+} & \delta\boldsymbol{u}^{-} & u^{*} \end{pmatrix}$$

$$h=\begin{pmatrix} u_u-u_p \\ u_p-u_l \\ u_u-u_p \\ u_p-u_l \\ \max(|u_u-u_p|_\infty, \ |u_p-u_l|_\infty) \end{pmatrix}$$

$$x^T=(u^+ \quad u^- \quad \delta u^+ \quad \delta u^- \quad u^*) \tag{A.79}$$

例 A.5 最小化最大控制偏转 再次看一下，对于有同样权值和优先零偏转的初始例子的这个解。给定附加的约束和变量，这个线性规划的形式是更复杂的，但是根据在方程（A.79）中的参数，我们能建立可用数值解法器求解的问题。

```
[n,m]=size(B);
Aeq=[B -B zeros(n,m) zeros(n,m) zeros(n,1);...
     diag(wu) zeros(m) eye(m) zeros(m)-ones(m,1);...
     zeros(m) diag(wu) zeros(m) eye(m)-ones(m,1)];
beq=[md; zeros(2*m,1)];

xMax=[uu; -ul; uu; -ul; max(max(abs(uu)), max(abs(ul)))];
xMin=[zeros(4*m+1,1)];
ct=[zeros(1,4*m) 1];

opt=optimoptions('linprog', 'algorithm', 'simplex');
x=linprog(ct', A,b,Aeq,beq, xMin,xMax,zeros(4*m+1,1),opt);
ui=x(1:m)-x((1:m)+m)
```

如预料，这个结果比这个 1 范数解有更平衡的控制使用：

$$u^T=(-0.1309, \ -0.1309, \ -0.2618, \ -0.2618, \ 0.2618, \ -0.2618) \tag{A.80}$$

和前面的例子对比，在这里没有控制量被驱动到它们的优先解。然而，我们也没有极端偏转，有一个执行机构在它的边界。实际上，上面的解和在例 6.7 看到的直接分配解是一样的。确实，对于寻找最小化最大非加权控制偏转的情况，从 Φ 边界调整得到的解是最优解。

假如我们跟着前面的例子并且试图最小化一个特定执行机构的使用，再一次设置方向舵的权值为 10，最优解以其他执行机构为代价减少了方向舵的使用。

$$u^T=(-0.3694, \ 0.3694, \ 0.0094, \ -0.3694, \ 0.3694, \ 0.3620, \ -0.0369) \tag{A.81}$$

在以前，增加方向舵的权值足够来强制它到其优先位置。在这种情况下权值仅提供了方向舵误差到最大误差的比例。

A. 4. 3 最优化线性次要目标

假如优先解提前是不知道的，但是被最小化（或者最大化）的目标能被表示为控制的一个线性函数，那个函数可以被直接融入线性规划。

$$\min_{\boldsymbol{u}} F(\boldsymbol{u}) \tag{A.82}$$

$$F(\boldsymbol{u})=f_0+f_1\boldsymbol{u}_1+\cdots+f_m\boldsymbol{u}_{m1} \tag{A.83}$$

$$\min_{\boldsymbol{x}} F(\boldsymbol{x}+\boldsymbol{u}_l)=\min_{\boldsymbol{x}}(F(\boldsymbol{x})+F(\boldsymbol{u}_l)) \tag{A.84}$$

在这代价函数中加入或者减去一个常数不会影响 $\boldsymbol{x}$ 最优值的位置。结果，我们从这个代价函数中消去 f_0 和 $\boldsymbol{F}(\boldsymbol{u}_l)$ 项，写成 $\boldsymbol{c}^{\mathrm{T}}=(f_1, \cdots, f_n)$。

在第 7 章中，控制分配问题的离散形式被讨论。在处理速度受限的执行机构外，这种形式允许沿着梯度向量到 $\boldsymbol{B}$ 的零空间的投影优化次要目标。定义我们线性规划的目标函数，这个梯度向量也能被用作类似效果。

假如目标真的在可行集 Ω 全体中是线性的，那么，结合获得力矩的一个约束，$\boldsymbol{Bu}=\boldsymbol{m}_{\mathrm{des}}$，这个线性规划将在 F 实际被约束最小值找到它的最优值。假如这个线性假设不成立，一个本地的梯度关于一个参考条件被估值，这个条件接近于当前控制解。通过限制步长大小，这些执行机构能采用单一帧，解随着时间接近最小值。这个作动系统的动力学可能被依赖以便在任何一步内限制行程，或者在第 7 章采用的离散方法能被实现，调整 $\boldsymbol{u}$ 来处理在单一步上的作动器动力学允许 $\Delta\Omega$ 的一阶近似。

例如考虑，运载工具阻力的一个线性模型。忽略表面之间的互动：

$$D=f(\boldsymbol{u}_{\mathrm{ref}}+\Delta\boldsymbol{u})\approx D(\boldsymbol{u}_{\mathrm{ref}})+\left.\frac{\partial D}{\partial \boldsymbol{u}_1}\right|_{\boldsymbol{u}_{\mathrm{ref}}}\Delta\boldsymbol{u}_1+\cdots+\left.\frac{\partial D}{\partial \boldsymbol{u}_m}\right|_{\boldsymbol{u}_{\mathrm{ref}}}\Delta\boldsymbol{u}_m \tag{A.85}$$

$$D(\boldsymbol{u}_{\mathrm{ref}}+\Delta\boldsymbol{u})\approx D(\boldsymbol{u}_{\mathrm{ref}})+(\nabla D(\boldsymbol{u}_{\mathrm{ref}}))^{\mathrm{T}}\Delta\boldsymbol{u} \tag{A.86}$$

使用替换 $\boldsymbol{x}=\boldsymbol{u}-\boldsymbol{u}_l$ 和 $\boldsymbol{u}=\boldsymbol{u}_{\mathrm{ref}}+\Delta\boldsymbol{u}$，然后

$$\begin{aligned}D(\boldsymbol{u})&=D(\boldsymbol{u}_{\mathrm{ref}})+(\nabla \mathrm{D}(\boldsymbol{u}_{\mathrm{ref}}))^{\mathrm{T}}(\boldsymbol{u}-\boldsymbol{u}_{\mathrm{ref}})\\&=\mathrm{D}(\boldsymbol{u}_{\mathrm{ref}})+(\nabla D(\boldsymbol{u}_{\mathrm{ref}}))^{\mathrm{T}}(\boldsymbol{x}+\boldsymbol{u}_l-\boldsymbol{u}_{\mathrm{ref}})\\&=\mathrm{D}(\boldsymbol{u}_{\mathrm{ref}})+(\nabla D(\boldsymbol{u}_{\mathrm{ref}}))^{\mathrm{T}}(\boldsymbol{u}_l-\boldsymbol{u}_{\mathrm{ref}})+\\&\quad(\nabla D(\boldsymbol{u}_{\mathrm{ref}}))^{\mathrm{T}}(\boldsymbol{x})\end{aligned} \tag{A.87}$$

在一个给定的时间步长，前两个项是常值的并且当寻找本地最小值时能被忽略。我们规划得到的目标函数将看起来像：

$$\min_{\boldsymbol{x}} \boldsymbol{w}^{\mathrm{T}}\boldsymbol{x} \tag{A.88}$$

$$\boldsymbol{w}^{\mathrm{T}}=\left(\left.\frac{\partial D}{\partial \boldsymbol{u}_1}\right|_{\boldsymbol{u}_{\mathrm{ref}}}\cdots\left.\frac{\partial D}{\partial \boldsymbol{u}_m}\right|_{\boldsymbol{u}_{\mathrm{ref}}}\right) \tag{A.89}$$

A.5 构造控制分配器用于可行和不可行解

到这里，最优条件相关于在多种解中选择一个可达指令，并且为了保证这个我们在整个 Φ 上分配指令，处理不可达指令时被分开考虑。通过独立的对待它们，我们能够从不同方式来处理这些规划。一个实用的控制分配规划必须合并满足这两种条件的特征。

前面开发的为了不可达指令放宽等式约束的方法的工具箱，能和寻找可达指令最优解的那些组合起来。对于每种情况，正确选择的算法可以取决于手头的问题；不同的方法不仅定义了解的表现，也将影响不同解法器下的计算需求和数值性能。

三种线性规划方法在下面给出，所有都满足我们定义在方程（A.5）～方程（A.7）中的三个最优条件。前面的两个提出了一个架构用来选择和合并上面定义的规划。第三种方法选择用可行和不可行指令的状态来在代数上简化这个问题；也可能没有提出的其他一些结构那么灵活，它重复了一些独立于线性规划解法器而开发出的早期分配器的输出过程。

所有这三种方法的例子包含在 ADMIRE 仿真中（在附录 B 中描述并且可以从本书的同步站点获得）。用于单独实现的代码（和用于一个伴随解法器）作为子函数被包含在 LPwrap.m 文件里。这个包函数在 Simulink 仿真中作为一个翻译的函数块在 NDI _ GLAW/DynamicInversionControl/ControlAllocation/GetU/LP_6。在 GetU 中，这个函数被以选项 6 选择用于常数 CAmethod。六个单独形式中之一的选择包含作为 LPwrap 的部分被一个输入参数 LPmethod 控制，而 LPmethod 被一个常值模块控制，这个常值模块在 NDI _ CLAW/DynamicInverseionControl/ControlALLocation/GetU/MakeINMAT。

这些线性规划作为仿真中使用的帧方式分配的插入代替被实现。用于单独分配器的默认参数值能在 LPwrap3 中被改变。

A.5.1 双分支

为了可行和不可行指令，组合我们分配器的最直接的和最一般的方法是把它们都作为这个分配器的分开部分来实现。Buffington（1999）对于这创新控制执行机构概念飞机提出了模块化控制设计的多分支方法。下面的讨论按照那种描述，虽然这种方法通过在任一分支选择可替换的其他代价函数能被更一般的使用。

这个称为双分支分配器在两个关口运行。第一个，称为一个命令可行性分支确定是否指令力矩在 Φ 中。任一处理在 A.1 节中不可行指令的分配器能被使用。这里提到的应用最小化力矩误差的加权 1 范数，和在方程（A.45）的形式等价。这个可行性分支是

$$\begin{gathered}\min_{\boldsymbol{u}} \boldsymbol{w}_m^{\mathrm{T}} \boldsymbol{m}_s \\ \boldsymbol{B}\boldsymbol{u} = \boldsymbol{m}_{\mathrm{des}} + \boldsymbol{m}_s \\ \boldsymbol{B}(\boldsymbol{x} - \boldsymbol{u}_l) = \boldsymbol{m}_{\mathrm{des}} + \boldsymbol{m}_s^{+} - \boldsymbol{m}_s^{-} \\ \begin{bmatrix} \boldsymbol{B} & -\boldsymbol{I}_n & \boldsymbol{I}_n \end{bmatrix} \begin{pmatrix} \boldsymbol{x} \\ \boldsymbol{m}_s^{+} \\ \boldsymbol{m}_s^{-} \end{pmatrix} = \boldsymbol{m}_{\mathrm{des}} + \boldsymbol{B}\boldsymbol{u}_l \end{gathered} \tag{A.90}$$

假如从可行分支得到目标函数的最终值表明指令是不可行的（如，一个非零误差或者 $\lambda<1$，取决于目标的选择）。控制被认为“不足”并且分配器返回 $\partial(\Phi)$ 上优化解。假如目标函数显示控制是可行的，一个“控制充分”分支被引入来确定最优解。

因为第一个分支已经确定指令是可行的，这个充分分支优化一个次要目标，加强 $\boldsymbol{B}\boldsymbol{u}=\boldsymbol{m}_{\mathrm{des}}$。参考分配器中的充分分支最小化类似于方程（A.66）的优先控制解来的加权误差。加权因子和优先解被选来实现几种模式中的一种，模式取决于飞行阶段：最小偏转，最小阻力，最小翼载荷，最小雷达信号，最小推力矢量，或者零空间注入（用于系统辨识）。

这个双分支方法当每次调用时潜在地包含了两个线性规划的解。这个计算耗费能部分地被减小，通过认识到第二个规划能早期终止而并不会损害力矩分配。另外，假如需要一个初始基础可行解一个解法器被使用，第一分支的输出可以用来初始化第二个。

双分支实现的两个不同例子在仿真中提供。两个服从同一类结构，最小化力矩误差的 ℓ_1 范数来估计可行性，并且最小化到第二个分支一个优先解的误差。第一个，DB_LPCA (LPmethod= 0)，第二个分支使用 ℓ_1 范数，当 DBinf_LPCA(LPmethod=1)最小化控制误差的 ℓ_∞ 范数。

按优先次序排列指令

上面的两个分支足以满足我们初始定义的最优条件。然而，顺序求解问题的一般概念能被拓展来提供直接按照优先顺序排列力矩指令的能力，不同于我们前面的努力，即按照优先顺序排列将被最小化的某些误差项。因为我们已经假设从执行机构到获得力矩的映射是线性的，复杂指令通过优化顺序排好的一系列分量能被求解。

不仅和轴排列在一行的单独力矩分量能被优先，而且，更一般化，给定不可行指令下的飞机响应能被修正。Buffington（1997）核查了分解被指令力

矩为一系列能被优先的分量向量：

$$\boldsymbol{m}_{\mathrm{des}}=\boldsymbol{m}_{\mathrm{des}_1}+\cdots+\boldsymbol{m}_{\mathrm{des}_q} \tag{A. 91}$$

其中，$\boldsymbol{m}_{\mathrm{des}_i}$ 可能从控制系统的不同部分来允许设计者选择当力矩生成能力被饱和时回路被有效打开的次序。

$$\min_u \lambda_p \tag{A. 92}$$

$$\boldsymbol{Bu}=\lambda_1 \boldsymbol{m}_{\mathrm{des}_1}+\cdots+\lambda_q \boldsymbol{m}_{\mathrm{des}_q} \mid \lambda_i=\begin{cases}1, & i<p \\ 0, & i>p\end{cases}, \ i\in 1, \ \cdots, \ q \tag{A. 93}$$

$$0\leqslant\lambda_p\leqslant 1, \ \boldsymbol{u}_l\leqslant\boldsymbol{u}\leqslant\boldsymbol{u}_u \tag{A. 94}$$

方程（A. 93）和方程（A. 92）指定了一系列规划，随着 p 被允许从 1 变化到 q。因为每一个被顺序求解，必要检查一下是否 $\lambda_p=1$，停止在指令力矩不能达到的第一个规划。

A. 5. 2 单分支或者混合优化

不需要两个线性规划，一个单一的线性规划能同时优化可行指令下达到期望力矩的代价函数和当指令可行时的次要目标。组合的代价函数是初始代价的加权和。

$$\min_{\boldsymbol{u}} J_{\mathrm{comb}}(\boldsymbol{u})=\min_{\boldsymbol{u}} J_{\mathrm{feas}}(\boldsymbol{u})+\varepsilon J_{\mathrm{suff}}(\boldsymbol{u}) \tag{A. 95}$$

$$\varepsilon>0 \tag{A. 96}$$

在上面的代价函数中，在充分分量的权值被选择使得可行性分量被优先。一般来说，假如这些代价有同样的规模和符号，那么 $\varepsilon\ll 1$。假如充分分量被允许起太强作用，这个可行分量将不再支配不可行指令的解并且对于可行指令 $\boldsymbol{Bu}$ 可能不等于 $\boldsymbol{m}_{\mathrm{des}}$。

这种控制分配形式被不同程度地称为单分支或者混合优化控制分配器。

例 A. 6 方向保持和控制误差最小化 通过方向保持方程（A. 44），和控制误差最小化方程（A. 57），分配器能被组合进入一个类似于在 Buffington（1999）中的单一分配器：

$$J(\boldsymbol{u})=\varepsilon \| \boldsymbol{W}_u(u-u_p) \|_1-\lambda \tag{A. 97}$$

得到的线性规划成为

$$\begin{gathered}\boldsymbol{A}=[\boldsymbol{B} \quad -\boldsymbol{B} \quad -\boldsymbol{m}_{\mathrm{des}}] \\ \boldsymbol{b}=-\boldsymbol{Bu}_p \\ \boldsymbol{c}^{\mathrm{T}}=(\varepsilon \boldsymbol{w}_{\boldsymbol{u}}^{\mathrm{T}}, \ \varepsilon \boldsymbol{w}_{\boldsymbol{u}}^{T}, \ -1) \\ \boldsymbol{h}=\begin{pmatrix}\boldsymbol{u}_u-\boldsymbol{u}_p \\ \boldsymbol{u}_p-\boldsymbol{u}_l \\ 1\end{pmatrix}\end{gathered} \tag{A. 98}$$

假设 $\boldsymbol{m}_{\mathrm{des}}$ 是三维的，我们知道方程（A. 98）的一个基础解至多有三个未知量不在它们的边界上。对于一个不可行指令，$\lambda<1$，仅两个附加未知量不在它们边界之一上。假如 ε 足够小，这些执行机构将被驱动到最大化 λ 的位置，对于一个不可行指令，这两个自由未知量将是那些定义解所在 AMS 面的执行机构。

在方程（A.98）中的线性规划例子作为 `SB_LPCA(LPmethod=5)` 在仿真中被提供。

例 A.7　力矩误差和控制误差最小化　选择来最小化力矩误差（方程（A.48））的 ℓ_1 范数，对于不可行指令，从方程（A.95）来的代价函数是

$$J(\boldsymbol{u})=\|\boldsymbol{W}_m(\boldsymbol{Bu}-\boldsymbol{m}_{\text{des}})\|_1+\varepsilon\|\boldsymbol{W}_{\boldsymbol{u}}(\boldsymbol{u}-\boldsymbol{u}_p)\|_1 \tag{A.99}$$

得到的线性规划类似于 Bodson（2011）提出的：

$$\begin{gathered}
\boldsymbol{A}=[\boldsymbol{I}_n \quad -\boldsymbol{I}_n \quad -\boldsymbol{B} \quad \boldsymbol{B}]\\
\boldsymbol{b}=\boldsymbol{Bu}_p-\boldsymbol{m}_{\text{des}}\\
\boldsymbol{c}^{\mathrm{T}}=(\boldsymbol{w}_{\boldsymbol{m}}^{\mathrm{T}},\ \boldsymbol{w}_{\boldsymbol{m}}^{\mathrm{T}},\ \varepsilon\boldsymbol{w}_{\boldsymbol{u}}^{\mathrm{T}},\ \varepsilon\boldsymbol{w}_{\boldsymbol{u}}^{\mathrm{T}})\\
\boldsymbol{h}=\begin{pmatrix}\boldsymbol{e}_{\max}\\ \boldsymbol{e}_{\max}\\ \boldsymbol{u}_u-\boldsymbol{u}_p\\ \boldsymbol{u}_p-\boldsymbol{u}_l\end{pmatrix}
\end{gathered} \tag{A.100}$$

在方程（A.100）中的线性规划例子作为 `MO_LPCA(LPmethod=4)` 在仿真中被给出。

例 A.7 和例 A.6 都优化可行解，最小化在指令控制和优先控制向量之间绝对误差的加权和。Bodson 和 Frost（2011）引入了一个线性规划，这个规划使用了可行代价函数，最小化代替 ℓ_1 范数解的方程（A.73）中这个 ℓ_∞ 范数。这个形式是更复杂的，但是也表现为平衡执行机构使用和显示出对于条件的小变化更少敏感的有益特征。

$$\boldsymbol{A}=\begin{bmatrix}\boldsymbol{B} & -\boldsymbol{B} & \boldsymbol{I}_{n\times n} & \boldsymbol{I}_{n\times n} & \boldsymbol{0}_{n\times m} & \boldsymbol{0}_{n\times m} & \boldsymbol{0}_{n\times 1}\\ \boldsymbol{W}_u & \boldsymbol{0}_{m\times m} & \boldsymbol{0}_{m\times n} & \boldsymbol{0}_{m\times n} & \boldsymbol{I}_{m\times m} & \boldsymbol{0}_{m\times m} & -\boldsymbol{1}_{m\times 1}\\ \boldsymbol{0}_{m\times m} & \boldsymbol{W}_u & \boldsymbol{0}_{m\times n} & \boldsymbol{0}_{m\times n} & \boldsymbol{0}_{m\times m} & \boldsymbol{I}_{m\times m} & -\boldsymbol{1}_{m\times 1}\end{bmatrix}$$

$$\boldsymbol{x}=\begin{pmatrix}\boldsymbol{u}^+\\ \boldsymbol{u}^-\\ \boldsymbol{m}_s^+\\ \delta\boldsymbol{u}^+\\ \delta\boldsymbol{u}^-\\ u^*\end{pmatrix}$$

$$\boldsymbol{b}=\begin{pmatrix}\boldsymbol{m}_{\text{des}}-\boldsymbol{B}\boldsymbol{u}_p\\ \boldsymbol{0}_{m\times1}\\ \boldsymbol{0}_{m\times1}\end{pmatrix}$$

$$\boldsymbol{h}=\begin{pmatrix}\boldsymbol{u}_u-\boldsymbol{u}_p\\ \boldsymbol{u}_p-\boldsymbol{u}_l\\ \boldsymbol{e}_{\max}\\ \boldsymbol{e}_{\max}\\ \boldsymbol{u}_u-\boldsymbol{u}_p\\ \boldsymbol{u}_p-\boldsymbol{u}_l\\ \max(|\boldsymbol{u}_u-\boldsymbol{u}_p|_\infty,\ |\boldsymbol{u}_p-\boldsymbol{u}_l|_\infty)\end{pmatrix}$$

$$\boldsymbol{c}^{\mathrm{T}}=(\boldsymbol{0}_m,\ \boldsymbol{0}_m,\ \boldsymbol{w}_m^{\mathrm{T}},\ \boldsymbol{w}_m^{\mathrm{T}},\ \boldsymbol{0}_m,\ \boldsymbol{0}_m,\ \varepsilon) \tag{A.101}$$

多种次要目标

目前为止，关于混合优化线性规划的讨论假设对于不可行和可行指令每个仅一个单一目标函数。假如对于可行指令平衡多个目标，这些附加目标或者用初始代价函数的系数进行组合，或者分解为分开的项。

附加目标将必须在初始的可行性和充分性目标之间达成平衡。设计者对于同时平衡多个目标时设置合适权值有困难。一种已经被提出的方法仅在特定时间应用目标时使用；例如考虑结构载荷卸载响应，它仅当飞机由于控制导致的载荷处于危险时被触发（Frost 等，2015）。

$$\min_{\boldsymbol{u}} J_{\text{comb}}(\boldsymbol{u})=\min_{\boldsymbol{u}} J_{\text{feas}}(\boldsymbol{u})+\varepsilon J_{\text{suff}}(\boldsymbol{u})+\sum_{i=1}^{i=i_{\max}}\gamma_i J_i(\boldsymbol{u}) \tag{A.102}$$

$$\varepsilon>0,\ \gamma_i\geqslant0 \tag{A.103}$$

这里，除初始比例因子 ε 以外，我们引入了一系列权值 γ_i，取决于新目标的重要性，这些权值可能起作用或者不起作用。

A.5.3 没有次要优化时减小了规划规模

上面的讨论聚焦于建立一种线性规划，此规划利用了欠定可行指令允许的附加自由度来优化执行机构位置的一些次要函数。在 6.6 节引入的直接分配器和类似算法通过从期望指令方向和 $\partial(\Phi)$ 的交集调整可行解大小来处理控制冗余。当设置这样线性规划时能采用同样方法，用少些一般化的方法来减小线性规划的规模。

在方程（A.44）中的方向保持线性规划有三维基础解（假设我们正分配三个力矩）。我们知道前面给出的直接分配算法的一个给定解由至多两个控制量定义（假设一个三目标问题；假如控制量分配用于多目标，这个数字是仍然比目标的数目少 1)。这是合理的，一个等价的线性规划应该存在，它有二维的基础解，仅有两个等式约束。下面，Bodson（2001）研究的方法被用来消除在方程（A. 44）中的一个约束。

从我们来自方程（A. 9）的初始方向保持形式的约束出发，我们移除了 λ 的上界并且寻找一个控制解，$\boldsymbol{u}^*$，在这个期望力矩的方向上。

$$\begin{gathered}\boldsymbol{B}\boldsymbol{u}^* = \lambda \boldsymbol{m}_{\text{des}} \\ 0 \leqslant \lambda \\ \boldsymbol{u}_l \leqslant \boldsymbol{u}^* \leqslant \boldsymbol{u}_u\end{gathered} \tag{A. 104}$$

假如 $\boldsymbol{m}_{\text{des}}=\boldsymbol{0}$，那么方程（A. 9）的解是不重要的：$\boldsymbol{u}=\boldsymbol{0}$。假如这个期望力矩的一个分量是非零，$m_{d_i}\neq 0$，那么 $\boldsymbol{B}$ 和 $\boldsymbol{m}_{\text{des}}$ 的行能被重新排序使得 m_{d_1} 是非零。求解来消除从非零力矩相对应约束中的 λ：

$$\lambda \boldsymbol{m}_{\text{des}_1} = \boldsymbol{B}_{r1}\boldsymbol{u}^* \rightarrow \lambda = \frac{\boldsymbol{B}_{r1}\boldsymbol{u}^*}{\boldsymbol{m}_{\text{des}_1}},\ \boldsymbol{m}_{\text{des}_1} \neq 0 \tag{A. 105}$$

因此我们能把这个结果代替到其他约束中：

$$\boldsymbol{0} = \lambda \boldsymbol{m}_{\text{des}_i} - \boldsymbol{B}_{ri}\boldsymbol{u}^* = \frac{\boldsymbol{B}_{r1}\boldsymbol{u}^*}{\boldsymbol{m}_{\text{des}_1}}\boldsymbol{m}_{\text{des}_i} - \boldsymbol{B}_{ri}\boldsymbol{u}^*,\ i=2,\ \cdots,\ n \tag{A. 106}$$

$$\boldsymbol{0} = \boldsymbol{B}_{r1}\boldsymbol{u}^*\boldsymbol{m}_{\text{des}_i} - \boldsymbol{B}_{ri}\boldsymbol{u}^*\boldsymbol{m}_{\text{des}_1} \tag{A. 107}$$

$$\boldsymbol{0} = (\boldsymbol{B}_{r1}\boldsymbol{m}_{\text{des}_i} - \boldsymbol{B}_{ri}\boldsymbol{m}_{\text{des}_1})\boldsymbol{u}^* \tag{A. 108}$$

把所有剩下 $n-1$ 的约束组合在一起，它们能被写成

$$\boldsymbol{M}\boldsymbol{B}\boldsymbol{u}^* = \boldsymbol{0} \tag{A. 109}$$

其中，

$$\boldsymbol{M} = \begin{bmatrix} y_{d_2} & -y_{d_1} & \cdots & 0 \\ \vdots & 0 & & 0 \\ y_{d_n} & 0 & \cdots & -y_{d_1} \end{bmatrix} \tag{A. 110}$$

这提供了 $n-1$ 等式约束，它保证解是在 $\boldsymbol{m}_{\text{des}}$ 方向。为了推导我们的代价函数，我们寻求最大化获得力矩 $\boldsymbol{Bu}*$ 的分量，在 $\boldsymbol{m}_{\text{des}}$ 的方向。

$$\begin{gathered}\min_{\boldsymbol{u}^*} \quad -(\boldsymbol{B}\boldsymbol{u}^*)^{\mathrm{T}}\boldsymbol{u}^* \\ \boldsymbol{M}\boldsymbol{B}\boldsymbol{u}^* = \boldsymbol{0} \\ \boldsymbol{u}_l \leqslant \boldsymbol{u}^* \leqslant \boldsymbol{u}_u\end{gathered} \tag{A. 111}$$

然后我们能应用变换来重新定位这个问题，并且把它呈现为方程（A. 40）的标准形式，有

$$\boldsymbol{A} = \boldsymbol{M}\boldsymbol{B} \tag{A. 112}$$

$$\boldsymbol{b} = -\boldsymbol{A}\boldsymbol{u}_l \tag{A. 113}$$

$$\boldsymbol{c}^{\mathrm{T}} = -\boldsymbol{B}^{\mathrm{T}}\boldsymbol{m}_{\text{des}}$$

$$h = u_u - u_l \tag{A.114}$$

这个规划的结果是得到与在 Φ 边界上力矩相关的解，m_{des}^{*}。为了找到实际期望力矩，重新计算在上面消除了的比例因子 λ。首先，下界被和前面一样加入，$u^{*} = x + u_l$。然后我们计算比例因子：

$$\lambda = \frac{m_{des}^{T} B u^{*}}{m_{des}^{T} m_{des}} \tag{A.115}$$

假如 $\lambda > 1$，那么期望目标在 Φ 内部，正确解是 $u = u^{*}/\lambda$。否则，指令是不可达的并且 $u = u^{*}$。

由方程（A.111）～方程（A.115）代表的分配是存在的，作为 `DPscaled_LPCA`，使用 `LPmethod = 3`。

A.6 解法器

在控制分配器通过线性规划实现中，最后一个必须提及的部分是求解中涉及的数值程序。面对控制分配器看作线性规划并且希望用方法来求解，感兴趣的研究者将发现一系列可用的软件包。现存线性规划库中的代码已经被很多研究者成功使用来解决控制分配问题（Oppenheimer 等，2010）。实际上，我们通过在例子中引入 MATLAB® 的 `linprog` 函数，已经使用了一个打包好的程序。

大多数一般线性规划库不仅能处理控制分配问题中遇到的通常规模和形式问题。实际上，执行预先存在软件库的一个潜在挑战是，处理一般问题和处理非常大稀疏系统优化问题的预先计算程度，影响快速求解一系列小密度问题的能力。理解内部包含算法是有用的，用处在于选择软件包，或者优化用于一个特定问题的现存代码，或者从头实现一种解算法。

用于线性规划的算法通常归为两组的一种：基础交换方法和内点法。基础交换方法，代表性如经典单纯形方法和它的许多变种，在获得最优解前遍历一系列基础解。一种新型算法是内点法，其从非线性优化借鉴一些熟悉概念。这些算法迭代离开可行解的顶点并且在集合内部的解上推进，不断向最优顶点移动。

A.6.1 预先处理

在 A.5 节中介绍的各种初步的分配器中，把方向保持规划的约束和代价函数直接输入到 MATLAB® 的 `linprog` 指令是简单的。假如我们对于同一问题寻找最小误差解，可很快发现在方程（A.11）的表述在调用程序代码前需要变换为一个不同的形式。`linprog` 的输入比在方程（A.18）中的标准形式要少些限制，这个一般的工具箱函数模糊了很多预处理，预处理指的是在调用一个内部求解算法之前转换一般约束为一种更特殊的形式。

把一个问题从灵活形式自动转换到选中求解算法的期望形式，是预处理步骤之一，这种处理经常包括在一般的线性规划代码中。这个预先求解步骤通常也能从解中以代数变换消掉冗余约束和变量。对于大规模问题，甚至可能标记问题中可以解耦以及单独求解的部分。

许多传统的线性规划应用涉及大的，经常是约束和变量的稀疏集；减小问题规模和接下来重新排序变量和优化内含矩阵的因子分解，可能对于求解的速度、内存要求和鲁棒性有重要影响。

对比之下，作为线性规划的控制分配问题形式倾向为小和密的，所以通过这些方法实现的好处可能不大。另外，因为我们对于作为实时控制律一部分的分配控制感兴趣，解法器在每一步将处理已知形式的一些类似问题。当提供一个可选解法器，确认那些不需要在每个时间点都进行输入的步骤是合理的。

控制分配的更复杂的线性规划，在确定变量的同一向量里，组合处理不同物理量（如控制偏转和力矩/角加速度）的项。考虑物理单位的近似规模和预先调整变量来使得它们都有相同数量级的幅值——提高数值算法的性能，这是重要的。

本书中，我们已经把分配器直接写成如方程（A. 40）那样有上界的标准形式。这种形式是容易处理的，被很多常用的单纯形类型解法器处理，例如那个包含在本书的网站上的仿真中，simplexuprevsol。通过把问题直接表达为最终形式，我们能对于分配器规划好输入和板上模型，使得我们避免在每一步重复那些变换。

许多内点实现能更自然的处理表示为线性不等式的约束。当使用这样一个解法器，输入程序能被直接重新整理为以下形式：

$$\min_{x} \boldsymbol{c}^{\mathrm{T}}\boldsymbol{x} \mid \boldsymbol{A}\boldsymbol{x}=\boldsymbol{b},\ \boldsymbol{x}\geqslant \boldsymbol{0} \tag{A. 116}$$

方程（A. 116）有时称为线性规划的经典形式。混淆的是，也通常称它为标准形式。在讨论内点法的文献中更是这样。①

A. 6. 2 求解算法

求解线性规划的数值算法，基于迭代到的潜在解可以分为两大类。第一类在符合约束的基础解之间移动直到到达最优基础可行解；在第二类中的迭

① 类似地，经典形式如上面那样和相关形式 $\min_{\boldsymbol{x}_{\mathrm{B}},\boldsymbol{x}_{\mathrm{N}}}$，$\boldsymbol{c}_{\mathrm{B}}^{\mathrm{T}}\boldsymbol{x}_{\mathrm{B}}+\boldsymbol{c}_{\mathrm{N}}^{\mathrm{T}}\boldsymbol{x}_{\mathrm{N}} \mid \boldsymbol{A}_{\mathrm{N}}^{-}\boldsymbol{x}_{\mathrm{N}}+\boldsymbol{I}\boldsymbol{x}_{\mathrm{B}}=\boldsymbol{b} \mid \boldsymbol{x}_{\mathrm{B}}\geqslant 0$，$\boldsymbol{x}_{\mathrm{N}}\geqslant \boldsymbol{0}$ 显示有变化。幸运的是这个术语通常从上下文看是清楚的。

代可能是非基础的，但是它们收敛，任意地接近于最优解。两类方法都已经被应用到控制分配问题，但是在下面我们将详述一种常用方法。

这种流行的单纯形方法和它的变种是一类基础交换方法。更一般化地说，单纯形是根据在 A. 3. 3 节中建议的一般方法。从一个初始的基础可行解出发，这个算法遍历一系列基础可行解，每一个是前面一步的邻解。选中步骤使得目标函数的值是非增加的。[①] 从这个意义来说，算法访问界定可行集的多面体顶点直到找到最优解。单纯形方法的主要变种区别在于选择邻近基础可行解时它们怎样选择进行交换的决定变量。

用于线性规划的内点方法是一种最近的创新，它提供了一个在性能上比单纯形法更好的理论上界。实际上，对于相对小而密的规划（如我们的控制分配问题），两者性能区别是不大的；飞机控制分配器实例表明，基础单纯形解（Petersen 和 Bodson，2005）比较内点解，没有显示很大的速度提升。即使这样，内点解法器是有趣的，因为它们有一些特征相比于单纯形解法器是有价值的。

单纯形方法的迭代能涉及远离最终解的基础解；另外，因为这个算法沿着可行集的边一步步前进，这个算法可能采用远离均匀尺寸的步长。最终结果是单纯形可能暂时停止，或者在代价函数很小的改进下迭代，在继续推进以前。这种运行情况在实时算法中是有问题的，假如人们在当前帧里过度使用了已有资源之前，不能确保它将到达一个最优解。当被强制早期终止，我们希望这个解可以好于起始条件，但是预测多好是困难的。

内点算法，相比较而言，随着它们迭代显示了多得多的持续改进。当解接近可行集的边界时收敛可能会变慢。只要一个好的起始点——远离这种低速收敛——被选中，迭代表现得更有利于早退出。

A. 6. 3 单纯形方法

单纯形方法用于求解线性规划可以追溯到 20 世纪 40 年代，它的历程伴随着线性规划问题本身而形成发展；单纯形的变种仍然被广泛应用。我们使用单纯形法的兴趣在两方面。首先，我们的控制分配问题通常有主要单纯形方法可便利适用的特点：它们相对小和密且未知量多于等式约束。其次，对于我们的目的更重要的是，基础单纯形方法设计使用是相对直接的。

单纯形方法是迭代算法，其开始于一个基础可行解然后继续沿着一系列

---

① 退化解能导致最好可能邻点在代价函数中不产生减小的情况。理论上，这样一种情况能导致算法循环，重复卡在解的同一子集的元素。理论上，这种情况可能导致算法卡在同一基础解集。反循环代码是简单的，相对不难实现，是一个很好的保障即使出现循环的问题实际上很少见。这个包含在 LPwrap. m 仿真的 simplexuprevsol 代码内嵌了一个简单的反循环过程。

邻近基础可行解移动，每次迭代改变基础集中的一个变量。以这种形式，这个算法沿着连接邻近极端点的边移动直到找到最优值。退化基础解的存在意味着每一次迭代不是必然对应一个新顶点。但是因为基础可行解的数目是有限的，假如问题是有界的，最终我们将找到这个解。①

（1）**初始化** 选择相对于一个基础可行解的基础变量的一个初始集。假如一个非基础变量是在它的上界，应用方程（A.42）。

（2）**定价** 计算每一个非基础变量的相对代价；也就是，假如一个非基础变量被加入到这个解，相对于当前基础的代价将改变多少。

（3）**输入变量** 选择假如加入不会增加代价的非基础变量之一；假如不存在，那么当前解是最优的。

（4）**退出变量** 随着这个新的输入基础变量增加，确认这些基础变量移向哪一个界。假如这个输入变量在任何一个当前基础变量前到达一个界，它将保持为一个非基础变量。假如当前基础未知量之一是第一个到达边界，选择它来离开这个基础。

（5）**调整边界** 假如这个退出变量（或输入变量，假如它保持为非基础）被驱动到它的上界，应用方程（A.42）。

（6）**基础更新** 定义一个新的基础可行解交换这个输入和离开变量（设置这个新的非基础变量为零并且使用新的基础集求解这个解）。

（7）**迭代** 使用这个新解作为初始条件，从步骤 4 开始迭代直到最优解被发现。

（8）**组成最后解** 构造最终解，基于多少次在方程（A.42）中的过程被应用，设置这些非基础变量为零或者它们的上界。

单纯形方法的许多变种包括不同的选项，选择哪个变量在每一步输入和离开这个基础，以及选择不同的倾向于提高解稳定性的分解因子方法。这里接下来的方法是在示例函数中（simplexuprevsol，包含在附加仿真中作为 LPwrap.m 的一个子函数中）使用的，并且为了清晰已经尽可能简化。对于实现自己解法器感兴趣的读者，或者希望更深入理解，可以读读任何一种关于线性规划的书（Gale，1960；Luenberger 和 Ye，2008）。

假设问题有方程（A.18）的标准形式，推导上面方法的基础形式。在步骤 1、4、5 和 8 的一个特别的修改，可让我们通过逆转上面说的被选中变量

① 迭代次数的理论上界的存在是一种我们希望实时运行算法的期望特征，实际上这个界作为次数的指数函数变化并且对于除了最小问题的所有问题外都是困难的。单纯形算法的持续受欢迎，在很大程度上，是因为在数学家构造的不正常例子（遍历所有可能解）和实际问题上观察到的表现之间的巨大差距（Gill、Murray 和 Wright，1981）。单纯形解法器已经在现实或者随机系数的控制分配问题上表现出好的性能（Beck，2002；Petersen 和 Bodson，2005）。

符号来处理上界。

$$\hat{x}_i = h_i - x_i$$
$$\hat{\boldsymbol{A}}_{ci} = -\boldsymbol{A}_{ci}$$
$$\hat{c}_i = c_i$$
$$\hat{\boldsymbol{b}} = \boldsymbol{b} + h_i \hat{\boldsymbol{A}}_{ci} \tag{A.117}$$

无论何时到达它上界的变量被确认，方程（A.117）被应用。这允许此方法继续，好像这个问题没有上界。我们记录一系列已经被逆转的未知量，在结束时，重新应用方程（A.117）生成期望解（当然假设接下来的算法步骤没有为我们重新逆转它们）。

这个方法在接下来的例子中进行详细阐述。

例 A.8 使用单纯形方法的二维方向保持 我们简化在方程（A.13）中例子来考虑二维分配器，它仅使用外侧和内侧升降副翼，$\boldsymbol{u}_3 - \boldsymbol{u}_6$ 满足组合的俯仰/滚转加速度指令，同时为不可行指令保持方向。

$$\boldsymbol{m}_{\text{des}} = \begin{pmatrix} 6.5 \\ 0.5 \end{pmatrix} \tag{A.118}$$

使用在方程（A.23）中给出的形式，我们把这个问题写成标准形式：

$$\min_{\boldsymbol{x}} \boldsymbol{c}^{\mathrm{T}} \boldsymbol{x} \mid \boldsymbol{A}\boldsymbol{x} = \boldsymbol{b},\ \boldsymbol{h} \geqslant \boldsymbol{x} \geqslant \boldsymbol{0}$$

$$\begin{bmatrix} -3.4956 & -3.0013 & 3.0013 & 3.4956 & -6.5 \\ -0.7919 & -1.2614 & -1.2614 & -0.7919 & -0.5 \end{bmatrix} \boldsymbol{x} = \begin{pmatrix} 0 \\ -2.1502 \end{pmatrix}$$
$$\boldsymbol{x} \geqslant \boldsymbol{0}$$
$$\min_{\boldsymbol{x}} y = (0\ 0\ 0\ 0\ -1)\boldsymbol{x}$$
$$\boldsymbol{x} = \begin{bmatrix} \boldsymbol{u} - \boldsymbol{u}_l \\ \lambda \end{bmatrix} \tag{A.119}$$

这个线性规划有两个等式约束和五个未知量：$\boldsymbol{A}$ 的秩是 2，这个等式约束的解能被写成 $\boldsymbol{A}$ 的两个列的线性组合。

对于任一基础解，未知量中至少三个将是零。因此对于一个不可行力矩指令，至少三个面将在一个低或者一个高边界上（回想我们将应用方程（A.117））。假如这个指令是可行的，那么 $\lambda = 1$，放松一个附加面使得其移动离开它的边界。有了这点认识，我们能开始看这些基础可行解怎样在每一个单纯形迭代中映射到力矩（加速度），见图 A.2，控制，见图 A.3，空间。

初始化 作为一个初始控制解我们选择，$\boldsymbol{u} = (-0.5236\ \ 0.5236\ \ -0.5236\ \ 0.4861)^{\mathrm{T}}$。由于 $\boldsymbol{u}_2$ 是在它的上界，我们将修改整个问题如在方程（A.42），引入 $\boldsymbol{E}$ 来记录任何我们做的在符号上的变化。

$$\boldsymbol{A} = \begin{bmatrix} -3.4956 & 3.0013 & 3.0013 & 3.4956 & -6.5 \\ -0.7919 & 1.2614 & -1.2614 & -0.7919 & -0.5 \end{bmatrix}$$

$$\boldsymbol{b}=\begin{pmatrix}3.1430\\-2.1502\end{pmatrix} \tag{A.120}$$

$$\boldsymbol{E}^{\mathrm{T}}=(+\ -\ +\ +\ +) \tag{A.121}$$

相对应的初始解是 $\boldsymbol{x}=(0,\ 0,\ 0,\ 1.0097,\ 0.0594)^{\mathrm{T}}$。这个点满足了在方程（A.119）中的所有约束并且可以被用作这个问题的一个初始基础可行解，此时 $\boldsymbol{x}_B=(\boldsymbol{x}_4,\ \boldsymbol{x}_5)^{\mathrm{T}}$ 作为基础未知量和 $\boldsymbol{x}_D=(\boldsymbol{x}_1,\ \boldsymbol{x}_2,\ \boldsymbol{x}_3)^{\mathrm{T}}$ 作为非基础未知量的集。从图 A.2，对应力矩，$\boldsymbol{m}=(0.3864,\ 0.0297)^{\mathrm{T}}$，表示为点 0，是在期望方向，但是比例因子是小的，$\lambda=0.0594$。

在这个初始点的代价函数被分解为 $\boldsymbol{c}^{\mathrm{T}}=(\boldsymbol{c}_B\quad \boldsymbol{c}_D)$，那里 $\boldsymbol{c}_B^{\mathrm{T}}=(0\quad -1)$ 和 $\boldsymbol{c}_D^{\mathrm{T}}=(0\quad 0\quad 0)$。得到的代价，对于这个初始条件 $y=\boldsymbol{c}_B^{\mathrm{T}}\boldsymbol{x}_B+\boldsymbol{c}_D^{\mathrm{T}}\boldsymbol{x}_D$ 等于 -0.594。

定价　基于我们对于方程（A.54）中 $\boldsymbol{A}$ 的分解，我们想要选择一个非基础变量来输入这个基础。为了继续满足等式约束，对于其中一个非基础变量的变化必须伴随有在基础变量中的相应变化。假如我们想要从零开始增加 x_i，能求解在 $(\boldsymbol{x}_4\quad \boldsymbol{x}_5)^{\mathrm{T}}$ 中的要求的变化。

$$\widetilde{\boldsymbol{D}}_i x_i+\widetilde{\boldsymbol{B}}\begin{bmatrix}\boldsymbol{x}_4\\ \boldsymbol{x}_5\end{bmatrix}=\boldsymbol{0}\rightarrow\widetilde{\boldsymbol{B}}\begin{bmatrix}\boldsymbol{x}_4\\ \boldsymbol{x}_5\end{bmatrix}=-\widetilde{\boldsymbol{D}}_1 x_i \tag{A.122}$$

$$\begin{bmatrix}\boldsymbol{x}_4\\ \boldsymbol{x}_5\end{bmatrix}=-\widetilde{\boldsymbol{B}}^{-1}\widetilde{\boldsymbol{D}}_i x_i \tag{A.123}$$

作为一个新变量被引入，当前解中代价的相对变化基于方程（A.123）能被重新计算。这个新变量的加入以 $c_i x_i$ 改变了这个代价。方程（A.123）中基础未知量的伴随变化对应于在代价 $\boldsymbol{c}_b(-\widetilde{\boldsymbol{B}}^{-1}\widetilde{\boldsymbol{D}}_i x_i)$ 中的一个变化。因此对于新变量中的每一个单位变化，这个代价将变化：

$$r_{Di}=c_i-\boldsymbol{c}_b\widetilde{\boldsymbol{B}}^{-1}\widetilde{\boldsymbol{D}}_i x_i \tag{A.124}$$

方程（A.124）被用来计算对于我们非基础变量 x_1、x_2 和 x_3 的相对代价。

第一个，$\boldsymbol{x}_{D1}=\boldsymbol{x}_1$，对应于移动右外侧升降副翼离开它的下限值。我们使用方程（A.123）计算，对于值上的每一度增加，基础变量 $(x_4\quad x_5)$ 必须以 $(-0.4930,\ -0.8029)$ 变化。在右外侧升降副翼位置每一度增加必须伴随在左外侧升降副翼的减小 $-0.4930°$ 和比例因子 λ 的一个相应减小，以 0.8029 增加这个代价函数。

$$\begin{aligned} r_{D1}&=0-(0\ -1)\begin{bmatrix}3.4956 & -6.5\\ -0.7919 & -0.5\end{bmatrix}^{-1}\begin{pmatrix}-3.4956\\ -0.7919\end{pmatrix}\\ &=0-(0\ -1)\begin{pmatrix}0.4930\\ 0.8029\end{pmatrix}=0-0.8029 \end{aligned} \tag{A.125}$$

在方程（A.125）中的过程对于 $\widetilde{\boldsymbol{D}}_2=\boldsymbol{x}_2$ 和 $\widetilde{\boldsymbol{D}}_3=\boldsymbol{x}_3$ 被重复：

$$r_{D2}=0-(0\ \ -1)\begin{bmatrix}3.4956 & -6.5\\ -0.7919 & -0.5\end{bmatrix}^{-1}\begin{pmatrix}3.0013\\ 1.2614\end{pmatrix}$$

$$=0-(0\ \ -1)\begin{pmatrix}-0.9715\\ -0.9842\end{pmatrix}=0-0.9842$$

$$r_{D2}=-0.9842 \tag{A.126}$$

$$r_{D3}=0-(0\ \ -1)\begin{bmatrix}3.4956 & -6.5\\ -0.7919 & -0.5\end{bmatrix}^{-1}\begin{pmatrix}3.0013\\ -1.2614\end{pmatrix}$$

$$=0-(0\ \ -1)\begin{pmatrix}1.4067\\ 0.2948\end{pmatrix}=0-0.2948$$

$$r_{D3}=0.2948 \tag{A.127}$$

输入变量 从方程（A.125）～方程（A.127），我们看见仅有x_2，对应于与右边内侧升降副翼，假如它被加入到解中，将减小代价函数。回想我们改变了初始解中x_2的符号，所以当它进入解时，它将移动离开它的上界。

假如多个非基础变量在$\boldsymbol{r}_D$中有负元素，那么最大的幅值将对应于在代价中最快的衰减。[①] 假如所有元素都是真的，那么任何引入基础集的变量将增加这个代价而且当前解将是最优值。

退出变量 下一步我们确定当前解变量，它将离开这个基础并且被x_2所代替。从方程（A.123），我们能计算随着我们加上x_2，每一个当前基础变量将如何变化：

$$\boldsymbol{y}_B^*=\begin{pmatrix}\boldsymbol{x}_4\\ \boldsymbol{x}_5\end{pmatrix}=\widetilde{\boldsymbol{B}}^{-1}\widetilde{\boldsymbol{D}}_2x_2$$

$$=\begin{bmatrix}3.4956 & -6.5\\ -0.7919 & -0.5\end{bmatrix}^{-1}\begin{pmatrix}3.0013\\ 1.2614\end{pmatrix}x_2$$

$$=\begin{pmatrix}-0.9715\\ -0.9842\end{pmatrix}x_2 \tag{A.128}$$

两个元素都是负的，说明随着x_2进入这个解，这些基础变量增大（这里假如不包括上界，知道这个问题是无界的，我们将终止）。这些负的元素表示我们需要检查相对于它们的上界的对应变量，当我们寻找随着x_2被加入将被驱动到它边界的第一个变量。

对于一个给定的基础变量，我们能确定多快它被驱动到它边界，通过检查这个比例：

---

① 一般而言，任何一个伴有负的相对代价的非基础变量能被选中进入代价函数，并且选择输入变量的多种规则能在文献中找到。一条这样的规则，Bland的规则，经常选择有最小索引的非基础变量。本书中包含在代码中的单纯形求解器涉及了这条规则，规则应用在一些情况，那里它可能在一个退化基础上循环。

$$\text{ratio}_i=\begin{cases}\dfrac{yo_i}{y_i^*}, & y_i^*>0\\ \dfrac{h_i-yo_i}{y_i^*}, & y_i^*<r0\end{cases},\ i\in(4,\ 5) \tag{A.129}$$

这个结果是

$$\textbf{ratio}=(0.0386\quad 0.9557) \tag{A.130}$$

这个最小正比例相对于x_4，左外侧的升降副翼，表明它将被驱动到它的边界当x_2 已经增加到 0.0386。因此我们在这个基础集中选择用x_2 代替x_4。假如在x_2 中的增加大于h_2，那么它在x_4 输入之前将被限制。在这种情况，我们将应用方程（A.117）到x_2，移动它到对立边界，并且当x_4 仍然在这个基础集中继续下一次迭代。

调节边界和更新基础 新的基础集是$\boldsymbol{x}_B=(x_2,\ x_5)$，对应的非基础变量是$\boldsymbol{x}_D=(x_1,\ x_4,\ x_5)$。因为在$y_4^*$ 上的符号，在x_4 上的符号在方程中被逆转。

$$\boldsymbol{A}=\begin{bmatrix}-3.4956 & 3.0013 & 3.0013 & -3.4956 & -6.5\\ -0.7919 & 1.2614 & -1.2614 & 0.7919 & -0.5\end{bmatrix}$$

$$\boldsymbol{b}=\begin{pmatrix}-0.5176\\ 0\end{pmatrix} \tag{A.131}$$

$$\boldsymbol{E}^{\mathrm{T}}=(+\ -\ +\ -\ +) \tag{A.132}$$

基于对 **A** 的新分解获得解，$\boldsymbol{x}=(0\ 0.0386\ 0\ 0\ 0.0974)^{\mathrm{T}}$ 并且新代价是 $y_1=-0.097$。

迭代 我们重复寻找离开基础的变量的过程。这次把方程（A.124）写成矩阵形式来同时求解所有非基础变量的相对代价：

$$r_D=\boldsymbol{c}_{\boldsymbol{D}}^{\mathrm{T}}-\boldsymbol{c}_{\boldsymbol{b}}^{\mathrm{T}}\widetilde{\boldsymbol{B}}^{-1}\widetilde{\boldsymbol{D}}\quad \boldsymbol{x}_{\boldsymbol{D}}=(0.030\quad 1.013\quad -1.13) \tag{A.133}$$

对应于非基础变量 x_3 的元素代表了最大的代价减少并且将进入这个基础。计算这个比例

$$\boldsymbol{y}*_B=\begin{bmatrix}\boldsymbol{x}_2\\ \boldsymbol{x}_5\end{bmatrix}=\widetilde{\boldsymbol{B}}^{-1}\widetilde{\boldsymbol{D}}_1x_3=\begin{pmatrix}-1.448\\ -1.13\end{pmatrix}x_3 \tag{A.134}$$

再一次两个元素都是负的，并且两个都将针对它们的上界被检查。

$$\text{ratio}_i=\frac{-y_i^*}{y_oi},\ i\in(2,\ 5)$$

$$\textbf{ratio}=(0.696\quad 0.798) \tag{A.135}$$

最小正值对应于x_2。它将被x_3 替换并且这个新基础集成为（x_3，x_9）。我们避免显示 **A**、**b** 和 **c**，但是注意，再一次，对应于存在变量的列被修改。新的解是 $\boldsymbol{x}=(0\quad 0\quad 0.696\quad 0\quad 0.0885)^{\mathrm{T}}$ 和相应的代价是 $y_1=-0.885$，从前一步减小。

正如在表 A.1 中列出的，我们继续重复上面的步骤，注意到在下一次迭代上所有相对代价是正的，表明引入任何一个非基础变量到解中将增加代价。因此我们已经找到了这个最优解。

表 A.1 求解例 A.8 的单纯形迭代顺序

迭代 0 代价 −0.059	$\boldsymbol{x}=(0\ 0\ 0\ 1.0097\ 0.059)$ $\boldsymbol{E}=(+\ -\ +\ +\ +)$ $\boldsymbol{x}_D=(x_1\ x_2\ x_3)$ $\boldsymbol{x}_B=(x_4\ x_5)$ $\boldsymbol{y}_q=(-0.97\ -0.98)$ **ratio**$=(0.0386\ 0.9557)$	$r_d=(0.80\ -0.98\ 0.29)$	进入 x_2 离开 x_4
迭代 1 代价 −0.097	$\boldsymbol{x}=(0\ 0.0386\ 0\ 0\ 0.9748)$ $\boldsymbol{E}=(+\ -\ +\ -\ +)$ $\boldsymbol{x}_D=(x_1\ x_4\ x_3)$ $\boldsymbol{x}_B=(x_2\ x_5)$ $\boldsymbol{y}_q=(-1.448\ -1.1304)$ **ratio**$=(0.6965\ 0.7984)$	$r_d=(0.303\ 1.013\ -1.1304)$	进入 x_2 离开 x_3
迭代 2 代价 −0.885	$\boldsymbol{x}=(0\ 0\ 0.69649\ 0\ 0.885)$ $\boldsymbol{E}=(+\ +\ +\ -\ +)$ $\boldsymbol{x}_D=(x_1\ x_4\ x_2)$ $\boldsymbol{x}_B=(x_3\ x_5)$	$r_d=(0.6996\ 0.209554\ 0.78061)$	进入 不存在 在最值 离开 不存在

在最后解中我们使用 $\boldsymbol{E}$ 来重写 $\boldsymbol{x}$ 为最优执行机构解，$\boldsymbol{u}=(-0.5236, -0.5236, 0.1729, 0.5236)$，右侧的升降副翼都在他们的下限值，左外侧升降副翼在它的上界并且 $\partial(\Phi)$ 的边由左侧在内的升降副翼定义。

求解步骤画在了图 A.2 和图 A.3 中。一般情况，单纯形算法的操作是这样，它沿着可行区域的边界移动，通过基础解直到最优解。对于上面的方向保持控制分配器，每一个基础解对应于保持了指令方向的在 $\partial(\Phi)$ 边界上的一个解。

例 A.9 使用单纯形进行最小化两维误差的结果 考虑和例 A.8 描述的一样的一般问题，只是现在我们希望构造我们的分配器，使用例 A.9 中的方法来最小化力矩误差。我们的问题以标准形式表示：

$$\min_{\boldsymbol{x}} \boldsymbol{c}^{\mathrm{T}}\boldsymbol{x}\,|\,\boldsymbol{A}\boldsymbol{x}=\boldsymbol{b},\ \boldsymbol{h}\geqslant\boldsymbol{x}\geqslant\boldsymbol{0}$$

$$\begin{bmatrix} -3.4956 & -3.0013 & 3.0013 & 3.4956 & -1 & 0 & 1 & 0 \\ -0.7919 & -1.2614 & -1.2614 & -0.7919 & 0 & -1 & 0 & 1 \end{bmatrix}\boldsymbol{x} = \begin{pmatrix} 0+6.5 \\ -2.1502+0.5 \end{pmatrix}$$

$$\boldsymbol{x}\geqslant\boldsymbol{0} \tag{A.136}$$

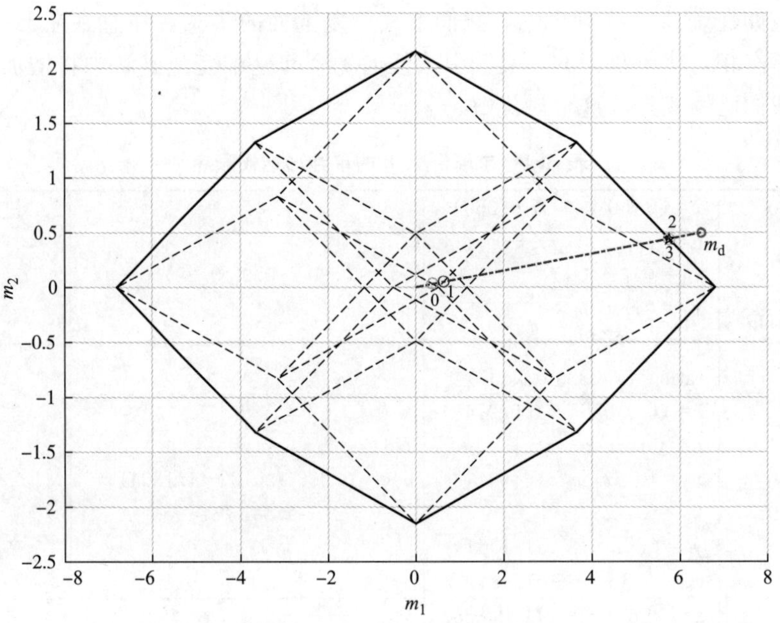

图 A.2 角加速度的演变显示了收敛到在期望力矩方向上的最大调整比例参数，用于单纯形迭代来求解例 A.8

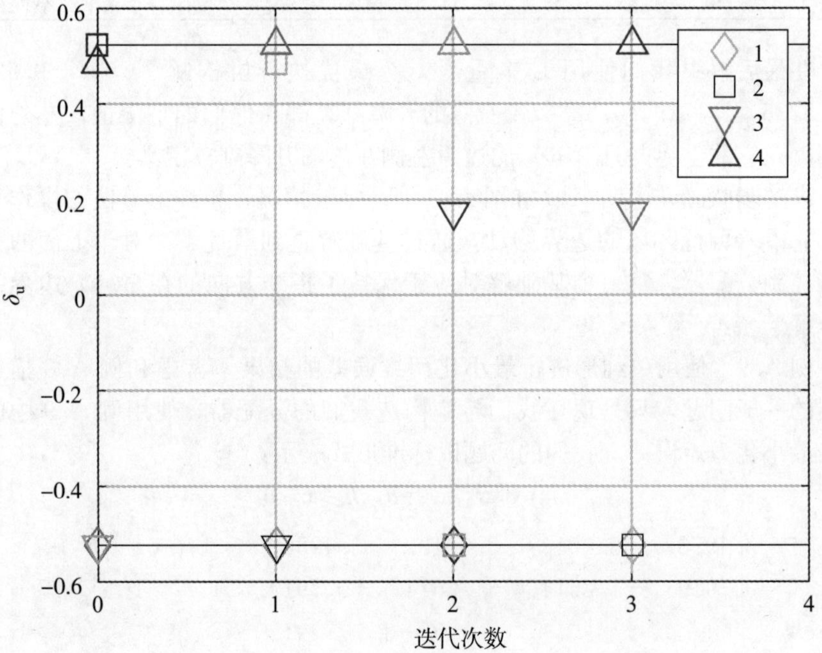

图 A.3 对于单纯形迭代求解例 A.8 的控制偏转

$$\min_{\boldsymbol{x}} y=(0\ 0\ 0\ 0\ 1_m\ 1_m)\boldsymbol{x}$$

$$\boldsymbol{x}=\begin{pmatrix}\boldsymbol{u}-\boldsymbol{u}_l\\ \boldsymbol{y}_s^+\\ \boldsymbol{y}_s^-\end{pmatrix}\boldsymbol{h}=\begin{pmatrix}\boldsymbol{u}_u-\boldsymbol{u}_l\\ -\\ -\end{pmatrix} \tag{A.137}$$

在方程（A.136）中有两个等式约束，所以一个基础解将有至多两个未知量不在它们的限值。从初始可行控制解出发，$\boldsymbol{u}=(-0.5236, -0.5236, 0.5236, 0.5236)$，这个算法通过在表A.2给出的迭代顺序推进。

表A.2 单纯形法求解例A.9的迭代顺序

迭代 0 代价 13.80	$\boldsymbol{x}=(1.047\ 1.047\ 0\ 0\ 0\ 0\ 13.3\ 0.5)$ $\boldsymbol{E}=(-\ -\ +\ +\ +\ +\ +\ +)$ $\boldsymbol{x}_D=(x_1\ x_2\ x_3\ x_4\ x_5\ x_6)$ $\boldsymbol{r}_d=(-4.29\ -4.26\ -1.74\ -2.70\ 2.00\ 2.00)$ $\boldsymbol{x}_B=(x_7\ x_8)$ $\boldsymbol{y}_q=(3.50\ 0.79)$ **ratio**$=(3.81\ 0.63)$	进入 x_1 离开 x_8
迭代 1 代价 11.10	$\boldsymbol{x}=(0.4158\ 1.047\ 0\ 0\ 0\ 0\ 11.1\ 0)$ $\boldsymbol{E}=(-\ -\ +\ +\ +\ +\ +\ +)$ $\boldsymbol{x}_D=(x_8\ x_2\ x_3\ x_4\ x_5\ x_6)$ $\boldsymbol{r}_d=(5.41\ 2.57\ -8.57\ -6.99\ 2.00\ -3.41)$ $\boldsymbol{x}_B=(x_7\ x_1)$ $\boldsymbol{y}_q=(8.57\ -1.59)$ **ratio**$=(1.29\ 0.26)$	进入 x_3 离开 x_1(交换符号)
迭代 2 代价 8.86	$\boldsymbol{x}=(0\ 1.047\ 0.261\ 0\ 0\ 0\ 8.859\ 0)$ $\boldsymbol{E}=(+\ -\ +\ +\ +\ +\ +\ +)$ $\boldsymbol{x}_D=(x_8\ x_2\ x_1\ x_4\ x_5\ x_6)$ $\boldsymbol{r}_d=(-1.38\ -6.00\ 5.38\ -1.61\ 2.00\ 3.38)$ $\boldsymbol{x}_B=(x_7\ x_3)$ $\boldsymbol{y}_q=(6.00\ -1.00)$ **ratio**$=(1.48\ 0.79)$	进入 x_2 离开 x_3(交换符号)
迭代 3 代价 4.14	$\boldsymbol{x}=(0\ 0.261\ 1.047\ 0\ 0\ 0\ 4.141\ 0)$ $\boldsymbol{E}=(+\ -\ -\ +\ +\ +\ +\ +)$ $\boldsymbol{x}_D=(x_8\ x_3\ x_1\ x_4\ x_5\ x_6)$ $\boldsymbol{r}_d=(3.38\ 6.00\ 1.61\ -5.38\ 2.00\ -1.38)$ $\boldsymbol{x}_B=(x_7\ x_2)$ $\boldsymbol{y}_q=(5.38\ -0.63)$ **ratio**$=(0.77\ 0.42)$	进入 x_4 离开 x_2(交换符号)
迭代 4	$\boldsymbol{x}=(0\ 0\ 1.047\ 0.4158\ 0\ 0\ 1.904\ 0)$ $\boldsymbol{E}=(+\ +\ -\ +\ +\ +\ +\ +)$	

续表

代价 1.90	$\boldsymbol{x}_D=(x_8\ x_3\ x_1\ x_2\ x_5\ x_6)$ $\boldsymbol{r}_d=(-3.41\ -2.57\ 6.99\ 8.57\ 2.00\ 5.41)$ $\boldsymbol{x}_B=(x_7\ x_4)$ $\boldsymbol{y}_q=(4.41\ -1.26)$ $\textbf{ratio}=(0.43\ 0.50)$	进入 x_8 离开 x_7
迭代 5 代价 0.43	$\boldsymbol{x}=(0\ 0\ 1.047\ 0.9604\ 0\ 0\ 0\ 0.4312)$ $\boldsymbol{E}=(+\ +\ -\ +\ +\ +\ +\ +)$ $\boldsymbol{x}_D=(x_7\ x_3\ x_1\ x_2\ x_5\ x_6)$ $\boldsymbol{r}_d=(0.77\ -0.58\ 1.58\ 1.94\ 1.23\ 2.00)$ $\boldsymbol{x}_B=(x_8\ x_4)$ $\boldsymbol{y}_q=(0.58\ -0.86)$ $\textbf{ratio}=(0.74\ 0.10)$	进入 x_3 离开 x_4(交换符号)
迭代 6 代价 −0.885	$\boldsymbol{x}=(0\ 0\ 0.9461\ 1.047\ 0\ 0\ 0\ 0.3724)$ $\boldsymbol{E}=(+\ +\ -\ -\ +\ +\ +\ +)$ $\boldsymbol{x}_D=(x_7\ x_4\ x_1\ x_2\ x_5\ x_6)$ $\boldsymbol{r}_d=(0.58\ 0.68\ 2.26\ 2.52\ 1.42\ 2.00)$ $\boldsymbol{x}_B=(x_8\ x_3)$	进入 N/A 在最值 离开 N/A

选择的初始条件不是一个特别近的条件，这个算法经过了六次迭代找到最优解，显示在图 A.4 中。在这种情况下初始不是来减小俯仰力矩误差到零；下四次迭代都有零俯仰力矩误差。这次迭代仅通过 0.06 rad/s² 减小这个误差项，表明这个单纯形被约束在相邻顶点内。

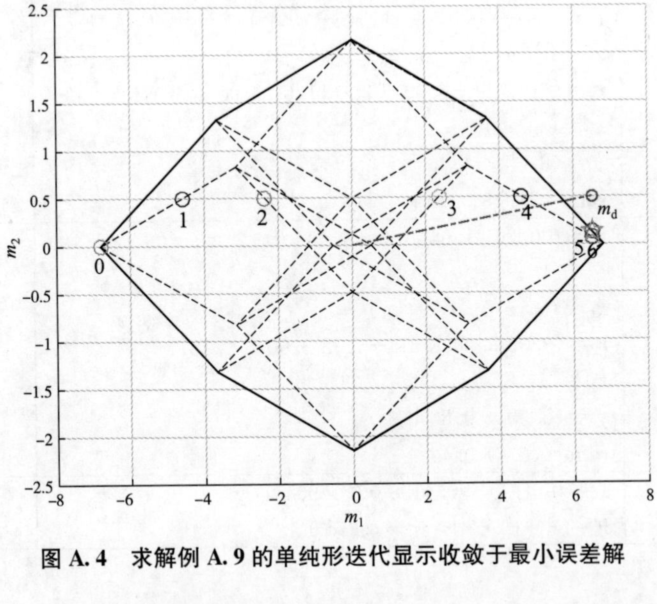

图 A.4　求解例 A.9 的单纯形迭代显示收敛于最小误差解

在求解这个问题时，清楚的是，单独决定变量没有保证一定保持在基础中。在图 A.5 中，每一个执行机构如在基础（伴有代表误差的附加变量）中的执行机构一样花费一些时间。在大多数情况它们仅在单一迭代中保持在这个解内；对于连续迭代，仅左横侧向外的升降副翼是在这个基础集中。这个例子也论证了一旦一个变量离开了基础集，它将在后面返回作为不同于基础的一个部分；在这种情况，左侧在内的升降副翼在前面已经早期被驱动在外之后，重新进入最终基础。最终解，仅有左侧在内的升降副翼不在它的限值之一；在最终解的其他基础变量对应于俯仰力矩误差。

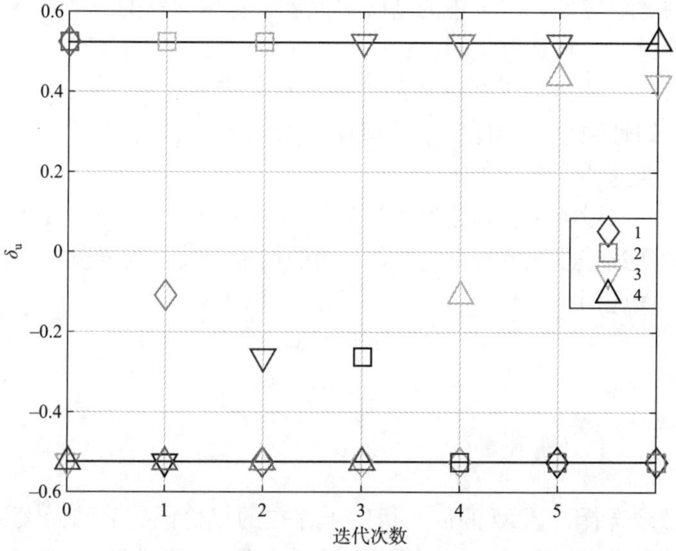

图 A.5 单纯形迭代中执行机构解的顺序导致了例 A.9 中的最小力矩误差解

A.6.4 单纯形算法初始化

上面的例子中，我们提供了一个初始基础可行解。一般不是这种情况，除非在特定的例子中，例如第二个线性规划被一个双分支分配器所解决。为了找个初始条件，许多线性规划解法器把解看成两阶段。阶段一求解一个特殊构造的问题以生成一个基础可行解，它被用来初始化在阶段二的初始问题。

阶段一规划能被设置为通过加入松弛变量使得任意初始条件可行。

$$\min_{\tilde{x}} \tilde{\boldsymbol{c}}^{\mathrm{T}} \tilde{\boldsymbol{x}} \tag{A.138}$$

$$[\boldsymbol{A}\ \boldsymbol{I}_{m\times m}]\begin{pmatrix}\boldsymbol{x}\\ \boldsymbol{y}\end{pmatrix}=\boldsymbol{b}$$

$$\tilde{\boldsymbol{x}}=\begin{pmatrix}\boldsymbol{x}\\ \boldsymbol{y}\end{pmatrix}$$

$$\boldsymbol{x}\geqslant\boldsymbol{0}$$

$$\boldsymbol{y}\geqslant\boldsymbol{0}$$

$$\tilde{\boldsymbol{c}}^{\mathrm{T}}=(\boldsymbol{0}_{1\times k},\ \boldsymbol{1}_{1\times l}) \tag{A.139}$$

新规划的初始基础可行点是 $\tilde{\boldsymbol{x}}_0=(\boldsymbol{0}_{1\times k},\ \boldsymbol{b})^{\mathrm{T}}$。假如对于初始问题一个可行解存在，最小代价发生在所有的松弛变量 $\boldsymbol{y}$ 已经被驱出解外并且代价趋向零。

假如阶段一规划的最优解是非退化的，那么 $\boldsymbol{y}=\boldsymbol{0}$ 意味着 $\boldsymbol{y}$ 的所有元素都是非基础的。对应地，在 $\boldsymbol{x}$ 中的基础解代表了初始问题的一个基础可行解。

假如阶段一的解是退化的，$\boldsymbol{y}$ 的一个或多个元素可能会留在基础中但是取得一个零值。只要初始 $\boldsymbol{A}$ 是满秩的（否则首先需要检查选择的 $\boldsymbol{x}$ 的元素是在这个基础中线性独立），阶段二规划的初始条件仍然能通过用 $\boldsymbol{x}$ 的一个对应非基础元素交换这些元素所确定。

上面的二阶段解是初始化这个规划的一种途径。方程（A.138）中同样的增广规划能通过修改在方程（A.139）中的代价函数（这就包括了初始代价和附加元素）而应用。

$$\min_{\tilde{\boldsymbol{x}}}\tilde{\boldsymbol{c}}^{\mathrm{T}}\tilde{\boldsymbol{x}} \tag{A.140}$$

$$\tilde{\boldsymbol{c}}^{\mathrm{T}}=(\boldsymbol{c}\ \boldsymbol{M}\boldsymbol{1}_{1\times l})$$

$$\tilde{\boldsymbol{x}}=\begin{pmatrix}\boldsymbol{x}\\ \boldsymbol{y}\end{pmatrix} \tag{A.141}$$

我们必须选择常数 M 的值，相比于存在的代价函数 $\boldsymbol{c}$ 的元素足够大，所以 $\boldsymbol{y}=\boldsymbol{0}$ 是最优解；因此，这个算法有口语化名字“Big-M”。Big-M 方法在一般应用中不常见，但是这个结构类似于单分支或者混合优化分配器，如方程（A.100）所示，允许我们构造问题的初始基础解。

初始化解法器的最后一个选项是，认识到在前面的更新中我们已经解决了有同样结构的另一个问题。假设控制有效性和被指令力矩在小时间步长内没有剧烈的变化，我们可能希望当前问题的解和前面的类似。假如是这样，我们能使用前面的解在一个“热启动”算法中最小化在单纯形类型解法器中需要迭代优化当前解的次数。

通常从前面解得到的最终基础将仍然是可行的。假如不是，我们仍然能求解对应的不可行基础。可以有几种特别算法以类似的模式操作这个主要单纯形，它能被用来驱动这些不可行向量回到可行集；一般而言，这些包括了修改线性规划中的定价步长以考虑不可行的一种度量。

A.7 后记

正如在第 4 章中所述，控制分配问题能被写成含有线性等式和不等式约束的系统。对于一个给定力矩指令可能存在多个解，我们希望找到一个“最优”解，现有求解约束优化问题的方法能否应用倒是显得不那么重要。线性规划是一类这样的方法，一种看起来特别适用于线性控制有效性假设的方法。

6.9 节引入对于控制分配的线性规划。问题的最终解决算法是第 6 章介绍的生成等价结果的几种求解算法之一；如这样，它很适合在第 7 章给出的帧方式分配的架构。一旦问题被看作线性规划，下一步看是否可以修改规划，是否允许包括附加约束和目标，类似于帧方式应用怎样允许加入附加能力。快速浏览下面的参考资料和附录 C 所列资料，将使读者相信确实有很多方法可把控制分配表示为线性规划。

把规划的表述与它的数值解分开，这个附录详细解释了把控制分配设计为线性规划的过程。我们开始概述问题怎样可以总体上表示为一个受约束的线性优化问题（方程（A.1））。为了这讨论，对于可达的（A.1.1 节和 A.4 节）和不可达的（A.1.2 节）力矩指令的控制分配运行情况被单独考虑。

对于不可达指令（A.1.2 节），我们提出了两个主要选项，都返回到可达集边界上的力矩。方向保持分配器类似于在第 6 章给出的其他方法，当希望最小化平面外力矩时可以优先使用。最小化力矩误差也在文献中常见，通过应用范数的选择和权值使用，提供了对轴进行优先排序的一种机制。

方程（A.18）给出了线性规划的一种标准形式，在方程（A.40）中修改后的形式简化了大多数控制分配问题中有界执行机构的处理。如何把方向保持和误差最小规划整理为标准形式（A.2.3 节、A.2.4 节和例 A.2）的实例阐述了可能使用的方法。我们一般都把规划整理到这种形式，也就是把规划转换为特定解法器需要的特殊形式。有了这个标准形式，我们可以引入线性规划基础的、退化基础的和可行基础解（A.3 节）。这些解的特征确定了线性规划和内含的控制问题问题将有什么类型的最优解。

本节给出了解决可达力矩控制冗余性的几种方法，但是没有提出针对特殊情况的特别规划，只是在一般的形式下最小化不同形式执行机构位置（A.4.1 节和 A.4.2 节）优先集的误差。数值实例显示如何使用特定形式参数来满足某一特殊目标；在文献中我们可以找到更多例子。例如，Buffington (1999) 提供一列选项用于控制加权误差。A.4.3 节中提出优化线性次要函数的机制，类似于在第 7 章中用于复原到一个未知解的方法。方法的实现受到很多问题的影响，如那里可能发生振荡和如何定义本地梯度等。

A. 5 节解释了如何构造得到可达指令和不可达指令的线性规划，最后把这两部分内容组合为一个能被用作控制分配的单一线性规划。最直接的方法，也是在参考文献中遇到的最早形式之一，是设计两个物理上分开的支路（A. 5. 1 节）。检查第一个分支（为不可达指令设计）的结果来确定是否需要求解用于可达指令的一个附加规划。进一步，我们经常会看到（A. 5. 2 节）组合这两种规划的方法，对它们加权使得优先获得期望力矩。

最后，A. 6 节讨论了线性规划的数值解。在这里为止，我们提出的例子已经通过使用 MATLAB® 内置的解法器求解了，但是也能应用任何一个一般的线性规划算法来求解。对于一般解法器的一些通常特征的讨论，我们经常关心如何对它们进行修改以便融合到一种控制分配算法中。任何这样的融合细节取决于使用的特殊算法。

把控制分配问题变成线性规划的潜在好处之一是可利用前期的优化线性规划运行性能和鲁棒性能的软件库。打包好的解法器是随时可用的，潜在可用算法的大量文档也是可用的。这些算法的运行可能看起来对于缺乏经验的人来说像个黑匣子。作者已经发现，加深理解的基本方法是一步步深入了解算法的简单版本，在每一步中把内部的操作和正被解决的原始问题联系起来。这种方法用在了例 A. 8 中的简化单纯形解法器。关于类似内点法实现的讨论，我们推荐 Petersen 和 Bodson（2005）的论文。

线性规划相比于第 6 章和第 7 章的方法提供了另一种方法来描述期望运行情况。这个灵活性同时带来潜在挑战，这些挑战在实时控制中的许多迭代求解技术使用中也会遇到：确保收敛、数值性能、认证和分析方法和计算资源。随着时间推移，其中后一个约束的处理变得容易些，但是随着算法的实现前三个仍然是需要考虑的问题。

参考文献

Beck，RE 2002 *Application of Control Allocation Methods to Linear Systems with Four or More Objectives*. PhD Thesis，Virginia Polytechnic Institute & State University.

Bodson，M and Frost，SA 2011 'Load balancing in control allocation,' *AIAA J. Guidance，Control，and Dynamics* **34**(2) 380 - 387.

Bodson，M2002 'Evaluation of optimization methods for control allocation,' *AIAA J. Guidance，Control，and Dynamics*，**25**(4)，703 - 711.

Buffington，J，Chandler，P，and Pachter，M 1998 'Integration of on-line system identification and optimization-based control allocation,' AIAA 98-4487 in *Proceedings of the AIAA Guidance，Navigation，and Control Conference*，pp. 1746 - 1756.

Buffington，J，Chandler，P，and Pachter，M 1999 'On-line system identification for aircraft with distributed control effectors,' *Int. J. Robust Nonlinear Control*, **9**, 1033 - 1049.

Buffington, JM 1999 'Modular Control Law Design For The Innovative Control Effectors (ICE) Tailless Fighter Aircraft Configuration 101 - 3.' Final Report Air Vehicles Directorate, Air Force Research Laboratory, Wright-Patterson AFB, Ohio.

Buffington, JM 1997 'Tailless Aircraft Control Allocation.' WL-TM-97-3060, Flight Dynamics Directorate Wright Laboratory, WPAFB, Ohio.

Dantzig, GB 2002 'Linear programming,' *Operations Research*, **50**(1), 42 -47.

Frost, S, Bodson, M, Burken, JJ, Jutte, CV, Taylor, BR, and Trinh, KV 2015 'Flight control with optimal control allocation incorporating structural load feedback,' *J. Aerospace Information Systems*, **12**, 825 -834.

Gale, D 1960 *The Theory of Linear Economic Models*. McGraw-Hill.

Gill, PE, Murray, W, and Wright, MH 1981 *Practical Optimization*. Academic Press.

Luenberger, DG and Ye Y 2008 *Linear and Nonlinear programming* , 3rd edn. Springer.

Luenberger, DG 1984 *Linear and Nonlinear Programming*. Addison-Wesley.

Nef W 1967 *Linear Algebra*. Dover.

Oppenheimer, MW, Doman, DB, and Bolender, MA 2010 'Control allocation,' in *The Control Handbook* 2nd edn. CRC Press, Chapter 8.

Petersen, J and Bodson, M 2005 'Interior-point algorithms for control allocation,' *AIAA J. Guidance, Control, and Dynamics* , **28**(3), 471 -480.

附录B
飞行仿真

B.1 引言

这是用于飞行仿真代码的文档，可用代码在这本书的同步站点上，在 www. wiley. com/go/durham/aircraft_control_allocation 。初始代码命名为 ADMIRE（Aero-Data Model In a Research Environment）。它由瑞典国防研究部创立。在本书撰写时，ADMIRE4. 1 版可下载，下载地址为 http：// www. foi. se/en/Our-Knowledge/Aeronautics/Admire/Downloads/。

我们对于初始代码做了一些修改，主要是在飞行控制系统层。通常这样相当于融合了非线性动态逆飞行控制律，进而对本书提到的多种控制分配算法进行了实现。

在同步站点上被修改代码的高层级源代码是一个名为 admire_sim_NDI. mdl 的 Simulink 模型。这已经在 Macintosh 计算机的 MATLAB® 2014 学生版中测试过了。

B.2 修改

B.2.1 三个顶层模块几乎完全没有修改

B.2.1.1 总体计算机延迟/传输延迟版本

这个模块对实现飞行控制算法的计算机内部的时间延迟进行了建模。在 ADMIRE 仿真中，延时是 20 ms，它代表了 100 Hz 计算机的 2 帧延迟。

B.2.1.2 饱和器、速度限制器和作动器

这模块对于作动器进行了建模并且融合了速度和位置限制。节流阀稳态

tss 没有进行速度控制。同时，降落装置指令、推力矢量和空气扰动不经过延迟或者作动器模块。

B. 2. 1. 3 飞机响应

这个模块对于飞机对输入的响应进行了建模。这个 Uncertain Parameters 模块包括了 25 个常值模块，其中有变量目前设置为零，已经被单一常零模块代替。这仅当用户希望研究改变一些不确定参数的效果时将影响功能。变量名字已经被标在输入端口上。

B. 2. 2 小的改动包括新的 Pilot 和 Sensors 模块

B. 2. 2. 1 Pilot

设置 Pilot 模块是来处理将偏向于配平值的飞行员输入的简单时间曲线。这将类似于初始的 ADMIRE 实现。

B. 2. 2. 2 Sensors

Sensors 模块加入在结构图底部的反馈回路中来修正测量到的航向角。这个 mod（模数）指令被用来保持指向在主要值（0～2π rad）范围内以符合在控制律中路径点跟踪部分的实际。

B. 3 NDI_CLAW

大的修改包含一种完全取代了初始 ADMIRE 控制律的非线性动态逆控制律（NDI_CLAW）的模块。对于新变量的命名，我们已经试图依据 Name_units 的约定。为了限制名字仅包含希腊数字字母和下划线，我们使用简化如 mps 用于表示米每秒。

NDI_CLAW 的主要组成部分是下面的方块：

B. 3. 1 NDI_CLAW/Rate Transition

速度转换模块从连续仿真中获得传感器数据并使之用在离散系统的控制律中。这用来模拟用于飞行控制系统的数字计算机。100 Hz 的频率被选中是因为这是一个用在现代飞行控制计算机中的合理速度。

B. 3. 2 NDI_CLAW/PILOT_Mod

这个模块转换飞行员输入为可用指令。当前，此模块和一个简单常数比例因子（增益模块）一起使用。对于一架真实的飞机，很可能改变一些梯度和指令来提高处理质量。

B. 3. 3　NDI_CLAW/INPUT

这个模块从 PILOT 和 SENSORS 模块获得数据并把所有进来的信息放在单一数据总线上。这有助于清楚表示方块图，这样清楚地表示了哪些数据来自于飞行计算机外部。模块试图模仿真实计算机处理输入数据的行为。模块中已经加入几种数据范围来显示控制律正在使用的数据。使用中也许希望加入其他数据范围，或者移除这些来使得仿真运行更快。

B. 3. 4　NDI_CLAW/Mission Managet

这个模块生成用于控制律自动驾驶仪模式的指令。注意到这些指令可能或者可能不会使用，取决于在控制律其他部分的其他变量值。默认配置为在 1000 s 仿真时间内以不同姿态和速度飞出一个正方形图案。这个用来验证控制律能在 ADMIRE 仿真中使用的合理数据全包线内控制飞机。

Altcmd_t　时间向量

Altcmd_v　高度指令向量

Vcmd_t　时间向量

Mcmd_v　马赫数向量

a　在指令的高度上声速向量（m/s）（$\mathrm{Vcmd}_v=\mathrm{Mcmd}_v.*a$）

滚转角指令将进行增加幅值的左转和右转。这个现在没有被使用，因为滚转响应默认是基于路径点生成滚转角指令。为了改变滚转角指令值，编辑下面的在初始化文件 INIT_NDI.m 中的变量：

PHIcmd_t　时间向量

PHIcmd_v　滚转角指令向量（°）

B. 3. 4. 1　NDI_CLAW/Mission Manager/Waypoint Navigation

这个模块是自动驾驶仪特征的一个简单尝试，它和滚转轴选项之一一起作用来跟踪路径点（X 和 Y 地球轴）。这个模块的输出是：当前 X 和 Y 指令值（Xcmd 和 Ycmd），前面的指令值（Xcmdm1 和 Ycmdm1 Xcmd 减去 1 和 Ycmd 减去 1 的简写），在当前飞行条件下存在 g 将使用的最大滚转角。

在路径点前开始一个转弯尝试，所以一个常值半径转弯将导致这架飞机结束在新的指向上。

导航系统的一些已知问题是：不足够的误差检查，以及对于放置太近或者需要急转弯的路径点的不正确跟踪。默认路径是一个简单的正方形图案。

通过边界在初始文件 INIT_NDI.m 中的下面变量，这些路径点可以被改变。

Xwpt X 距离（m），北，初始 [0 4000 4000 0 0] * 8

Ywpt Y 距离（m），东，初始 [0 0 4000 4000 0] * 8

假如路径点太近导致转弯要求超过了飞机能力，可以调整因子。

B.3.5 NDI_CLAW/Dynamic Inversion Control

这是动态逆控制律的顶层，分为六个主要子系统。

B.3.5.1 NDI_CLAW/Dynamic Inversion Control/Auto_Throttle

油门没有被控制分配所指令。相反，它使用在基于能量的控制方案中。它使用指令的高度和速度来生成能量指令，Ecmd。获得的高度和速度信息被用来计算当前能量状态 E。我们使用比例-积分控制律生成油门指令以驱动能量状态到期望值。假如误差非常大，积分被关闭，用以防止由于积分累积导致的系统超调。当后燃器打开（tss>0.8）时通过查询表减小对应的油门增益，因为这个后燃器远比非后燃器油门更有效。

也有一个模块 Get_UseSplit。当 UseSplit 是真的，优先变为偏置内侧的升降副翼向上和外侧的升降副翼向下。这使它们作为减速板来帮助飞机有效减速。

B.3.5.2 NDI_CLAW/Dynamic Inversion Control/CMD

CMD（指令）模块转换飞行员和任务管理者数据为调节器模块指令。在本书成稿时，这个模块几乎就是一个没有大影响的直通器。高度指令为了防止过大指令输入到自动油门是限速的。有不连接的成对模块和时间曲线模块可以用来观察飞机对于简单指令的响应。为了使用它们，断开增益为 1 模块的输入，并且连接期望输入。

B.3.5.3 NDI_CLAW/Dynamic Inversion Control/REG

这些是生成期望加速度的调节器模块。它们被分为滚转、俯仰和偏航。

NDI_CLAW/Dynamic Inversion Control/REG/RollReg

有三种不同方法来生成期望滚转加速度，它们通过改变在初始文件 INIT_NDI.m 中的变量 Rmode 是可选的。注意到通过 IF 模块的逻辑，仅在 true 条件下这个程序运行。

Rmode=1：Roll-rate Command：这个模块使用滚转速度的简单比例控制。当一个飞行员飞行和使用横侧向杆来生成滚转速度指令时这个模式是典型的。有一个指令增益，它是马赫数的一个函数。这个功能对于高速战斗机是典型的。虽然它当前没有被连接，但被包括在内，这样用户可以使用不同值进行实验。

Rmode＝2：**Bank-angle Command**：这个模式模仿自动驾驶仪飞行滚转角指令。有一个滚转速度的比例控制（类似于 `MODE= 1`），同时有一个外回路，它有滚转角的比例-积分-前向通道控制。

Rmode＝3：**Cross-track Command**：这个模式用在从任务管理者得到的路径点时。它使用了滚转速度和滚转角的比例控制。滚转角指令来源于两个不同模块。开始时，滚转角指令是最大滚转角（有正确符号）直到这架飞机在正确指向上。一旦正确指向被达到，交叉跟踪误差和交叉跟踪误差速度被用来计算需要的滚转角。假如这些路径点没有很好的间隔形成一条容易跟踪的路径，这个模块可能生成不期望结果。在那种情况，这架飞机可能以圆形飞行或者偏离到一个不期望位置。

NDI_CLAW/Dynamic Inversion Control/REG/PitchReg

有三种不同的方法来生成期望俯仰加速度。通过改变初始化文件 `INIT_NDI.m` 中的变量 `Pmode` 可以进行选择。注意到 `IF` 模块的实现模式，仅在 `true` 条件下程序运行。

Pmode＝1：**俯仰速度指令**：这种模式是俯仰速度的简单比例控制。这类似于滚转速度指令系统。对于低速飞行，这种模式可能被飞行员们优先采用。在高速时，飞行员将更倾向优先使用 g 指令用于俯仰控制指令发端装置。目前的这个模型没有 g 指令系统。

Pmode＝2：**飞行路径角度指令**：这种模式进行俯仰速度的比例控制和飞行路径角度的比例积分控制。一些无人机有远程飞行员/操作员俯仰杆来指令飞行路径角度。

Pmode＝3：**高度指令**：这种模式使用俯仰来控制高度。有俯仰速度和飞行路径角度的比例控制。飞行路径指令从高度上的比例和积分控制上生成。

NDI_CLAW/Dynamic Inversion Control/REG/YawReg

这个模块根据期望侧滑角生成偏航加速度指令。控制器比例-积分-前向通道在侧滑角上，并且比例在偏航速度上。这个 `nl`（－1）模块转换侧滑速度指令为偏航速度指令，$r \approx -\dot{\beta}$。没有偏航推力矢量，飞机的偏航控制是有限的。不同的分配方法看起来能达到大概同样最大侧滑角，但是假如有人更多使用 AMS，这个目标能更快实现。

B.3.5.4 NDI_CLAW/Dynamic Inversion Control/AERO_OBM

此模块计算了名义加速度、控制有效性矩阵和气动执行机构限值。

Aerolimits 模块根据每一个 ADMIRE 文件的马赫数计算气动执行机构限值。这个程序有对应于 ADMIRE_main 程序 16 个输入的项，能作为伴有控制律的控制执行机构。这 16 个输入值是：

drc 右鸭翼
dlc 左鸭翼
droe 右横侧向外升降副翼
drie 右横内侧升降副翼
dlie 左横内侧升降副翼
dloe 左横侧向外升降副翼
dr 方向舵
dle 前置边缘襟翼
ldg 降落装置
tss 推力指令
dty 偏航推力矢量
dtz 俯仰推力矢量
u_dist 前向速度干扰
v_dist 横侧向速度干扰
w_dist 垂直速度干扰
p_dist 滚转速度干扰

OBM 的线性和非线性版本都已经实现了。

线性模型版本

模型在一个有标准配平执行机构 $\boldsymbol{u}_{\mathrm{norm}}$ 的飞行条件下线性化：

$$\begin{cases}\boldsymbol{u}_{\mathrm{cmd}}=\boldsymbol{u}_{\mathrm{nom}}+\boldsymbol{B}^{-1}(\dot{\boldsymbol{x}}_{\mathrm{des}}-\dot{\boldsymbol{x}}_{\mathrm{nom}})\\ \dot{\boldsymbol{x}}_{\mathrm{nom}}=\boldsymbol{A}\boldsymbol{x}+\boldsymbol{B}\boldsymbol{u}_{\mathrm{nom}}\end{cases} \tag{B.1}$$

$\boldsymbol{A}$ 和 $\boldsymbol{B}$ 矩阵来自这个 ADMIRE 线性化工具。

非线性模型版本

非线性模型用气动数据查表来替换线性化的 $\boldsymbol{A}$ 和 $\boldsymbol{B}$ 矩阵。

$$\begin{cases}\boldsymbol{u}_{\mathrm{cmd}}=\boldsymbol{u}_{\mathrm{nom}}+\boldsymbol{B}^{-1}(\dot{\boldsymbol{x}}_{\mathrm{des}}-\dot{\boldsymbol{x}}_{\mathrm{nom}})\\ \dot{\boldsymbol{x}}_{\mathrm{nom}}=\boldsymbol{f}(\boldsymbol{x},\ \boldsymbol{u}_{\mathrm{nom}})=\boldsymbol{f}(\boldsymbol{x},\ \boldsymbol{u})-\Delta\boldsymbol{f}\end{cases} \tag{B.2}$$

实际加速度是

$$\dot{\boldsymbol{x}}=\boldsymbol{f}(\boldsymbol{x},\ \boldsymbol{u})=\begin{Bmatrix}\dot{p}\\ \dot{q}\\ \dot{r}\end{Bmatrix} \tag{B.3}$$

这些加速度在第 2 章方程（2.12）中计算获得。ADMIRE 文档采用了

Stevens 和 Lewis（1992）第一版中更紧凑的表达式：

$$\begin{cases}\dot{p}=(C_1r+C_2p)q+C_3L+C_4N\\ \dot{q}=C_5pr-C_6(p^2-r^2)+C_7M\\ \dot{r}=(C_8p-C_2r)q+C_4L+C_9N\end{cases} \tag{B.4}$$

这些力矩是气动的和推力的总体力矩。有下标的 C 项在初始化文件 `INIT_NDI` 中由以下式子计算：

$$\begin{cases}\Gamma=I_{xx}I_{zz}-I_{xz}^2\\ \Gamma C_1=(I_{yy}-I_{zz})-I_{xz}^2\\ \Gamma C_2=(I_{xx}-I_{yy}+I_{zz})I_{xz}\\ \Gamma C_3=I_{zz}\\ \Gamma C_4=I_{xz}\\ C_5=(I_{zz}-I_{xx})/I_{yy}\\ C_6=I_{xz}/I_{yy}\\ C_7=1/I_{yy}\\ \Gamma C_8=I_{xx}(I_{xx}-I_{yy})+I_{xz}^2\\ \Gamma C_9=I_{xx}\end{cases} \tag{B.5}$$

`Aircraft Response` 模块提供输出速度和力矩系数，用来计算在机体轴上的加速度。这些加速度包括了执行机构在它们当前偏转下的影响。随着它们从当前位置变化计算控制指令，就能使用真实加速度作为标称加速度：

$$\dot{\boldsymbol{x}}_{\text{nom}}=\dot{\boldsymbol{x}}=\boldsymbol{f}(\boldsymbol{x},\ \boldsymbol{u}) \tag{B.6}$$

假如我们从一些标称位置变化计算控制指令，标称位置不是当前执行机构偏转，那么我们需要减去一个分量，它是全部加速度和执行机构在标称位置时加速度的差。

考虑这种线性情况：

$$\begin{cases}\dot{\boldsymbol{x}}=A\boldsymbol{x}+B\boldsymbol{u}=\boldsymbol{f}(\boldsymbol{x},\ \boldsymbol{u})\\ \dot{\boldsymbol{x}}_{\text{nom}}=\boldsymbol{A}\boldsymbol{x}+\boldsymbol{B}\boldsymbol{u}_{\text{nom}}\\ \dot{\boldsymbol{x}}_{\text{nom}}=\boldsymbol{A}\boldsymbol{x}+\boldsymbol{B}\boldsymbol{u}-(\boldsymbol{B}\boldsymbol{u}-\boldsymbol{B}\boldsymbol{u}_{\text{nom}})=\boldsymbol{f}(\boldsymbol{x},\ \boldsymbol{u})-\Delta\boldsymbol{f}\end{cases} \tag{B.7}$$

为了估计用于非线性模型的 $\Delta\boldsymbol{f}$，当控制量在它们当前偏转和它们的标准偏转时，运行 ADMIRE 非线性气动模型并且获得差别量。

为了计算用于非线性 OBM 的 $\boldsymbol{B}$ 矩阵，我们调用气动模型。其中一个执行机构首先被一个从标准位置算起小的正的然后一个小的负偏转，然后做一个简单的差得到一条斜线。对于每帧七个气动执行机构，这个可能是耗费时间的，所以我们每帧仅更新 $\boldsymbol{B}$ 的一列来加速仿真。$\boldsymbol{B}$ 矩阵被初始化为配平条件的值。

我们已经实现了计算的 $\boldsymbol{B}$ 矩阵仅用于气动执行机构（在上面列表中的前

七个）。对于其他执行机构，$\boldsymbol{B}$ 矩阵被初始化为配平值，但是从不更新。假如真的想对其他执行机构进行实验，应该保持接近这个配平条件，直到随着飞行条件变化计算它们的 $\boldsymbol{B}$ 矩阵项。

B.3.5.5 NDI_CLAW/Dynamic Inversion Control/Unom

对标称执行机构 $\boldsymbol{u}_{\text{nom}}$，有多种选项：

（1）设置标称值为零：

$$\boldsymbol{u}_{\text{nom}} = \boldsymbol{0} \tag{B.8}$$

（2）配平调整飞机并使用配平后的值：

$$\boldsymbol{u}_{\text{nom}} = \boldsymbol{u}_{\text{trim}} \tag{B.9}$$

（3）使用最后计算得到的指令：

$$\boldsymbol{u}_{\text{nom}} = \boldsymbol{u}_{\text{cmd}} z^{-1} \tag{B.10}$$

（4）使用通过一个估计执行机构传递函数送出的最后计算得到指令：

$$\boldsymbol{u}_{\text{nom}} = \boldsymbol{u}_{\text{cmd}} z^{-1} G_{\text{act}}(z) \tag{B.11}$$

（5）使用传感器来确定执行机构的当前值：

$$\boldsymbol{u}_{\text{nom}} = \boldsymbol{u}_{\text{sensed}} \tag{B.12}$$

所有这些选项除了最后一项都可选。

B.3.5.6 NDI_CLAW/Dynamic Inversion Control/Control Allocation

在顶层，控制分配被分解为三个子系统：PreProcess, GetU 和 PostProcess。

NDI_CLAW/Dynamic Inversion Control/Control Allocation/PreProcess

这个模块为控制分配程序设置了输入。GetLimits 基于执行机构标称值将计算出执行机构的当前允许变化。假如设置在初始化文件中的变量 UseRL 为 1，那么限制指令将移动不超过每帧允许的速度限值。INDX 向量被用来使执行机构成为“有效”集的部分，它由控制分配程序确定。默认的设置为七个气动面是“有效的”而其他九个执行机构是“无效的”。我们推荐现在让其他执行机构“无效”，虽然人们可能想使用推力矢量。

NDI_CLAW/Dynamic Inversion Control/Control Allocation/GetU

这个模块是控制分配问题所在，正如第 4 节所定义，使用第 6 章和附录 A 的方法进行求解。现在有六种不同的方法可以选择。可以通过改变在初始化文件 INIT_NDI.m 中的变量 CAmethod 的值选择某种方法。

这七种方法是：

MakeSquare（Option 0）：这是在 6.4 节和 8.5 节讨论的联动分配方法。如方程（6.1），得到正方形矩阵。假如这些值被指令超过它们的限值，这些指令被固定在它们的位置限值。这个选项目前将不会在指令上加入速度限值。

WeightedPseudoClipped（Option 1）：这种方法是 6.5.4 节和在方程(6.35)中的加权伪逆的一个变种（85 页）。加权矩阵定义在初始化文件 `INIT_NDI.m` 中。

假如这些值被指令超过它们的限值，这些指令被固定在它们的位置限值。这个选项目前不加强指令上的速度限值。

WeightedPseudoScaled（Option 2）：这种方法和前面的一样，除了假如这些值被指令超过它们的限值，这些指令是均匀调整的，以致所有指令在它们的限值内或者上。

DirectAllocation（Option 3）：直接分配方法描述在 6.6.2 节。

CGI（Option 4）：这种方法实现了在 6.5.5.2 节中给出的调整后的级联广义逆。它是用于 X-35 控制律的“执行机构混合”算法基础（Bordington, 2002）。

VJA（Option 5）：这是描述在 6.8 节中 Banks 方法的一种实现。模块 `VJA` 的名字来自于 Banks 对于过程的初始描述“Vertex Jumping Algorithm”（顶点跳转算法）。

LP（Option 6）：这是描述在附录 A 的线性规划算法的一种实现。用变量 `LPmethod` 在多种算法中选择。`LPmethod` 应该是在 0 和 5 之间的一个整数：

0 DB_LPCA 双支控制分配
- 线性规划目标误差最小化分支（1 范数）
- 控制误差最小化（1 范数）

1 DBinf_LPCA 双支控制分配
- 线性规划目标误差最小化（1 范数）
- 控制误差最小化（∞范数）

2 DP_LPCA 方向保持控制分配线性规划

3 DPscaled_LPCA 方向保持控制分配线性规划
- 减小的形式（从边界调整的解）

4 MO_LPCA 混合优化（单分支）控制分配线性规划
- 目标误差最小化
- 控制误差最小化

5 SB_LPCA 单分支控制分配线性规划
- 方向保持
- 控制误差最小化

NDI_CLAW/Dynamic Inversion Control/Control Allocation/Post Process

这个模块加入了执行机构标称值，加入这个零空间中的一个分量以趋向优先解，并且合并“有效”和“不有效”执行机构指令，得到输入 ADMIRE 仿真的 16 个全部指令。这是在 7.4.4 节中描述的零空间复原。

假如读者想要研究没有零空间时在复原时发生了什么，可以删除从模块 `DriveToPreferred` 出来的连线。

参考文献

Aerodata Model in Research Environment (ADMIRE), Ver. 3.4h, Swedish Defence Research Agency (FOI), Stockholm, Sweden, 2003.

Stevens, BL and Lewis, FL 1992 *Aircraft Control and Simulation*, 1st edn. John Wiley & Sons, pp. 80 – 81.

Bordignon, K and Bessolo, J 2002 'Control allocation for the X-35B,' AIAA 2002-6020 in 2002 *Biennial International Powered Lift Conference and Exhibit*, 5-7 *November* 2002, *Williamsburg*, *Virginia*.

附录 C
有注释的文献列表

参考文献

Acosta, DM, Yildiz, Y, Craun, RW, Beard, SD, Leonard, MW, Hardy, GH, and Weinstein, M 2015 'Piloted evaluation of a control allocation technique to recover from pilot-induced oscillations,' *J. Aircraft*, **52** (1), 130 - 140.

This paper describes the maturation of a control allocation technique designed to assist pilots in recovery from pilot-induced oscillations. The control allocation technique to recover from pilot-induced oscillations is designed to enable next-generation high-efficiency aircraft designs.

Energy-efficient next-generation aircraft require feedback control strategies that will enable lowering the actuator rate limit requirements for optimal airframe design. A common issue on aircraft with actuator rate limitations is they are susceptible to pilot-induced oscillations caused by the phase lag between the pilot inputs and control surface response. The control allocation technique to recover from pilot-induced oscillations uses real-time optimization for control allocation to eliminate phase lag in the system caused by control surface rate limiting. System impacts of the control allocator were assessed through a piloted simulation evaluation of a nonlinear aircraft model in the NASA Ames Research Centers Vertical Motion Simulator. Results indicate that the control allocation technique to recover from pilot-induced oscillations helps reduce oscillatory behavior introduced by control surface rate limiting, including the pilot-induced oscillation tendencies reported by pilots.

Adams, RJ, Buffington, JM, Sparks, AG, and Banda, SS 1994 *Robust Multivariable Flight Control*. Springer-Verlag.

Manual flight control system design for fighter aircraft is one of the most demanding problems in automatic control. Fighter aircraft dynamics generally have highly coupled uncertain and nonlinear dynamics. Multivariable control design techniques offer a solution to this problem. *Robust Multivariable Flight Control* provides the background, theory and examples for full envelope manual flight control system design. It gives a versatile framework for the application of advanced multivariable control theory to aircraft control problems. Two design case studies are presented for the manual flight control of lateral/directional axes of the VISTA-F-16 test vehicle and an F-18 trust vectoring system. They demonstrate the interplay between theory and the physical features of the systems.

Aerodata Model in Research Environment (ADMIRE), Ver. 3.4h, Swedish Defence Research Agency (FOI), Stockholm, Sweden, 2003.

This document describes the nonlinear aircraft simulation model ADMIRE. It describes the main aircraft model, the flight control system, actuators, the sensor models and the uncertainty parameters with respective limits. This document also contains a description on how to properly install and run the model. The ADMIRE describes a generic small single seated, single engine fighter aircraft with a delta-canard configuration, implemented in MATLAB/Simulink Release 13. The model envelope is up to Mach 1.2 and 6000 m altitude. The model is augmented with a longitudinal flight control system (FCS) that controls the pitch rate at low speed and the load factor at higher speeds, and a lateral controller that controls the wind vector roll rate and the angle of sideslip. The longitudinal FCS also contains a very rudimentary speed controller. The model has thrust vectoring capability, although this is not used in the present FCS. For the purpose of the robustness analysis, the model is extended with the possibility to change some predefined uncertainty parameters within prescribed limits. The uncertainty parameters consist of configuration parameter-, aerodynamic-, actuator- and sensor (air data)-uncertainties. The model can be trimmed and linearized within the entire model envelope.

Alwi, H and Edwards, C 2008 'Fault tolerant control using sliding modes with on-line control allocation,' *Automatica*, **44**, 1859 – 1866.

This paper proposes an on-line sliding mode control allocation scheme for fault tolerant control. The effectiveness level of the actuators is used by the control allocation scheme to redistribute the control signals to the remaining actuators when a fault or failure occurs. The paper provides an analysis of the sliding mode control allocation scheme and determines the nonlinear gain required to maintain sliding. The on-line sliding mode control allocation scheme shows that faults and even certain total actuator failures can be handled directly without reconfiguring the controller. The simulation results show good performance when tested on different fault and failure scenarios.

Azam, M and Singh, S 1994 'Invertibility and trajectory control for nonlinear maneuvers of aircraft,' *AIAA J. Guidance, Control, and Dynamics*, **17** (1), 192 - 200.

This paper presents an application of the inversion theory to the design of nonlinear control systems for simultaneous lateral and longitudinal maneuvers of aircraft. First, a control law for the inner loop is derived for the independent control of the angular velocity components of the aircraft along roll, pitch, and yaw axes using aileron, elevator, and rudder. Then by a judicious choice of angular velocity command signals, independent trajectory control of the sets of output variables (angle of attack, roll, and sideslip angles), (roll rate, angle of attack, and yaw angle), or (pitch, roll, and yaw angles) is accomplished. These angular velocity command signals are generated in the outer loops using state feedback and the reference angle of attack, pitch, yaw, and roll angle trajectories. Simulation results are presented to show that in the closed-loop system, various lateral and longitudinal maneuvers can be performed in spite of the presence of uncertainty in the stability derivatives.

Beck, RE 2002 *Application of Control Allocation Methods to Linear Systems with Four or More Objectives*, PhD Thesis, Virginia Polytechnic Institute & State University.

Methods for allocating redundant controls for systems with four or more objectives are studied. Previous research into aircraft control allocation has focused on allocating control effectors to provide commands for three rotational degrees of freedom. Redundant control systems have the capability to allocate commands for a larger number of objectives. For aircraft, direct force commands can be applied in addition to moment commands.

When controls are limited, constraints must be placed on the objectives which can be achieved. Methods for meeting commands in the entire set of of achievable objectives have been developed.

The Bisecting Edge Search Algorithm has been presented as a computationally efficient method for allocating controls in the three objective problem. Linear programming techniques are also frequently presented. This research focuses on an effort to extend the Bisecting Edge Search Algorithm to handle higher numbers of objectives. A recursive algorithm for allocating controls for four or more objectives is proposed. The recursive algorithm is designed to be similar to the three objective allocator and to require computational effort which scales linearly with the controls.

The control allocation problem can be formulated as a linear program. Some background on linear programming is presented. Methods based on five formulations are presented. The recursive allocator and linear programming solutions are implemented. Numerical results illustrate how the average and worst case performance scales with the problem size. The recursive allocator is found to scale linearly with the number of controls. As the number of objectives increases, the computational time grows much faster. The linear programmingsolutions are also seen to scale linearly in the controls for problems with many more controls than objectives.

In online applications, computational resources are limited. Even if an allocator performs well in the average case, there still may not be sufficient time to find the worst case solution. If the optimal solution cannot be guaranteed within the available time, some method for early termination should be provided. Estimation of solutions from current information in the allocators is discussed. For the recursive implementation, this estimation is seen to provide nearly optimal performance.

Bemporad, A and Morari, M 1998 'Control of systems integrating logic, dynamics, and constraints,' *Automatica*, **35**, 407 - 427.

This paper proposes a framework for modeling and controlling systems described by interdependent physical laws, logic rules, and operating constraints, denoted as mixed logical dynamical (MLD) systems. These are described by linear dynamic equations subject to linear inequalities involving real and integer variables. MLD systems include linear hybrid systems, finite state machines, some classes of discrete event systems, constrained linear systems, and nonlinear systems which can be approximated by piecewise linear functions. A predictive control scheme is proposed which is able to stabilize

MLD systems on desired reference trajectories while fulfilling operating constraints, and possibly take into account previous qualitative knowledge in the form of heuristic rules. Due to the presence of integer variables, the resulting on-line optimization procedures are solved through mixed integer quadratic programming (MIQP), for which efficient solvers have been recently developed. Some examples and a simulation case study on a complex gas supply system are reported.

Benosman, M, Liao, F, Lum, KY and Wang, JL 2009 'Nonlinear control allocation for non-minimum phase systems,' *IEEE Trans. on Automatic Control*, **17**, 394 - 404.

In this brief, we propose a control allocation method for a particular class of uncertain over-actuated affine nonlinear systems, with unstable internal dynamics. Dynamic inversion technique is used for the commanded output to track a smooth output reference trajectory. The corresponding control allocation law has to guarantee the boundedness of the states, including the internal dynamics, and satisfy control constraints. The proposed method is based on a Lyapunov design approach with finite-time convergence to a given invariant set. The derived control allocation is in the form of a dynamic update law which, together with a sliding mode control law, guarantees boundedness of the output tracking error as well as of the internal dynamics. The effectiveness of the control law is tested on a numerical model of the non-minimum phase planar vertical take-off and landing (PVTOL) system.

Bodson, M 2002 'Evaluation of optimization methods for control allocation,' *AIAA J. Guidance, Control, and Dynamics*, **25** (4), 703 - 711.

The performance and computational requirements of optimization methods for control allocation are evaluated. Two control allocation problems are formulated: a direct allocation method that preserves the directionality of the moment and a mixed optimization method that minimizes the error between the desired and the achieved moments as well as the control effort. The constrained optimization problems are transformed into linear programs so that they can be solved using well-tried linear programming techniques such as the simplex algorithm. A variety of techniques that can be applied for the solution of the control allocation problem in order to accelerate computations are discussed. Performance and computational requirements are evaluated using aircraft models with different numbers of actuators and with different properties. In addition to the two optimization methods, three algorithms with low computational requirements are also implemented for comparison: a redistributed pseudoinverse technique, a quadratic programming algorithm, and a fixed-point method. The major conclusion is that constrained optimization can be performed with computational requirements that fall within an order of magnitude of those of simpler methods. The performance gains of optimization methods, measured in terms of the error between the desired and achieved moments, are found to be small on the average but sometimes significant. A variety of issues that affect the implementation of the various algorithms in a flight-control system are discussed.

Bodson, M and Frost, SA 2011 'Load balancing in control allocation,' *AIAA J. Guidance, Control, and Dynamics*, **34** (2), 380 - 387.

Next-generation aircraft with a large number of actuators will require advanced control allocation methods to compute the actuator commands needed to follow desired trajectories while respecting system constraints. Previously, algorithms were proposed to minimize the ℓ_1 or ℓ_2 norms of the tracking error and of the actuator deflections. This paper discusses the alternative choice of the ℓ_1 norm, or the ℓ_∞ norm. Minimization of the control effort translates into the minimization of the maximum actuator deflection (minmax optimization). This paper shows how the problem can be solved effectively by converting it into a linear program and solving it using a simplex algorithm. Properties of the algorithm are also investigated through examples. In particular, the minmax criterion results in a type of load balancing, where the load is the desired command and the algorithm balances this load among various actuators. The solution using the ℓ_1 norm also results in better robustness to failures and lower sensitivity to nonlinearities in illustrative examples. This paper also discusses the extension of the results to a normalized ℓ_1 norm, where the norm of the actuator deflections are scaled by the actuator limits. Minimization of the control effort then translates into the minimization of the maximum actuator deflection as a percentage of its range of motion.

Bodson, Mand Pohlchuck, E 1998 'Command limiting in reconfigurable flight control,' *AIAA J. Guidance, Control, and Dynamics*, **21** (4), 639 - 646.

Limits on the motion and on the rate of motion of the actuators driving the control surfaces of aircraft significantly affect the performance of flight control systems. After a failure or damage to the aircraft, the constraints become even more restrictive because of the loss of control power. There is also often an increase in cross couplings between the axes and, for a period of time, a significant uncertainty about the moments generated by the individual control surfaces. A model reference adaptive control algorithm is considered for flight control reconfiguration. The tracking performance of the algorithm deteriorates drastically for large maneuvers if actuator saturation is not accounted for. Four methods of command limiting are proposed to handle the problem, which are based on a scaling of the control inputs, a relaxation of the control requirements, a scaling of the reference inputs, and a least-squares approximation of the commanded accelerations. Simulations demonstrate the effectiveness of the algorithms in the reconfigurable flight control application. Even the simplest method is found to considerably improve the responses, and, surprisingly, the performance of all four methods is similar despite their widely different concepts and complexity levels. In some cases, degraded transient responses are observed, which are attributed to the uncertainty in the aircraft parameters following a failure.

Bolender, M 2004 'Nonlinear control allocation using piecewise linear functions,' *AIAA J. Guidance, Control, and Dynamics*, **27** (6), 1017-1027.

A novel method is presented for the solution of the control allocation problem where the control variable rates or moments are nonlinear functions of control position. Historically, control allocation has been performed under the assumption that a linear relationship exists between the control induced moments and the control effector displacements. However, aerodynamic databases are discrete valued and almost always stored in multidimensional lookup tables, where it is assumed that the data are connected by piecewise linear functions. The approach that is presented utilizes this piecewise linear assumption for the control effector moment data. This assumption allows the control allocation problem to be cast as a piecewise linear program that can account for nonlinearities in the moment/effector relationships, as well as to enforce position constraints on the effectors. The piecewise linear program is then recast as a mixed-integer linear program. It is shown that this formulation accurately solves the control allocation problem when compared to the aerodynamic model. It is shown that the control effector commands for a reentry vehicle by the use of the piecewise linear control allocation method are markedly improved when compared to the performance of more traditional control allocation approaches that use a linear relationship between the control moments and the effectors. The technique is also applied to determine those flight conditions (angle of attack and Mach number) at which the reentry vehicle can be trimmed for the purpose of providing constraint estimates to trajectory reshaping algorithms.

Bolling, JG 1997 *Implementation of Constrained Control Allocation Techniques using an Aerodynamic Model of an F-15 Aircraft*, MS Thesis, Virginia Polytechnic Institute & State University.

Control allocation as it pertains to aerospace vehicles, describes the way in which control surfaces on the outside of an aircraft are deflected when the pilot moves the control stick inside the cockpit. Previously, control allocation was performed by a series of cables and push rods, which connected the 3 classical control surfaces (ailerons, elevators, and rudder), to the 3 cockpit controls (longitudinal stick, lateral stick, and rudder pedals). In modern tactical aircraft however, it is not uncommon to find as many as 10 or more control surfaces which, instead of being moved by mechanical linkages, are connected together by complex electrical and/or hydraulic circuits. Because of the large number of effectors, there can no longer be a one-to-one correspondence between surface deflections on the outside of the cockpit to pilot controls on the inside. In addition, these exterior control surfaces have limits which restrict the distance that they can move as well as the speed at at which they can move. The purpose of Constrained Control Allocation is to deflect the numerous control surfaces in response to pilot commands in the most efficient combinations, while keeping in mind that they can only move so far and so fast. The implementation issues of Constrained Control Allocation techniques are discussed, and an aerodynamic model of a highly modified F-15 aircraft is used to demonstrate the various aspects of Constrained Control Allocation.

Bordignon, KA 1996 *Constrained Control Allocation for Systems with Redundant Control Effectors*, PhD Thesis, Virginia Polytechnic Institute & State University.

Control allocation is examined for linear time-invariant problems that have more controls than degrees of freedom. The controls are part of a physical system and are subject to limits on their maximum positions. Acontrol allocation scheme commands control deflections in response to some desired output. The ability of a control allocation scheme to produce the desired output without violating the physical position constraints is used to compare allocation schemes.

Methods are developed for computing the range of output for which a given scheme will allocate admissible controls. This range of output is expressed as a volume in the n- dimensional output space. The allocation schemes which are detailed include traditional allocation methods such as Generalized Inverse solutions as well as more recently developed methods such as Daisy Chaining, Cascading Generalized Inverses, Null-Space Intersection methods, and Direct Allocation.

Non-linear time-varying problems are analyzed and a method of control allocation is developed that uses Direct Allocation applied to locally linear problems to allocate the controls. This method allocates controls that do not violate the position limits or the rate limits for all the desired outputs that the controls are capable of producing. The errors produced by the non-linearities are examined and compared with the errors produced by globally linear methods.

The ability to use the redundancy of the controls to optimize some function of the controls is explored and detailed. Additionally, a method to reconfigure the controls in the event of a control failure is described and examined. Detailed examples are included throughout, primarily applying the control allocation methods to an F-18 fighter with seven independent moment generators controlling three independent moments and the F-18 High Angle of Attack Research Vehicle (HARV) with ten independent moment generators.

Bordignon, K and Bessolo, J 2002 'Control allocation for the X-35B,' AIAA 2002 - 6020, in 2002 *Biennial International Powered Lift Conference and Exhibit*, 5-7 *November* 2002, *Williamsburg*, *Virginia*.

This paper discusses the methodology and algorithms used for control allocation on the Short Take-Off and Vertical Landing (STOVL) variant of Lockheed Martins Joint Strike Fighter (the X-35B). Control allocation for STOVL vehicles is particularly challenging due to the stringent performance requirements for safe, low-speed flight and the combined use of both aerodynamic and propulsive control effectors. The numerous control effectors' capabilities are a function of many variables including flight condition and engine power setting. To meet these challenging requirements, the X-35B control laws used a control allocation methodology that included a cascaded generalized inverse algorithm, and an onboard model of the aircraft aerodynamic and propulsive characteristics and control effectiveness. To improve the safety and reliability of the vehicle, the methodology needed the ability to handle effector failure scenarios and to avoid structural coupling. The topics covered include: 1) handling of redundant effectors; 2) effector redistribution in the presence of effector limits (position limits and rate limits); 3) effector redistribution in the presence of gain limiting; 4) failure accommodation; and 5) Onboard Model characteristics.

Bordignon, KA and Durham, W 1995 'Closed-form solutions to constrained control allocation problem,' *AIAA J. Guidance, Control, and Dynamics*, **18** (5), 1000 - 1007.

This paper describes the results of recent research into the problem of allocating several flight control effectors to generate moments acting on a flight vehicle. The results focus on the use of various generalized inverse solutions and a hybrid solution utilizing daisy chaining. In this analysis, the number of controls is greater than the number of moments being controlled, and the ranges of the controls are constrained to certain limits. The control effectors are assumed to be individually linear in their effects throughout their ranges of motion and independent of one another in their effects. A standard of comparison is developed based on the volume of moments or moment coefficients a given method can yield using admissible control deflections. Details of the calculation of the various volumes are presented. Results are presented for a sample problem involving 10 flight control effectors. The effectivenesses of the various allocation schemes are contrasted during an aggressive roll about the velocity vector at low dynamic pressure. The performance of three specially derived generalized inverses, a daisy-chaining solution, and direct control allocation are compared.

Buffington, JM 1997 'Tailless Aircraft Control Allocation' WL-TM-97-3060 Flight Dynamics Directorate, Wright Laboratory WPAFB, Ohio.

This paper presents a flight controller for a tailless aircraft with a large suite of conventional and unconventional control effectors. The controller structure is modular to take advantages of individual technologies from the areas of plant parameter estimation, control allocation, and robust feedback control. Linear models generated off-line provide plant parameter estimates for control. Dynamic inversion control provides direct satisfaction of flying qualities requirements in the presence of uncertainties. The focus of this paper, however, is control allocation. Control allocation is posed as constrained parameter optimization to minimize an objective that is a function of the control surface deflections. The control law is decomposed into a sequence of prioritized partitions, and additional optimization variables scale the control partitions to provide optimal command limiting which prevent actuator saturation. Analysis shows that appropriate prioritization of dynamic inversion control laws provides graceful command and loop response degradation for unachievable commands. Preliminary simulation results show that command variable response remains decoupled for achievable commands while other command limiting methods may result in unacceptable coupled response.

Buffington, J 1999 'Modular Control Law Design for the Innovative Control Effectors (ICE) Tailless Fighter Aircraft Configuration 101-3' US Air Force Research Lab. Report AFRL-VA-WPTR-1999 - 3057, Wright-Patterson AFB, Ohio.

A modular flight control system is developed for a tailless fighter aircraft with innovative control effectors. Dynamic inversion control synthesis is used to develop a full envelope flight control law. Minor dynamic inversion command variable revisions are required due to the tailless nature of the configuration studied to achieve nominal stability and performance. Structured singular value and simulation analysis shows that robust stability is achieved and robust performance is slightly deficient due to modeling errors. A multi-branch linear programming-based method is developed and used for allocation of redundant limited control effectors.

Buffington, JM and Enns, DF 1996 'Lyapunov stability analysis of daisy chain control allocation,' *AIAA J. Guidance, Control, and Dynamics*, **19** (6), 1226 - 1230.

A demonstration that feedback control of systems with redundant controls can be reduced to feedback control of systems without redundant controls and control allocation is presented. It is shown that control allocation can introduce unstable zero dynamics into the system, which is important if input/output inversion control techniques are utilized. The daisy chain control allocation technique for systems with redundant groups of controls is also presented. Sufficient conditions are given to ensure that the daisy chain control allocation does not introduce unstable zero dynamics into the system. Aircraft flight control examples are given to demonstrate the derived results.

Buffington, JM, Enns, DF, and Teel, AR 1998 'Control allocation and zero dynamics,' *AIAA J. Guidance, Control, and Dynamics*, **21** (3), 458-464.

Closed-loop stability for dynamic inversion controllers depends on the stability of the zero dynamics. The zero dynamics, however, depend on a generally nonlinear control allocation function that optimally distributes redundant controls. Therefore, closed-loop stability depends on the control allocation function. A sufficient condition is provided for globally asymptotically stable zero dynamics with a class of admissible nonlinear control allocation functions. It is shown that many common control allocation functions belong to the class of functions that are covered by the aforementioned zero dynamics stability condition. Aircraft flight control examples are given to demonstrate the utility of the results.

Buffington, J, Chandler, P, and Pachter, M 1999 'On-line system identification for aircraft with distributed control effectors,' *Int. J. Robust Nonlinear Control*, **9**, 1033-1049

An algorithm is presented for the identification of aircraft stability derivatives and distributed control derivatives, in real time. Feedback control correlates the effectors' displacement with theaerodynamic angles, while the most commonly used control allocation algorithms correlate the effectors. The result is that valid derivative estimation is not possible. This paper addresses the effector identification problem by including decorrelating excitation into the control allocation cost function while still satisfying the desired control moment, and therefore does not introduce any residual perturbations into the motion variables. A two-step identification algorithm is used where the stability derivative and a generalized control derivative are identified in the first step. Results are shown for a stability axis roll maneuver with the stability and control derivatives being identified for five differential lateral directional effectors.

Burken, JJ, Lu, P, Wu, Z and Bahm, C 2001 'Two reconfigurable flight control design methods: robust servomechanisms and control allocation,'

AIAA J. Guidance, Control, and Dynamics, **24** (3), 482 – 493.

Two methods are discussed for design of reconfigurable flight-control systems when one or more control surfaces are jammed. The first is a robust servomechanism control approach, which is a generalization of the classical proportional-plus-integral control to multi-input/multi-output systems. The second proposed method is a control allocation approach based on a quadratic programming formulation. The formulation is formally analyzed, and a globally convergent fixed-point iteration algorithm is used to make onboard implementation of this method feasible. The two methods are applied to reconfigurable entry flight control design for the X-33 vehicle. Nonlinear six-degree-of-freedom simulations demonstrate simultaneous tracking of angle-of-attack and roll-angle commands during control surface failures. The control-allocationmethod appears to offer more uniform and good performance at the expense of modestly higher computation requirement.

Cadzow, JA 1971 'Algorithm for the minimum-effort problem,' *IEEE Trans. on Automatic Control*, **16** (1), 60 – 63.

Give a consistent set of m linear equations in n unknown variables, a minimum-effort solution is defined to be a solution of that set of equations whose maximum component's magnitude is the smallest possible. An algorithmic procedure for obtaining a minimum-effort solution is developed. Its development is based on the duality principle from functional analysis. Possible applications of such an algorithm for typical digital control problems is presented in the introductory section. In such situations, it is frequently desirable to effect a given control task while using minimum control amplitude.

Cadzow, JA 1973 'A finite algorithm for the minimum ℓ_∞ solution to a system of consistent linear equations,' *SIAM J. Numerical Analysis*, **10** (4), 607 –617.

A column exchange algorithm is presented for the determination of a minimum ℓ_∞ solution to a system of consistent linear equations. The algorithm is based on first solving the associated dual problem as specified by a well-known theorem from functional analysis and then generating the required solution by means of an alignment criterion. The procedure has been shown to have a rapid speed of convergence on all examples treated to date.

Cadzow, JA 1974 'An efficient algorithmic procedure for obtaining a minimum

ℓ_{∞}-norm solution to a system of consistent linear equations,' *SIAM J. Numerical Analysis*, **11** (6), 1151 - 1165.

Herein is described an algorithmic procedure for determining a minimum l_{∞}-norm solution to the system of consistent linear equations [$Ax = y$,] where A is a $m \times n$ matrix of rank m, y is a known $m \times 1$ vector and x is an unknown $n \times 1$ vector. The algorithm's development is based on some fundamental concepts from functional analysis. Its computational efficiency is shown to easily exceed that of the linear programming formulization of the same problem.

Casavola, A and Garone, E 2010 'Fault-tolerant adaptive control allocation schemes for overactuated systems,' *Int. J. Robust and Nonlinear Control*, **20**, 1958 - 1980.

This paper presents a fault-tolerant adaptive control allocation scheme for overactuated systems subject to loss of effectiveness actuator faults. The main idea is to use an 'ad hoc' online parameters estimator, coupled with a control allocation algorithm, in order to perform online control reconfiguration whenever necessary. Time-windowed and recursive versions of the algorithm are proposed for nonlinear discrete-time systems and their properties analyzed. Two final examples have been considered to show the effectiveness of the proposed scheme. The first considers a simple linear system with redundant actuators and it is mainly used to exemplify the main properties and potentialities of the scheme. In the second, a realistic marine vessel scenario under propeller and thruster faults is treated in full details.

Cui, L and Yang, Y 2011 'Disturbance rejection and robust least-squares control allocation in flight control system,' *AIAA J. Guidance, Control, and Dynamics*, **34** (6), 1632 - 1643.

The problem of disturbance rejection and control allocation with an uncertain control effectiveness matrix is investigated in this paper for a flight control system. An $\mathcal{H}_2/\mathcal{H}_{\infty}$ feedback controller is designed to produce the three axis moments and simultaneously suppress disturbance noise. A feedforward controller is used to track the reference signals. Under the condition of uncertainty included in the control effectiveness matrix, a robust least-squares scheme is employed to deal with the problem of distributing the three axis moments to the corresponding control surfaces. The proposed robust least-squares control allocation is studied for both unstructured and structured uncertainties. To illustrate the effectiveness of the proposed scheme, a simulation for an experimental satellite launch vehicle model is conducted. Comparisons of robust least-squares control allocation and pseudoinverse control allocation are presented. Results show that a disturbance is rejected and robust least-squares control allocation is effectively robust to uncertain control effectiveness matrix.

Doman, DB and Ngo, AD 2002 'Dynamic inversion-based adaptive/reconfigurable control of the X-33 on ascent,' *AIAA J. Guidance, Control, and Dynamics*, **25** (2), 275 - 284.

A quaternion-based attitude control system is developed for the X-33 in the ascent flight phase. A nonlinear control law commands body-axis rotation rates that align the angular velocity vector with an Euler axis defining the axis of rotation that will rotate the body-axis system into a desired-axis system. The magnitudes of the commanded body rates are determined by the magnitude of the rotation error. The commanded body rates form the input to a dynamic inversion-based adaptive/reconfigurable control law. The indirect adaptive control portion of the control law uses online system identification to estimate the current control effectiveness matrix to update a control allocation module. The control allocation nominally operates in a minimum deflection mode; however, if a fault is detected, it can operate in a null-space injection mode that excites and decorrelates the effectors without degrading the vehicle response to enable online system identification. The overall system is designed to provide fault and damage tolerance for the X-33 on ascent. The baseline control law is based on a full envelope design philosophy and eliminates trajectory-dependent gain scheduling that is typically found on this type of vehicle. Results are shown to demonstrate the feasibility of the approach.

Doman, DB, Gamble, BJ, and Ngo, AD 2009 'Quantized control allocation of reaction control jets and aerodynamic control surfaces,' *AIAA J. Guidance, Control, and Dynamics*, **32** (1), 13 - 24.

A mixed-integer linear programming approach to mixing continuous and pulsed control effectors is proposed. The method is aimed at applications involving reentry vehicles that are transitioning from exoatmospheric flight to endoatmospheric flight. In this flight phase, aerodynamic surfaces are weak and easily saturated, and vehicles typically rely on pulsed reaction control jets for attitude control. Control laws for these jets have historically been designed using single-axis phase-plane analysis, which has proven to be sufficient for many applications where multi-axis coupling is insignificant and when failures have not been encountered. Here, we propose using a mixed-integer linear programming technique to blend continuous control effectors and pulsed jets to generate moments commanded by linear or nonlinear control laws. When coupled with fault detection and isolation logic, the control effectors can be reconfigured to minimize the impact of control effector failures or damage. When the continuous effectors can provide the desired moments, standard linear programming methods can be used to mix the effectors; however, when the pulsed effectors must be used to augment the aerodynamic surfaces, mixed-integer linear programming techniques are used to determine the optimal combination of jets to fire. The reaction jet control allocator acts as a nonuniform quantizer that applies a moment vector to the vehicle, which approximates the desired moment generated by a continuous control law. Lyapunov theory is applied to develop a method for determining the region of attraction associated with a quantized vehicle attitude control system.

Doman, DB, Oppenheimer, MW, and Rone, W 2015 'Selective self-locking actuator and control allocation approach for thermal load minimization,' *AIAA J. Guidance, Control, and Dynamics*, **38** (6), 1110-1117.

The management of heat and energy on military aircraft has become increasingly challenging due to the proliferation of onboard sensors, electronics, and weapons systems. The problem has been compounded by a reduction in the ability of aircraft to dissipate waste thermal energy to the atmosphere as manufacturers have transitioned from structures composed of high-conductivity metals to low-conductivity composites [reference cited]. Future military aircraft may also be subjected to large transient thermal loads produced by onboard directed-energy weapons, which will further increase the challenge [references cited]. Aircraft actuation systems are also contributing more to thermal loads as systems have moved from centralized hydraulic systems to decentralized electrohydrostatic actuator systems or electromechanical actuators (EMAs) [reference cited]. With a myriad of internal heat sources and the reduced capacity to dissipate heat, it is important to study methods for addressing aircraft thermal management. Research in this area has been divided into two primary categories, namely, detailed modeling of the thermal behavior of the aircraft [references cited], and the development of more efficient mechanisms for removing waste thermal energy from the aircraft [reference cited]. In this exposition, a new EMA concept and control strategy is proposed that minimizes thermal loads produced by a flight control system and its actuator suite. The waste thermal energy produced by EMAs equipped with selflocking (SL), back-drivable (BD), and selectively self-locking (SSL) power screws is compared when paired with two different control allocation strategies. The results show that an SSL EMA coupled with a minimum motion control allocation preference vector can significantly reduce waste thermal energy generated by EMAs during cruise and nonaggressive maneuvering. However, under aggressive maneuvers, the benefit of using an SSL EMA is significantly reduced because the electrical power required to overcome control surface inertial loads dwarfs the power required to hold steady aerodynamic loads. Thus, the reduction in waste thermal energy due to the load holding capacity of the SSL EMA is a much smaller percentage of the total waste thermal energy. Nevertheless, aircraft typically fly aggressive maneuvers for only a small fraction of the time that they operate, and the cumulative savings in waste thermal energy achieved by using an SSL actuator and a thermal load-minimizing control allocation strategy can be significant over the course of an entire flight.

Durham, W 1993 'Constrained control allocation,' *AIAA J. Guidance, Control, and Dynamics*, **16** (4), 717 - 725.

This paper addresses the problem of the allocation of several airplane flight controls to the generation of specified body-axismoments. The number of controls is greater than the number of moments being controlled, and the ranges of the controls are constrained to certain limits. They are assumed to be individually linear in their effect throughout their ranges of motion and independent of one another in their effects. The geometries of the subset of the constrained controls and of its image in moment space are examined. A direct method of allocating these several controls is presented that guarantees the maximum possible moment can be generated within the constraints of the controls. It is shown that no single generalized inverse can yield these maximum moments everywhere without violating some control constraint. A method is presented for the determination of a generalized inverse that satisfies given specifications which are arbitrary but restricted in number. We then pose and solve a minimization problem that yields the generalized inverse that best approximates the exact solutions. The results are illustrated at each step by an example problem involving three controls and two moments.

Durham, W 1994a 'Constrained control allocation: Three-moment problem,' *AIAA J. Guidance, Control, and Dynamics*, **17** (2), 330–336.

This paper presents a method for the solution of the constrained control allocation problem for the case of three moments. The control allocation problem is to find the 'best' combination of several flight control effectors for the generation of specified body-axismoments. The number of controls is greater than the number of moments being controlled, and the ranges of the controls are constrained to certain limits. The controls are assumed to be individually linear in their effect throughout their ranges of motion and complete in the sense that they generate moments in arbitrary combinations. The best combination of controls is taken to be an apportioning of the controls that yields the greatest total moment in a specified ratio of moments without exceeding any control constraint. The method of solving the allocation problem is presented as an algorithm and is demonstrated for a problem of seven aerodynamic controls on an F-18 airplane.

Durham, W 1994b 'Attainable moments for the constrained control allocation problem,' *AIAA J. Guidance, Control, and Dynamics*, **17** (6), 1371–1373.

Modern tactical aircraft are being designed with many more than the classical three sets of control effectors (ailerons, elevator, and rudder). The next generation of highly maneuverable airplanes are projected to have as many as 20 primary flight control effectors. These controls will all be constrained to certain limits, determined by the physical geometry of the control actuators or in some cases by aerodynamic considerations. The effective allocation, or blending, of these controls to achieve specific objectives is the control allocation problem. The geometry of the constrained control allocation problem was developed in [references cited] we described a means of determining the subset of attainable moments, yielding a description of the boundary that contained the necessary information for the determination of controls in the allocation problem. The method presented in [reference cited], although offering the advantage of generality, was admittedly complicated and difficult to implement. For the control allocation problems of particular interest, such generality is not required, and a simpler method of determining the attainable moment subset is available. That method is the subject of this Note. The problem statement and nomenclature used in this note may be found in [references cited].

Durham, W 1995 'Control stick logic in high-angle-of-attack maneuvering,' *AIAA J. Guidance, Control, and Dynamics*, **18** (5), 1092 - 1097.

The relationships between pilot control stick inputs and control effector deflections are examined. Specifically, we address multiply redundant control effector arrangements and command-driven control laws. During high-angle-of-attack, low-dynamic-pressure maneuvering, there is both a control power and control coordination problem. Control effector deflections are not one to one with pilot inputs, and the maximum capabilities of effectors to respond to pilot inputs varies dynamically with the state of the airplane. The problem is analyzed in the context of a generic control law that continuously regulates sideslip. A means is presented to relate the fixed control effector limits to the dynamically varying control response limits. This information may be used to re-establish the one-to-one correspondence of pilot inputs to control capabilities.

Durham, W 1996 'Dynamic inversion and model-following control' AIAA Paper 96 - 3690 in *AIAA Guidance, Navigation and Control Conference*.

The similarities and differences of dynamic inversion control and model-following control laws are examined. For the forms of these control laws assumed in this paper it is shown that dynamic inversion may be considered a special case of model-following. For any given dynamic inversion control law there is a model-following control law that achieves exactly the same response and therefore is in every way equivalent to it. This same model-following control law may be modified in its error dynamics without changing the desired response implied by the dynamic inversion law. The modification in error dynamics may be used to improve the tracking of the desired response in the presence of modeling errors.

Durham, W 1997 'Minimum drag control allocation,' *AIAA J. Guidance, Control, and Dynamics*, **20** (1), 190 - 193.

In [reference cited], we described a method of control allocation based on the instantaneous rate limits of the control effectors. The chief drawback to this method was the fact that the current positions were dependent on the path (in moment space) followed and would generally result in nonzero deflections in response to zero moment demands. The problem was alleviated by continuously applying unused rate capabilities to drive the solution toward one with the desired characteristics via the null space of the control effectiveness matrix.

We have long advocated the idea of including forces as well as moments in the effects of the controls that would, among other benefits, permit the determination of minimum control generated drag during cruise or maneuvering. Thus, to include just drag, we have not the three-dimensional attainable moment subset (ΔAMS), but the four-dimensional attainable objective subset (ΔAOS), whose coordinates are the three moments plus drag. The moments required of the control effectors are determined by the control law and may be considered to be specified. Because we are in the ΔAOS we actually calculate specified changes in desired moments. The actual change in drag, however, is not specified but is to be chosen as the greatest negative change attainable. Thus, the allocation problem is not to find controls that generate four specified objectives, but that generate three of those objectives and minimize the fourth.

Durham, W 1999 'Efficient, near-optimal control allocation' *AIAA J. Guidance, Control, and Dynamics*, **22** (2), 369-372.

We address the problem of allocating several redundant control effectors in the generation of specified body-axis moments. The effectors are constrained by position limits and are assumed to be linear in their effectiveness. The optimal solution to this problem in terms of generating maximum attainable moments for admissible controls was previously addressed in [references cited]. The computational complexity of the algorithm developed in [reference cited] to obtain such solutions is proportional to the square of the number of controls, which could become problematic in real-time applications. Other methods that generate solutions for maximum attainable moments, e.g., null space intersections [references cited] are even more computationally complex. This Note describes a computationally simple and efficient method to obtain near-optimal solutions. The method is based on prior knowledge of the controls' effectiveness and limits and on precalculation of several generalized inverses based on those data.

Durham, W 2001 'Computationally efficient control allocation' *AIAA J. Guidance, Control, and Dynamics*, **24** (3), 519-524.

The details of a computationally efficient method for calculating near-optimal solutions to the three-objective, linear, control-allocation problem are described. The control-allocation problem is that of distributing the effort of redundant control effectors to achieve some desired set of objectives. The optimal solution is that which exploits the collective maximum capability of the effectors within their individual physical limits. Computational efficiency is measured by the number of floating-point operations required for solution. The method presented returned optimal solutions in more than 90% of the cases examined; nonoptimal solutions returned by the method were typically much less than 1% different from optimal. The computational requirements of the method presented varied linearly with increasing numbers of controls and were much lower than those of previously described facet-searching methods, which increase in proportion to the square of the number of controls.

Durham, W 2013 *Aircraft Flight Dynamics and Control* 1st edn. John Wiley & Sons.

Aircraft flight dynamics and control, including numerical examples of dynamic inversion and control allocation.

Durham, W and Bordignon, K 1996 'Multiple control effector rate limiting,' *AIAA J. Guidance, Control, and Dynamics*, **19** (1), 30 - 37.

The effect of the choice of control allocation scheme upon individual control effector rate demands is examined. Three previously reported and one new variation of control allocation schemes are described and compared. The new allocation scheme exploits the maximum attainable moment rates of a given control effector configuration and is called moment-rate allocation. The bases of comparison are single-axis sinusoidal and triangular sawtooth, and multiaxis helical time-varying moment demands placed upon the allocation schemes. It is shown that 1) the choice of allocation scheme greatly affects the onset of effective rate limiting for a particular time-varying input but not consistently for all inputs; 2) widely varying results are obtained depending on whether the input is single or multiaxis and on the amplitude and shape of the input; 3) none of the observed behavior (except as regards generalized inverses) was easily predictable for arbitrary time-varying inputs; and 4) from the point of view of moment and moment-rate generating capabilities, moment-rate allocation clearly yielded best results.

Feemster, MG and Esposito, JM 2011 'Comprehensive framework for tracking control and thrust allocation for a highly overactuated autonomous surface vessel,' *J. Field Robotics*, **28**, 80 - 100.

In this paper, we present a comprehensive trajectory tracking framework for cooperative manipulation scenarios involving marine surface ships. Our experimental platform is a small boat equipped with six thrusters, but the technique presented here can be applied to a multi-ship manipulation scenario such as a group of autonomous tugboats transporting a disabled ship or unactuated barge. The primary challenges of this undertaking are: (1) the actuators are unidirectional and experience saturation; (2) the hydrodynamics of the system are difficult to characterize; and (3) obtaining acceptable performance under field conditions (i. e. , GPS errors, wind, waves, etc) is arduous.

To address these issues, we present a frame work that includes trajectory generation, tracking control, and force allocation that, despite actuator limitations, results in asymptotically convergent trajectory tracking. In addition, the controller employs an adaptive feedback law to compensate for unknown difficult to measure hydrodynamic parameters. Field trials are conducted utilizing a 3 meter vessel in a nearby creek.

Frost, SA, Bodson, M, Burken, JJ, Jutte, CV, Taylor, BR, and Trinh, KV 'Flight control with optimal control allocation incorporating structural load feedback,' *J. Aerospace Information Systems*, **12**, 825 - 834.

Advances in sensors and avionics computation power suggest real-time structural load measurements could be used in flight control systems for improved safety and performance. A conventional transport flight control system determines the moments necessary to meet the pilots command while rejecting disturbances and maintaining stability of the aircraft. Control allocation is the problem of converting these desired moments into control effector commands. In this paper, a framework is proposed to incorporate real-time structural load feedback and structural load constraints in the control allocator. Constrained optimal control allocation can be used to achieve desired moments without exceeding specified limits on monitored load points. Furthermore, certain criteria can be minimized, such as loads on certain parts of the aircraft. Flight safety issues can be addressed by using system health monitoring information to change control allocation constraints during flight.

The framework to incorporate structural loads in the flight control system and an optimal control allocation algorithm are described and demonstrated on a nonlinear simulation of a generic transport aircraft with flight dynamics and static structural loads.

Gaulocher, SL, Roos, C, and Cumer, C 2007 'Aircraft load alleviation during maneuvers using optimal control surface combinations,' *AIAA J. Guidance, Control, and Dynamics*, **30** (2), 591 - 600.

Control laws in aeronautics are designed to ensure, above all, good handling qualities. However, during extreme maneuvers, which have to be taken into account for aircraft certification, a number of critical structural load limits cannot be guaranteed by this baseline controller. To avoid some modifications of the control law, a solution consists of judiciously exploiting the redundancy of the control surfaces. The aim of this paper is first to find an optimal strategy of the control surface use, which leaves the initial flight behavior unmodified but alleviates a structural load during a selected maneuver. Model predictive control theory solves this offline control allocation problem under actuator saturation constraints. In addition, an identification procedure is proposed to synthesize a new mixing unit that can reproduce this optimal strategy. This methodology is applied to a flexible transport aircraft to alleviate the bending moment at the external wing during a sudden and strong roll maneuver.

Glaze, ML 1998 *The Design and Implementation of a GUI-based Control Allocation Toolbox in the MATLAB® Environment*. MS Thesis, Virginia Polytechnic Institute & State University.

One of the primary considerations in control system design is positioning the control effectors to achieve some desired effect. In the case of aerospace vehicles, the desired effect is the generation of body-axis moments (i. e. , roll, pitch, yaw) in response to pilot inputs. Classically, an aircraft was assumed to have three primary control effectors, each responsible for independently controlling one of the three rotational degrees of freedom; the ailerons for roll, the rudder for yaw, and the elevator for pitch. Modern aircraft, however, often utilize these classical effectors in combination with one or more advanced effectors, e. g. , flaps, canards, and thrust vectoring, to control the same types of rotational motion. Tactical aircraft provide relevant examples; the F-15 ACTIVE operates with 12 effectors, the F-18

HARV with ten, and the F-16 with five independent control effectors.

The addition of advanced, redundant control effectors, though offering increased aircraft maneuverability, inherently increases the complexity of control system design. In mathematical terms, most modern aircraft are represented as under-determined systems because there are more unknowns (i. e. , control effectors) than there are equations (i. e. , rotational degrees of freedom). Unlike the uniquely determined classical system, the under-determined system has an infinite number of possible solutions; for the case considered here, there exist an infinite number of possible control configurations for the same set of desired moments. With so many possible combinations, there is no longer an obvious answer to the question of how to allocate controls in response to prescribed demands. To effectively address the problem of managing multiple, redundant control effectors, a control allocator is introduced to the system. Generally speaking, control allocation is considered as any method that can be used to determine how the controls of a system should be positioned to achieve some desired effect. As discussed in [reference cited], a diverse group of allocation methods exist, from the straightforward direct allocation scheme, to the daisy chaining approach, to the computationally simple generalized inverse algorithms. Each algorithm has advantages and disadvantages with respect to others; it is the designer who determines which is the most suitable in a given situation.

In the interest of determining 'optimal' performance, control allocation has been the subject of much research in the past, and is the foundation for the work presented in this thesis. Unlike previous theoretical research in this area, however, the main focus here is the comparative value of the allocation results in assessing 'optimal' method performance.

Grogan, RL 1994 *A Thesis on the Application of Neural Network Computing to the Constrained Flight Control Allocation Problem*. MS Thesis, Virginia Polytechnic Institute & State University.

The feasibility of utilizing a neural network to solve the constrained flight control allocation problem is investigated for the purposes of developing guidelines for the selection of a neural network structure as a function of the control allocation problem parameters. The control allocation problem of finding the combination of several flight controls that generate a desired body axis moment without violating any control constraint is considered. Since the number of controls, which are assumed to be individually linear and constrained to specified ranges, is in general greater than the number of moments being controlled, the problem is nontrivial. Parallel investigations in direct and generalized inverse solutions have yielded a software tool (namely CAT, for Control Allocation Toolbox) to provide neural network training, testing, and comparison data. A modified back propagation neural network architecture is utilized to train a neural network to emulate the direct allocation scheme implemented in CAT, which is optimal in terms of having the ability to attain all possible moments with respect to a given control surface configuration. Experimentally verified heuristic arguments are employed to develop guidelines for the selection of neural network configuration and parameters with respect to a general control allocation problem. The control allocation problem is shown to be well suited for a neural network solution. Specifically, a six hidden neuron neural network is shown to have the ability to train efficiently, form an effective neural network representation of the subset of attainable moments, and independently discover the internal relationships between moments and controls. The performance of the neural network control allocator, trained on the basis of the developed guidelines, is examined for the reallocation of a seven control surface configuration representative of the F/A-18 HARV in a test maneuver flown using the original control laws of an existing flight simulator. The trained neural network is found to have good overall generalization performance, although limitations arise from the ability to obtain the resolution of the direct allocation scheme at low moment requirements. Lastly, recommendations offered include: (1) a proposed application to other unwieldy control allocation algorithms, with possible accounting for control actuator rate limitations, so that the computational superiority of the neural network could be fully realized; and (2) the exploitation of the adaptive aspects of neural network computing.

Hanger, MB 2011 *Model Predictive Control Allocation*, MS Thesis, Norwegian University of Science and Technology, Department of Engineering Cybernetics.

This thesis develops a control allocation method based on the Model Predictive Control algorithm, to be used on a missile in flight. The resulting Model Predictive Control Allocation (MPCA) method is able to account for actuator constraints and dynamics, setting it aside from most classical methods. A new effector configuration containing two groups of actuators with different dynamic authorities is also proposed. Using this configuration, the MPCA method is compared to the classical methods linear programming and redistributed pseudoinverse in various flight scenarios, highlighting performance differences as well as emphasizing applications of the MPCA method. It is found to be superior to the two classical methods in terms of tracking performance and total cost. Nevertheless, some restrictions and weaknesses were revealed, but countermeasures to these are proposed. The newly developed convex optimization solver CVXGEN is utilized successfully in the method evaluation. Providing solve times in milliseconds even for large problems, CVXGEN makes real-time implementations of the MPCA method feasible.

Harkegard, O 2004 'Dynamic control allocation using constrained quadratic programming,' *AIAA J. Guidance, Control, and Dynamics*, **27** (6), 1028-1034.

Control allocation deals with the problem of distributing a given control demand among an available set of actuators. Most existing methods are static in the sense that the resulting control distribution depends only on the current control demand. In this paper we propose a method for dynamic control allocation, in which the resulting control distribution also depends on the distribution in the previous sampling instant. The method extends regular quadratic-programming control allocation by also penalizing the actuator rates. This leads to a frequency-dependent control distribution, which can be designed to, for example, account for different actuator bandwidths. The control allocation problem is posed as a constrained quadratic program, which provides automatic redistribution of the control effort when one actuator saturates in position or in rate. When no saturations occur, the resulting control distribution coincides with the control demand fed through a linear filter.

Harkegard, O 2004b 'QCAT-quadratic programming control allocation toolbox for Matlab' URL: http: //research. harkegard. se/qcat/(link verified on 4 January 2016).

Harkegard, O and Glad, T 2005 'Resolving actuator redundancy-optimal control vs. control allocation,' *Automatica*, **41**, 137 - 144.

This paper considers actuator redundancy management for a class of overactuated nonlinear systems. Two tools for distributing the control effort among a redundant set of actuators are optimal control design and control allocation. In this paper, we investigate the relationship between these two design tools when the performance indexes are quadratic in the control input. We show that for a particular class of nonlinear systems, they give exactly the same design freedom in distributing the control effort among the actuators. Linear quadratic optimal control is contained as a special case. A benefit of using a separate control allocator is that actuator constraints can be considered, which is illustrated with a flight control example.

Hausner, MA 1965 *A Vector Space Approach to Geometry* Prentice-Hall; Dover Publications, 2010.

The effects of geometry and linear algebra on each other receive close attention in this examination of geometry's correlation with other branches of math and science. In-depth discussions include a review of systematic geometric motivations in vector space theory and matrix theory; the use of the center of mass in geometry, with an introduction to barycentric coordinates; axiomatic development of determinants in a chapter dealing with area and volume; and a careful consideration of the particle problem.

Jin, J 2005 'Modified pseudoinverse redistribution methods for redundant controls allocation,' *AIAA J. Guidance, Control, and Dynamics*, **28** (5), 1076 - 1079.

In recent years, control allocation problems have been intensively studied [references cited] following the work of Durham. There are several solution methods: direct control allocation, [references cited] daisy chaining, [reference cited] a linear-programming (LP) method, [references cited] a quadratic-programming (QP) method, [references cited] and a pseudoinverse-redistribution (PIR) method. [references cited] In this Note, a PIR method is discussed.

A pseudoinverse has been used as a selector or a distributor [reference cited]. Shtessel *et al*. applied a pseudoinverse to the control allocation problem for a tailless aircraft [reference cited]. However, it is fixed, and it does not consider the control surfaces' limits. Virnig and Bodden developed a PIR method for a short takeoff and vertical landing aircraft and then demonstrated the algorithm by means of a simulator [reference cited]. The PIR method repeats the process of calculating a pseudoinverse and a control vector by setting the saturated elements of a control vector to their limit values until a solution is obtained or there is no unsaturated element. Bordignon and Bessolo developed a modified method and applied it to the X-35 aircraft's control allocation problem [reference cited]. Although the PIR method sets the saturated control elements to their limit values, the modified method selects only one saturated element and sets it to its limit value during the redistribution process.

The purpose of this Note is to propose other modified methods and to compare them with the conventional PIR method and Bordignon and Bessolo's method. A different selection of one saturated element results in a difference in performance. For this purpose, two different selections are proposed. The performance metrics of concern are the calculation times, the percentage of times that a method converges to an optimal solution, and the characteristics of the errors between the optimal solutions and the redistributed solutions. Numerical examples are presented for comparisons.

Jingping, S, Weiguoa, Z, and Suilaoa, L 2011 'A control allocation method based on equivalent virtual control surfaces,' *Procedia Engineering*, **15**, 1256-1260.

Most existing allocation methods need the control effectiveness matrix to solve the problem, and their allocation accuracy directly depends on the identification precision of the control effectiveness matrix. If the matrix is poorly identified, the designed allocator may not work well. This paper presents an allocation method based on equivalent virtual control surface whose aerodynamic effect is equivalent to the real effectors. The method divides the design of control allocation system into two parts: the longitudinal and lateral, solve the problem and find the allocation law by choosing reasonable equivalent virtual effectors. Simulation results show that the proposed method can make the responses of roll angle and yaw angle follow the command signals well.

Johansen, TA and Fossen, TI 2013 'Control allocation—A survey,' *Automatica*, **49** (5), 1087-1103.

Control allocation problems for marine vessels can be formulated as optimization problems, where the objective typically is to minimize the use of control effort (or power) subject to actuator rate and position constraints, power constraints as well as other operational constraints. In addition, singularity avoidance for vessels with azimuthing thrusters represent a challenging problem since a non-convex nonlinear program must be solved. This is useful to avoid temporarily loss of controllability in some cases. In this paper, a survey of control allocation methods for overactuated vessels are presented.

Johansen, TA, Fossen, TI and Berge, SP 2004 'Constrained nonlinear control allocation with singularity avoidance using sequential quadratic programming,' *IEEE Trans. on Control Systems Technology*, **12**, 211 - 216.

Control allocation problems can be formulated as optimization problems, where the objective is typically to minimize the use of control effort (or power) subject to actuator rate and position constraints, and other operational constraints. Here we consider the additional objective of singularity avoidance, which is essential to avoid loss of controllability in some applications, leading to a nonconvex nonlinear program. We suggest a sequential quadratic programming approach, solving at each sample a convex quadratic program approximating the nonlinear program. The method is illustrated by simulated maneuvers for a marine vessel equipped with azimuth thrusters. The example indicates reduced power consumption and increased maneuverability as a consequence of the singularity-avoidance.

Johansen, TA, Fossen, TI and Tendel, P 2005 'Efficient optimal constrained control allocation via multi-parametric programming' *AIAA J. Guidance, Control, and Dynamics*, **28** (3), 506 - 515.

Constrained control allocation is studied, and it is shown how an explicit piecewise linear representation of the optimal solution can be computed numerically using multiparametric quadratic programming. Practical benefits of the approach include simple and efficient real-time implementation that permits software verifiability. Furthermore, it is shown how to handle control deficiency, reconfigurability, and flexibility to incorporate, for example, rate constraints. The algorithm is demonstrated on several overactuated aircraft control configurations, and the computational complexity is compared to other explicit approaches from the literature. The applicability of the method is further demonstrated using overactuated marine vessel dynamic position experiments on a scale model in a basin.

Khatri, AK, Singh, J, and Kumar, N 2013 'Accessible regions for controlled aircraft maneuvering,' *AIAA J. Guidance, Control, and Dynamics*, **36** (6), 1829 - 1834.

Design of maneuvers for carefree access of an aircraft to its complete flight envelope including post stall regimes is useful not only from a combat strategy point of view, but also for devising recovery strategies from an accident scenario. Maneuvers for an aircraft can be efficiently designed if a priori knowledge of its maneuverability characteristics is available to the control designers. Different types of agility metrics that characterize aircraft maneuvering capabilities have been proposed in literature based on different criteria [references cited]. A recent approach to define maneuverability characteristics is based on computing 'attainable equilibrium sets,' as suggested in [reference cited] and [reference cited]. This approach involves computing a two dimensional (2-D) section of attainable equilibrium sets of a particular maneuver using an inverse trimming formulation. Construction of maneuvers based on attainable equilibrium sets involves accessing desired aircraft states in the attainable equilibrium set from a normal flying condition, such as a level flight trim condition. Computing an attainable equilibrium set for a given aircraft model and developing control algorithms to switch aircraft states between different operating points lying within the accessible region defined by attainable equilibrium sets are thus essential ingredients of aircraft maneuver design. For aircraft models, which are inherently nonlinear due to nonlinear aerodynamics in the post stall regimes, and because of various couplings, use of nonlinear control design techniques based on dynamic inversion (DI) or sliding-mode control (SMC) have been proposed for control prototyping to design maneuvers [references cited]. Using bifurcation theory and continuation methods, Raghavendra *et al.* [reference cited] computed spin solutions for the F18/high-alpha research vehicle (HARV) model, and demonstrated use of the DI controller to recover the aircraft from a flat oscillatory spin motion. Recently, the authors have proposed a systematic approach using bifurcation analysis and continuation methods in conjunction with a SMC technique to design maneuvers for a nonlinear aircraft model [reference cited].

Kishore, WCA, Sen, S, Ray, G, and Ghoshal, TK 2008 'Dynamic control allocation for tracking time-varying control demand,' *AIAA J. Guidance, Control, and Dynamics*, **31**, 1150 - 1157

Modern aircraft, missiles, and launch vehicles are fitted with more control surfaces/actuators than controlled variables to achieve fast maneuvers. These extra effectors provide a certain degree of redundancy and hence can be used to achieve multiple control objectives. There are several combinations of actuator positions which produce the same virtual control effort demanded by the high level controller and hence achieve desired performance. Control allocation of such overactuated systems is generally formulated as an optimization problem to minimize energy loss, power consumption, and other similar costs, subject to constraints such as actuator saturation in rate and position, and a specified set of dynamics for operation in the linear range. Extensive surveys that compare and identify the limitations of control allocation algorithms are presented in [references cited]. Among these, weighted norm minimization [references cited] provides an explicit solution, but without taking actuator saturation into consideration. This methodology has been extended in [reference cited] to accommodate the saturation constraints by selecting a weight matrix in a linear matrix inequality (LMI) formulation, but it is only suitable for a limited region of control demand space. Linear programming, mixed integer, and quadratic programming approaches have also been applied to solve the allocation problems formulated as weighted norm minimization and convex quadratic optimal allocation subject to linear equality and inequality constraints [references cited]. Given a probability distribution for each of the unknown aerodynamic stability and control parameters, a Monte Carlo simulation of the time response allows for a statistical evaluation of the uncertain aerodynamic parameter effects on the aircraft behavior. Prior to integrating the system equations over the desired time of flight, each fractional variation in the aerodynamic coefficient was computed via a random number generator. After each simulation, flying qualities metrics were evaluated and the binary results were recorded: the aircraft either passed or failed the metric. The process was repeated a sufficient number of times such that the resulting probability of violation was statistically significant based on confidence bounds. Experiments were performed using a dynamic inversion and a model-following control law to command angle-of-attack. The results show that the properly designed model-follower has better performance robustness than a dynamic inverter with the same performance objectives.

Kocurek, N and Durham, W 1997 'Dynamic inversion and model-following flight control: A comparison of performance robustness,' in *22nd Atmospheric Flight Mechanics Conference*.

Given a probability distribution for each of the unknown aerodynamic stability and control parameters, a Monte Carlo simulation of the time response allows for a statistical evaluation of the uncertain aerodynamic parameter effects on the aircraft behavior. Prior to integrating the system equations over the desired time of flight, each fractional variation in the aerodynamic coefficient was computed via a random number generator. After each simulation, flying qualities metrics were evaluated and the binary results were recorded: the aircraft either passed or failed the metric. The process was repeated a sufficient number of times such that the resulting probability of violation was statistically significant based on confidence bounds. Experiments were performed using a dynamic inversion and a model-following control law to command angle-of-attack. The results show that the properly designed model-follower has better performance robustness than a dynamic inverter with the same performance objectives.

Lavretsky, E, Diecker, R, and Brinker, J 2009 'Robust Control Effector Allocation,' United States Patent Application 20090143925.

Method and apparatus is disclosed which allocates the execution of a commanded vehicle maneuver among the vehicle's control effectors capable of affecting such maneuver, with consideration given to the possible nonlinear and/or non-monotonic effects each control effector's displacement may have on the vehicle and on each other's performance.

Leedy, JQ 1998 *Real-time Moment-rate Constrained Control Allocation for Aircraft with a Multiply-redundant Control Suite*. MS Thesis, Virginia Polytechnic Institute & State University.

The problem of aircraft control allocation is that of finding a combination of control positions that cause the resulting aircraft moments to most closely satisfy a given desired moment vector. The problem is easily solved for the case of an aircraft having three control surfaces, each of which primarily imparts moments in each of the three aircraft axes. In this simple case, the solution to the control allocation problem is uniquely determined. However, many current and future aircraft designs employ a larger set of control effectors, resulting in a control redundancy in the sense that more than one combination of control positions can produce the same desired moment. When taking into account both the position and rate constraints of the control effectors, the problem is significantly more complex. Constrained moment-rate control allocation guarantees a control solution that can achieve every possible moment that is physically realizable by the aircraft. Addressed here is the real-time performance of moment-rate constrained control allocation as tested on a desktop simulation. Issues that were deemed interesting or potentially problematic in earlier batch simulation, such as control chattering due to restoring and apparent control wind-up, are investigated and an evaluation is made of the overall feasibility of these algorithms. The purpose of the research is to confirm that the results obtained from batch simulation testing are also valid using maneuvers representative of real-time flight and representative simulation frame sizes, and to uncover potential problems not observed in batch simulation.

Liao, F, Lum, K, Wang, JL, and Benosman, M 2009 'Adaptive control allocation for non-linear systems with internal dynamics,' *IET Control Theory & Applications*, **4**, 909 – 922.

An adaptive control allocation method is presented for a general class of non-linear systems with internal dynamics and unknown parameters. A certainty equivalence indirect adaptive approach is used to estimate the unknown parameters. Based on the estimated parameters, model reference control and control allocation techniques are used to control the non-linear system subject to control constraints and internal dynamics stabilisation. A Lyapunov design approach with the property of convergence to a positively invariant set is proposed. The derived adaptive control allocation is in the form of a dynamic update law, which, together with a stable model reference control, guarantees that the closed-loop non-linear system be input to-state stable.

Liu, Y and Crespo, LG 2012 'Adaptive control allocation in the presence of actuator failures,' *J. Control Science and Engineering*, **2012**, 1 – 16.

This paper proposes a control allocation framework where a feedback adaptive signal is designed for a group of redundant actuators and then it is adaptively allocated among all group members. In the adaptive control allocation structure, cooperative actuators are grouped and treated as an equivalent control eector. A state feedback adaptive control signal is designed for the equivalent eector and adaptively allocated to the member actuators. Two adaptive control allocation algorithms, guaranteeing closed-loop stability and asymptotic state tracking when partial and total loss of control eectiveness occur, are developed. Proper grouping of the actuators reduces the controller complexity without reducing their ecacy. The implementation and eectiveness of the strategies proposed is demonstrated in detail using several examples.

Lombaerts, T, Schravendijk, M, Ping, C and Mulder, J 2011 'Adaptive nonlinear flight control and control allocation for failure resilience,' in Holzapfel, F and Theil, S (eds) *Advances in Aerospace Guidance, Navigation and Control*, Springer, pp. 41 – 53.

In this publication, reconfiguring control is implemented by making use of Adaptive Nonlinear Dynamic Inversion (ANDI) for autopilot control. The adaptivity of the control setup is achieved by making use of a real time identified physicalmodel of the damaged aircraft. In failure situations, the damaged aircraft model is identified by the so-called two step method in real time and this model is then provided to the model-based adaptive NDI routine in a modular structure, which allows flight control reconfiguration on-line. Three important modules of this control setup are discussed in this publication, namely aerodynamic model identification, adaptive nonlinear control, and control allocation. Control allocation is especially important when some dynamic distribution of the control commands is needed towards the different input channels. After discussing this modular adaptive controller setup, reconfiguration test results are shown for damaged aircraft models which indicate satisfactory failure handling capabilities of this fault tolerant control setup.

Low, CP 2005 'An efficient algorithm for the minimum cost min-max load terminal assignment problem,' *IEEE Communications Letters*, **9** (11), 1012 – 1014.

One of the main issues to be addressed in topological design of centralized networks is that of assigning terminals to concentrators in such a way that each terminal is assigned to one (and only one) concentrator and the total number of terminals assigned to any concentrator (which is referred to as load in this paper) does not overload that concentrator, i. e. is within the concentrator's capacity. Under these constraints, an assignment with the lowest possible cost is sought. An assignment of terminals to concentrators which minimizes the maximum load among the concentrators (which qualitatively represents congestion at some hot spots in a network service area) is referred to as a min-max load assignment. In this paper, we consider the problem of finding a min-max load assignment with the-lowest cost. We call this problem the Minimum Cost Min-Max Load Terminal Assignment Problem (MCMLTAP). We present an algorithm for MCMLTAP and prove that the problem is optimally solvable in polynomial time using our proposed algorithm.

Luo, Y, Serrani, A, Yurkovich, S, Doman, DB, and Oppenheimer, MW 2007 'Model-predictive dynamic control allocation scheme for reentry vehicles,' *AIAA J. Guidance, Control, and Dynamics*, **30** (1), 100 - 113.

Allocation of control authority among redundant control effectors, under hard constraints, is an important component of the inner loop of a reentry vehicle guidance and control system. Whereas existing control allocation schemes generally neglect actuator dynamics, thereby assuming a static relationship between control surface deflections and moments about a three-body axis, in this work a dynamic control allocation scheme is developed that implements a form of model-predictive control. In the approach proposed here, control allocation is posed as a sequential quadratic programming problem with constraints, which can also be cast into a linear complementarity problem and therefore solved in a finite number of iterations. Accounting directly for nonnegligible dynamics of the actuators with hard constraints, the scheme extends existing algorithms by providing asymptotic tracking of time varying input commands for this class of applications. To illustrate the effectiveness of the proposed scheme, a high fidelity simulation for an experimental reusable launch vehicle is used, in which results are compared with those of static control allocation schemes in situations of actuator failures.

Mulkens, JM and Ormerod, AO 1993 'Measurements of aerodynamic rotary stability derivatives using a whirling arm facility,' *J. Aircraft*, **30** (2), 178 -183.

This work is part of a program of research in which the high angle-of-attack region is of particular interest. Equipment and methods have been developed to adapt a whirling arm facility for the measurement of the effects of path curvature on two generic combat aircraft configurations. An explanation is given of the merits of using a whirling arm and some of the difficulties are mentioned. The derivatives associated with steady rotation have been assessed at angles of attack up to 30 deg. Both longitudinal and directional tests have been made and comparisons with the results of oscillatory tests are presented. For the directional results, little difference was found. The longitudinal results, however, showed a significant difference at certain high angles of attack. These differences, which were of different signs for the two models tested, have to be attributed to effects associated with the rate of change-of-incidence.

Munro, BC 1992 *Airplane Trajectory Expansion for Dynamics Inversion*. MS Thesis, Virginia Polytechnic Institute & State University.

In aircraft research, there is keen interest in the procedure of determining the set of controls required to perform a maneuver from a definition of the trajectory. This is called the inverse problem. It has been proposed that if a complete set of states and state time derivatives can be derived from a trajectory then a model-following solution can allocate the controls necessary for the maneuver. This paper explores the problem of finding the complete state definition and provides a solution that requires numerical differentiation, fixed point iteration and a Newton's method solution to nonlinear equations. It considers trajectories that are smooth, piecewise smooth, and noise ridden. The resulting formulation was coded into a FORTRAN program. When tested against simple smooth maneuvers, the program output was very successful but demonstrated the limitations imposed by the assumptions and approximations in the development.

Nelson, MD 2001 *A Comparison of Two Methods used to deal with Saturation of Multiple, Redundant Aircraft Control Effectors*. MS Thesis, Virginia Polytechnic Institute & State University.

A comparison of two methods to deal with allocating controls for unattainable moments in an aircraft was performed using a testbed airframe that resembled an F/A-18 with a large control effector suite. The method of preserving the desired moment direction to deal with unattainable moments is currently used in a specific control allocator. A new method of prioritizing the pitch axis is compared to the moment-direction preservation. Realtime piloted simulations are completed to evaluate the characteristics and performance of these methods.

A direct comparison between the method of preserving the moment direction by scaling the control solution vector and prioritizing the pitching moment axis is performed for a specific case. Representative maneuvers are flown with a highly unstable airframe to evaluate the ability to achieve the specific task. Flight performance and pilot interpretation are used to evaluate the two methods.

Pilot comments and performance results favored the method of pitch-axis prioritization. This method provided favorable flight characteristics compared to the alternative method of preserving the moment direction for the specific tasks detailed in this paper.

Oh, J-H, Jamoom, MB, McConley, MW and Feron, E 1999 'Solving control allocation problems using semidefinite programming,' *AIAA J. Guidance, Control, and Dynamics*, **22** (3), 494 - 497.

The capabilities of modern combat and civilian aircraft keep increasing. In particular, modern-day aircraft have many available control surfaces and thrust vectoring capabilities that offer significant advantages over conventional architectures based on three control surfaces only, including reduced electromagnetic signature, tailless designs, energy-efficient maneuvering, and most importantly, much needed redundancy in case of battle damage. The trend toward the presence of multiple actuators in modern aircraft is likely to continue, with the advent of distributed actuation systems based, for example, on micro electro mechanical systems. The control allocation problem is to nd a harmonious way to manage several actuators together to produce desired effects (usually moments) on the aircraft. The requirement for simplicity enables the reduction of software development costs by reusing existing control architectures as much as possible.

Oppenheimer, MW and Doman, DB 2004 'Methods for compensating for control allocator and actuator interactions,' *AIAA J. Guidance, Control, and Dynamics*, **27** (5), 922 - 927.

Numerous control allocation algorithms have been developed for aircraft for the purpose of providing commands to suites of control effectors to produce desired moments or accelerations. A number of approaches have been developed that ensure that the commands provided to the effectors are physically realizable. These actuator command signals are feasible in the sense that they do not exceed hardware rate and position limits. Buffington developed a linear programming-based approach that separately considered cases where sufficient control power was available to meet a moment demand and a control deficiency case where the moment deficiency was minimized.

Bodson developed a linear programming approach where the sufficiency and deficiency branches were considered simultaneously, which resulted in computational savings. Quadratic programming approaches have also been considered. In the early 1990s, Durham developed a constrained control allocation approach called direct allocation that was based on geometric concepts of attainable moment sets. Page and Steinberg as well as Bodson have presented excellent survey papers that compare and contrast many of the control allocation approaches developed over the last two decades. Recent work in the area has resulted in the development of control allocation algorithms that can accommodate cases where the moments or accelerations produced by the control effectors are nonlinear functions of the effector position.

Oppenheimer, MW, Doman, DB, and Bolender, MA 2010 'Control allocation', in *The Control Handbook*, 2nd edn. CRC Press.

Over the past few decades, much emphasis has been placed on over-actuated systems for air vehicles. Over-actuating an air vehicle provides a certain amount of redundancy for the flight control system, thus potentially allowing for recovery from off-nominal conditions. Due to this redundancy, control allocation algorithms are typically utilized to compute a unique solution to the over-actuated problem. Control allocators compute the commands that are applied to the actuators so that a prescribed set of forces or moments are generated by the control effectors. Usually, control allocation problems are formulated as optimization problems so that all of the available degrees of freedom can be utilized and, when sufficient control power exists, secondary objectives can be achieved. A conventional aircraft utilizes an elevator for pitch control, ailerons for roll control, and a rudder for yaw control. As aircraft designs have advanced, more control effectors (some unconventional) have been placed on the vehicles. In some cases, certain control effectors may be able to exert significant influence upon multiple axes. When a system is equipped with more effectors than controlled variables, the system may be over-actuated. The allocation, blending, or mixing of these control effectors to achieve some desired objectives constitute the control allocation problem. Due to over-actuation and the influence of control surfaces on multiple controlled variables, it can be difficult to determine an appropriate method of how to translate a controlled variable command into a control surface command. Some air vehicle concepts have been designed with 10 or more control effectors and only three controlled variables. As the number of control effectors increases, the determination of ad hoc control allocation schemes becomes more difficult and the need for systematic control allocation algorithms increases. In addition, rate and position limits of the control effectors must be considered in order to achieve a realistic solution. Not only is the mixing of control surface effects critical, but it is also desirable to enable the aircraft to recover from off-nominal conditions, such as a failed control surface, when physically possible. Reconfigurable controllers can adjust control system parameters to adapt to off-nominal conditions [references cited]. In reconfigurable control systems, a control allocation algorithm can be used to perform automatic redistribution of the control power requests among a large number of control effectors, while still obeying the rate and position limits of the actuators.

Orr, JS 2013 *High Efficiency Thrust Vector Control Allocation* PhD Thesis, The University of Alabama in Huntsville.

The design of control mixing algorithms for launch vehicles with multiple vectoring engines yields competing objectives for which no straightforward solution approach exists. The designer seeks to optimally allocate the effector degrees of freedom such that maneuvering capability is maximized subject to constraints on available control authority. In the present application, such algorithms are generally restricted to linear transformations so as to minimize adverse control-structure interaction and maintain compatibility with industry-standard methods for control gain design and stability analysis. Based on the application of the theory of ellipsoids, a complete, scalable, and extensible framework is developed to effect rapid analysis of launch vehicle capability. Furthermore, a control allocation scheme is proposed that simultaneously balances attainment of the maximum maneuvering capability with rejection of internal loads and performance losses resulting from thrust vectoring in the null region of the admissible controls. This novel approach leverages an optimal parametrization of the weighted least squares generalized inverse and exploits the analytic properties of the constraint geometry so as to enable recovery of more than ninety percent of the theoretical capability while maintaining linearity over the majority of the attainable set.

Orr, JS and Slegel, NJ 2014 'High-efficiency thrust vector control allocation,'

AIAA J. Guidance, Control, and Dynamics, **37** (2), 374-382.

A generalized approach to the allocation of redundant thrust vector slew commands for multi-actuated launch vehicles is presented, where deflection constraints are expressed as omniaxial or elliptical deflection limits in gimbal axes. More importantly than in the aircraft control allocation problem, linear allocators (pseudoinverses) are preferred for large booster applications to facilitate accurate prediction of the control-structure interaction resulting from thrust vectoring effects. However, strictly linear transformations for the allocation of redundant controls cannot, in general, access all of the attainable moments for which there is a set of control effector positions that satisfies the constraints. In this paper, the control allocation efficiency of a certain class of linear allocators subject to multiple quadratic constraints is analyzed, and a novel single-pass control allocation scheme is proposed that augments the pseudoinverse near the boundary of the attainable set. The controls are determined over a substantial volume of the attainable set using only a linear transformation; as such, the algorithm maintains compatibility with frequency domain approaches to the analysis of the vehicle closed-loop elastic stability. Numerical results using a model of a winged reusable booster system illustrate the proposed technique's ability to access a larger fraction of the attainable set than a pseudoinverse alone.

Page, AB and Steinberg, ML 2002 'High-fidelity simulation testing of control allocation methods,' AIAA 2002-4547 in *AIAA Guidance, Navigation, and Control Conference and Exhibit*.

This paper describes high-fidelity simulation testing of some of the more popular advanced control allocation techniques integrated with two separate dynamic inversion control laws. The allocation methods include variations of quadratic programming, linear programming, direct allocation, cascaded generalized inverse, and weighted pseudo-inverse. Results are presented for single and multi-axis pitch and roll maneuvers with and without actuator failures. A velocity vector roll is also considered for the no failure case. Results show that a robust control law can mask differences in the various control allocation routines and lead to similar performance from both optimal and sub-optimal allocation methods. Furthermore, the current results illustrate that the closed-loop performance does not directly follow from the open- loop measures that are widely used in the literature.

Paradiso, JA 1991 'Adaptable method of managing jets and aerosurfaces for aerospace vehicle control,' *AIAA J. Guidance, Control, and Dynamics*, **14** (1), 44–50.

An actuator selection procedure is presented that uses linear programming to optimally specify bounded aerosurface deflections and jet firings in response to differential torque and/or force commands. This method creates a highly adaptable interface to vehicle control logic by automatically providing intrinsic actuator decoupling, dynamic response to actuator reconfiguration, dynamic upper bound and objective specification, and the capability of coordinating hybrid operation with dissimilar actuators. The objective function minimized by the linear programming algorithm is adapted to realize several goals, i. e., discourage large aerosurface deflections, encourage the use of certain aerosurfaces (speedbrake, body flap) as a function of vehicle state, minimize drag, contribute to translational control, and adjust the balance between jet firings and aerosurface activity during hybrid operation. A vehicle model adapted from Space Shuttle aerodynamic data is employed in simulation examples that drive the actuator selection with a six-axis vehicle controller tracking a scheduled re-entry trajectory.

Petersen, J and Bodson, M 2002 'Fast implementation of direct allocation with extension to coplanar controls,' *AIAA J. Guidance, Control, and Dynamics*, **25** (3), 464–473.

The direct allocation method is considered for the control allocation problem. The original method assumed that every three columns of the controls effectiveness matrix were linearly independent. Here, the condition is relaxed, so that systems with coplanar controls can be considered. For fast online execution, an approach using spherical coordinates is also presented, and results of the implementation demonstrate improved performance over a sequential search. Linearized state-space models of a C-17 aircraft and of a tailless aircraft are used in the evaluation.

Petersen, J and Bodson, M 2005 'Interior-point algorithms for control allocation,' *AIAA J. Guidance, Control, and Dynamics*, **28** (3), 471–480.

Linear-programming formulations of control allocation problems are considered, including those associated with direct allocation and mixed 1-norm objectives. Primal-dual and predictor-corrector path-following interior-point algorithms, that are shown to be well suited for the control-allocation problems, are described in some detail with an emphasis on preferred implementations. The performance of each algorithm is evaluated for computational efficiency and for accuracy using linear models of a C-17 transport and a tailless fighter aircraft. Appropriate choices of stopping tolerances and other algorithm parameters are studied. Comparisons of speed and accuracy are made to the simplex method. Results show that real-time implementation of the algorithms is feasible, without requiring excessive number of computations.

Petersen, J and Bodson, M 2006 'Constrained quadratic programming techniques for control allocation,' *IEEE Trans. on Automatic Control*, **14** (1), 91 - 98.

The paper considers the objective of optimally specifying redundant control effectors under constraints, a problem commonly referred to as control allocation. The problem is posed as a mixed 2-norm optimization objective and converted to a quadratic programming formulation. The implementation of an interior-point algorithm is presented. Alternative methods including fixed-point and active set methods are used to evaluate the reliability, accuracy and efficiency of a primal-dual interior-point method. While the computational load of the interior-point method is found to be greater for problems of small size, convergence to the optimal solution is also more uniform and predictable. In addition, the properties of the algorithm scale favorably with problem size. Index Terms Control allocation, flight control, interior-point methods, quadratic programming, redundant control effectors.

Pratt, RW (ed) 2000 Flight Control Systems: Practical Issues in Design and Implementation. Institution of Engineering and Technology, Control Engineering Series 57.

A complete reference on modern flight control methods for fixed wing aircraft, this authoritative book includes contributions from an international group of experts in their respective specialized fields. Split into two parts, the first section of the book deals with the fundamentals of flight control systems design, whilst the second concentrates on genuine applications based on modern control methods used in the latest aircraft.

Scalera, KR 1999 *A Comparison of Control Allocation Methods for the F-15 ACTIVE Research Aircraft Utilizing Real-Time Piloted Simulations*. MS Thesis, Virginia Polytechnic Institute & State University.

A comparison of two control allocation methods is performed utilizing the F-15 ACTIVE research vehicle. The control allocator currently implemented on the aircraft is replaced in the simulation with a control allocator that accounts for both control effector positions and rates. Validation of the performance of this Moment Rate Allocation scheme through real-time piloted simulations is desired for an aircraft with a high fidelity control law and a larger control effector suite.

A more computationally efficient search algorithm that alleviates the timing concerns associated with the earlywork in Direct Allocation is presented. This newsearch algorithm, deemed the Bisecting, Edge-Search Algorithm, utilizes concepts derived from pure geometry to efficiently determine the intersection of a line with a convex faceted surface.

Control restoring methods, designed to drive control effectors towards a 'desired' configuration with the control power that remains after the satisfaction of the desired moments, are discussed. Minimum-sideforce restoring is presented. In addition, the concept of variable step size restoring algorithms is introduced and shown to yield the best tradeoff between restoring convergence speed and control chatter reduction.

Representative maneuvers are flown to evaluate the control allocator's ability to perform during realistic tasks. An investigation is performed into the capability of the control allocators to reconfigure the control effectors in the event of an identified control failure. More specifically, once the control allocator has been forced to reconfigure the controls, an investigation is undertaken into possible performance degradation to determine whether or not the aircraft will still demonstrate acceptable flying qualities.

A direct comparison of the performance of each of the two control allocators in a reduced global position limits configuration is investigated. Due to the highly redundant control effector suite of the F-15 ACTIVE, the aircraft, utilizing Moment Rate Allocation, still exhibits satisfactory performance in this configuration. The ability of Moment Rate Allocation to utilize the full moment generating capabilities of a suite of controls is demonstrated.

Schierman, JD, Ward, DG, Hull, JR, Gandhi, N, Oppenheimer, MW, and Doman, DB 2004 'Integrated adaptive guidance and control for re-entry vehicles with flight-test results,' *AIAA J. Guidance, Control, and Dynamics*, **27** (6), 975 - 988.

To enable autonomous operation of future reusable launch vehicles, reconfiguration technologies will be needed to facilitate mission recovery following a major anomalous event. The Air Force's Integrated Adaptive Guidance and Control program developed such a system for Boeing's X-40A, and the total in-flight simulator research aircraft was employed to flight test the algorithms during approach and landing. The inner loop employs a model-following/dynamic-inversion approach with optimal control allocation to account for control-surface failures. Further, the reference-model bandwidth is reduced if the control authority in any one axis is depleted as a result of control effector saturation. A backstepping approach is utilized for the guidance law, with proportional feedback gains that adapt to changes in the reference model bandwidth. The trajectory-reshaping algorithm is known as the optimum-path-to-go methodology. Here, a trajectory database is precomputed off line to cover all variations under consideration. An efficient representation of this database is then interrogated in flight to rapidly find the 'best' reshaped trajectory, based on the current state of the vehicle's control capabilities. The main goal of the flight-test program was to demonstrate the benefits of integrating trajectory reshaping with the essential elements of control reconfiguration and guidance adaptation. The results indicate that for more severe, multiple control failures, control reconfiguration, guidance adaptation, and trajectory reshaping are all needed to recover the mission.

Servidia, PA 2010 'Control allocation for gimballed/fixed thrusters,' *Acta Astronautica*, **66**, 587 - 594.

Some overactuated control systems use a control distribution law between the controller and the set of actuators, usually called control allocator. Beyond the control allocator, the configuration of actuators may be designed to be able to operate after a single point of failure, for system optimization and/or decentralization objectives. For some type of actuators, a control allocation is used even without redundancy, being a good example the design and operation of thruster configurations. In fact, as the thruster mass flow direction and magnitude only can be changed under certain limits, this must be considered in the feedback implementation. In this work, the thruster configuration design is considered in the fixed (F), single-gimbal (SG) and double-gimbal (DG) thruster cases. The minimum number of thrusters for each case is obtained and for the resulting configurations a specific control allocation is proposed using a nonlinear programming algorithm, under nominal and single-point of failure conditions.

Shaw, RL 1985 *Fighter Combat: Tactics and Maneuvering*. Naval Institute Press.

This book provides a detailed description of one-on-one dog-fights and multi-fighter team work tactics, as well as discussions on aircraft and weapons systems.

Snell, S, Enns, D, and Garrard, W 1992 'Nonlinear inversion flight control for a supermaneuverable aircraft,' *AIAA J. Guidance, Control, and Dynamics*, **15** (4), 976 - 984.

Nonlinear dynamic inversion affords the control system designer a straightforward means of deriving control laws for nonlinear systems. The control inputs are used to cancel unwanted terms in the equations of motion using negative feedback of these terms. In this paper, we discuss the use of nonlinear dynamic inversion in the design of a flight control system for a supermaneuverable aircraft. First, the dynamics to be controlled are separated into fast and slow variables. The fast variables are the three angular rates and the slow variables are the angle of attack, sideslip angle, and bank angle. A dynamic inversion control law is designed for the fast variables using the aerodynamic control surfaces and thrust vectoring control as inputs. Next, dynamic inversion is applied to the control of the slow states using commands for the fast states as inputs. The dynamic inversion system was compared with a more conventional, gain-scheduled system and was shown to yield better performance in terms of lateral acceleration, sideslip, and control deflections.

Sommerville, D 1929 *An Introduction to the Geometry of n Dimensions*, Methuen; Dover Publishing 1958, pp. 9 - 10.

Selected representative topics that not only illustrate the extensions of theorems of threedimensional geometry but that reveal results that are unexpected and where analogy would be a faithless guide.

Stevens, BL and Lewis, FL 2015 *Aircraft Control and Simulation*, 3rd edn. Wiley-Blackwell.

Aircraft Control and Simulation provides comprehensive, expert-led guidance to the topic, accessible to both students and professionals involved in the design and modeling of aerospace vehicles. Updated to include new coverage of Unmanned Aerial Vehicles, this new third edition has been expanded throughout to cover the latest advances in the field.

The material progresses steadily from motion and aerodynamics equations through advanced control methods, using detailed real-world examples with model software details provided. Fundamental principles give way to dynamic analysis, stability evaluation, multivariable control, and more, including geodesy and the gravitational theory behind suborbital aircraft.

Tauke, G and Bordignon, K 2002 'Structural coupling challenges for the X-35B,' AIAA 2002-6004 in *AIAA* 2002 *Biennial International Powered Lift Conference and Exhibit*.

The Short Takeoff and Vertical Landing variant of Lockheed Martin's Joint Strike Fighter (the X-35B) had several structural coupling margin verification issues. These issues included the use of multi-path non-linear dynamic-inversion control laws and the use of the propulsion as part of the flight control system. The control law challenges included: 1) multi-path analysis, 2) gain limiting with real time gain computation, 3) dealing with the relatively low coupling frequency of a high inertia control surface, 4) dealing with inertial coupling through the pilot and control stick, 5) open and closed loop margin testing. The propulsion system challenges include: 1) non-linear response characteristics including response at one frequency affecting gain at a different frequency, 2) rigid body coupling effects, 3) gear mode interaction, 4) dealing with the relatively low effector frequency response, 5) test methodology. This paper shows how the X-35 team successfully handled the variety of structural coupling challenges associated with the innovative control system.

Tjonnas, J and Johansen, TA 2008a 'Optimizing adaptive control allocation with actuator dynamics,' *Modeling*, *Identification and Control*, **29** (2), 67–75.

In this work we address the optimizing control allocation problem for an over-actuated nonlinear time- varying system with actuator dynamic where parameters affine in the actuator and effector model may be assumed unknown. Instead of optimizing the control allocation at each time instant, a dynamic approach is considered by constructing actuator reference update-laws that represent an asymptotically optimal allocation search. By using Lyapunov analysis for cascaded set-stable systems, uniform global/local asymptotic stability is guaranteed for the optimal equilibrium sets described by the system, the control allocation update-law and the adaptive update-law, if some persistence of excitation condition holds. Simulations of a scaled-model ship, manoeuvred at low-speed, demonstrate the performance of the proposed allocation scheme.

Tjonnas, J and Johansen, TA 2008b 'Adaptive control allocation,' *Automatica*, **44** (11), 2754 - 2765.

In this work we address the control allocation problem for a nonlinear over-actuated time-varying system where parameters affine in the effector model may be assumed unknown. Instead of optimizing the control allocation at each time instant, a dynamic approach is considered by constructing update-laws that represent asymptotically optimal allocation search and adaptation. Using Lyapunov analysis for cascaded set-stable systems, uniform global/local asymptotic stability is guaranteed for the sets described by the system, the optimal allocation update-law and the adaptive update-law.

Tol, HJ, de Visser, CC, van Kampen, E, and Chu, QP 'Nonlinear multivariate spline-based control allocation for high-performance aircraft,' *AIAA J. Guidance, Control, and Dynamics*, **37** (6), 1840 - 1862.

High-performance flight control systems based on the nonlinear dynamic inversion principle require highly accurate models of aircraft aerodynamics. In general, the accuracy of the internal model determines to what degree the system nonlinearities can be canceled; the more accurate the model, the better the cancellation, and with that, the higher the performance of the controller. In this paper, a new control system is presented that combines nonlinear dynamic inversion with multivariate simplex spline-based control allocation. Three control allocation strategies that use novel expressions for the analytic Jacobian and Hessian of the multivariate spline models are presented. Multivariate simplex splines have a higher approximation power than ordinary polynomial models and are capable of accurately modeling nonlinear aerodynamics over the entire flight envelope of an aircraft. This nonlinear spline based controller is applied to control a high-performance aircraft (F-16) with a large flight envelope. The simulation results indicate that perfect feedback linearization can be achieved throughout the entire flight envelope, leading to a significant increase in tracking performance compared with ordinary polynomial-based nonlinear dynamic inversion.

Wilson, DJ, Riley, DR, and Citurs, KD 1993 'Aircraft Maneuvers for the Evaluation of Flying Qualities and Agility, Vol. 2: Maneuver Descriptions

And Selection Guide,' Wright Laboratory Technical Report WL-TR-93-3082.
A set of aircraft maneuvers has been developed to augment evaluation maneuvers used currently by the flying qualities and flight test communities. These maneuvers extend evaluation to full, aircraft dynamics throughout the aircraft flight envelope. As a result, a tie has been established between operational use and design parameters without losing control of the aircraft evaluation process. Twenty maneuvers are described as an initial set to examine primarily high-angle-of-attack conditions. Perhaps as important as the maneuvers themselves is the method used to select them. These maneuvers will allow direct measurement of flying qualities throughout the flight envelope instead of merely comparing parameters to specification values.

Wurth, S, Hart, J, and Baxter, J 2002 'X-35B integrated flight propulsion control fault tolerance development,' AIAA 2002-6019 in *AIAA 2002 Biennial International Powered Lift Conference and Exhibit*.
The development of the Lockheed Martin Joint Strike Fighter Short Takeoff and Vertical Landing Concept Demonstrator Aircraft (X-35B) Integrated Flight Propulsion Control system required a rigorous and thorough application of an established fly by wire flight control standard. This standard was modified to adapt a legacy twin-engine propulsion system into a single-engine flight-critical application. The modification included establishing acceptable and achievable fault tolerance requirements, rigorous fault tolerance testing, and assessment of all propulsion system fault tolerance risks. This process resulted in a determination that the X-35B IFPC system had acceptable risk for the flight test program.

索 引

（本索引页码指原著页码）

Examples 例子

表 5－14　基于理想散射点模型的距离像及稀疏成像结果

<table>
<tr><th>稀疏条件</th><th>一维距离像</th><th>未联合距离徙动校正</th><th>联合距离徙动校正</th></tr>
<tr><td>RMS，
稀疏度
为 40%</td><td>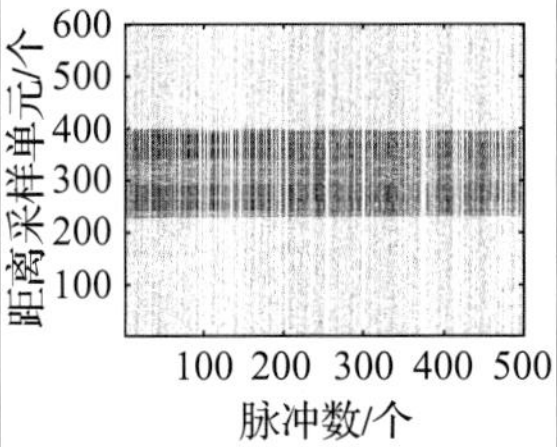
</td><td>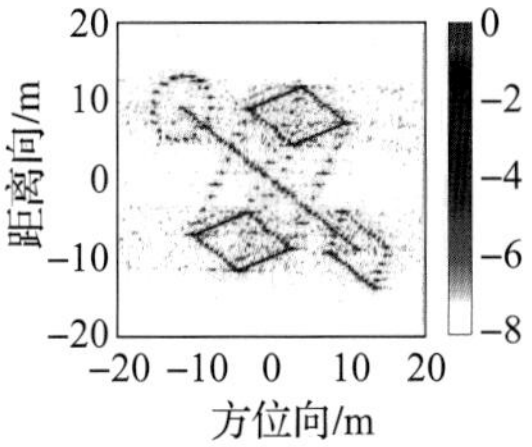
</td><td>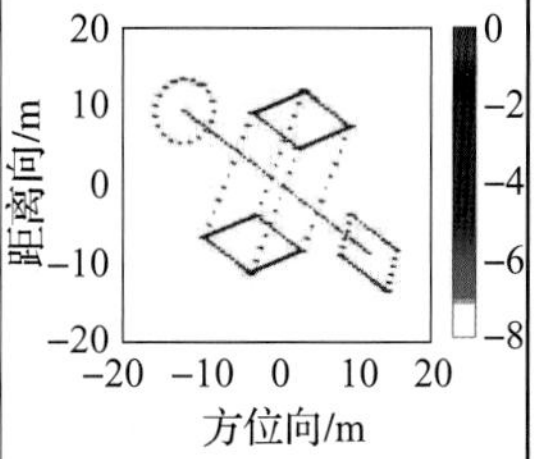
</td></tr>
<tr><td>RMS，
稀疏度
为 70%</td><td>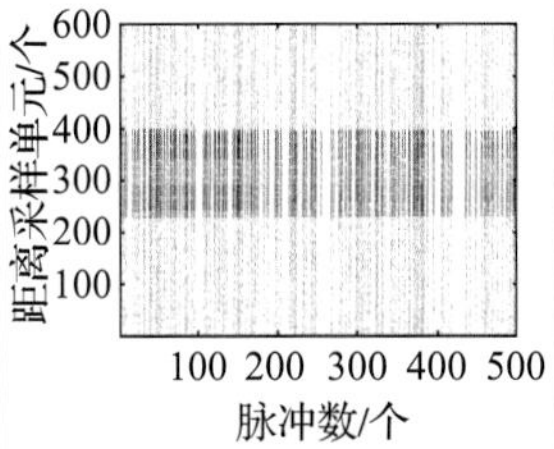
</td><td>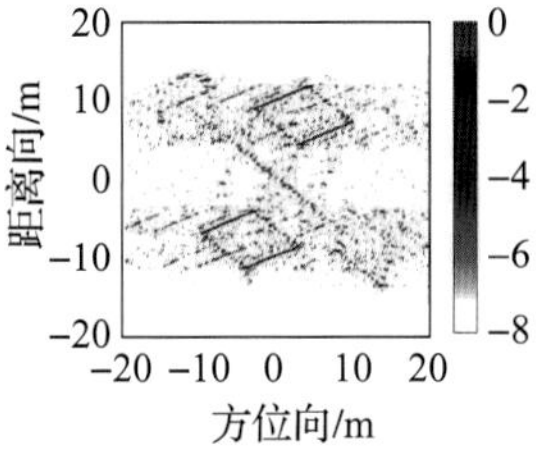
</td><td>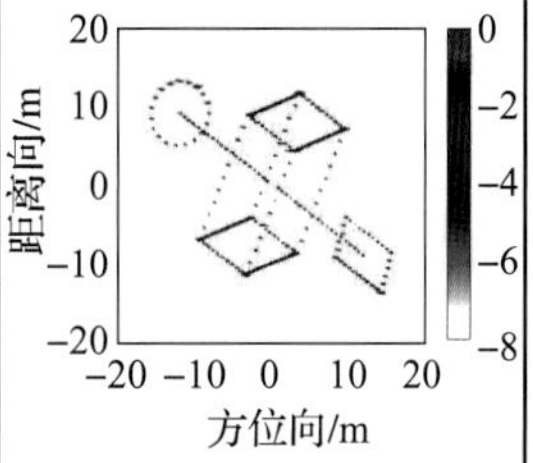
</td></tr>
<tr><td>GMS，
稀疏度
为 40%</td><td>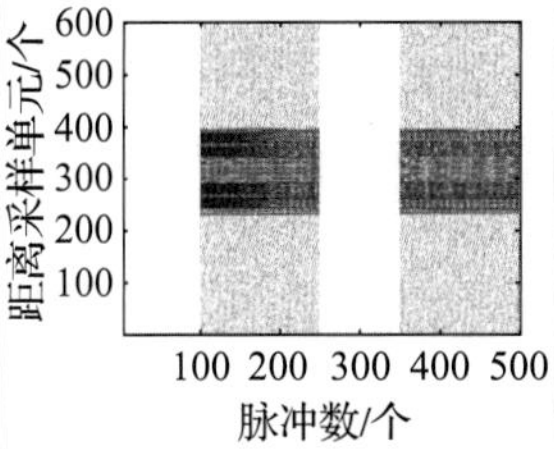
</td><td>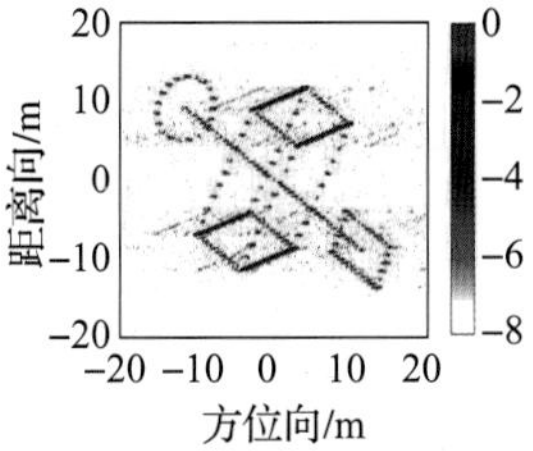
</td><td>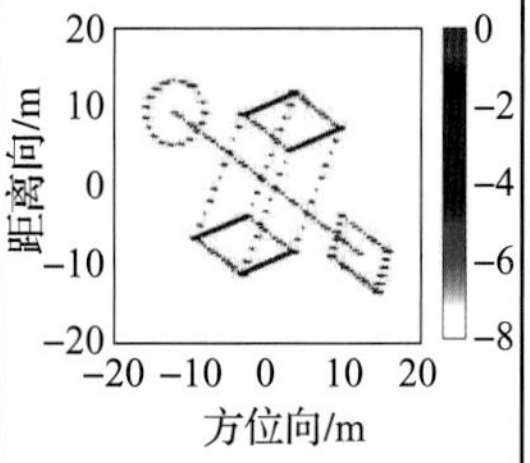
</td></tr>
<tr><td>GMS，
稀疏度
为 70%</td><td>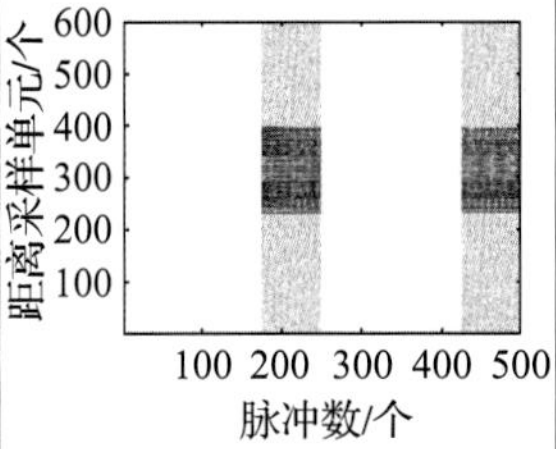
</td><td>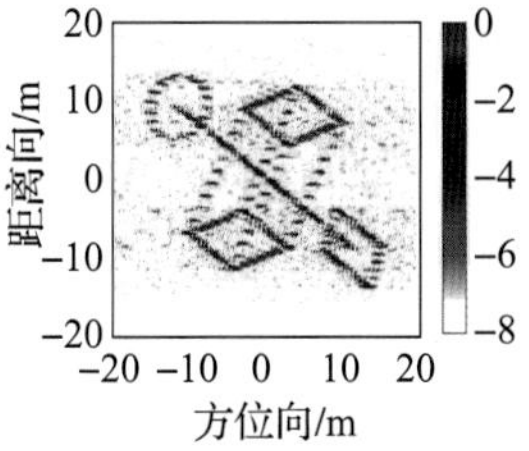
</td><td>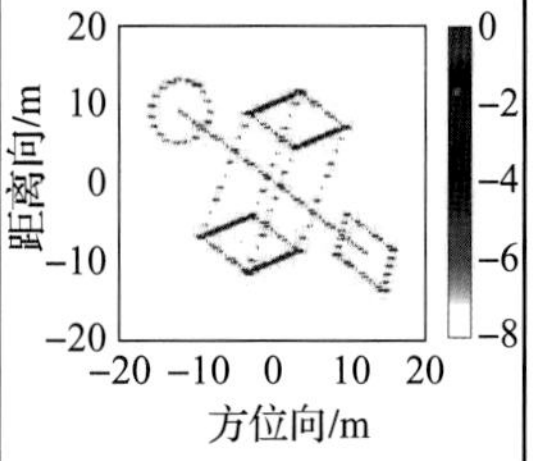
</td></tr>
</table>

表 5-15　基于电磁散射模型的距离像及稀疏成像结果

<table>
<tr><th>稀疏条件</th><th>一维距离像</th><th>未联合距离徙动校正</th><th>联合距离徙动校正</th></tr>
<tr><td>RMS，
稀疏度
为 40%</td><td>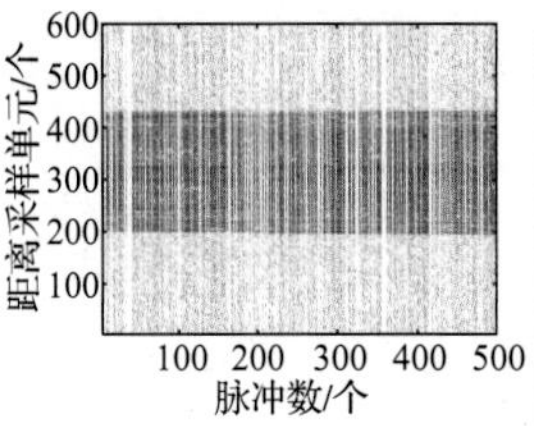</td><td>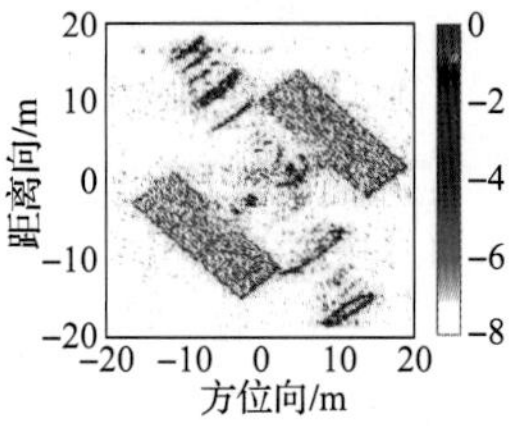</td><td>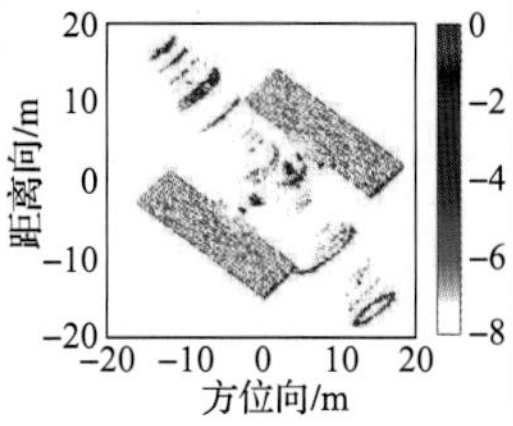</td></tr>
<tr><td>RMS，
稀疏度
为 70%</td><td>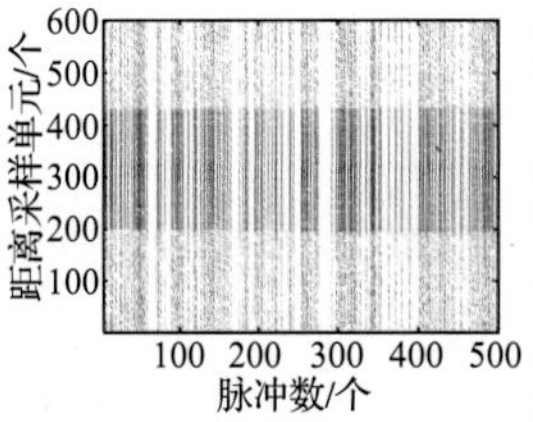</td><td>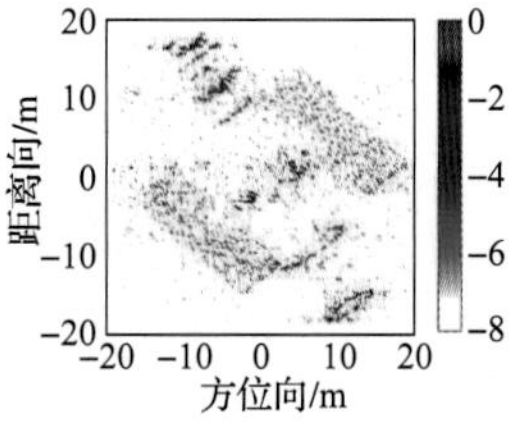</td><td>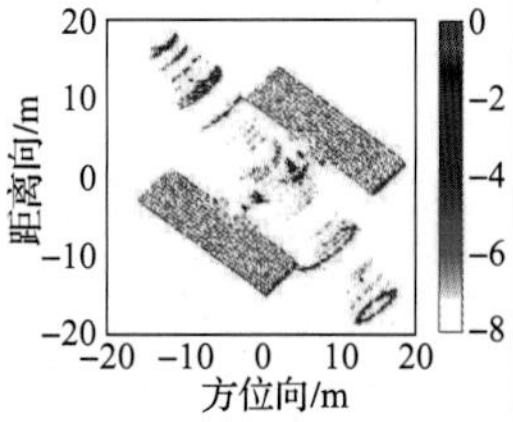</td></tr>
<tr><td>GMS，
稀疏度
为 40%</td><td>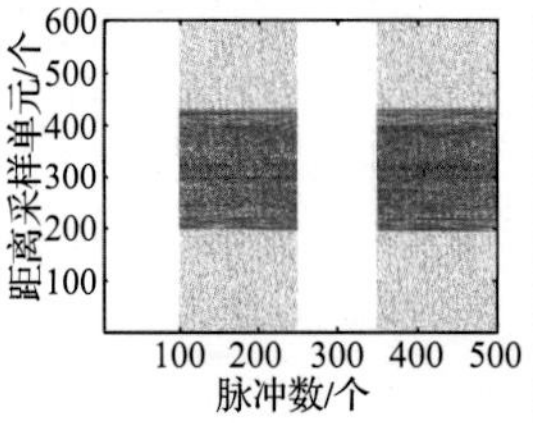</td><td>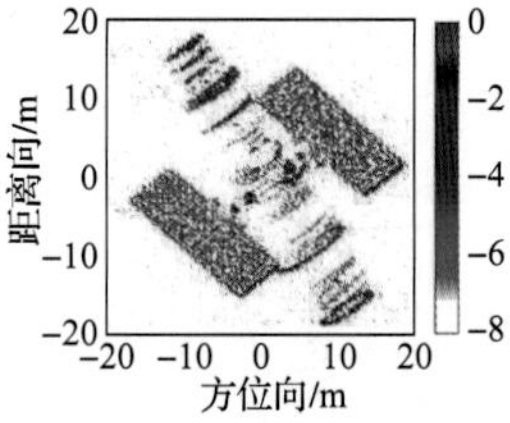</td><td>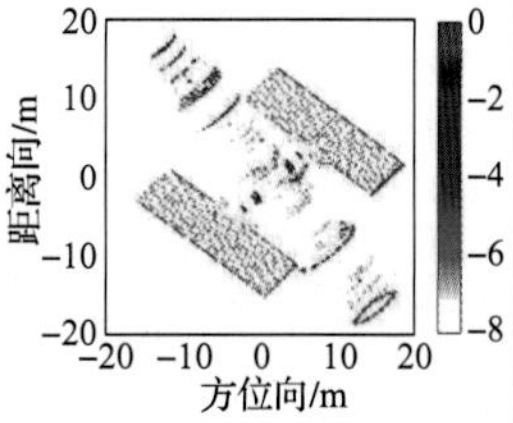</td></tr>
<tr><td>GMS，
稀疏度
为 70%</td><td>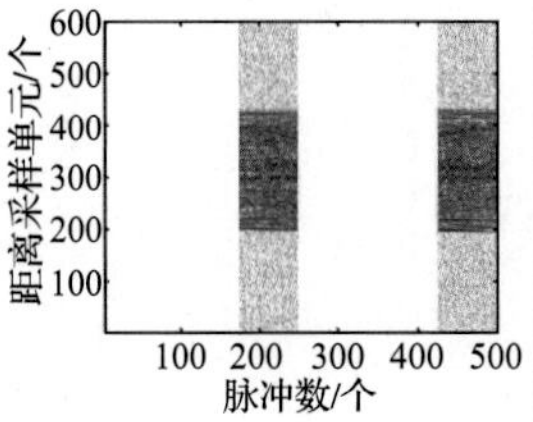</td><td>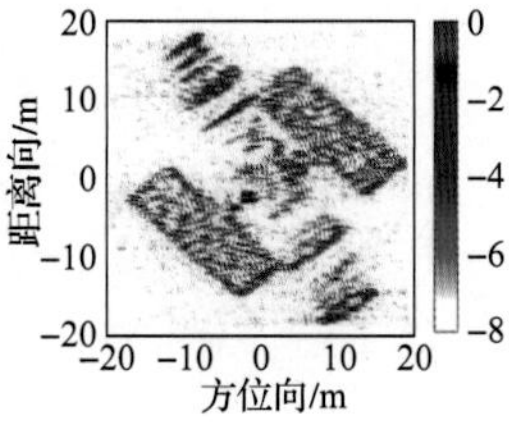</td><td>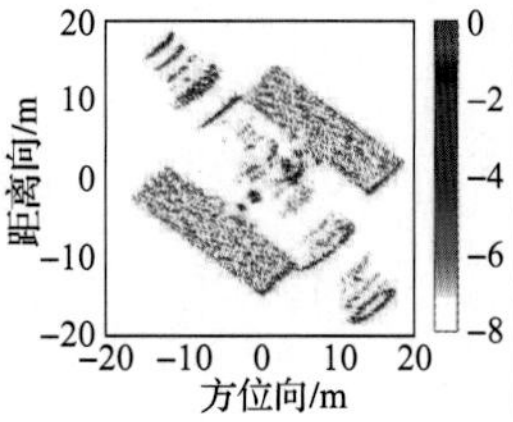</td></tr>
</table>